AF457078

V

ÉTUDE PRATIQUE

DES

TISSUS DE LAINE

CONVENABLES POUR

LA CHINE,

LE JAPON, LA COCHINCHINE ET L'ARCHIPEL INDIEN,

PAR

M. NATALIS RONDOT,

Délégué de l'Industrie lainière, attaché à la Mission de France en Chine

PARIS.

CHEZ GUILLAUMIN ET Cie, LIBRAIRES,

Éditeurs du Journal des Économistes,

du Dictionnaire du Commerce et des Marchandises, et de la Collection des principaux Économistes

RUE DE RICHELIEU, 14.

[illegible]

L'enquête commerciale que nous avons poursuivie, comme Délégué de l'Industrie lainière, durant notre mission en Chine, avait naturellement un double but pratique. Il ne suffisait pas de faire connaître dans les ports de l'Asie Orientale les produits de nos manufactures, ni de s'informer avec soin des modifications imposées par les goûts et les besoins des consommateurs indigènes; il fallait, et c'était l'étude principale, examiner et recueillir les tissus de laine pure ou mélangée que les étrangers importent en Chine et dans l'Indo-Chine. Il était essentiel surtout de s'enquérir des dimensions, des nuances, des assortimens les plus estimés, des modes de pliage et d'emballage consacrés, des prix de vente, des moyens de retour, et de discuter, avec les négocians européens et chinois, la plus ou moins grande convenance des diverses qualités offertes sur les marchés.

La plus grande partie des rapports, dans lesquels nous avons présenté à M. le Ministre de l'Agriculture et du Commerce les résultats de cette double enquête, ont été publiés par les soins de son Département. Ces rapports, nous regrettons de le dire, sont mieux connus et plus souvent consultés dans les fabriques rivales d'outre-Manche et d'outre-Rhin que dans les nôtres, et nos renseignemens, utilisés à Leyde, à Leeds, à Bradford, à Aix-la-Chapelle, sont ignorés de la plupart de nos villes manufacturières.

Nous avons donc voulu les rappeler une dernière fois au souvenir de ceux pour qui ils ont été recueillis et publiés; c'est dans ce but que nous avons préparé cette table analytique des documens commerciaux sur les fils et tissus de laine, que nous avons fournis jusqu'à ce jour au Département du Commerce.

CHINE.

1. — Faits généraux sur le commerce, la convenance et l'industrie des étoffes de laine en Chine.

Aperçus sur le commerce, la convenance et la consommation des tissus de laine.

Rapports du 29 octobre 1844, du 1er juillet, du 24 août et du 14 décembre 1845. — Rapport sur Reims (1), p. 4, 17, 144, 155. — Avis divers, n° 319, Chine, n° 10,

---

(1) Le Département du Commerce a fait autographier et distribuer aux Chambres de Commerce nos rapports sur les tissus de laine français; huit ont été déjà publiés: 1846, 5 septembre, *Elbeuf*;

p. 5. — Etude des tissus de laine, etc., p. 6, 15 et 19 (voir Avis divers, n° 383, Chine, n° 12). — Journal de Reims des 3 et 15 septembre 1847.

Chiffres de l'importation des diverses étoffes de laine.

Rapport sur Reims, p. 108. — Etude des tissus de laine, etc., p. 27, 39, 53, 68, 78, 85, 88, 92, 94, 134, 143, 146, 194, 197 et 264. — Journal des Economistes, t. XV, p. 31 et 398.

Histoire du commerce, importation et consommation des draps.

Rapport du 1er juillet 1845. — Chine, n° 10, p. 4-8. — Rapport sur Sedan, p. 2, et sur Reims, p. 57-65. — Etude des tissus de laine, etc., p. 24 et 192. — Journ. de Reims du 7 mai 1846, et d'Elbeuf, du 11 mars 1847.

Commerce de la Russie avec la Chine.

Etude, etc., p. 145, 178 et 261. — Journal des Economistes, t. XV, p. 174.

Expéditions de draps français en Chine de 1827 *à* 1845.

Rapport sur Sedan, p. 9. — Etude, etc., p. 8, 128 et 183-187.

Observations générales sur les draps et les lainages français.

Rapports sur Sedan, p. 29-31 ; sur Elbeuf, p. 23-25 ; sur Saint-Quentin, p. 10-16, et sur Reims, p. 3.

Renseignemens sur les habitudes de costume et les goûts des Chinois.

Rapport du 1er juillet 1845. — Chine, n° 10, p. 6-8. — Rapport sur Reims, p. 148-152. — Etude, etc., p. 28-35. — Journal de Reims du 7 mai 1846.

Production, emploi, tissage et teinture de la laine en Chine. Feutres, tricots et tissus de laine et de poil chinois.

Rapports sur Amiens, p. 3, et sur Reims, p. 9, 55 et 174. — Chine, n° 10, p. 142, et n° 11, p. 75-84. — Etude des tissus de laine, etc., p. 13, 22, 35, 79-85. — Journal asiatique, IVe série, t. IX, p. 332. — Mémoires de l'Académie de Reims, 1847, t. II, p. 36 et 57. — Journal des Economistes, t. XV, p. 177, et Journal de Reims du 13 décembre 1846 et du 11 septembre 1847.

Frais de transport en Chine.

Etude, etc., p. 160, 166, 169 et 172.

Droit d'importation des tissus de laine.

Etude, etc., p. 18, 52, 67, 76, 88, 92, 193 et 203.

Conclusion.

Etude, etc., p. 271.

2. — Renseignemens sur les fils et tissus de laine étrangers.

Fils de laine.

Avis divers, n° 341 ; Chine, n° 11, p. 74. — Rapport sur Reims, p. 10 et 16. — Etude, etc., p. 17. — Journal de Reims des 11 et 15 septembre 1847.

Spanish stripes.

Rapport du 1er juillet 1845. — Chine, n° 10, p. 8-25, et n° 11, p. 57 et 71. — Rapports sur Elbeuf, p. 23, et sur Reims, p. 81. — Etude, etc., p. 3 et 96-130. — Journal des Economistes, t. XV, p. 175. — Journ. de Reims du 22 octobre 1846, d'Elbeuf, du 11 mars 1847, et de l'Oise, du 23 juin 1847.

---

16 septembre, *Sedan ;* 17 septembre, *Cholet* et *Clermont l'Hérault ;* 20 octobre, *Saint-Quentin ;* 28 octobre, *le Santerre ;* 30 octobre, *Molliens*. — 1847. 30 mai, *Reims*. — Les rapports sur les articles d'Amiens, de Vienne, de Roubaix, etc., paraîtront successivement.

Ladies' cloths, habit cloths *et* medium cloths.

Chine, n° 11, p. 57. — Rapport sur Elbeuf, p. 24. — Etude, etc., p. 3, 7, 130 et 135. — Journ. de Reims du 12 octobre 1846, et d'Elbeuf, du 11 mars 1847.

Broad cloths *anglais et allemands.*

Chine, n° 11, p. 62 et 72. — Rapports sur Elbeuf et sur Sedan.—Etude, etc., p. 2, 3 et 138. — Journaux de Reims et d'Elbeuf précités.

Draps russes.

Avis divers, n° 140; Chine, n° 4, p. 15; n° 10, p. 134, et n° 11, p. 29, 63 et 72. — Etude, etc., p. 145 à 181. — Journ. des Économistes, t. XV, p. 174, et de Reims, du 22 octobre 1846.

Draps divers.

Chine, n° 11, p. 62. — Etude, etc., p. 180.

Camelots anglais.

Chine, n° 11, p. 68 et 73. — Etude, etc., p. 54.

Polemieten *et imitations anglaises.*

Chine, n° 11, p. 70 et 73. — Etude, etc., p. 68 et 77. — Journal des Economistes, t. XV, p. 177.

Lastings, chalons glacés, bombazettes, étamines, orléans, etc.

Chine, n° 11, p. 67 et 73. — Rapports sur Saint-Quentin, p. 2, et sur Reims, p. 40. —Etude, etc., p. 53, 85, 88 à 92.

Long ells.

Chine, n° 11, p. 24, 65 et 72. — Etude, etc., p. 43 et 53. — Journ. des Economistes, t. XV, p. 176, et de Reims du 13 décembre 1846.

Flanelles et bayettes.

Chine, n° 11, p. 70. — Etude, etc., p. 194.

Couvertures.

Chine, n° 11, p. 71. — Rapport sur Reims, p. 183. — Etude, etc., p. 197-203.

3. — Renseignemens sur les tissus de laine français.

Abbeville.

Draps. — Rapport du 1er juillet 1845, et Etude des tissus de laine convenables pour la Chine, etc., p. 188.

Amiens.

Draps légers. — Rapport du 1er juillet 1845. = *Bonneterie de Santerre.* — Rapport spécial. — Rapport sur Molliens, p. 3. — Etude, etc., p. 13.

Beauvais.

Draps légers. — Rapport du 1er juillet 1845. — Etude, etc., p. 112. = *Bonneterie de Molliens.* — Rapport spécial.

Carcassonne.

Draps. — Rapport du 1er juillet 1845. — Etude, etc., p. 162 et 191.

Cholet.

Bayes et flanelles. — Rapport spécial.

Clermont-l'Hérault.

Draps londrins. — Rapport spécial, et Etude, etc., p. 12.

Elbeuf.

Draps zéphyrs. — Rapport du 1er juillet 1845. — Rapport spécial, p. 5. = *Draps lisses et croisés.* — Rapport spécial, p. 7 à 18. — Journal d'Elbeuf du 11 mars 1847.—

37, 45, 49, 115, 127, 139, 143, 154 et suivantes. — Note sur les *columbianas*, les *cubicas* et les *petits camelots* (1). — Etude, etc., p. 239, 253, 258 et 259. = *Gilets*. — Rapport sur Reims, p. 166, 169 et 171. = *Châles*. — Rapport sur Reims, p. 175 et 179. — Etude, etc., p. 36. = *Bonneterie de laine*. — Rapport sur le Santerre, p. 4, 6, 7 et 9. — Etude, etc., p. 241. — *Tableaux des importations*. — Etude, etc., p. 242 et 260. = *Conditions de vente et frais*. — Etude, etc., p. 248, 257 et 259.

BOURBON ET PONDICHÉRY.

Tissus de laine divers. — Rapport sur Reims, p. 33, 38, 98, 134, 158, 159, 166, 175 et 179. — Etude, etc., p. 36. = *Laines d'Arabie et d'Australie*. — Rapport du 11 juillet 1844. — Chine, n° 7, p. 48.

LE CAP DE BONNE-ESPÉRANCE.

Laines. — Chine, n° 11, p. 89. — Journal des Economistes, t. XV, p. 179, et Journal de Reims du 3 septembre 1846. = *Tissus de laine étrangers*. — Rapport du 9 octobre 1844 et Rapport sur Reims. = *Tissus de laine français*. — Rapports sur Sedan, p. 1, 6, 20, 28, et sur Reims, p. 31, 38, 44, 98, 121, 134, 142, 155, 162, 174, 179. — Etude, etc., p. 36.

SÉNÉGAL.

Pagnes. — Rapport du 20 septembre 1844. — Mémoires de l'Académie de Reims, 1847, t. II, p. 17. = *Tissus de laine convenables*. — Rapport du 2 octobre 1844. — Rapport sur Reims, p. 159 et 161.

ESPAGNE. — CADIX, SÉVILLE ET TÉNÉRIFFE.

Tissus de laine convenables. — Rapport du 20 septembre 1844. — Avis divers, n° 282, Espagne, n° 2, p. 50 à 58 et 91. — Rapport sur Reims, p. 33, 98, 136, 161, 165, 166 et 179.—Etude, etc., p. 36.—Journal de Reims des 18 et 23 décembre 1846.

Cette *étude des tissus de laine convenables pour l'Asie Orientale* est le complément de nos travaux antérieurs; elle ne renferme que des renseignemens pratiques, et résume la plupart des observations, des faits et des communications que nous avons recueillis dans le cours de notre voyage. Les rapports dont se compose cet ouvrage ont été publiés par le Ministère du Commerce dans les *Documens sur le commerce extérieur* (3e série des *Avis divers*, n° 385; Chine et Indo-Chine, *Faits commerciaux*, n° 12, p. 150 à 425). Nous avons cru devoir rétablir dans cette édition notre orthographe habituelle des noms chinois, et pour donner au style plus de précision et de rapidité, adopter partout la première personne du pluriel.

Tous les échantillons dont nous avons mentionné les numéros dans nos rapports sur les étoffes de laine françaises, se trouvent dans les archives des Chambres de commerce qui nous les avaient confiés; quant à ceux dont il est question dans cet ouvrage, ils font partie de la collection du Département du commerce, et peuvent être consultés dans les bureaux de la Direction du commerce extérieur.

(1) Cette note a été autographiée et distribuée aux Chambres de commerce.

En dehors de nos travaux spéciaux, il n'a été publié qu'un très petit nombre d'informations sur les tissus de laine ; en voici le relevé :

P.-P. Ricci, Martini, du Halde, etc. — Nieuhoff, Gutzlaff, etc.	Quelques faits.
Blancard : *Manuel du Commerce des Indes et de la Chine*, 1806	P. 410 et 411.
De Guignes : *Voyage à Pé-king, Manille*, etc., 1808	T III, p. 270.
Renouard de Sainte-Croix : *Voyage commercial et politique aux Indes-Orientales, aux Philippines et à la Chine*, etc., 1810	T. III, lettres....
W. Milburn : *Oriental commerce*, 1813, et J. Phipps : *Practical treatise on the China and Eastern trade*, 1835	Relevé des importations de tissus de laine par la Compagnie des Indes d'Angleterre.
E. C. Bridgman : 1834, *Chinese chrestomathy in the Canton dialect*, 1841	P. 233-244.
Robert Thom : *Foreign trade with China ; imports*, 1843	Trois notes dont la traduction a été donnée dans le document Chine, n° 6, p. 15, 16 et 17.
Mac Gregor : *Commercial tariffs and regulations; Russia*, 1843	Faits sur les draps russes.
W. Williams et J.-R. Morrison : *Chinese commercial Guide*, 1844	Reproduction aux pages 126, 127 et 145, des notes de M. Thom.
C. de Montigny : *Manuel du négociant français en Chine*, 1846. Traduction de l'ouvrage précédent	P. 260 à 266. Les détails sur les draps, les camelots et les *long ells* sont extraits d'un mémoire écrit, à la fin de 1843, par M. Reynvaan, négociant hollandais résidant à Canton. P. 262 et 263, au lieu de 1 mèt. 33 c. à 1 m. 375 m., il faut 1 mèt. 575 m. à 1 m. 60 c., et p. 264 et 265, au lieu de 0 mèt. 775 m., il faut 0 m. 787 m.
J. Itier : *Du commerce français en Chine*, 1847	P. 47.—1. La largeur entre lisières des draps importés en Chine est de 1 m. 575 m., et non de 1 m. 75 c.—2. Les *spanish stripes* sont foulés; ils correspondent à nos draps royaux, de dame et de Mouy. — 3. Le *kou-jong* est en cachemire et non en laine. — 4. Les Chinois fabriquent des étoffes de laine et de poil autres que le *kou-jong* et le *you-jong* ; exemple : les tapis haute et basse lisse, ras et veloutés, les feutres, les ratines, les camelots unis et damassés, la bonneterie, etc.

Enfin, le Ministère du commerce a publié les notes suivantes :

Sur les draps russes	Chine, n° 1, p. 123, et n° 7, p. 83. Russie, n° 1, p. 6-8.
Sur les draps, les camelots, les *long ells* et les couvertures	Chine, n° 7, p. 75-77, et n° 9, p. 15, 39-42 et 67-70.

Notre Conclusion fait connaître notre opinion sur les affaires possibles entre la France et l'Asie Orientale, en même temps que les faits généraux qui se déduisent naturellement de nos études pratiques. Il est donc inutile de nous en occuper ici ; c'est un sujet sur lequel nous reviendrons d'ailleurs prochainement, en rendant compte du commerce et de la consommation des lainages européens et chinois dans les ports d'E-mouï, de Ning-po et de Chang-haï.

N. R.

Septembre 1847.

I.

OBSERVATIONS GÉNÉRALES

SUR

LE COMMERCE, LA CONSOMMATION ET LA CONVENANCE

DES ÉTOFFES DE LAINE EN CHINE.

Comme complément des travaux que nous avons déjà fournis à M. le Ministre du Commerce (1), nous lui avons adressé la première partie d'une série de rapports destinés aux Chambres de commerce et aux Chambres consultatives, et présentant les détails techniques et pratiques sur le plus ou le moins de convenance et le conditionnement nécessaire des diverses étoffes de laine de nos manufactures, pour les marchés de la Chine et de l'Indo-Chine.

Ces rapports ont été autographiés et distribués aux Chambres de commerce et aux manufacturiers qu'ils concernaient. Leur étendue et leur caractère spécial ne permettent pas de les reproduire ici dans leur entier; nous en avons donc extrait les passages où se trouvent exposés les faits généraux que nous avons observés, les avis que nous avons cru devoir donner au commerce, et les conclusions que nous avons tirées de nos études.

(1) Voir en particulier, pour nos précédentes communications, les documens CHINE ET INDO-CHINE, *Faits commerciaux*, nos 7, 9, 10 et 11.

I.

EXTRAIT DU RAPPORT A LA CHAMBRE D'ELBEUF.

Convenance de certains draps de la manufacture d'Elbeuf pour la Chine et l'Indo-Chine. Qualités et prix des draps analogues, anglais et allemands, importés en Chine.

La fabrication d'Elbeuf peut se diviser en quatre catégories distinctes : 1° Les étoffes foulées et garnies, unies, façonnées et brodées, connues sous les noms de tartans, de coatings, de vénitiennes, etc.; 2° les draps proprement dits, depuis 7 fr. 50 c. jusqu'à 26 francs le mètre. 3° les draps croisés, tels que les castors, les satins, les casimirs, et 4° les étoffes plus ou moins drapées en armures de fantaisie, pour pantalons d'hiver et d'été.

Il demeure constant, d'après les faits recueillis, que les tartans, quels qu'ils soient, doivent être éliminés des expéditions pour la Chine ; ce n'est pas à dire pour cela que l'on ne puisse *accidentellement* placer avec avantage quelques petits lots, mais jamais ou de longtemps au moins cet article n'entrera dans le costume chinois. Dans les colonies de l'Archipel indien même, aucun usage ne l'y appelle ; son importation doit donc y être proportionnée aux limites restreintes de la consommation. S'il nous était permis de donner un conseil à MM. Th. Chennevière et A. Durécu, qui établissent ces étoffes avec succès, nous les engagerions à essayer d'imiter le drap léger, du prix de 5 fr. 75 c. le mètre en 150 centimètres, que Mouy et Beauvais fabriquent avec des laines d'agneau, en compte et en qualité préférés par les négocians anglais et chinois à ceux des *spanish stripes* de Leeds ; ce drap léger est le lainage dont l'exportation en Chine et dans l'Indo-Chine est pour l'Angleterre et serait pour la France la plus avantageuse ainsi que la plus considérable.

Quant aux nouveautés drapées de la quatrième catégorie, elles s'adressent plutôt à Batavia, à Manille, à Singapore, au Cap de Bonne-Espérance qu'à Canton et à Chang-haï. Elles n'ont, en effet, de chance de placement que parmi les populations européennes qui ont, malgré le climat, conservé les vêtemens d'Europe. Aussi les jolies dispositions de fantaisie qu'Elbeuf produit et varie chaque année trouveront-elles presque toujours des acheteurs à Batavia, où le goût du luxe et des modes est très répandu. On est donc à peu près certain d'y placer avec un bénéfice suffisant quelques assortimens de nouveautés d'été pour pantalons, légères et souples de tissu, avec des dessins modestes et simples (mille raies, côtes-lignes, zébrés, treillis, satinés, etc.), en nuances claires et fraîches. Les n°s 103, 150, 158, 176, etc., sont d'excellens modèles à imiter. Il ne faut envoyer à Manille, colonie moins riche que Batavia, que de petites quantités de ces articles drapés de pure fantaisie, et rien de ce genre en Chine. — Il importe de ne pas perdre de vue que, dans les régions précitées, il règne une chaleur excessive

durant la moitié de l'année, et assez forte encore pendant les autres six mois, de sorte que les écossais, les côtes et autres nouveautés d'hiver y resteraient invendus.

Il est convenable de rappeler que les draps à destination de la Chine sont de cinq genres différens :

1° Les *spanish stripes* sont fabriqués à Leeds en Angleterre ou à Eupen, Düren, Néau, etc., dans la Prusse rhénane ; dans les deux cas, ils arrivent à Canton et à Chang-haï sous pavillon anglais. Supérieurs aux draps de dame de Reims, un peu inférieurs aux draps légers de Mouy, ils se distinguent par la douceur de leur laine, leur compte peu serré, leur filature ronde et creuse, leur toile moelleuse et close, souple et légère, toujours apprêtée avec soin. Il s'en importe chaque année à Canton de 20 à 30,000 pièces, et à Chang-haï 16,000 environ.

2° Les *habit cloths* et les *ladies' cloths* sont un peu plus fins et plus corsés ; toutefois, la différence est peu sensible. Le changement est le plus ordinairement dans le chef et dans les lisières, et le prix ne subit, d'ailleurs, qu'une augmentation de 20 centièmes de piastre (1 fr. 10 c.) environ. Ce genre correspond au drap de Silésie de Reims, ainsi qu'au drap de Mouy.

3° Le *medium cloth* est un genre intermédiaire, auquel on ne saurait assigner un type spécial. Les zéphyrs à 7 fr. 50 c. de M. Th. Chennevière et à 11 francs de M. Anthime Ternisien, en représentent la qualité la plus belle. Il ne faut pas oublier que tout drap assimilé au *medium cloth* n'est jamais payé plus de 10 à 11 francs à Canton, et que 2,000 pièces suffisent à la consommation.

4° C'est surtout le *broad cloth* que la manufacture d'Elbeuf peut fabriquer avec le plus d'avantage, et, sans aucun doute, avec supériorité. Les *broad cloths* anglais que l'on rencontre sur les marchés chinois sont inférieurs à tous égards aux similaires d'Elbeuf, et, bien que la qualité et le traitement laissent à désirer, ces draps se vendent à des prix très élevés. Il est vrai que, s'il est quelques occasions où leur placement est fructueux, il en est de plus nombreuses où il y a perte véritable. Le *broad cloth* n'est porté que par les riches, les négocians et les magistrats ; il n'est acheté que par les classes privilégiées, et, sans être exceptionnelle, la demande est au moins fort restreinte. Cela explique pourquoi un assortiment de 200 pièces trouve un beau bénéfice et pourquoi un arrivage de 500 se solde presque toujours avec perte.

5° Les observations précédentes s'appliquent aux *broad cloths* superfins, extra-fins et extra-superfins, dénominations ambitieuses qui ne désignent que nos draps de 16 à 20 francs. Elbeuf, Sedan et Louviers luttent victorieusement sur ce terrain contre l'Angleterre et l'Allemagne, mais il y a encore ici nécessité de n'effectuer que des expéditions de 40 à 60 pièces à la fois.

Pour ces deux dernières qualités, qui rentrent spécialement dans les habitudes manufacturières d'Elbeuf, nous ne saurions trop insister sur l'utilité d'une correspondance active et suivie avec les divers ports asiatiques. Nous croyons possible d'arriver à donner le goût aux Chinois des draps mi-fins et à les substituer aux draps forts, mais à si bas prix, que la Russie échange à Kiakhta à des conditions néanmoins avantageuses pour elle. On a conservé à Canton un souvenir favorable des expéditions de draps faites par MM. Tastet, Bertèche, Bonjean jeune et Chesnon, J. Randoing, etc. Les circonstances ont pu, dans les derniers temps, ne pas permettre d'obtenir des prix suffisans, mais le succès des envois antérieurs doit engager à ne pas désespérer de l'avenir. Le jour n'est pas éloigné où des agens intelligens obtiendront des grands marchands de lainages de Canton et de Chang-haï des commissions sur échantillons garanties.

Elbeuf peut et doit lier des affaires avec la Chine ; sans doute il n'a pas comme Roubaix, Mouy, Reims, Amiens même, l'espoir d'écouler dès maintenant des articles de fond, de fabrication rapide et facile, de consommation générale et habituelle, mais il a au moins, en compensation, la perspective de retirer un plus beau bénéfice des expéditions qu'il aura combinées et composées avec soin.

De tous ses draps, celui dont Elbeuf est assuré de pouvoir, en toute saison, effectuer le placement, est le zéphyr n° 269 de M. Th. Chennevière, acheté à Elbeuf à 7 fr. 85 c. le mètre en 1 mètre 58 centimètres de large ; il se présenterait à Canton à 8 fr. 80 c. environ. On ne saurait mettre en doute que 1,000 pièces assorties de nuances et améliorées, c'est-à-dire plus douces au toucher, mieux drapées et traitées, trouveraient acheteurs à 1 piastre 1/2 le yard (8 fr. 95 c. le mètre). Nous signalons encore les n°s 218 et 241, draps zéphyrs de MM. Anthime Ternisien et Th. Chennevière, à 11 francs en 140 et 150 centimètres ; ils reviendront à Canton à 13 fr. 50 c. le mètre, mais n'obtiendront guère plus de 2 piastres (12 francs) le mètre. Les n°s 115, 118, 216, 218, 241 et 244, précisent ce qui convient pour *broad cloths* légers et forts ; tous les six ont été jugés excellens ; malheureusement on ne consentira jamais à les payer à leur valeur. Il est essentiel de ne pas perdre de vue que le cours de cet article ne varie guère que de 9 fr. 60 c. à 14 fr. 50 c. le mètre ; que la douceur de la laine, et par conséquent du drap, est un des mérites les plus appréciés, et qu'il est indispensable de n'envoyer que les couleurs consacrées et la largeur entre les lisières de 158 centimètres.

Il est sans intérêt d'insister, puisque les prix offerts sont inacceptables, sur les draps de MM. Victor Grandin et E. Rollin, qui eussent peut-être convenu s'ils eussent été plus soyeux et plus souples, et sur ceux de MM. F. Aroux, Molet, etc., que l'on a tant admirés et vantés. Il serait utile de montrer le plus souvent possible en Chine, ainsi qu'à Batavia et à Manille, non point des pièces, mais des coupons ou des échantillons de ces qualités extra-fines. Ceux que nous avons montrés étaient les premiers que l'ont eût encore vus, et il eût été facile d'en placer alors à très haut prix une vingtaine de pièces comme curiosités.

A Manille et à Batavia surtout, la draperie fine d'Elbeuf et de Louviers jouit d'une réputation incontestée ; elle y est depuis longues années en faveur et préférée à celle d'Angleterre et d'Allemagne. Il est juste de reconnaître qu'en général elle convient moins pour ces marchés lointains que celle de MM. Bertèche, Bonjean jeune et Chesnon de Sedan, de MM. Roger frères de Carcassonne et de M. J. Randoing d'Abbeville. Les draps dits *cachemires* de ce dernier fabricant ont été, à Batavia, jugés

supérieurs même aux plus beaux échantillons de MM. Flavigny, Molet, V. Grandin et Poussin.

En résumé, il y a, dès maintenant, possibilité pour Elbeuf d'établir avec la Chine et les colonies de l'Archipel indien des affaires régulières et probablement fructueuses ; dès à présent, en les appropriant aux exigences et aux goûts de la consommation orientale, on peut expédier des draps zéphyrs et des draps mi-fins à bas prix ; mais nous n'estimons pas à plus de 2,000 pièces la quantité annuelle qu'il y aurait lieu de présenter à Chang-haï, à Canton, à Batavia, etc., dans les premiers temps.

Il faut s'occuper surtout de donner au commerce d'exportation une organisation forte et vivace, et imaginer quelque combinaison qui associe le plus de monde possible, qui engage, à la condition d'un concours et de chances réciproques, l'armateur, le capitaliste et le fabricant.

Une question enfin domine toutes les autres, c'est celle de la constitution de comptoirs et de sociétés d'exportation, et nous ne doutons pas que le jour où les manufactures de France voudront préparer des envois pour la Chine, elles ne trouvent dans les rapports et les communications des Délégués commerciaux toutes les informations nécessaires.

II.

EXTRAIT DU RAPPORT A LA CHAMBRE DE SEDAN.

Observations sur la qualité des étoffes de laine la plus convenable pour la consommation chinoise.—SPANISH STRIPES *anglais, hollandais et français.* —*Expédition de draps français en Chine en 1841, 1843 et 1844.* — *Vente avantageuse des nouveautés drapées de Sedan dans les colonies européennes de l'Asie.*—*Possibilité de placement des draps de Sedan à Canton, à Manille et à Batavia.*

Aucun tissu en petite largeur ne doit être envoyé en Chine ; le costume chinois se compose, en effet, de trois vêtemens principaux, le *pó*, le *ma-koua* et le *taï-koua ;* tous trois, robe, pèlerine et surtout, sont larges et flottans, et la laize de 157 centimètres 1/2, réclamée par les marchands chinois, est calculée de manière que le tailleur n'ait pas besoin de multiplier les pointes, les laizes et les coutures. On sait que, pour un *ma-koua*, il faut environ 3 coudées 7 pouces de Canton ; pour un *pó*, 8 coudées, et l'on sous-entend toujours que l'étoffe a la largeur réglementaire. Quand bien même, pour vendre en Chine un drap de 140 centimètres, comme on les fabrique habituellement en France, on aurait consenti au plus grand sacrifice possible, c'est-à-dire quand même le consommateur paierait 6 francs ce qui en vaudrait 12, il criera toujours au vol et à la mauvaise foi si son vêtement ne peut être fait qu'en compliquant la coupe et en ajustant deux ou trois laizes ensemble. Voilà au moins trois ou quatre siècles que les habillemens se coupent en Chine de la même façon, et l'on conçoit que la moindre difficulté doive soulever de grands embarras. Les *spanish stripes* anglais, sans doute par suite du retrait naturel de l'étoffe durant les quatre à cinq mois de traversée et de magasinage, n'ont guère que 152 à 155 centimètres de largeur entre lisières, et les draps russes mesurent toujours environ 175 centimètres. Il importe donc de se conformer à la règle, et de se bien pénétrer de ce fait que *les tissus drapés étroits ne peuvent convenir à la consommation chinoise.* En admettant cependant qu'oublieux de leurs anciennes exigences, les Chinois consentissent à les accepter, comme les *long ells*, par exemple, il faudrait leur donner une laize de 80 à 81 centimètres, et au minimum de 79 centimètres pleins.

On a écrit, non sans raison, mais on répète trop souvent peut-être, que les Chinois se préoccupent fort peu de la bonté, de la solidité, et, par conséquent, de la durée des étoffes qu'ils achètent, et que ce qu'ils prennent surtout en très sérieuse considération, c'est le bas prix auquel elles se présentent. Nous ne prétendons pas nier ce fait. Les états des importations démontrent, en effet, plus formellement chaque année, que les draps légers, peu serrés en compte, pauvres en laine, teints en pièces, constituent un des élémens les plus importans du commerce étranger en Chine ; il est encore positif que la vente des draps fins, forts et corsés, est non pas difficile, mais lente, parce que leur prix les réservant pour la consommation des classes aisées, ils trouvent naturellement un débouché plus restreint et un écoulement moins rapide. Cependant les Chinois apprécient plus qu'on ne semble le croire la qualité du tissu ; sans doute ils ne sont pas connaisseurs, ils ne savent pas distinguer les différences de finesse et de travail, ils offrent un prix égal d'un drap de 12 francs et d'un drap de 18; ils tiennent surtout à ce que l'étoffe soit bien close, à ce qu'elle ne laisse pas entrevoir sa toile, à ce qu'elle se montre sous un jour flatteur, avec un joli lustre, une lisière bien fournie, rayée de rouge, de jaune, de bleu, et surtout à ce que le toucher soit doux et soyeux. Tout en s'attachant à ces mérites extérieurs, les marchands ont également bien soin de vérifier la solidité du tissu, et ils ont même à cet égard un mode d'essai fort inexact. C'est de saisir d'une main l'une des lisières, de l'autre le milieu du drap, et de faire subir à celui-ci de brusques tensions. On conçoit que souvent la lisière reste dans la main de l'essayeur, qui en infère la mauvaise qualité de l'échantillon. Cette mésaventure est arrivée à plusieurs échantillons de Sedan.

Il n'entre pas dans le cadre de ce rapport d'insister sur l'attention avec laquelle les Chinois examinent et comparent la bonté des draps légers connus sous le nom de *spanish stripes ;* on recherche sans doute ceux qui sont offerts au meilleur marché, mais on les rejette sans regret dès qu'ils ne présentent pas des garanties suffisantes de durée. Nous pouvons citer pour exemple une partie de draps hollandais fabriqués à Leyde, que l'on a, pour cette raison, refusé d'acheter au prix de 85 centièmes de piastre le yard (5 fr. 10 c. le mètre). Ce qui a fixé l'attention des négocians en lainages de la rue *Ta-thong*, à Canton, sur les échantillons français, c'est principalement leur ténacité. La plupart des draps de dame et de Silésie de Reims et de Mouy n'avaient que ce mérite ; ceux-là avaient contre eux une laize étroite, des nuances dépréciées, une toile rase, un toucher sec, et, malgré ces imperfections, faciles d'ailleurs à faire disparaître, ils ont été demandés. Ceux de Mouy fabriqués, comme on le sait, avec des laines d'agneau, étaient un peu moins solides et plus creux, mais encore riches en matière, et de beaucoup préférables aux *spanish stripes* anglais et allemands. On verra, dans le rapport qui leur est spécial, que les Chinois ont bien compris la supériorité de notre fabrication ; que s'ils tiennent, comme les autres peuples, à donner en échange de ce qu'ils achètent la moindre somme d'argent, c'est-à-dire la moindre quantité de travail possible, ils ne négligent pas non plus la bonté et la durée des tissus. On conçoit que des gens en général peu fortunés, comme le sont les petits bourgeois et les marchands, consommateurs habituels de ces draps, doivent attacher assez d'intérêt à la dépense immédiate ; mais, prévoyans comme ils le sont tous, ils se préoccupent beaucoup aussi de la durée, c'est-à-dire des probabilités d'éloignement plus ou moins grand d'une dépense nouvelle. Ils y ont si bien égard que, même dans le midi, à Canton, on voit porter des draps russes très forts, très épais, on le sait, et relativement chers pour cette raison.

En ce qui concerne les draps fins, nous devons faire observer que telle qualité, qui semblerait en France un peu légère, peut être excellente en Chine. Nos vêtemens sont ajustés, leur confection réclame des étoffes qui offrent de l'élasticité et de la résistance. Le costume des habitans du Céleste-Empire est au contraire ample et flottant ; on peut donc sacrifier sans inconvénient un peu de la bonté intrinsèque du drap pour ajouter à ses mérites extérieurs.

Ces notes s'appliquent assez naturellement aux satins, dont tout le monde connaît la solidité et la convenance pour les vêtemens ajustés, serrés, qui exigent une étoffe souple et tenace. En Chine on ne fait pas attention à ces qualités du drap satin, et, comme on l'assimile au *broad cloth* anglais, on en donnera toujours un prix inférieur à sa valeur réelle.

Nous avons fait examiner ce même article à Manille, à Batavia, à Pondichéry, à Saint-Denis de Bourbon et au Cap de Bonne-Espérance. Il y a, dans toutes ces capitales de colonies, des populations européennes encore habituées au costume métropolitain et par lesquelles les articles de goût et de mode sont toujours accueillis avec faveur. Il faut naturellement que ceux-ci soient établis en vue de la chaleur excessive du climat.

Il y a, en général, pour les draps de Sedan moins de chance de placement en Chine que pour ceux d'Elbeuf et d'Abbeville. Nous avons été amené à cette opinion par l'étude des collections d'échantillons qui nous ont été confiées par les Chambres de commerce et consultatives. Dans la collection d'Elbeuf, on remarque des qualités dites *zéphyrs*, qui ont assez d'analogie avec les *medium cloths* et qui, se présentant en concurrence avec eux, trouveront aisément un débouché et des consommateurs. La vente des *broad cloths*, c'est-à-dire des draps fins est, au contraire, tellement difficile, ou plutôt tellement chanceuse, que l'on n'ose vraiment en conseiller l'envoi qu'en accompagnant ce conseil de nombreuses recommandations. Ainsi Elbeuf peut envoyer dès maintenant sa draperie légère, fabriquée suivant les exigences chinoises, et ce commencement d'affaires lui fera sans doute attendre patiemment que le goût des qualités fines se soit plus répandu en Chine, ou, ce qui sera plus long à arriver, que la classe aisée se soit augmentée, ou, enfin, que les draps russes arrivent moins nombreux et moins dépréciés. Comme Sedan ne fabrique guère que des draps dans le prix de 12 à 25 francs, c'est-à-dire que des *broad cloths*, il n'a en perspective que l'approvisionnement des marchés pour cet article, et l'on sait que l'importation annuelle atteint à peine le nombre de 500 à 700 pièces.

C'est ici l'occasion de parler de plusieurs expéditions de draps reçues à Canton en 1841, 1843 et 1844 : d'après les renseignemens recueillis auprès de divers négocians, voici quel aurait été le sort de ces envois.

En 1841, une partie, consignée à MM. Reynvaan et Cie de Macao, aurait été vendue 4 piastres le yard (près de 24 fr. le mètre).

A la fin de mars 1843, 450 pièces débarquées du navire *le Lafayette*, et consignées à MM. Russell et Cie de Canton, auraient trouvé acheteurs à 2 piastres 10 cents le yard (12 fr. 55 c. le mètre) (1).

Dans cette même année, 350 à 400 pièces, consignées à MM. Dent

(1) Nous donnons plus loin des renseignemens plus complets sur les expéditions et les ventes des draps français en Chine. Voir la notice sur les *broad cloths* français.

et Cie par M. Bodélio, de Calcutta, se soldèrent à des prix différens, de 2 piastres 10 cents à 2 piastres 40 cents le yard (de 12 fr. 55 c. à 14 fr. 35 c. le mètre) ; — et M. Callery, de Macao, vendit 1 piastre 80 cents et 2 piastres, 380 à 400 pièces de draps arrivées par un navire anglais.

Enfin, en février 1844, 350 à 400 pièces, apportées par le trois-mâts *le Joseph*, et consignées à M. Durran junior, de Macao, furent écoulées assez difficilement à 1 piastre 80 cents et à 2 piastres le yard (10 fr. 75 c. à 12 fr. le mètre).

Quelques-uns des draps dont il est ici question, surtout ceux qui étaient teints en pièces, ont été fabriqués par MM. Bertèche, Bonjean jeune et Chesnon. Nous n'avons pas eu l'occasion d'en voir en Chine; mais nous avons pu être renseigné sur ceux des derniers envois. Les négocians américains, hollandais, portugais et chinois qui les ont examinés, s'accordaient à dire que leur qualité était excellente, que la longueur et la largeur des pièces étaient convenables, enfin que les nuances, en général réussies, avaient plu aux acheteurs, et que l'assortiment était bien composé. En résumé, ces draps, teints en laine et en pièces, loyalement fabriqués, étaient très beaux, trop beaux même et surtout trop chers ; c'étaient de vrais *broad cloths* superfins. Si l'on veut maintenir la fermeté du cours de cet article et l'échanger avec bénéfice, il faut n'en presenter qu'une centaine de pièces à la fois, et, s'il est possible, envoyer une qualité à plus bas prix tout en lui conservant sa douceur, sa qualité et son éclat. Les derniers draps de MM. Bertèche, Bonjean jeune et Chesnon sont entrés à Macao, y ont payé les droits, n'ont pas pu s'y vendre, ont été vainement offerts à Canton et dans les ports du Nord, et sont revenus à leur point de départ se livrer à 1 piastre 80 cents. C'est une utile leçon, un exemple de la nécessité de n'expédier, en draperie mi-fine, que des genres à 9, 10 et 11 francs, comme en font à Carcassonne MM. Roger frères.

La réputation de bon goût et de beauté de fabrication des nouveautés de MM. Bertèche, Bonjean jeune et Chesnon est parvenue au Cap de Bonne-Espérance, à Bourbon et à Batavia ; mais jamais, ou du moins bien rarement, on n'avait eu l'occasion d'y voir de ces articles. Il est à regretter que la collection remise par cette maison ait été si petite et composée seulement d'articles d'hiver, dépréciés naturellement dans les colonies des mers des Indes où la chaleur du climat ne permet pas de les porter. Aussi l'on n'y a attaché que fort peu d'intérêt. Au Cap, où durant l'hiver les Anglais ont conservé l'habitude de nos étoffes drapées, on a préféré les nouveautés corsées de MM. Cunin-Gridaine. Cela vient de ce qu'il se trouvait alors sur la place bon nombre d'imitations anglaises de ces côtes façonnées élastiques qui y sont connues sous le nom de *Bonjean*.

Quant aux nouveautés d'été, elles ont été trouvées, en général, à Manille et à Batavia, charmantes, légères, souples, jolies de dessins et de nuances et supérieures à celles d'Elbeuf; malheureusement plusieurs des mérites qu'on leur a reconnus sont pour elles des défauts. On ne porte guère à Batavia que des dispositions très simples, que des sergés, de fines côtes-lignes ou des mille-raies ; on y voit rarement des écossais et des carreaux. Comme le goût du pays exclut en quelque sorte la haute nouveauté, on se trouve réduit à lutter avec des articles de Verviers, dont le bas prix nous ferme le marché. Les nouveautés de MM. Cunin-Gridaine ne s'adressent donc qu'à quelques consommateurs d'élite qui les paieront à leur valeur.

Manille n'a pas assez de luxe pour appeler des articles de choix et de grande nouveauté ; ceux-ci ont, par compensation, un beau débouché à Bourbon. Dans l'Inde, ainsi qu'à Singapore, le pantalon de toile de coton ou de nankin fait une concurrence victorieuse à celui de lainage fantaisie.

Après avoir exposé ces faits, il reste à examiner dans quelle mesure la fabrique de Sedan pourrait intervenir dans une expédition de lainages à destination de la Chine et de la Malaisie.

Nous devons d'abord exprimer nos regrets de n'avoir point eu à notre disposition les qualités les plus ordinaires de cette ville, c'est-à-dire les draps en 140 et 150 centimètres, au prix de 8 à 10 francs ; les casimirs et les satins en 75 centimètres, de 5 à 6 francs. Toutefois, nous avons essayé de préjuger par induction du genre que Sedan livrerait à ces prix.

Pour les satins et les casimirs, nous déconseillons toute affaire, même avec Manille et Batavia, où pourtant on les appelle et où l'on propose de les payer à un taux satisfaisant. Bien que la consommation en soit insignifiante, il n'en faudrait pas moins exécuter pour ces colonies des qualités spéciales, légères, apparentes et à bas prix. Ce serait se donner beaucoup de peine et d'embarras pour satisfaire à des demandes fort limitées aujourd'hui et d'ailleurs sans augmentation probable.

Pour les draps mi-fins et fins, les probabilités de succès sont plus grandes, et il est permis d'espérer qu'une exportation bien dirigée donnerait d'heureux résultats.

En Chine, comme en Europe, la vente d'un article est en raison directe de son bon marché ; on place aisément à Canton 25,000 pièces de *spanish stripes* de 1 piastre à 1 piastre 50 cents le yard (de 6 francs à 9 francs le mètre), et c'est avec lenteur et difficulté qu'on écoule un millier de *broad cloths* de 1 piastre 80 cents à 2 piastres 50 cents (de 10 fr. 83 c. à 15 francs le mètre). Il faut donc que Sedan produise, spécialement pour la Chine, des draps qui s'y présentent dans ces limites de valeur, c'est-à-dire des qualités à 8, 9, 10 et 12 francs. Il est essentiel que ces draps soient légers, souples, apparens, et pourtant de bonne et loyale fabrication, teints en couleurs vives et franches, telles que les aiment les Chinois, et non point telles que les imagine chez nous le caprice de la mode ou la fantaisie du fabricant.

Sedan, si l'on en juge par ses échantillons, peut arriver facilement à établir des étoffes drapées convenables à tous égards pour la Chine. Malgré une couleur peu flatteuse, une laize trop étroite, des petites imperfections de fabrication et de traitement, plusieurs des échantillons de cette ville ont été reconnus excellens et avantageux, et ont été estimés à des prix qui laissent entrevoir la possibilité d'un débouché fructueux. Nous citerons, par exemple, le n° 2 (large de 1 mètre 40 centimètres) de MM. Paul Bacot et fils, à 15 francs, et les draps de 10 à 15 francs de MM. Cunin-Gridaine père et fils et de MM. Bertèche, Bonjean jeune et Chesnon. Les draps de ces fabricans sont tellement supérieurs aux *broad cloths* anglais et allemands apportés sur les marchés de Chine, qu'il est rationnel de présumer que lorsqu'ils seront établis à meilleur compte, avec un peu moins de finesse et la même apparence, ils soutiendront victorieusement la concurrence d'ailleurs peu menaçante des similaires étrangers.

La manufacture de Sedan ne peut prétendre à s'occuper, comme Beauvais et Reims, de draps légers, ni, comme Elbeuf, de *medium cloths*, mais elle ne doit céder à personne la fabrication des *broad cloths*. L'expédition de MM. Bertèche, Bonjean jeune, Chesnon et J. Randoing d'Abbeville, a commencé à détruire les vieilles préventions et la méfiance que l'on conservait à l'égard des draps de France ; et, fidèle à ses traditions et à ses habitudes de loyauté, la fabrique de Sedan achèvera, sans doute, de ramener la confiance chez les acheteurs cantonnais.

Nous n'insistons pas sur la convenance des draps mi-fins et fins pour Manille et pour Batavia, parce que sur ce point il ne reste pas le moindre doute. Il est bien entendu pour tous qu'en 142 centimètres pleins, et en ne se présentant que par 1 ou 2 balles de 10 à 12 pièces assorties, ils ont toutes chances favorables pour se placer avec bénéfice.

III.

EXTRAIT DU RAPPORT A LA CHAMBRE DE CLERMONT-L'HÉRAULT.

Draps londrins français. — Ventes faites à Canton en 1790 et 1792. — Échantillons de Clermont-l'Hérault.

Suivant P. Blancard (*Manuel du commerce des Indes et de la Chine ;* 1806), les draps qui se vendaient en Chine, il y a cinquante ans, étaient des londrins français, anglais et hollandais, de trois qualités différentes, et assortis, en général, comme suit :

Noir	35 p. 0/0.
Bleu turc	30
Violet	15
Ecarlate	10
Gris ou brun	10
	100

Ils avaient alors à payer un droit de 2 mèces 1 candarine par aune de France, environ 13 1/2 p. 0/0 de leur valeur.

Déjà, en 1790, les draps français étaient discrédités à Canton à cause de la mauvaise qualité de ceux que nous y avions portés ; ce qui ajoutait, en outre, à la difficulté du placement de cet article, et obligea Blancard à livrer à 5 p. 0/0 au-dessous du prix d'achat les 40 balles qu'il avait apportées en 1792, c'était l'encombrement du marché. A cette époque, en effet, la Compagnie anglaise des Indes-Orientales, pour satisfaire aux réglemens de sa charte, importait une grande quantité de lainages, simplement comme contre-valeurs et sans y chercher de bénéfice. Les draps convenaient peu alors à la consommation chinoise ; la population n'en devait contracter l'habitude que quelques années plus tard, quand la qualité se fut améliorée, et le prix était d'ailleurs encore trop élevé pour que cet article pût être acheté par le peuple.

En 1790, les londrins seconds de France se vendaient 1 taël 6 mèces l'aune de France (10 francs le mètre), et, en 1792, 1 taël 5 mèces (7 fr. 70 c. le mètre).

Aujourd'hui les draps londrins sont rebutés ; on les trouve trop grossiers, trop épais et trop durs, et il a été impossible d'arrêter un instant sur eux l'attention des négocians chinois.

Nous lesavons présentés à Macao, à Canton, à Ning-po, à Chang-haï et à E-mouï ; partout en Chine, comme dans l'Archipel indien, on leur a fait les mêmes reproches. On ne les a jugés bons qu'à être peints et imprimés pour faire des tapis de table ou de sol, destinés à remplacer ceux en feutre léger que l'on fabrique dans le nord de la Chine. Il est inutile de dire qu'en vue de cette destination, on a offert des prix dérisoires.

Il ne faut donc pas songer à expédier désormais en Chine des draps londrins premiers, seconds ou troisièmes, analogues aux échantillons de Clermont-l'Hérault.

IV.

EXTRAIT DU RAPPORT A LA CHAMBRE D'AMIENS.

Bonneterie de laine française et chinoise. — Gants et bas. — Articles du Santerre (Amiens).

L'industrie de la bonneterie de laine existe depuis l'époque de l'invention du métier à bas (1670 à 1672) dans cette partie de la Picardie qui comprend Montdidier, Roye et Péronne, et qui est connue sous le nom de Santerre. Elle y occupe aujourd'hui une population de près de 50,000 ouvriers et ouvrières de tout âge, et livre à la consommation pour une valeur de 25 millions de francs de produits.

Depuis un demi-siècle, l'Angleterre nous fait, dit-on, sur ce terrain une concurrence victorieuse; nos exportations ne sont point, en effet, relativement aussi considérables qu'elles l'étaient en 1790. Il y avait donc lieu d'examiner, en présence de ces circonstances, si l'on pouvait espérer le placement de nos produits en Chine et dans l'Archipel indien.

Nous avons, en cette occasion, constaté de nouveau ce fait naturel que les Anglais, habitués à chercher et à trouver leur bénéfice dans cinq ou six grands élémens de commerce, négligent les petits articles d'assortiment, ou du moins les exécutent ou les choisissent avec assez peu de soin. Il nous serait facile d'en approvisionner les différens marchés.

La bonneterie de laine est, on le comprend, peu demandée dans les colonies de l'Archipel indien et en Chine. Cependant, les suites graves qu'amènent les refroidissemens dans les latitudes chaudes ont fait adopter à un grand nombre d'Européens l'usage de certains vêtemens de flanelle ou de tricot léger, et la rigueur des hivers dans les trois quarts de l'Empire chinois y fait rechercher les habillemens chauds.

Gants. — Les gants, quels qu'ils soient, ne conviennent point pour la Chine; on n'en porte point. Les manches du *pô*, du *taï-koua*, du *ma-koua* et de presque tous les vêtemens des Chinois, sont amples et très longues; elles descendent de 25 centimètres environ plus bas que la main, et celles des robes et des surtouts de cérémonie présentent la forme d'un sabot de cheval, allusion au dragon-cheval de *Fou-hi*. Les mains sont donc à peu près préservées du froid.

Dans plusieurs parties de l'Empire, et même dans certains points du littoral fréquentés par les Européens, les habitans n'ont pas la moindre idée de ce que sont les gants. Jusqu'à présent, on n'en a pas porté dans ce pays, et il est probable que de longtemps on n'en prendra pas l'habitude.

Bas. — Les Chinois portent plusieurs espèces de bas en laine et en coton, tous avec pieds.

1° Les uns sont en calicot; on coupe, on ajuste et on coud les différentes pièces et on arrive à former une chausse ample et plus ou moins disgracieuse. Elle est maintenue par le pantalon, espèce de culotte courte, qui s'arrête et s'attache au-dessous du genou.

2° Les autres (*miénn-sa-mat*) sont tricotés à la main et paraissent être faits en fils de déchets de coton. Ils se fabriquent dans le Kouang-tong et leur prix est extrêmement bas, puisque le premier numéro, long de 42 centimètres, se vend au détail à Canton 45 centimes la paire.

3° Les bas qui se portent dans le Nord sont en laine très jarreuse ou plutôt en déchets de poils de chèvre, et tricotés aussi à la main. Ils ressemblent assez à des filtres coniques, car la forme du pied n'est point dessinée et le talon n'est pas marqué. Ils ont de 35 à 39 centimètres de longueur, de 14 à 15 centimètres de large, à l'ouverture de 56 à 78 chaînettes de tricot, et la paire pèse en moyenne 115 grammes. On les appelle *mao-ma* et *do-sia* et on les fabrique dans la province du Chèn-si. Il y en a deux qualités principales, l'une qui se paie de 25 à 40 centimes la paire, et l'autre du prix de 80 centimes environ.

4° Enfin on fait encore dans le Chèn-si et dans la Mongolie des chausses longues et épaisses en feutre gris-clair qui valent à Chang-haï 6 fr. 50 c. A part ce dernier article qui a un intérêt tout spécial, les trois autres nous reportent à l'enfance du tricot et aux premiers essais de bas découpés.

Les échantillons du Santerre ont attiré l'attention des Chinois. Les Anglais avaient déjà songé à importer à Canton un peu de bonneterie de laine, mais ils s'étaient contentés de solder à l'arrivée leurs assortimens d'essai à des courtiers qui trouvèrent plus expéditif d'en revendre la plus grande partie aux Européens et aux matelots des navires au mouillage de Wham-pou (1). C'est donc, selon quelques marchands, la première fois qu'ils ont pu examiner ce que l'on fait en Europe en ce genre, et il est à désirer qu'on mette de temps en temps sous les yeux des grands négocians et des petits marchands les divers articles que nous produisons.

Il ne faut pas se dissimuler que la demande, pour les bas de laine par exemple, sera très restreinte pendant longtemps encore ; ils finiront cependant par entrer dans le costume du peuple. Jusqu'à ce que l'on ait triomphé des anciennes habitudes, il convient d'être prudent dans l'expédition des genres nouveaux, et leur importation, si petite qu'elle doive être, ne saurait être négligée, puisqu'elle tend à les faire connaître davantage.

Dans les premières années, si l'on en croit Kum-qua et Sam-qua, il ne faudrait pas apporter plus de 1,200 paires de bas de laine à Canton, et plus de 2,000 à Chang-haï, au dire d'A-lum et de King-wo. Nous pensons que ce dernier chiffre est trop élevé, et malgré la haute expérience des deux négocians chinois qui l'ont fixé, nous conseillons de n'expédier d'abord que de 4 à 500 paires. Si l'on pouvait parvenir à Tiénn-tsing, il y aurait probabilité d'y solder une partie de 2 à 300 paires. A E-mouï et à Ning-po, on trouverait peu d'acheteurs.

Le noir ne convient pas, ou du moins il est bon de n'en mettre dans les assortimens qu'une très petite proportion. Le blanc est excellent, et tous les bas en cette couleur seront certains d'obtenir les meilleurs prix.

Il faut, sauf exception, des bas dits de femme, un peu courts de jambes et à pieds assez petits. Une qualité ordinaire sera toujours de bonne vente, et nous rappellerons qu'en général on n'apprécie pas à leur valeur les numéros fins et extra-fins.

Les bas s'empaquètent et se vendent en Chine par dizaines de paires.

---

(1) Il faut dire aussi que le placement de ces petites expéditions a été assez long et peu avantageux.

V.

EXTRAIT DU RAPPORT A LA CHAMBRE DE COMMERCE DE REIMS.

Observations générales.—Bêtes ovines et laines chinoises.—Importations à Canton de fils de laine d'Angleterre et de Hollande.—Droits d'entrée et de transit que paie en Chine la laine filée. — Substitution des étoffes de coton à celles de laine, de soie, etc., dans le costume du peuple.— Convenance des mérinos et de certains articles de fantaisie.—Gazes pour tamis et blutoirs.—Rareté des laines et absence d'industrie drapière en Chine. — Histoire du commerce, importations et consommation des draps dans l'Empire. — Consommation des flanelles en Chine. — Répugnance prétendue des Chinois pour les étoffes en laine et coton. — Observations générales sur leurs habitudes de costume et leurs goûts.— Lits chinois.—Usage des châles et des cravates.—Châles convenables pour l'Espagne, le Cap et l'Inde.

L'industrie variée de la ville de Reims, productrice d'étoffes légères, avantageuses de prix et de qualité, avait paru devoir être l'une des favorisées, dans le cas où des débouchés s'ouvriraient à nos importations dans l'extrême Orient. Les faits que nous avons constatés ont confirmé ces prévisions, et les observations que nous avons consignées prouveront la possibilité de placer avec plus ou moins de succès les articles de cette fabrique en Chine et dans les colonies espagnoles, anglaises et hollandaises de l'Archipel indien.

Observations générales.—L'une des premières conditions de réussite des articles destinés à l'exportation, c'est d'être exécutés dans les manufactures spéciales par des fabricans habitués à produire des étoffes similaires et dont l'expérience est une garantie de succès. Il arrive trop souvent, ou que l'on achète, sans souci des exigences de la consommation étrangère, des tissus établis suivant les goûts et les nécessités de la toilette française, ou que l'on ne se préoccupe nullement des habitudes de travail des ateliers auxquels on confie l'exécution des assortimens. — Dans le premier cas, qui est le plus fréquent, on jette sur les marchés des Indes et des Amériques des marchandises qui ne sauraient y convenir, et qui y sont inévitablement rebutées et sacrifiées. Dans le second cas, on arrive à livrer des produits à peu près conformes aux types proposés, mais dont la laine, le montage, le tissage et presque toujours les apprêts laissent à désirer ; de là une cause non moins réelle de dépréciation.

Nous avons constaté, dans les colonies françaises, hollandaises et espagnoles des mers de l'Inde et de la Chine, ces regrettables erreurs; nous ne saurions donc trop conseiller à nos négocians, à ceux qui veulent loyalement remplir les ordres de leurs correspondans ou préparer des expéditions, de s'adresser aux foyers spéciaux des différens genres de lainages, et de ne pas provoquer par leurs commandes des déplacemens ou des changemens de fabrication. Quelque habile que soit la main qui effectue ou dirige les essais, il est rare qu'elle obtienne, même au prix des efforts les plus intelligens, cette perfection qu'assure l'expérience acquise.

Des échantillons de Beauvais et de Reims, présentés en Chine et à Java, ont été accueillis avec faveur. Ils ne sont pas, il est vrai, identiques aux similaires anglais et allemands; ils en ont quelques-uns des mérites sans en avoir tous les défauts; s'ils ne possèdent pas à un égal degré la douceur, la légèreté et la souplesse, ils se recommandent par la ténacité du tissu et la bonté de la teinture. Nous pensons qu'à Beauvais et à Reims, qui, depuis longues années, produisent ces qualités de draps légers, doivent être confiés, de préférence à tous autres, les ordres de fabrication de ces tissus. Il est naturel de présumer qu'habituées déjà à cette spécialité, ces deux villes comprendront plus facilement et réaliseront avec plus de bonheur les améliorations ou les modifications indiquées par les négocians chinois, hollandais et anglais. — Nous croyons savoir qu'une commande de *spanish stripes* a été donnée à une manufacture du Midi : le point de départ du fabricant sera naturellement le drap mahout, stamboul ou du sérail, en laine un peu dure, en filature ronde, garni, tondu et apprêté comme pour la consommation du Levant; il lui faudra, pour arriver au type de Leeds, changer entièrement son mode de travail, tandis qu'ailleurs il suffirait de perfectionnemens de détail dont la réalisation plus facile serait, par conséquent, plus certaine et le résultat plus satisfaisant. Par ces raisons, il nous a paru indispensable de faire connaître, dans nos rapports, les directions et les habitudes de fabrication des différentes villes dont les échantillons nous ont été confiés.

Bêtes ovines et laines chinoises.— La race ovine est rare dans la Chine proprement dite. Dans la plus grande partie de la région méridionale, du littoral et des districts riverains des fleuves, la population est si considérable que l'on est forcé de cultiver les terres en riz; on réserve pour les mûriers, les thés, les cannes à sucre, les *polygonum* et les tabacs, les sites les plus favorables; et l'on ne peut songer, en présence de plantations, les unes aussi productives et les autres aussi nécessaires, à réserver des pâturages pour l'élève des moutons. Il faut remonter jusqu'aux provinces du Chèn-si, du Chan-si et du Tchih-li pour trouver des troupeaux de bêtes ovines, composés pour la plupart de dombas à grosse queue (1). Les animaux que l'on trouve dans l'île Tchou-san, à Ning-po, à Chang-haï, proviennent, dit-on, d'une des provinces centrales, du Ho-nan (2), et sont destinés à la boucherie.

On comprend que le mouton étant rare, la laine le soit également; et c'est ce qui explique pourquoi les Chinois utilisent tous ces poils gros-

(1) C'est sans doute la variété *Steatopyga* (Shaw) de l'*ovis laticaudata*.

(2) Un grand nombre des béliers que l'on vend à Canton pour la boucherie vient aussi du Ho-nan; le prix d'achat par tête est de 8 taëls 5 mèces (64 fr. 85 c.); le poids moyen du bélier est de 85 à 90 catties (de 51 kil. 425 à 54 kil. 450), et il donne environ 35 catties (21 kil. 175) de viande.

siers, jarreux et courts, de chien, de vache, de chèvre et d'une espèce de daim (*Tchi-ma*) (1), qui seraient chez nous sans valeur. Ils savent, néanmoins, en tirer bon parti, les filer patiemment à la main et en tisser en haute lisse et à l'espoulin d'excellens tapis.

Dans le Nord, l'alimentation et le climat modifient la pilure des toisons, qui se rapprochent plus ou moins des poils cachemires des chèvres du Thibet et de la Mongolie. Il n'y a donc, à proprement parler, pas de laine en Chine, et comme la rigueur des hivers dans les trois quarts de l'Empire rend nécessaire l'usage des vêtemens chauds, les tissus de laine européens sont assurés de trouver un important débouché.

Importation à Canton de fils de laine d'Angleterre et de Hollande.—Il était intéressant de s'enquérir s'il conviendrait aux Chinois de fabriquer avec des fils de laine d'Europe des étoffes à leur goût. Nous nous sommes d'abord assuré que depuis 1809-1810 à 1833-1834, ni la Compagnie des Indes-Orientales, ni le commerce privé d'Angleterre, ni les Etats-Unis, n'ont fait d'expédition importante de fils de laine en Chine (2). Ce n'est que depuis une dizaine d'années que l'on a apporté quelques lots qui paraissent s'être, en général, assez mal vendus. Les états du commerce de Canton, en 1836-1837, préparés et publiés par la chambre générale de commerce de cette ville, en évaluent, pour cette année, 1836-37, l'importation par bâtimens anglais à 165 piculs (9,982 kil. 50), et par navires américains à 76 piculs (4,598 kil.), d'une valeur moyenne de 9 fr. 10 c. le kilogramme (100 piastres le picul).

Un rapport sur le commerce étranger à Canton, daté du 1er février 1836, et publié dans le *Singapore Chronicle* du 5 mars, présente sur le cours des laines filées sur le marché de Canton les observations suivantes :

« Il a été importé très peu de fils de laine : 20 piculs (1,210 kil.) des nos 22 à 38 (3) en blanc ont été soldés récemment à 130 piastres le picul (11 fr. 80 c. le kilogr.), et de petits assortimens se sont vendus pendant cette saison, savoir : les nos 28 à 48, à 140 piastres le picul (12 fr. 75 c. le kilogr.) et les nos 18 à 26, à 110 piastres le picul (10 fr. le kilogr.). Maintenant, on trouverait acheteurs au prix ci-dessus (140 piastres) pour une partie peu considérable des nos 28 à 48 en blanc... La consommation de cet article est très limitée. »

C'est ce que prouve, d'ailleurs, la rareté des importations. Si l'on consulte, en effet, le no 111 (20 mai 1844) des Papiers parlementaires (Chambre des Lords), on trouve que, de 1826 à 1843, il n'a été exporté d'Angleterre en Chine, en fils de laine peignée et cardée que

1,847 livres	= 838 kil.	538 gr.	en	1829.
2,340	= 1,062	360		1834.
12,760	= 5,793	040		1836.

(*Parliamentary Papers*, no III, tab. 4, pag. 14 et 15.)

(1) Suivant le *Chinese Repository*, t. VII, page 140, on fabrique des vêtemens frais et agréables avec les poils du chameau.

(2) Consulter dans les Papiers parlementaires anglais les états du commerce de l'Inde et de la Chine (juin 1829, no 285), ainsi que les documens et l'enquête sur les affaires de la Compagnie des Indes (1830 et 1840).

(3) L'écheveau anglais de laine peignée filée a une longueur de 560 yards. Le numéro indique la quantité d'écheveaux, chacun de 560 yards, contenue dans une livre.

Les états consulaires du commerce anglais et étranger avec la Chine ne font aucune mention de cet article pour 1844 et pour 1845; pendant cette dernière année, en effet, il n'en est point arrivé, mais il a dû en être importé en 1844; car 5 balles pesant 1,330 livres (603 kil. 82) de laine peignée filée, cotée en douane à 5 fr. 60 c. le kilogramme, figurent sur la déclaration à la sortie (2 septembre 1843) du *Bangalore*, bâtiment expédié de Londres à destination de Hong-kong et de Macao.

Quoi qu'il en soit, nous avons trouvé à Canton chez Tchouèn-long, fabricant de camelots brochés chaîne soie, trame laine, des fils de laine peignée hollandais, dont nous estimons le taux de 8 à 8 1/2 (1). Ils arrivent en grodes de quatre échées de deux peunes; l'échée est forte, en moyenne, de 780 tours de fil, et paraît dévidée sur un périmètre de 1 mètre 570; il y a des échées qui ne sont longues que de 60 et 74 centimètres. Leur poids est également très variable; il en est qui pèsent 92 grammes 25 et d'autres 37 grammes 50 ; la moyenne est de 76 grammes 125. Ces filés pour camelots ont été achetés à Canton par le fabricant de 140 à 150 piastres le picul (de 12 fr. 75 c. à 13 fr. 65 c. le kilogr.), et s'y vendent au détail à raison de 200 piastres (18 fr. 20 c. le kilogr.) (2). Il faut ajouter qu'un seul petit fabricant faisant tisser ces *fa-u-tunn* laine et soie, la demande de ce numéro et de cette qualité est très limitée.

Il nous a paru convenable d'entrer dans des détails préliminaires aussi minutieux, pour bien établir dans quelles circonstances l'article se présente.

Nous ne terminerons pas cet aperçu sur la convenance des fils de laine en Chine, sans dire un mot de la législation douanière qui leur est appliquée.

Droits d'entrée et de transit de la laine filée en Chine. — La laine filée paie un droit d'importation de 3 taëls par 100 catties (37 fr. 85 c. les 100 kilogr.) ; en assignant à cet article un prix moyen de 10 fr. le kilogramme, le droit représente 3 3/4 p. 0/0 de la valeur. Mais la laine filée doit, pour circuler dans l'Empire, acquitter aux douanes intérieures des droits de transit plus considérables. Ainsi le picul (60 kilogr. 47), après avoir payé à l'entrée 3 3/4 p. 0/0 de la valeur (3 taëls = 22 fr. 89 c.), est grevé, dans le seul trajet de Canton à Nan-king, de 8 p. 0/0 (6 taëls 4 mèces 8 candarines 8 caches 4/5 = 49 fr. 50 c.), ou de 81 fr. 80 c. les 100 kilogrammes, savoir :

		t.	m.	c.	c.		fr.	c.	
A la Douane..	de Kan-tchéou....	3	1	4	2	=	23	97	le picul.
	de Taé-ping	3	1	4	2	=	23	97	id.
	de Pih-sin........	0	2	0	4 4/5	=	1	56	id.
		6	4	8	8 4/5	=	49	50	

Ces taxes ont-elles été autorisées par la déclaration officielle du 26 juin 1843 (*Chinese Repository*, t. XIII, page 665)? C'est ce dont il est permis de douter, car elles ne sont pas établies d'après le taux modéré que celle-ci annonce.

Les chiffres sur lesquels nous appuyons cette observation, nous ont été communiqués par le négociant *Tchan-tching*, et ont été publiés en partie par le Gouvernement colonial de Hong-kong, le 20 février 1844.

(1) 170 tours de dévidoir × 1 m. 439 = 250 mètres.

(2) Ces fils avaient été d'abord achetés à un négociant hollandais par Sam-qua, qui a déclaré les avoir vendus à perte au fabricant; nous déconseillons l'envoi de semblable article à Canton.

Substitution des étoffes de coton à celles de laine, de mâ, etc., dans le costume du peuple. — Convenance des mérinos et de certains articles de fantaisie.—Tout négociant chinois, interrogé sur la convenance du mérinos pour la vente, répondra sans hésitation qu'il est difficile d'écouler cet article, et qu'il faut le plus souvent consentir à de grands sacrifices, parce qu'il n'a pas encore été employé pour les vêtemens des femmes.

Maintes fois les Anglais l'ont présenté sur le marché de Canton ; les registres d'expédition de la Compagnie des Indes-Orientales mentionnent déjà l'envoi, en 1815-1816, de 72 pièces, et récemment, en novembre 1844, le *Vanguard* en importait à Chang-haï 324 pièces. Il en est également arrivé, dit-on, plusieurs petites parties d'essai sous les pavillons hambourgeois et danois ; mais toutes ces expéditions ont été infructueuses. Les qualités dont elles se composaient étaient, d'après les dires des Chinois, dures et communes ; elles étaient pour eux inférieures en soyeux et en force à leurs serges de cachemire du Chèn-si, auxquelles ils ne voulurent point les substituer dans le costume des enfants ; elles étaient aussi moins avantageuses que les *long ells*, et inapplicables par conséquent aux ameublemens et aux vêtemens populaires.

On ne doit donc pas attacher à ces précédens plus d'importance qu'ils n'en méritent, et conclure de l'insuccès de quelques tentatives qu'il faille désespérer de faire adopter en Chine l'usage du mérinos.

Sans doute la toilette chinoise ne subit pas comme la nôtre la fantaisie de la mode ; la génération actuelle s'habille à peu près comme celle qui l'a précédée il y a dix siècles, et les traditions nationales, les lois somptuaires, les prescriptions des livres des rites, imposent à toutes les classes la rigoureuse observance des coupes, des couleurs et des ornemens des vêtemens. On exagère cependant la fixité des habitudes en matière de toilette; les formes, et non point les étoffes, sont déterminées et consacrées par l'usage ; celles-là sont immuables, mais celles-ci peuvent être changées et varient en effet ; les faits suivans le démontrent :

Depuis la dynastie des *Hia* (2205 à 1767 avant J.-C.) jusqu'à celle des *Ming* (1368 à 1644 de notre ère), les Chinois se sont vêtus de fourrures et d'étoffes de laine, de soie et de fil.

Sous les *Cinq souverains* (2852 à 2204 avant J.-C.), et durant une partie de la célèbre dynastie des *Tchéou* (1122 à 248 avant J.-C.), l'élève des bêtes à laine était encouragée et honorée ; les troupeaux, très nombreux, constituaient la grande richesse des principautés du Nord. L'industrie, même dans ces âges reculés, se montrait active et habile, et les grands et le peuple portaient des tissus de laine. Les invasions, les guerres civiles, la tyrannie de Chi-hoang-ti, la dépossession des colons-pasteurs mirent fin à cette prospérité. La laine fut plus rare, et la soie, dont la production dans l'intérieur des familles n'avait pas à souffrir des troubles politiques, devint plus abondante et plus usuelle, excepté dans les provinces méridionales, où, jusque sous la dynastie des *Yuèn* (1280-1367 après J.-C.), elle paraît avoir été peu répandue. Ce n'est que vers le deuxième siècle de notre ère que les Annales mentionnent le coton ; il était si rare alors, qu'elles racontent comme une chose singulière que l'empereur Wou-ti (qui monta sur le trône en 502) avait une robe de coton. Les empereurs Yuèn ne purent, malgré tous leurs efforts, triompher des préjugés et des difficultés qu'opposait le peuple à cette nouvelle culture ; il était réservé à la dynastie des *Ming* de réussir à créer en Chine l'industrie agricole et manufacturière du coton. Aujourd'hui, les cotonnades inconnues aux classes pauvres, il y a trois ou quatre cents ans, sont les seules étoffes qu'elles portent, et l'Angleterre en vend chaque année environ 2 millions 500,000 pièces.

Dans un espace de trois siècles, elles ont remplacé les pelleteries, les soieries, les tissus de *mâ*, de poil et de laine ; la matière des vêtemens a changé, la forme s'est toujours maintenue. On peut donc espérer que la substitution de nos articles de fantaisie ne trouvera pas plus d'obstacles que n'en a rencontré le remarquable changement que nous venons de rappeler.

Nous avons pensé que les échantillons de nos mérinos, mousselines, etc., devaient d'abord être présentés aux consommateurs naturels, qu'il fallait les faire connaître. Les négocians et les courtiers sont gens fort habiles pour traiter les affaires courantes; mais ils sont peu disposés à se donner la peine de faire réussir sur le marché les étoffes nouvelles. Nous avons donc confié aux soins obligeans de Pwan-tss'-ching, de Lin-tchong, associé de l'ancien hong-merchant King-qua et d'un des parens de feu Haou-qua, la collection de nouveautés pour robes de Reims. Elle a été examinée dans des familles chinoises riches et habituées au luxe, et par des dames qui sont les meilleurs juges de la convenance de pareils tissus. Les observations qui ont été recueillies sont favorables.

On arrivera aisément à donner aux dames chinoises le goût des nouveautés en laine pure ou mélangée, et nous pensons que le bon marché décidera leurs maris à n'y point mettre obstacle. Un exemple va le prouver. Bien que le fait que nous allons signaler soit particulier à l'industrie d'Amiens, il nous a paru utile de le mentionner dès à présent.

Nous avions prié Pwan-tss'-ching d'examiner nos échantillons de lainages et de désigner ceux dont la vente offrirait des chances de bénéfice. Pwan satisfit à notre demande et nous fit remettre, en outre, la liste des pièces qu'il désirait commissionner en France.

Une partie était pour robes de dame (1) et l'autre pour couvertures de lit ; nous aurons occasion de reparler plus loin de celle-ci.

NOMS des TISSUS.	NOMS DES FABRICANS qui ont remis les échantillons choisis.	NUMÉROS d'ordre des échantillons choisis.	NATURE de la chaîne.	NATURE de la trame.	Largeur.	PRIX du mètre.
					centim.	fr. c.
Eolienne.	M. Ponche-Bellet	Série 12, n° 78. Dessin 331....	Soie.	Laine.	90	3 25
	MM. Mollet-Warmé frères....	Série 12, n° 77. Dessin 93.....			90	3 25
	Mme Ve Cailleux....	Nos 136 à 139, 140 à 143, 147 à 149.			80 à 85	2 90
Afghan ...	Id..........	Nos 59 à 96, 98, 100 à 104.....			85	2 90

(1) Une carte de ces échantillons est déposée au Ministère du commerce (Direction du commerce extérieur).

Ainsi un dignitaire chinois a fait choix spontanément de ces 57 numéros qui se rapportent à des articles glacés et façonnés de haute nouveauté, et il consentait même aux longueurs et largeurs en usage en France.

Nous reviendrons sur cette commission dans le rapport sur les échantillons de la chambre de commerce d'Amiens ; elle aura constaté ici que notre fabrication d'articles de fantaisie peut plaire dans le Céleste Empire.

Ce qui précède s'applique plutôt aux façonnés qu'aux unis ; mais Reims faisant surtout pour robes des mérinos et des mousselines, nous avons jugé utile d'appeler vivement son attention sur ce sujet.

Nous devons reconnaître que les étoffes légères en laine peignée *ne conviennent pas nominalement*, que tous les marchands consultés dans le cours d'une conversation sur les avantages d'une importation de mérinos ou de mousselines unies, ont été unanimes pour en déconseiller l'envoi. —Quand les échantillons de Reims, de Saint-Quentin et de Cercamps près Amiens leur ont été soumis, ils ont avoué que jamais lainage aussi souple et aussi joli ne s'était offert à la vente, mais ils ont fait alors observer qu'il était inconnu des consommateurs et que les premiers assortimens expédiés trouveraient peu ou point d'acheteurs. Avant donc de songer à écouler avec profit nos mérinos en Chine, nous devons les faire connaître à Canton, ainsi qu'à Chang-haï, et nous y arriverons aisément en confiant des cartes d'échantillons aux soins de quelques correspondans.

Gazes pour tamis et blutoirs. — Les Chinois se servent dans leurs moulins à blé de blutoirs (1) en gaze de soie (*sou-cha*) (2). Nous avons visité à Canton l'atelier d'un petit fabricant de cette gaze pour tamis et bluteaux, et nous y avons recueilli sur l'étoffe légère que l'on y tissait les renseignemens suivans : — La pièce, au dire de ce fabricant, a 40 tchihs (environ 15 mètres) de long, et 1 tchih 4 tsuns (environ 52 centimètres) de large (nous avons mesuré cette gaze sur le métier entre les temples, elle avait 455 millim.). Il entre dans la pièce 13 taëls (491 grammes 1/2) de soie, et on la vend 4 taëls d'argent (30 fr. 50 c.) (3). — On tisse également des *sou-cha* en 54, 60 et 65 centimètres de large, qui se vendent de 75 centimes à 3 francs le mètre, ou

---

(1) Le blutage du blé se fait ordinairement à la main avec des tamis ronds ou carrés. C'est du moins ainsi que nous avons vu opérer dans un moulin de douze paires de meules à Canton, et ce qu'a remarqué l'auteur des *Walks about Canton* (*Chinese Repository*, t. IV, p. 192).

(2) On lit dans l'Encyclopédie *Thien-kong-khaï-wé*, livre 1, folio 57 recto : « Au fond du cadre est placée une gaze à jour tissée en soie. Les gazes tissées avec la soie du Hou-pèh peuvent bluter mille boisseaux sans se détériorer ; celles fabriquées avec les soies jaunes des autres provinces sont hors d'usage après le blutage de cent boisseaux. »

(3) Chaque pièce de gaze *Sou-cha* occupe, au dire du fabricant, trois ouvriers : l'ourdisseur, qui est payé à raison de 1 mèce (76 centimes) par jour ; le tisseur, qui fait sa pièce en deux jours, et gagne 1 mèce 3 candarines (84 centimes) par jour ; et l'apprenti, occupé à devider, bobiner, etc., et qui n'est pas payé durant ses trois années d'apprentissage.

Les gazes à bluteaux se tissent à cinq temples ; comme les blutoirs ont une surface déterminée, on a soin de les séparer les uns des autres dans la pièce par des rayettes en gros fils de coton, qui coûtent 1 mèce 2 candarines le catty (1 fr. 40 c. le kil.). Le fabricant achète sa soie à Li-léo ou à Chouén-té, département de Kouang-tchou (province de Kouang-tong), 250 piastres le picul (227 fr. 25 c. les 100 kil.).

de 90 à 133 francs le kilogramme (1). La cherté de ces derniers prix fait présumer qu'il y aurait peut-être lieu de présenter à Canton et à Chang-haï quelques-unes de nos étamines à bluteaux. Nous sommes fondé à penser qu'il serait facile d'en vendre chaque année un petit assortiment avec un beau bénéfice.

Rareté des laines et absence d'industrie drapière en Chine.—Les étoffes foulées et drapées que Reims fabrique depuis si longtemps avec assez de succès et qu'il désigne sous les noms de *draps de dame* simples et molletons, de *silésies* unis et cannelés, et de *draps royaux*, peuvent entrer pour une grande proportion dans les cargaisons à destination de l'extrême Orient. En un mot, le drap léger de Reims, ainsi que celui de Mouy et de Beauvais (Oise), est le meilleur article de l'industrie lainière que la France puisse et doive importer en Chine. Le haut intérêt qui s'y attache nous a engagé à multiplier sur ce point les renseignemens, à rechercher tous les documens qui constatent les quantités et les valeurs des expéditions anglaises et américaines à différentes époques, à mettre enfin sous les yeux des fabricans quelques pages de la monographie que nous avons préparée sur ces lainages, et dont notre rapport, daté de Macao, 1er juillet 1845 (2), a donné déjà un aperçu.

Tous les faits que nous avons recueillis nous autorisent à penser que les Chinois ne fabriquent point de draps, c'est-à-dire de tissus en laine douce, foulés, garnis et tondus. Ce point nous a paru assez essentiel à constater, afin de pouvoir juger plus sûrement de l'avenir du commerce de cet article en Chine. Il a fallu la déclaration unanime de tous les négocians et marchands chinois que nous avons consultés, pour nous décider à négliger les informations qu'ont transmises les missionnaires de Pé-king, et nous regrettons vivement encore de n'avoir pas pu acheter à Ning-po des étendards dont la flamme triangulaire en drap léger, analogue pour la qualité et la couleur aux tartans en poil de vigogne d'Elbeuf (3), était, nous assurait-on, de manufacture indigène.

Une géographie chinoise, le *Ti-li-tchi*, signale la fabrication de draps de laine (*mao-yit*) dans le Tcho-hing-fou, province de Yun-nan. Le Père Du Halde (vol. 1, p. 129) dit « que l'on fait à Nan-king d'assez bons draps en laine qu'on nomme du nom de la ville, *Nan-king-chen*. Ceux qu'on voit dans quelques autres villes, ajoute-t-il, ne leur sont pas comparables, ce n'est presque que du feutre fait sans tissure. » La Harpe (*Abrégé de l'Histoire générale des voyages*, vol. VII, p. 240) modifie singulièrement cette observation, sans doute d'après des documens plus détaillés et aussi véridiques; il cite ainsi le fait : « Le drap de laine qui s'appelle *Nan-king-chen* se fabrique dans quelques autres villes de la province (de Kiang-sou). Il est fort bon, quoique ce ne soit qu'un feutre sans tissu, orné de

---

(1) *Catalogue de l'exposition des échantillons et modèles rapportés de la Chine et de l'Indo-Chine par les Délégués commerciaux.* (*Avis divers* [3e série], no 341, juillet et août 1846, page 95.)

Nous croyons que l'on blute aussi en Chine avec des tamis garnis de tissu de *má*.

(2) Une partie de ce rapport a été publiée dans les documens sur le commerce extérieur (CHINE ET INDO-CHINE, *Faits commerciaux*, no 10, page 3 et suivantes), et les Chambres de commerce ont reçu communication, par correspondance, des passages inédits.

(3) Nos 277 et 287 de la collection d'échantillons de la Chambre consultative d'Elbeuf.

fleurs artificielles, qui se font avec la moëlle d'un arbre, nommé *Tong-tsao* (1), dont le commerce est considérable. »

Ce qui fait croire que les étoffes mentionnées par le père Du Halde sont des feutres et non point des draps (2), c'est le passage suivant des Mémoires du P. Mathieu Ricci : « Encor qu'ilz (les Chinois) ne tirent des fromages du laict de brebis, et qu'ilz ne mangent guères de laict (et encor seulement de celui que rendent les vaches pleines), ils tondent néantmoins la laine, et en l'vsage d'icelle les nostres les passent de beaucoup, car *ilz* (les Chinois) *ne font pas encor tramer des draps d'icelle,* qui toutefois apportez d'ailleurs sont en estime entre les Chinois. Ilz font des petits draps d'esté de leur laine, desquelz le vulgaire se sert a faire des chapeaux et des tapis (3) sur lesquels ils se couchent la nuict, où ils font leurs compliments de ciuilité. On se sert d'auantage d'iceux vers le Septentrion, qui bien qu'il soit plus esloigné du pol arctique que nostre Europe, le froid néantmoins y semble vn peu plus piquant (4). »

On fait, en effet, et à très bas prix dans les provinces septentrionales de l'Empire, des feutres de laine et de cachemire, mais il n'est pas prouvé que l'on y tisse et foule des draps, bien qu'il paraisse que cette industrie soit assez avancée dans le Thibet (5); nous croyons donc que les *spanish stripes* entreront et se consommeront toujours en Chine sans être menacés par la concurrence de similaires indigènes.

Depuis longtemps, le gouvernement chinois a prescrit à ses sujets de ne porter dans les cérémonies publiques que des vêtemens faits en lainages chinois (6); et dans ces dernières années, vers 1838 ou 1839, Yu-kièn, le haut commissaire impérial qui se suicida après la prise de Tchin-haï, et qui était alors gouverneur de Sou-tchou, publia un édit ordonnant à ses mandarins subordonnés et à leurs familles de ne point se vêtir d'articles de manufacture étrangère, mais d'encourager les fabriques nationales en ne consommant que leurs produits.

« Cette mesure, dit M. R. Thom, fut un coup fatal pour notre commerce de lainages. » On est tenté, en effet, de le supposer d'après les chiffres

---

(1) C'est une plante légumineuse, l'*œschynomene paludosa*, qui croît dans le Sse-tchuèn, le Kouang-si, l'île Formose, etc.

(2) « La laine est très ordinaire, et à fort bon marché par toute la Chine, surtout dans les provinces de Chen-si, de Chan-si et de Sou-tchouen, où l'on nourrit une infinité de troupeaux. Cependant les Chinois ne font point de draps. Ceux d'Europe, que les Anglais leur portent, y sont très estimés, etc. » *Nouveaux mémoires sur l'état présent de la Chine*, par le P. Le Comte, 1701, t. 1, p. 241.

(3) On fait, en effet, dans les provinces septentrionales (Chan-si, Chèn-si, Tchih-li, etc.), des bonnets, des tapis et des couvertures en feutres épais ou légers. Nous avons rapporté de nombreux échantillons des différentes qualités de feutres de laine et de cachemire; ils sont déposés à la Direction du commerce extérieur, Ministère de l'agriculture et du commerce.

(4) *Histoire de l'expédition chrestienne av royavme de la Chine*, etc., tirée des *Mémoires* du R. P. Mathieu Ricci, par le R. P. Nicolas Trigavlt.

(5) « De Lassa à Pé-king, la caravane (thibétaine) emporte du *puttou*, gros drap de laine fabriqué près de Lassa, et dont on envoie tous les ans une grande quantité en Chine, du *tou*, drap de laine fine, semblable au *loui* de l'Indostan, et fabriqué au Thibet. » Fortia d'Urban, *Description de la Chine*, etc., 1840, t. II, page 204.

« Le Thibet n'est pas, comme on l'a supposé, dénué de manufactures de draps convenables à la rigueur du climat, quoique, sous le rapport de la beauté, elles ne puissent rivaliser avec celles d'Europe. Le meilleur, appelé *tou*, est un beau drap de laine, d'un tissu très doux, qui n'est fabriqué qu'à Lassa, et qui est susceptible de recevoir une grande variété de couleurs. La seconde espèce, nommée *puttou*, plus grossière, se prête également à toutes sortes de teintures. » Le même, t. II, page 207. Voir également S. Turner, *Ambassade au Thibet et au Boutan*, traduction de J. Castéra, 1800, t. II, p. 177, 189 et 192.

(6) *British relations with the Chinese Empire, in* 1832. London, 1832, page 16.

du mouvement commercial. Si l'on se reporte aux états d'exportation de l'Angleterre pour la Chine, on voit que l'exportation des draps de 55,716 pièces en 1838, a été restreinte à 32,827 en 1839 et à 9,520 pièces en 1840. Nous ne croyons pas que l'on doive attribuer cette diminution de 40 et de 70 p. 0/0 dans les expéditions de draperies aux édits impériaux. L'interdiction absolue de l'opium en Chine date du milieu de 1838; le 3 décembre de cette année, Tang, gouverneur des provinces de Kouang-tong et de Kouang-si, suspendit le commerce étranger à Canton; il le rouvrit le 1er janvier 1839, mais l'arrêta de nouveau vers la fin du même mois, et la gravité des événemens qui survinrent détermina le surintendant Ch. Elliot à engager, par ses notes des 19 et 22 mai, et du 14 juin, ses nationaux à quitter Canton et à suspendre, jusqu'à nouvel ordre, leurs transactions commerciales. Telle est la cause réelle de la diminution des importations de draps, et ce qui le prouve, c'est qu'alors que l'Angleterre, dans la prévision de la guerre, restreignait ses expéditions à Canton, la Russie multipliait les siennes à Kiakhta : en 1838, il s'y était échangé 704,730 mètres de draps; il s'en présenta, en 1839, 888,862 mètres, et, en 1840, 905,363 mètres.

Histoire du commerce, importation et consommation des draps dans l'Empire. — Au reste, un aperçu de l'importation des draps, tracé d'après les documens qui méritent le plus de confiance, constatera le mouvement du commerce de cet article. On ne peut le faire remonter qu'à 1785; mais tout le monde sait que les lainages européens étaient depuis longtemps déjà entrés dans la consommation chinoise. La Compagnie des Indes-Orientales d'Angleterre en apportait, durant la seconde moitié du dix-septième siècle, à Canton, à E-mouï, à Formose et à Ning-po. Le père Mathieu Ricci les mentionne dans ses *Mémoires;* Nieuhoff fait à leur sujet cette observation : « Les draps noirs, rouges, cramoisy, écarlatte, couleur de pourpre, couleur de fleurs de pommier, d'vn gris de fer, s'y pourraient débiter; les draps gris-blancs, ny les verds n'y seraient point propres;..... » Et plus loin, « ..... Le principal profit serait sur les *perpetuanen;* les draps s'y vendraient 6, 7 et 8 teyls, les *perpetuanen* 30, 35 et 40 teyls, etc. » P. Osbeck signale aussi la vente des draps assortis de nuances, et Raynal rapporte ce fait intéressant qu'en 1776, « la France fournit (à la Chine) quatre millions de livres en argent et *quatre cent mille livres de draperies*. »

APERÇU DE L'IMPORTATION DES DRAPS EN CHINE SOUS PAVILLON ANGLAIS.

ÉPOQUES.	NOMBRE de pièces de 22 mètres environ.	Augmentation pour °/₀ sur la moyenne antérieure.	Diminution pour °/₀ sur la moyenne antérieure.	INDICATION des sources où ont été puisés les chiffres qui ont servi à calculer les moyennes quinquennales.
Moyenne des 5 années 1785 à 1789.	4,127	»	»	*Oriental commerce*, by William Milburn, 1813, t. II, p. 476. — Account of the quantities of cloths exported by the East India Company to China.
1790 à 1794.	6,734	63	»	
1795 à 1799.	5,019	»	25	
1800 à 1804.	8,740	74	»	
1805 à 1809.	8,669	»	1	
1810 à 1814.	7,474	»	14	*Lord's Journal*, vol. LXII, p. 1272. Appendix, n° 1, A [2], n° 1 [2]. — Account of all goods exported to China from Great-Britain (Privilege trade).
1815 à 1819.	11,992	60	»	
1820 à 1824.	14,019	17	»	
1825 à 1829.	21,237	52	»	*Parliamentary Papers*, n° 148, 24 th march 1846.— Returns of the woollen and worsted manufactures exported to China and Hong-kong, distinguishing the quantities and description shipped in each year, with the declared value.
1830 à 1834.	32,178	52	»	
1835 à 1839.	(1) 56,468	75	»	
1840 à 1844.	20,837	»	63	
Année 1845..........	50,252	141	»	

Nous ferons observer que nous avons indiqué seulement l'importation sous pavillon anglais, et que, jusqu'à ces dix dernières années, les Américains allaient compléter à Londres et à Liverpool leurs cargaisons avec des lainages et des fers anglais. Si l'on consulte l'enquête ouverte, en 1830, devant une commission de la chambre des Lords, sur les affaires de la Compagnie des Indes, on remarquera qu'en 1826-27, par exemple, il a été importé en Chine, sous pavillon américain, 14,064 pièces de draps anglais, d'une valeur de 421,920 piastres (2,320,560 fr.), et M. Charles Everett déclarait que, cette même année, il avait, lui seul, expédié d'Angleterre pour Canton 9,036 pièces, valant 75,660 livres sterling 10 shillings 4 deniers (1,891,513 fr.). En 1836-37, il en est arrivé

(1) L'importation, de 90,917 pièces en 1836, n'a été que de 50,252 pièces en 1845; mais, depuis le traité de Nan-king, elle est en voie d'augmentation.

En 1842..........................	8,098	pièces.
1843..........................	29,089	
1844..........................	39,863	
1845..........................	50,252	

à Canton, par navires américains, 11,000 pièces environ (263,344 yards) évaluées à 316,013 piastres (1,738,072 fr.). Aujourd'hui, l'importation est insignifiante ; les états consulaires de 1844 (*American trade*) ne mentionnent qu'une entrée en douane à Canton de 615 *tchangs* (2,202 mètres environ), d'une valeur déclarée de 3,390 piastres (18,645 fr.). D'après les documens officiels américains, il n'aurait été expédié des Etats-Unis pour la Chine, du 1er octobre 1842 au 30 juin 1844, qu'une valeur de 526 piastres (2,840 fr.) de draps et de casimirs étrangers.

Vers la fin du dix-huitième siècle, la plupart des draps que l'on importait à Canton étaient analogues à nos londrins, à nos mahouts, à nos draps du sérail, à ces diverses qualités que fabriquent encore nos manufactures du Midi, et qu'elles expédient dans le Levant. Ces draps étaient destinés à la consommation des provinces septentrionales ; mais la Russie, ayant obtenu par le traité de Nertchinsk (1727) l'ouverture des deux entrepôts et foyers d'échanges de *Kiakhta* et de *Tsourou-khaïtou*, sur la frontière sibérienne, y établit avec le nord de la Chine des relations d'affaires actives et fructueuses, et lui fournit maintenant (à moindres frais) les lainages épais et chauds. Canton, ayant perdu le commerce d'approvisionnement du Nord, ne voulut plus accepter que les draps convenables à la consommation des provinces méridionales ; on a donc dû apporter des genres plus légers, et les prix ont naturellement subi une réduction proportionnelle à la différence de qualité. On comprend ainsi ces cours de 1790, de 2 taëls 2 mèces à 1 taël 2 mèces le yard (de 17 fr. 55 c. à 9 fr. 60 c. le mètre) pour les londrins d'Angleterre, de 1 taël 4 mèces à 1 taël l'aune de Hollande (de 14 fr. 80 c. à 10 fr. 60 c. le mètre) pour ceux de Hollande, et de 1 taël 6 mèces l'aune (9 fr. 85 c. le mètre) pour les londrins seconds de France (1). Cette observation aide à expliquer cette diminution extrême dans le prix des draps pour la Chine, signalée par M. Ch. Everett à l'enquête de 1830 (2).

En 1821,	le prix de ces draps était de	5	à	7 ½ p. %	moindre qu'en 1820.
En 1822,	id............	7 ½		10	id.
En 1823,	id............	»		10	id.
En 1824,	id............	12		15	id.
En 1825,	id............	5		10	id.
En 1826,	id............	35		40	id.
En 1827,	id............	40		42 ½	id.
En 1828,	id............	42		45 ½	id.
En 1829,	id............	45		47 ½	id.
En 1830,	id............	47 ½		50	id.

Quoi qu'il en soit, on importe aujourd'hui en Chine au moins 100,000 pièces de draps ; 50,000 entrent par Kiakhta, 50,000 par Canton et Changhaï ; ceux-là sont des draps forts pour la consommation du Nord ; ceux-ci, en général, des draps légers pour la vente du Midi. Les chiffres précédemment posés peuvent être considérés comme se rapportant en presque totalité à ces derniers, qui, connus sous les noms de *spanish stripes*, de *ladies'* et d'*habit cloths*, de *medium cloths*, sont quelquefois fabriqués à Néau, à Düren, à Elberfeld, etc., revêtus de marques, d'éti-

---

(1) P. Blancard : *Manuel du Commerce des Indes et de la Chine*, 1806, ch. IX, page 447.
(2) *Lords' Journal*, 1830, vol. LXII, p. 1121. Appendix, n° 1. Minutes of evidence, etc.

quettes et de toilettes anglaises, et expédiés à Londres et à Liverpool. Ils rentrent dans la spécialité de la fabrique de Reims.

Ces chiffres et ces faits ne sont pas inutiles ; ils appellent l'attention sur cet article, ils prouvent que la consommation en est considérable, constante, et qu'elle augmente toujours ; ils répondent à l'allégation plusieurs fois émise que ce commerce est instable, factice, sans bénéfices et sans avenir.

On a dit, d'après Milburn (1), qu'en dix-sept années, de 1792 à 1808, la Compagnie des Indes-Orientales d'Angleterre avait perdu 25 millions 176,200 francs sur ses importations en Chine, et comme les lainages en constituaient les 70 centièmes, on en a conclu qu'ils s'étaient vendus à perte ; on a omis de faire observer, 1° que cette perte, même en l'acceptant comme vraie, se réduit à 5 p. 0/0 de la valeur totale ; 2° que Milburn lui-même, dans une autre partie de son ouvrage (2), la déclare apparente ; et 3° que la moyenne annuelle du bénéfice net sur les exportations est de 40 p. 0/0.

On sait que l'une des clauses de la charte de la Compagnie des Indes stipulait l'exportation des produits des manufactures anglaises ; la Compagnie dut, par suite, imposer aux Chinois ses lainages et ses cotonnades en échange de leurs thés et de leurs soies ; on pouvait donc s'attendre à voir, en 1834, quand, à l'expiration de son privilége, la Compagnie disparut de la scène des affaires, le *free trade* varier les élémens de commerce suivant les besoins réels des Chinois, et, après quelques oscillations, déterminer un nouveau niveau de valeurs, ainsi qu'un nouveau cadre de cargaisons. Le 22 avril 1834, la Compagnie ferma ses factoreries, son héritage commercial se subdivisa, et l'on suivit si bien ses erremens, ses habitudes de transactions, les draps étaient si bien devenus une nécessité de la consommation, qu'en 1836-37, se présenta à Canton une valeur de 16 millions 489,700 francs de tissus de laine (dont 10 millions 136,075 francs de draps), huit fois plus qu'en 1776, en même temps qu'il s'échangeait cette même année à Kiakhta pour 3 millions 250,000 fr. environ de draps russes et polonais.

Le drap léger convient et s'expédie en Chine, nous venons de le démontrer ; sa qualité est analogue à celle des anciens silésies de Reims, et les fabricans qui ont examiné à l'exposition de la Délégation commerciale les échantillons de *spanish stripes* que nous avons rapportés ont été unanimes à reconnaître, nous le répétons, que Mouy, Beauvais et Reims sont les manufactures qui produisent cet article avec le plus de succès.

Consommation des flanelles en Chine.—Les flanelles sont connues en Chine depuis une cinquantaine d'années (3) ; la Compagnie des Indes-Orientales d'Angleterre en a expédié plusieurs fois des parties de différentes qualités. Ainsi elle a importé :

En 1810-1811,	100	pièces de flanelle	en grande laize.
et......	20	id.	larges de 1 yard (0m 914).
En 1812-1813,	51	id.	ordinaires.
En 1813-1814,	2,470	id.	id.
En 1816-1817,	1,440	id.	grande laize.
et en 1818-1819,	1,600	id.	de Salisbury.

(1) W. Milburn : *Oriental commerce*, 1813, t. II, p. 475.
(2) Idem, t. II, p. 476.
(3) On a prétendu que l'on fabriquait depuis longtemps en Chine des flanelles ; on ne connaît

Ces importations d'essai, ne donnant pas de bénéfices, furent discontinuées, et ce qui peut prouver que l'article se vendait alors fort mal et même à perte, c'est une réexportation de Canton en 1822-1823, sous pavillon américain, de 360 pièces de flanelles anglaises, déclarées à la sortie d'une valeur de 2,772 francs (soit 7 fr. 70 c. la pièce) ; ce n'est qu'après l'extinction du privilége de la Compagnie qu'il en revint sur le marché chinois. Les états du commerce de Canton pour 1836-1837 mentionnent une entrée de 2,400 yards (2,194 mètres, à 2 francs le mètre en moyenne) sous pavillon anglais. On n'a pas de renseignemens sur la valeur de l'apport en 1844 et en 1845, car les rapports consulaires pour ces deux années rangent la flanelle dans les lainages non dénommés. On sait cependant, d'après les relevés à la douane de Londres de quelques manifestes de bâtimens expédiés en Chine dans les neuf premiers mois de 1843, que sur 17 navires, 7 ont emporté 6,912 yards (6,317 mètres 1/2) de flanelle, déclarées en moyenne à 2 fr. 25 c. le mètre. Ainsi, on le voit, l'importation a été jusqu'à présent presque sans intérêt.

Il serait utile d'examiner maintenant si l'on peut espérer habituer les Chinois à cet article et en faire désormais des envois réguliers. Si la Chine devait rester longtemps encore aussi immuable qu'elle l'a été pendant tant de siècles, il faudrait renoncer à nos espérances ; mais elle a déjà effectué dans ces dernières années quelques modifications dans ses coutumes. Ses affaires avec la Compagnie des Indes l'ont amenée à l'usage de nos étoffes de laine, et un contact continuel avec les étrangers l'habitue à nos produits et tend à les lui faire adopter. Suivant des négocians expérimentés de Canton, la flanelle est destinée à entrer, dans un temps plus ou moins éloigné, dans l'habillement des Chinois du littoral du Sud et du Sud-Est, et sa consommation serait déjà assez importante, si elle n'avait la concurrence de la finette américaine et du molleton de coton japonais. Au nord de Pé-king et dans le Tchih-li, on porte depuis longtemps des flanelles ; elles arrivent par Kiakhta et Kalgan ; elles sont en blanc, de fabrique russe et étrangère (1), et, suivant un document russe (2), s'échangent au prix nominal de 70 copecks à 1 rouble d'argent l'archine (de 3 fr. 93 c. à 5 fr. 62 c. le mètre). A Chang-haï cependant, elles ne trouvent pas d'acheteurs empressés, et les 72 pièces que *le Vanguard* avait apportées (30 octobre 1844) ont été soldées sans grand bénéfice.

Répugnance prétendue des Chinois pour les étoffes en laine et coton.—On prétend que les Chinois se refusent à porter des vêtemens dont le tissu est composé de fils d'origine animale et végétale, de fils de laine et de coton, par exemple. Cette assertion ne saurait être prise dans un sens absolu. En effet, les Chinois fabriquent

qu'un ouvrage dans lequel elles soient mentionnées, et il ne fait point autorité pour l'appréciation du genre et de la qualité d'une étoffe. On lit, en effet, dans la relation de l'ambassade hollandaise de 1664, que l'empereur Kang-hi fit offrir, entre autres présens, une pièce de flanelle au fils de Van-Hoorn, à Nobel et aux secrétaires Putman et Vanderlos. (*Nouvelles annales des Voyages*, 1843, t. XVI, p. 298.) Nous sommes convaincu que l'on n'a jamais su tisser en Chine une seule pièce de flanelle, et il est probable que l'on a voulu parler des serges de laine ou de cachemire du Chèn-si.

(1) Coxe. *Les nouvelles découvertes des Russes entre l'Asie et l'Amérique*, etc., 1781, page 290.

(2) *Guide du commerce direct de la Russie par Moscou avec la Chine. Journal des manufactures et du commerce de Saint-Pétersbourg*, 1836, nº 11, p. 46 (en russe).

eux-mêmes, à Fo-Chann, des velours en soie et coton, à Chuénn-té des *miénn-tchao*, chaîne coton, trame soie, à Ning-po et à Sou-tchou, des tapis chaîne coton, trame poil de chèvre, dans le Chèn-si, des ratines en coton et cachemire, etc. Tout ce qu'on peut dire, c'est que, par suite de quelques essais d'importation (non avouée peut-être) de draps et de camelots en laine et coton, les marchands ont manifesté une certaine répugnance pour ces mélanges. Voici ce que publiait à cet égard, il y a quatre ans, un journal de Leeds (le *Leeds Mercury*) : « Nos amis de Bradford (ville voisine de Leeds, où se fabriquent les étoffes légères en laine peignée) ne doivent pas ignorer que les Chinois ont des scrupules quasi religieux qui les empêchent de porter des produits fabriqués avec deux espèces de matières, coton et laine, par exemple. Il est à notre connaissance qu'une partie de marchandises faite avec du fil de laine retors en coton fut envoyée à Canton et vendue, à l'arrivée, sur carte d'échantillon ; mais le jour suivant, ce marché fut annulé par les *Hong merchants*, sur le motif que la marchandise était fabriquée avec deux matières différentes, l'une appartenant au règne animal, l'autre au règne végétal, ce qui était contraire à la nature et à la religion. Les Chinois agissent, à cet égard, d'après le principe de la loi de Moïse qui dit dans le Lévitique : Tu ne porteras point de vêtemens faits avec le lin et la laine mélangés. »

Les dires de Tchan-tching, de Who-yune, de Kum-qua et d'You-long nous autorisent, néanmoins, à penser que les flanelles bolivars chaîne coton, tirées à poils, se placeraient avec avantage, si on pouvait les livrer à bon marché et si les laines entrant dans leur fabrication étaient plus douces que celles que les Anglais ont l'habitude d'employer.

Observations générales sur les habitudes de costume et les goûts des Chinois. — Les Chinois se décideront-ils jamais à adopter dans leurs costumes et dans leurs ameublemens les étoffes variées désignées en France par le nom un peu ambitieux de *nouveautés?* Accepteront-ils nos dessins et nos combinaisons de nuances? En un mot, notre goût est-il incompatible avec le goût chinois?

S'il ne s'agissait ici que de satisfaire à un mouvement de curiosité, nous nous abstiendrions de toute recherche ; mais la question que nous posons a un caractère et un but essentiellement pratiques ; elle veut donc une solution, que nous avons essayé de trouver.

Les dessins qui couvrent ou constituent les tissus de Reims peuvent se diviser en quatre classes : 1° Les rayures droites, diagonales ou flexueuses, les côtes-lignes, les carreaux à filets simples et les damiers ; 2° Les dispositions quadrillées et écossaises variées à l'infini ; 3° Les mouchetés, les treillis fins et légers, les semis de fleurettes, de pois et de croisettes, etc. ; 4° Enfin, les ramages, les fleurs, les lianes et tous les sujets à fond couvert.

De ces genres, celui dont l'adoption a été la plus générale chez nous est sans contredit l'écossais ; il semble que l'on ait épuisé, pour obtenir des effets nouveaux, toutes les combinaisons possibles de lignes, de rayures et de carreaux, et on les a diversifiés par des ombrés, des diversions de tissu, des jaspures et des oppositions de couleurs souvent originales. — Que ce travail fût appliqué à des coatings, à des mérinos ou à des mousselines, peu importait aux Chinois ; ils le regardaient à peine, et plus d'une fois des marchands de Canton offrirent pour certaines tartanelles un prix avantageux, à la condition qu'elles ne seraient pas couvertes de quadrillés écossais. La vente de tout article façonné de la sorte est réellement impossible ; nous avons déjà signalé et nous mentionnerons encore quelques exceptions, mais il ne faut pas se méprendre sur les causes qui les ont déterminées. Quand, après avoir mis sous les yeux d'un négociant 15 à 20 de ces échantillons, nous lui demandions son opinion sur les probabilités de vente, nous obtenions cette invariable réponse que pas un ne convenait ; ce n'était qu'après cette proscription générale que l'on consentait à nous indiquer les numéros dont le placement serait peut-être le moins défavorable. Quelques Chinois éclairés, qui se rendent familiers les usages et les goûts européens, ont pensé à adopter pour les ameublemens celles des dispositions qui leur plaisaient le plus. Ils avaient choisi, parmi les échantillons, des écossais qui devaient être affectés à une double destination ; les uns, en tartan léger, auraient recouvert des coussins de siéges ; la répétition de 40 centimètres au carré environ devait être entourée d'une double bande à filet qui eût servi de bordure ; les autres, en mérinos ordinaire, étaient pour tentures et fichus de tête ; ces derniers devaient imiter les mouchoirs *hong-ki-poun* fabriqués dans les environs de Canton.

Les rayures et les damiers n'ont pas eu plus de succès que les écossais, et, à Canton comme à Chang-haï, on a manifesté pour eux une antipathie singulière. On les a partout rejetés ; il a suffi de la présence d'une côte-ligne dans une disposition pour amener la dépréciation d'articles d'ailleurs excellens. Cette répulsion a d'autant plus lieu d'étonner que les Chinois fabriquent eux-mêmes des étoffes en coton à carreaux grands et petits et à mille raies quadrillées.

Ils n'aiment pas non plus les fonds unis mouchetés, résillés de linéoles, finement zébrés, guillochés ou semés de pois, de fleurettes, etc.

Ce qu'ils recherchent, ce sont les ramages, les enlacemens de feuilles et de fleurs, les dessins qui se rapprochent de ces arabesques particulières à la Chine et qu'il serait plus juste d'appeler des *chinesques*. Aussi leur attention s'est portée sur plusieurs des cachemires-gilets de Reims, et quelques observations vont donner la mesure de leurs préférences.

Le dessin du n° 205 leur a plu : il rappelle un peu la forme des nuages, si agréable aux Chinois ; il est enchevêtré sans confusion et serait accepté pourvu que le fond ne fût pas traversé par des rayures. Le n° 126 a été favorablement accueilli, mais le n° 125 a été vivement critiqué ; les effets sont trop rectilignes et les répétitions trop voisines. On a rejeté les n°s 130 et 131 comme trop confus par suite du petit nombre de couleurs, et le n° 122 comme trop insignifiant. Malgré les palmettes et les petites fleurs du n° 203, cet échantillon a été refusé à cause de la régularité de ses rayures flexueuses, et l'on a blâmé la multiplicité des vermiculures du n° 123. Si nous passons aux châles, nous devons mentionner les mêmes reproches, car on retrouve à peu près les mêmes dessins, le même genre, en général incorrect et indéterminé, trop éloigné de la nature et quelquefois disgracieux. Dans les dessins mêmes des articles de Reims dont le prix est assez élevé, on aperçoit trop la tendance à arriver au bon marché par la réduction du nombre des navettes ; le nué est trop pauvre, l'économie n'est pas assez déguisée ou est poussée trop loin.

Il est bien entendu que nous ne parlons de ces faits qu'au point de vue du goût asiatique, et que nous ne songeons nullement à donner des conseils aux fabricans pour ce qui convient à la consommation européenne. Il est bon de faire observer que les dispositions des nouveautés de Reims comparées à celles des manufactures de Paris, d'Amiens et de Roubaix, ont paru négligées et mesquines. Nous engageons donc à apporter plus d'élégance dans le dessin, plus de richesse et de variété dans le nué. Au reste, Reims n'a pas besoin d'aller chercher hors de son sein des exemples et des leçons ; nous pouvons citer plusieurs cachemires-gilets qui faisaient partie d'une collection particulière d'échantillons de 4 à 5 ans de date et que les Chinois ont admirés.

Nous avons déjà établi qu'en Chine les formes seules des vêtemens sont strictement maintenues ; elles sont, en effet, imposées par la loi civile, motivées et consacrées par les souvenirs historiques. La nature des étoffes a varié, les couleurs traditionnelles ont été altérées ; enfin, à l'exception des insignes et des sujets symboliques, les dessins et les ornemens ont été modifiés. Le goût n'est donc pas immuable en Chine, chaque jour il y devient moins exclusif ; les ramages des mousselines lancées de Saint-Quentin, les bouquets des indiennes perses d'Alsace, les arabesques et les fleurs des damas et des vénitiennes de Rouen et de Roubaix ont obtenu les éloges des Chinois. On sait que les négocians américains, habiles à profiter du bas prix de la main-d'œuvre et de la soie en Chine, y font exécuter, d'après les dessins de Lyon et de Paris, les soieries destinées à la vente de l'Amérique du Sud et des Etats-Unis. Nous avons constaté que la plupart de ces dessins ont été adoptés par les fabricans chinois et sont aujourd'hui tout à fait naturalisés.

L'insuccès, qui a presque toujours suivi les expéditions à Canton et à Chang-haï des nouveautés de Bradford et de Leeds, a rendu sur ce point les négocians anglais extrêmement circonspects. Ils s'étaient attachés à nous décourager dans notre enquête, mais nous nous sommes assuré qu'il n'y a pas lieu de désespérer de vendre à de fort beaux bénéfices les lainages de fantaisie exécutés pour la Chine.

Reims n'a pas à espérer maintenant une aussi belle part que la fabrique d'Amiens dans les expéditions d'articles façonnés en laine et soie et en soie et coton ; il ne peut compter que sur le placement de petits assortimens de cachemires-gilets pour couvertures de lits, de mérinos et de mousselines ornés de belles impressions, enfin de casimirs imprimés et de tissus légers pour robes. C'est, en résumé, fort peu de chose, et il est aisé de comprendre qu'il n'est pas possible d'espérer davantage.

Reims ne produit pour hommes, en étoffes de fantaisie, que des tartans pour habillemens du matin ou doublures de manteaux, diverses armures légèrement drapées pour pantalons, des circassiennes et des mérinos doubles pour vêtemens d'été, des duvets, des cachemires et des satins pour gilets, des napolitaines imprimées et des mérinos écossais pour cravates d'hiver, etc. Pas un seul de ces articles ne peut s'appliquer au costume des Chinois.

Ce costume se compose de quatre pièces principales : le *pô*, espèce de *chéong-cham*, est une longue robe flottante qui se boutonne sur le côté, descend presque jusque sur le coude-pied, et dont les deux pans de devant et de derrière sont distingués par deux fentes fermées par de petits boutons ronds en cuivre estampé. Les manches sont amples et longues, mais les paremens se retroussent et le pli formé par leur rabattement est maintenu par un bouton. Le collet, ordinairement rapporté, est en drap fin ou en soierie bleu-ciel. Le *pô* est le vêtement que portent les marchands dans leurs boutiques, les négocians dans leurs *hongs* et les dignitaires dans leurs appartemens ; c'est la tenue habituelle, le costume de travail et d'intérieur. Le *chéong-cham* est en toile de coton ou de *mâ*, et le *pô* tantôt en soierie, tantôt en lainage. Dans le premier cas, l'étoffe peut être damassée et les dessins sont des ramages de fleurs couleur sur couleur ; dans le second cas, elle est toujours unie. Les artisans portent du *long ell*, les marchands et les petits bourgeois du *spanish stripe*, les officiers du drap fin anglais ou russe. Lorsqu'un visiteur survient ou qu'on se dispose à sortir, on passe le *ma-koua*. Le *ma-koua* est un surtout, une sorte de pélerine à manches amples, qui se boutonne par devant et descend jusqu'à la ceinture. Il est confectionné en étoffe de soie ou de laine le plus souvent unie, quelquefois ornée de rosaces régulièrement espacées et dont la surface est couverte de nuages, de chinesques ou de fleurs damassées. Beaucoup de *ma-kouas* sont faits en camelot laine et soie de fabrication cantonnaise, en *polemicten* de Leyde, en camelot anglais, en lasting, en *long ell*, en *spanish stripe*, en *medium cloth* ou en drap fin suivant les fortunes. L'été, les doublures sont en satin de soie bleu-ciel uni ou damassé, et l'hiver, en fines toisons d'astrakan de la Mantchourie. Quelques-uns sont même revêtus à l'extérieur ainsi que doublés de peaux d'agneau du Chèn-si, de mouton noir ou burel, et de fourrures d'origines diverses. — Le *taï-koua* est aussi un surtout, une pelisse, presque un paletot ; il descend jusqu'aux genoux, a de larges manches terminées, en forme de sabot de cheval, et relevées, quand on est dans l'intérieur, pour ne pas gêner les mouvemens des mains. Cet habillement est porté ordinairement par les dignitaires ; les négocians et les bourgeois ne s'en revêtent que les jours de fête et de cérémonie. Il est très souvent fait en *fa-u-tunn* (camelot soie et laine broché), en *polemict* ou en drap fin. — Les Chinois enfin portent sous leur robe des culottes collantes, ou plutôt des caleçons, qui se nouent au-dessous du genou avec un ruban de soie : en hiver, elles sont en flanelle de laine ou de coton ; des négocians de Canton ont pensé qu'il était possible d'affecter à cet usage des tartans genre vénitienne. En été, on les confectionne en *miènn-tchao*, popeline damassée légère soie et coton, fabriquée principalement à Chuènn-té, à une journée de Canton, et qu'Amiens peut imiter avec succès.

Telles sont les quatre pièces principales du costume chinois : la première est de couleur grise ou bleue (bleu clair et gentiane); la deuxième, bleu mazarin ou fleur de pensée, et la troisième, le *taï-koua*, est bleu foncé pourpré, pensée ou grenat riche. Les doublures sont de préférence en satin ou en damas bleu ciel. Les nuances des culottes sont variées à l'infini. Comme cette partie du vêtement n'est souvent pas visible, les Chinois en choisissent la couleur suivant leur fantaisie ; il y en a en vert-pomme, en rose, en mordoré, en bleu ciel, en jaune paille, en solitaire, et beaucoup en vert-doré.

Ces détails prouvent l'impossibilité d'appliquer au costume des Chinois des classes supérieures et moyennes les articles de nouveauté de Reims : quant aux gens du peuple, *coolies* (1), artisans, bateliers, tisserands,

(1) Le mot *coolie* (du tamoul *Kou-li ka-ran*, travailleur à gages) s'applique en Chine comme dans l'Inde aux manouvriers et surtout aux portefaix.

trop pauvres pour acheter des lainages, ils ne consomment que des tissus de coton ; et au fur et à mesure que la brise fraîchit, que le froid devient plus rigoureux, ils se contentent de multiplier sur eux le nombre de casaques de cotonnade bleue, blanche ou brune, ou d'en endosser une ou deux ouatées de coton bombax. Ils ne connaissent ni le *ma-koua*, ni le *taï-koua*, ils n'ont au travail qu'une veste ou jaquette à manches descendant à mi-corps et boutonnée sur le côté, un large pantalon ou un caleçon noué au genou ; les jours de fête, ils revêtent une longue robe flottante à manches demi-amples, qui s'arrête à la cheville et qui est faite en toile de coton bleu clair ou gentiane.

Il reste à parler de la toilette des femmes et à montrer combien peu il faut compter sur la substitution des genres d'étoffes de fantaisie de Reims à ceux qui sont consacrés par l'usage en Chine.

Le costume des dames de distinction n'est point le même que celui des femmes du peuple, de même que le costume de cérémonie ne ressemble pas à celui que l'on porte chez soi. Autant l'un est riche, éclatant et orné, autant l'autre est simple et sévère. Tous les deux, d'ailleurs, originaux et élégans, diffèrent par la forme et par l'étoffe. Dans la toilette des femmes de condition modeste, ainsi que dans celle des classes riches, il est rare qu'on remarque l'emploi d'un tissu façonné. D'ordinaire, le pantalon et la robe (1) sont en étoffe de coton, de *mâ*, de laine ou de soie unie et n'ont d'autres ornemens qu'une large bordure et un filet de velours noir. Un jour viendra, nous en sommes convaincu, où ces deux vêtemens seront faits en mousseline et en mérinos unis, et peut-être maintenant réussirait-on à en introduire, à la faveur de nuances favorites, quelques qualités avantageuses et corsées.

La toilette des femmes aux jours de fête et celle des dames de haut rang sont aujourd'hui bien connues par les aquarelles sur moelle d'œschynomène des albums peints à Canton. Nous pouvons donc négliger dans cette description certains détails, et nous borner à dire qu'elle est caractérisée par deux pièces principales : la robe et le surtout. La robe descend presque assez bas pour cacher la vue des petits pieds ; elle est étroite, adhérente au corps sans en dessiner les formes, et sa roideur est déterminée par le froncement de la partie inférieure en plis verticaux plats, réguliers et imbriqués. Ces plis sont garnis de passementerie d'or ou de soie et de fines broderies. Les manches sont également étroites, longues et terminées en forme de sabot de cheval. Le surtout, nous devrions dire le paletot, que les femmes revêtent par-dessus cette robe, est à manches dont l'ampleur et la longueur rappellent celles des moines et des magistrats ; il descend quelquefois à mi-corps et le plus souvent à mi-jambes. Dans le premier cas, il est bordé d'une rayure de velours noir ; dans le second, il se termine par une bande en damas bleu rayé diagonalement couleur sur couleur et semé de trois à quatre bouquets brodés en soie. Ce surtout est lui-même en beau taffetas de soie couvert de riches dessins brodés ou espoulinés. L'hiver, il est parfois en drap fin bleu foncé, garni sur la poitrine du *kin-pou-tss'* et bordé de galons et de broderies.

---

(1) Le pantalon large et flottant tombe très bas ; la robe est une sorte de tunique ou plus exactement de paletot qui descend jusqu'aux genoux et se boutonne à l'épaule et sur le côté.

Il est nécessaire d'entrer dans tous ces détails pour motiver les opinions que nous émettrons. Nous avons entendu dire plusieurs fois à des personnes d'une haute expérience commerciale que Reims était une des manufactures dont les nouveautés devaient être accueillies avec le plus de faveur en Chine; on a invoqué, à l'appui de ces assertions, des faits exacts sans doute, mais dont l'application était forcée : notre opinion est différente, et l'on nous permettra de l'énoncer d'une manière formelle.

Nous croyons que les lainages unis, c'est-à-dire les draps de Silésie et royaux, certaines flanelles lisses, des mérinos simples, des casimirs et des serges pourront se placer au nord comme au midi de la Chine, et que sur ces articles exécutés conformément aux exigences des indigènes, on réalisera des bénéfices presque certains, mais assez réduits par la concurrence des Anglais. Si l'on est décidé à essayer de lier des affaires avec les ports de l'Asie-Orientale, on ne devra expédier d'abord que des unis ; le profit est moindre, sans doute, mais l'incertitude de la convenance et de la vente est bien moins grande. Il importe de ne pas oublier que déjà ces unis, dont nous conseillons l'envoi dans le cours de notre rapport, en accompagnant notre avis de recommandations de prudence, ne sont pas pour la plupart encore entrés dans la consommation courante; ils ne sont pas naturalisés, ils peuvent n'être pas acceptés à Sou-tchou, la ville qui donne le ton et les modes à l'Empire, et être délaissés sur les marchés. Les risques seraient naturellement plus grands pour les nouveautés de Reims, dont pas une ne convient réellement au goût des Chinois et ne peut s'appliquer à leurs usages. La plupart ne sont connues que par les échantillons que nous en avons présentés dans quatre ou cinq villes du littoral ; les observations dont elles ont été l'objet n'ont pas été unanimes ; celles que les uns ont blâmées ont été admirées par les autres, et en présence de ces divergences d'opinions, de la fixité des coutumes, de la répugnance de la population à accepter les choses nouvelles et étrangères, nous pensons qu'il convient, non point de s'abstenir de toute tentative, mais de faire avec prudence, sans compromettre aucun capital important, de petites expéditions d'assortimens spéciaux. Ce n'est pas à dire, parce que nous conseillons la prudence, qu'il n'y ait rien à faire en nouveautés avec la Chine ; nous avons établi que déjà plusieurs de nos articles de mode ont été demandés par les Chinois, qu'ils accepteraient même nos largeurs, nos dessins et nos prix. Nous aurons l'occasion de dire à Amiens et à Roubaix que plusieurs de leurs fantaisies pour robes, gilets et pantalons ont été également désirées et choisies par les Chinois. C'est parce que nous entrevoyons pour l'avenir des probabilités de succès que nous engageons à ne rien aventurer, à ne faire d'envois que sur la foi d'informations sérieuses, et à ne point négliger d'habituer à nos produits cette nation, dont le commerce enrichit l'Angleterre, la Russie et les Etats-Unis.

Lits chinois. — La destination des cachemires-gilets est assez singulière; on veut se servir de cette étoffe, en Chine, pour couvertures de lit. Le lit chinois se compose d'un cadre à fond de rotin tressé, sur lequel est une natte de jonc en été, et l'hiver un tapis de feutre ou de poil de chèvre, ou bien un matelas mince rembourré de coton bombax.

Quatre montans s'élèvent aux angles et sont assemblés en haut par des traverses, ils servent à supporter une moustiquaire en gaze de soie ou de *mâ*, doublée au ciel de lit de toile de coton : les Chinois ne paraissent pas connaître l'usage des draps blancs ; l'été, ils se recouvrent de *chintzes* ou cotonnades imprimées importées d'Angleterre ou de Hollande, ou de tapis en coton (*ta-li-tan* et *haï-minn*) à bandes rentrayées, qui se fabriquent dans la province de Kouang-tong. L'hiver, ils se servent de couvertures de laine lisses ou croisées d'Angleterre et de Hollande. Comme durant le jour le lit sert ordinairement de divan pour fumer l'opium ou faire asseoir les visiteurs, on a soin le matin de plier les couvertures en longs rectangles et de les superposer sur une tablette établie au fond contre le mur. Les cachemires-gilets de Reims serviraient comme garniture de parade ou comme couverture de dessus. Il n'est pas inutile de dire que les palempores en *chintz* ont ordinairement de 4 à 4 mètres 1/2 de long, de 65 à 72 centimètres de large et sont imprimés à 6 couleurs ; que les couvertures de laine ont en moyenne une largeur de 2 mètres 60 centimètres et une largeur de 2 mètres 05 centimètres.

Usage des châles et des cravates. — Le costume des femmes du Céleste Empire diffère en tous points, nous l'avons dit plus haut, de celui des Européennes. Les vêtemens sont montans et fermés, et les surtouts de soie, légers l'été, ouatés l'hiver, remplacent avec avantage les fichus et les châles ; l'usage de ceux-ci est inconnu et il ne faut pas espérer en donner le goût aux Chinoises. Quant aux cravates, les dames de distinction portent au cou, nouée négligemment et pendante jusqu'aux genoux, une longue et large bande roulée en soierie souple et légère, ordinairement fond blanc avec des lignes ponceau quadrillées, et garnie aux deux extrémités de bordures brochées. On pourrait leur présenter en lainage des dispositions semblables qui plairaient également. Les châles de Reims, pour la plupart, ne conviennent pas pour la Chine, au moins en vue de l'usage auquel ils sont ordinairement consacrés. Quant aux colonies de l'Archipel indien, elles en reçoivent chaque année des assortimens limités, il est vrai, mais qui se vendent, à ce qu'il paraît, assez avantageusement.

Nous n'avons pas seulement remarqué au cou des dames chinoises ces longues cravates de soie quadrillée que nous venons de mentionner, nous en avons vu aussi qui étaient faites en cachemire *kou-jong* blanc. Ces dernières nous ont fait supposer que des cravates analogues en mérinos fin se placeraient peut-être avec succès.

Ce *kou-jong*, dont nous parlons, est un mérinos ou cachemire que l'on fabrique surtout dans le département de Si-ngan et de Tong-tchou, province du Chèn-si ; il est doux, soyeux et souple, sa largeur est de 43 à 44 centimètres, il a, aux 5 millimètres, de 5 à 6 croisures. On l'achète à Canton et à Ning-po de 2 fr. 25 c. à 2 fr. 70 c. le mètre. Les cravates en *kou-jong* nous ont paru avoir environ 2 mètres de longueur.

Nous croyons devoir ajouter ici les renseignemens que nous avons recueillis sur les châles, dans quelques unes des escales faites par la Mission en Chine.

Châles convenables pour l'Espagne, le Cap, l'Inde, etc.

CADIX ET SÉVILLE.

Châles	hindous, de Paris et de Nîmes	Chaîne et trame laine. Chaîne coton, broché laine et fantaisie. Chaîne coton, broché coton et fantaisie. L'assortiment se compose principalement de bleus, vert-émeraude et blancs ; il y entre quelques oranges et modes, et très peu de noirs.
	Tartans, damassés à deux couleurs, de Reims	Pure laine. 5/4 et 6/4. Qualités ordinaires.
	Kabyles, brochés à deux couleurs, de Reims	Pure laine. 5/4 et 6/4. Qualités ordinaires avec coins et bordures brochés.
	Stradella damassés, de Reims et de Paris	Pure laine. 6/4 pleins.
	Mousseline laine	Pure laine, 6/4 en couleurs modes ; unis ou à filets de soie. Plusieurs brodés jardinière, c'est-à-dire à bouquets brodés, nués de plusieurs couleurs. Franges torsadées.
	Mérinos	Brochés, laine anglaise, de Roubaix, 6/4, couleur sur couleur. Imprimés, de Paris, 6/4, avec jolies bordures et enluminure vive, fraîche et à effet. Brochés en soie, avec ou sans fleurs brodées, à franges effilées.

CAP DE BONNE-ESPÉRANCE.

Châles	Cachemires thibets, de Nîmes	7/4. Broché riche en laine, fantaisie et coton. Prix de vente au Cap : 50 francs.
	Hindous, de Paris et de Nîmes	7/4. Pure laine. Il faut des dessins à grand effet et des fonds verts, bleus, blancs et modes. Prix au Cap : 38 francs.
	Genre Thibet, de Nîmes	Armure batavia, 9 croisures aux 5 millim. Larges de 1 m. 53 c., longs de 1 m. 68 c., non compris des franges de 13 cent. un peu maigres et nouées.

Disposition :

Guirlande de fleurs sur fond écarlate.	0m 12.
Guirlande de fleurs sur fond bleu vif.	0m 90.
Noir uni.	0m 12.
Bleu vif uni.	0m 90.
Ecarlate.	

Prix au Cap : 20 francs.

Châles	Mérinos, de Reims.......	En 1 m. 55 c. — Qualité légère, 8 à 10 croisures, à deux coins brodés, l'un à la jardinière, l'autre en camaïeu, ou brochés couleur sur couleur. On aime ces châles frangés à l'épargne en soie grenadine à 3 et 4 grilles et avec effilés longs et fournis. Un carton de 12 châles se compose de : 3 en noir, 2 en grenat, 2 en pensée, 1 en marron, 4 en couleurs de modes diverses. 12
		En 1 m. 55 c. — A franges en grenadine à grilles et postillonnées avec un peu de chenille blanche. En noir-noir, en bleu foncé, etc.
	Mérinos imprimés, de Paris;	en 1 m. 55 c. — Impression planche plate, à plusieurs couleurs, avec bordures et coins, franges en laine à grilles aux quatre côtés ; il faut que les impressions fassent de l'effet, que l'ornementation soit riche, de bon goût, et l'enluminure vive, sans éclat, sans effets disparates.
	Nouveautés	6/4. Brochés en laine et fantaisie, couleur sur couleur, brodés aux coins. Prix : de 20 à 28 francs.
		5/4. Brochés en laine et fantaisie, fond écarlate, bleu vif, etc., fleurs brodées en soie aux deux coins du bas, franges longues en soie rapportées. 6 croisures. Prix au Cap : 12 à 15 fr.
	Mousseline laine.........	120, 150 et 170 centimètres ; unis, à filets ou à carreaux de soie ou de coton ; teints en couleurs de mode diverses, avec franges tenantes, nouées et à deux bordures. C'est un genre qui se solde en France à 4 et 5 francs.
		155 centimètres ; à deux coins brodés à l'épargne ou à la jardinière. A 7 fr. 50 c. en France.
		Impression camaïeu et couleur sur couleur, avec ou sans filets tissés, à 10 et 11 fr. en France.
	en nouveauté caméléone..	Article de Roubaix; longs de 1 m. 15 c., larges de 78 centimètres ; en laine et coton ; glacés ordinairement lilas et blanc. Bon article pour le Cap. Le châle s'achète environ 10 pence (1 fr. 05 c.) en Angleterre.
	brochés en alpaca.......	4/4, avec filets de couleur en coton ; 40 francs la douzaine.
	Tartans écossais.........	5/4, Article de Reims ; de vente lente et peu avantageuse. Nous avons vu vendre un lot en 5/4 pleins, 15 rixdollars la douzaine (7 fr. le châle).

PONDICHÉRY ET MADRAS.

Châles	en mousseline laine......	De 1 m. 50 c. à 1 m. 60 c., couleurs de mode, à un ou deux coins brodés à la jardinière ou couleur sur couleur, franges nouées.
	en mérinos..............	De 1 m. 55 c. à 1 m. 70 c., en blanc et en couleurs de mode, unis et avec filets de soie couleur sur couleur.
	Genre Thibet et Hindous..	Brochés laine, fantaisie et coton.
	Cachemires français......	De haute nouveauté.

BOURBON.

Châles	Cachemires français......	De haute nouveauté, en 7/4. (Il en faut peu.)
	Hindous................	7/4. Brochés laine et fantaisie.
	en mérinos..............	7/4. Unis, blancs ou de couleurs de mode, à coins brodés, à longues franges, de 30 à 40 francs. 7/4, à filets ou à carreaux de soie ou de coton, etc. 6/4, unis, à filets ou imprimés, de 10 à 16 francs.
	en mousseline laine......	7/4, unis, à filets de soie, rayés, unis avec coins brodés ou avec pointes imprimées, imprimés ; de 4 fr. 50 c. à 18 fr.
	en barége et en balzorine, 7/4, unis, rayés ou imprimés.	
	en stoff broché couleur sur couleur, 6/4 et 7/4.	
	en casimir, 5/4, 6/4 et 7/4, unis et imprimés, de 5 à 12 fr.	
	en tartan broché et damassé, 6/4, 7/4 et 8/4.	
	de fantaisie, mille raies, marquise, renaissance, satin façonné, etc., en 7/4.	

BATAVIA ET MANILLE.

Châles en mérinos et en mousseline laine, 6/4 et 7/4, unis, teints en couleurs claires.

On placera aussi quelques châles imprimés, en barége, en balzorine, en mérinos apparent, etc. Les châles hindous, cachemires, tartans, kabyles, etc., sont de mauvaise vente.

RENSEIGNEMENS PRATIQUES

SUR LES ÉTOFFES DE LAINE

IMPORTÉES ET CONSOMMÉES EN CHINE.

Nous avons, dans un document antérieur (1), tracé succinctement les caractères généraux des trois ou quatre lainages dont la vente est assurée en Chine. Nous avons insisté sur la certitude de leur placement et sur la possibilité de fabriquer en France des étoffes analogues, à des prix qui laisseraient aux expéditeurs des bénéfices suffisans ; enfin, nous avons résumé en peu de lignes les faits les plus intéressans sur lesquels il convenait d'appeler l'attention des manufacturiers. Il n'y a donc pas lieu de présenter, sur cet objet, de nouvelles considérations générales et nous allons donner les informations nécessaires sur la *nature*, les *dimensions*, les *assortimens* et le *conditionnement* des principaux tissus de laine importés, présenter, en un mot, les détails essentiels et les faits d'une indispensable utilité.

I. — ÉTOFFES EN LAINE RASES.

SERGES LONG ELLS *ANGLAISES EN LAINE LONGUE.*

IMPORTATIONS EN CHINE, DE 1785 A 1845 (2).

ANNÉES.	IMPORTATIONS sous pavillon anglais.	IMPORTATIONS sous pavillon américain.	ANNÉES.	IMPORTATIONS sous pavillon anglais.	IMPORTATIONS sous pavillon américain.
	(pièces de 22 mètres.)			(pièces de 22 mètres.)	
1785............	60,000	»	1789............	119,520	»
1786............	60,738	»	1790............	127,860	»
1787............	107,000	»	1791............	130,000	»
1788............	107,050	»	1792............	161,724	»

(1) *Documens sur le Commerce extérieur*, CHINE ET INDO-CHINE, *Faits commerciaux*, n° 11, pag. 23.

(2) Le tableau ci-dessus présente les importations de *long ells* en Chine par la Compagnie des Indes-Orientales d'Angleterre depuis 1785 jusqu'à 1834, et depuis cette époque par le commerce privé ; nous y

ANNÉES.	IMPORTATIONS		ANNÉES.	IMPORTATIONS	
	sous pavillon anglais.	sous pavillon américain.		sous pavillon anglais.	sous pavillon américain.
	(pièces de 22 mètres.)			(pièces de 22 mètres.)	
1793	177,500	»	1817-18	104,400	»
1794	200,000	»	1818-19	169,600	1,700
1795	174,000	»	1819-20	102,860	5,560
1796	124,000	»	1820-21	125,400	7,518
1797	143,980	»	1821-22	135,400	400
1798	216,070	»	1822-23	136,600	11,620
1799	213,060	»	1823-24	178,920	5,860
1800	240,340	»	1824-25	131,000	7,842
1801	261,422	»	1825-26	131,000	10,620
1802	270,620	»	1826-27	183,940	8,040
1803	279,040	»	1827-28	100,060	1,826
1804	266,780	»	1828-29 (2)	150,000	174
1805	268,240	»	1829-30	120,000	44,412
1806	272,200	»	1830-31	150,300	52,602
1807	269,520	»	1831-32	140,300	10,671
1808	258,840	»	1832-33	150,850	»
1809-10	228,860	»	1833-34	159,786	»
1810-11	208,760	»	1834-35 (3)	196,000	»
1811-12	212,400	»	1835-36	140,000	»
1812-13	231,180	»	1836-37	89,124	34,472
1813-14 (1)	228,540	»	1842	75,000	»
1814-15	164,120	»	1844	100,000	»
1815-16	135,340	»	1845	40,000 (4)	»
1816-17	142,840	»			

Nous devons faire observer que les chiffres précédens ont été obtenus par les relevés des états de sortie des ports anglais, des registres de la douane chinoise ou des manifestes à l'entrée présentés aux consulats. Il faut donc tenir compte des fausses déclarations et de la contrebande qui

---

avons joint, autant qu'il nous a été possible, les arrivages par navires américains. Ce travail a été exécuté, ainsi que ceux que l'on trouvera plus loin, d'après les documens officiels puisés dans Milburn, Phipps, R. Thom, et principalement dans les *Papiers parlementaires*, les enquêtes de la Chambre des Lords sur les affaires de la Compagnie des Indes, les états commerciaux dressés par la Chambre de commerce de Canton, et, depuis 1844, par les consuls anglais.

(1) Ces *long ells* coûtaient alors à Londres 2 liv. st. 7 sh. 2 d. la pièce (2 fr. 23 c. le mètre); ils se vendirent à Canton, en 1814-15, 2 liv. 10 sh. (2 fr. 85 c. le m.). La qualité supérieure s'achetait à la même époque 3 liv. 5 sh. 2 d. (3 fr. 70 c. le m.) et se vendit 3 liv. 3 sh. 4 d. (3 fr. 55 c. le m.). Les *long ells* gaufrés, payés 2 liv. 19 sh., étaient cédés à Canton à 3 liv. 13 sh. 4 d.

(2) Ces *long ells* coûtaient à Londres 1 liv. 13 sh. 11 d. 37 la pièce (1 fr. 26 c. le mètre) et furent vendus à Canton 2 liv. 2 sh. 8 d. (2 fr. 42 c. le m.), c'est-à-dire avec un bénéfice de plus de 90 p. o/o.

(3) Le chiffre de 196,000 pièces est puisé dans un compte rendu sur les affaires commerciales de Canton, durant cette année, envoyé par une maison anglaise à ses correspondans et publié dans le *Singapore Chronicle* du 5 mars 1836.

D'après un état dressé par ordre des Surintendans du commerce anglais, il n'aurait été importé à Canton, du 1er avril 1834 au 31 mars 1835, que 66,180 pièces de *long-ells* sous pavillon anglais.

(4) Il est entré à Chang-haï, en 1845, 8,028 pièces sous divers pavillons étrangers.

est si facile et si habituelle dans les ports de la Chine. Les négocians s'accordent à évaluer l'importation annuelle des *long ells* à 120,000 pièces; cette estimation a été confirmée par les Chinois : Lin-tchong regarde la demande de Canton comme satisfaite avec 100,000 pièces; A-lum porte à 12,000 pièces la consommation de Chang-haï, et Kong-hinn à un millier celle d'E-mouï. On lit enfin dans une lettre en date du 17 décembre 1842, publiée par Mac-Grégor dans les *Commercial Tariffs*, etc., que la consommation des *long ells* à Ning-po et dans ses environs dépasse 2 à 3,000 pièces, pour la plupart écarlates (9 sur 10).

L'importation dans les ports du Nord s'est effectuée comme suit, d'après les documens officiels.

E-mouï. — Par navires étrangers autres qu'anglais :

QUANTITÉ.	VALEUR.			
pièces.	piastres.	fr.	c.	
1,260	10,080	(55,440	»)	du 2 novembre 1843 au 31 mars 1844.

— Par navires anglais :

QUANTITÉ.	VALEUR.					
pièces.	l. st.	sh.	d.	fr.	c.	
3,018	5,231	4	»	(130,780	»)	du 2 novembre 1843 au 30 septembre 1844.
920	1,940	15	8	(48,519	»)	dans le premier trimestre de 1845.

D'après un relevé fait par un des négocians anglais d'E-mouï, il serait arrivé dans ce port, sous pavillons anglais et étranger, 6,000 pièces depuis l'ouverture du port jusqu'en octobre 1845.

Ning-po.— Par les trois navires anglais : *Helen Stewart*, *Sir Edward Ryan* et *Nautilus* :

QUANTITÉ.	VALEUR.			
pièces.	piastres.	fr.	c.	
2,230	15,610	(85,855	»)	du 1er janvier au 31 mars 1844.

Durant ce premier trimestre, 158 pièces furent réexportées, et, dans le deuxième trimestre, avril-juin, 15 balles et 6 caisses furent également remportées par navires anglais et dirigées sur Chang-haï. Les *long ells* étaient en défaveur, et en août la plus grande partie du restant des 2,230 pièces n'était pas encore écoulée.

Aucune importation n'a eu lieu dans les trois derniers trimestres de 1844 ni dans l'année 1845.

Fou-tchou. — Les assortimens importés ont été réexpédiés à Chang-haï.

Chang-haï. — Par navires anglais :

QUANTITÉS.		VALEUR.					
tchangs.	mètres.	l. st.	sh.	d.	fr.	c.	
30,318	(107,326)						du 15 novembre au 31 décembre 1843.
21,950	(77,703)	22,921	19	9	(573,049	83)	du 1er janvier au 31 mars 1844.
17,720	(62,729)						du 1er avril au 30 juin 1844.
11,880	(42,055)						du 1er juillet au 30 septembre 1844.
24,017	(85,020)						du 1er octobre au 31 décembre 1844.
75,567	(267,507)						
pièces.							
7,981		13,858	»	»	(346,450	»)	durant l'année 1845.

— Par navires étrangers :

pièces.	l. st.	sh.	d.	fr.	c.	
8,028..........	13,994	»	»	(349,850	»)	durant l'année 1845.

Le *long ell* est connu à Canton sous le nom de *pak-ki*, à Ning-po et à E-mouï sous celui de *pèh-ki*, et on l'appelle *pih-ki* en dialecte *kouan-hoa*.

Le *long ell* est une serge, armure batavia ou de quatre par moitié, dont la chaîne est en filature peignée d'un bon tors et la trame en laine longue cardée. On compte, en général, aux 5 millimètres, 9 fils en chaîne, 8 à 9 en trame et 3 à 4 croisures.

La longueur des pièces doit être régulière ; elles ont presque toutes 24 yards (21 mèt. 94 c.). Un négociant a recommandé une longueur minimum de 25 yards (22 mèt. 85 c.). La largeur préférée est celle de 31 pouces anglais, c'est-à-dire de 78 centimètres 1/2 ; Cheng-tcheun a indiqué celle de 4 tchihs 1 à 2 tsuns (de 78 cent. 1/2 à 82 cent.). Nous avons mesuré à Canton une vingtaine de pièces; leur laize variait de 76 à 81 centimètres et était en moyenne de 79 centimètres. Nous avons pesé ces mêmes pièces et nous évaluons le poids moyen du mètre à 6 taëls environ, c'est-à-dire de 226 à 230 grammes (1).

Les *long ells* se vendent toujours par assortimens de 100 pièces ; le tableau suivant présente principalement ceux qui nous ont été recommandés par les négocians des différens ports de la Chine (2).

---

(1) On lit dans le nº 8 (CHINE ET INDO-CHINE, *Faits commerciaux*), page 46 : « Les *long ells* doivent peser avec l'emballage 12 livres 3/4 (5 kilog. 78) par balle de 20 pièces. » Il est évident que l'on a voulu indiquer le poids de la pièce et non pas celui de la balle.

(2) La Compagnie des Indes remit à lord Macartney une collection complète de tous les articles principaux de l'industrie anglaise destinés à être offerts en présent à Pé-king ; voici, d'après le *Colonial Magazine* de Fisher, la note de l'assortiment de *long ells* qui faisait partie de la collection.

6 balles de 10	pièces	bleu mazarin..	60	pièces	à 2 liv. st.	3 sh.	9 d.	la pièce.
8	—	idem	noir.........	80	—	à 2	2	6	—
2	—	idem	peusée.......	20	—	à 2	11	6	—
4	—	idem	écarlate......	40	—	à 2	16	0	—

ASSORTIMENT DES COULEURS

POUR

100 PIÈCES DE LONG ELLS.

ASSORTIMENT DES COULEURS

ORIGINE DES RENSEIGNEMENS ET NOMS DES NÉGOCIANS qui les ont donnés.	DATE des RENSEIGNEMENS.			NOMS ET PROPORTIONS: Ecarlate (*Scarlet*). — *Fa-long* en cantonnais. *Tchou*, en fo-kiénois.	Fleur de pensée ou violet pourpré (*Purple*). — *Po-tsing* ou *Pou-tching* en chinois.	Bleu foncé (*Dark blue* et *mazarine blue*). — *Po-lam* et *Tin-tcheng* en chinois.	Noir (*Black*). — *Un-tchèng* en cantonnais et *Hó* en fo-kiénois.
ASSORTIMÈNS							
Document du *Singapore Chronicle*	1836	mars	5	25	25	30	5
Document	1841	—	—	26	24	24	16
Memorandum anglais	1842	février	1	40	20	15	15
Document	1844	—	—	34	20	20	16
Id.	id.	juin	15	30	20	20	20
Id.	id.	—	—	20	25	25	18
Reynvaan et Cie	id.	octobre	26	30	20	20	20
Tchan-tching	id.	décembre	10	25	25	25	15
Reynvaan et Cie	id.	id.	31	30	25	25	15
Russell et Cie	1845	janvier	12	28	25	22	18
Cheng-tcheun	id.	id.	30	30	20	23	15
Renseignement obtenu à Manille	id.	juillet	5	30	20	20	20
You-long	id.	août	14	26	24	22	18
Tchan-tching	id.	id.	18	34	24	20	14
Cheng-tcheun	id.	id.	27	26	30	20	14
Ap-hing	id.	septembre	7	20	30	20	10
Kum-qua	id.	id.	10	27	23	22	18
Reynvaan et Cie	id.	décembre	31	30	25	20	18
Id.	id.	id.	31	32	28	22	18
ASSORTIMENS							
Reynvaan et Cie	1845	janvier	31	30	30	20	0
Kong-hinn	id.	novembre	19	20	30	10	10
Jardine, Matheson et Cie	id.	id.	24	20	15	25	20
W.-H. Mitchell	id.	id.	26	40	25	5	0
ASSORTIMENS POUR TING-HAÏ							
King-ho	1845	octobre	9	70	0	5	0
Un autre marchand chinois	id.	id.	10	60	20	5	0
ASSORTIMENS							
Reynvaan et Cie	1845	janvier	31	20	30	20	10
Yuing-tchan	id.	octobre	13	50	20	10	10
Ta-tji	id.	id.	15	80	10	3	3
Tong-yu	id.	id.	16	30	20	30	20
Id.	id.	id.	18	60	8	20	8
ASSORTIMENS							
Document	1844	mars	—	70	0	10	10
A-lum	1845	octobre	29	20	10	30	15
Fox Rawson et Cie	id.	id.	31	75	10	5	5
King-wo	id.	novembre	5	40	20	15	10

OUR 100 PIÈCES DE **LONG ELLS.**

DES DIVERSES NUANCES.							
Bleu clair (*Light blue*). — *Tchin-lam* en cantonnais.	Brun marron (*Brown*). — *Tchoung* en cantonnais et *Tchang* en fo-kiénois.	Vert émeraude (*Green*). — *Louk* en cantonnais.	Gris cendré (*Ash*). — *Fouï* en cantonnais et *Hoé* en fo-kiénois.	Jaune vif (*Yellow*). — *Houong* en cantonnais et *Houï* en fo-kiénois.	Jaune orange (*Orange*).	Bleu ciel (*Sky blue*).	Les + indiquent les assortimens que nous recommandons, et les ? ceux de la convenance desquels nous doutons.
POUR CANTON.							
5	5	5	0	0	0	0	—
2	2	2	2	2	0	0	—
2	4	2	1	0	1	0	—
2	2	2	2	2	0	0	—
2	2	2	2	2	0	0	—
2	3	2	0	1	0	2	—
2	2	2	2	2	0	0	+
2	2	4	1	1	0	0	—
2	1	2	0	0	0	0	—
2	1	2	1	1	0	0	—
2	2	2	2	2	0	0	—
2	2	2	2	2	0	0	
2	2	2	2	2	0	0	+
2	2	2	1	1	0	0	+
2	2	2	1	2	0	1	+
2	2	10	2	4	0	0	—
2	2	2	2	2	0	0	+
3	1	1	1	1	0	0	+
0	0	0	0	0	0	0	—
POUR E-MOUÏ.							
10	5	10	0	5	0	0	—
5	5	5	2	3	0	10	—
5	2	7	2	4	0	0	—
10	5	10	0	0	5	0	?
(ILE TCHOU-SAN).							
0	0	15	0	10	0	0	?
0	0	10	0	5	0	0	—
POUR NING-PO.							
0	5	10	0	5	0	0	?
0	0	5	0	5	0	0	+
0	0	2	0	2	0	0	+
0	0	0	0	0	0	0	—
0	0	2	0	2	0	0	—
POUR CHANG-HAÏ.							
0	0	10	0	0	0	0	—
5	5	5	5	5	0	0	—
3	0	2	0	0	0	0	+
3	0	5	0	5	0	0	+

7

Les lisières sont presque nulles, ce sont des filets formés par les 2 ou 4 fils doublés qui sont rentrayés dans les deux dernières dents du peigne. Les chefs sont très simples; c'est, à 3 ou 5 centimètres du commencement de la pièce, une rayure pleine ayant de chaque côté deux petits filets; le tout est large de 3 à 3 centimètres 1/2. Ces raies sont vert foncé sur le jaune et noires sur presque toutes les autres couleurs. Le chef porte ordinairement à gauche deux plombs, l'un doré d'un diamètre de 4 centimètres et estampé en relief: il y a d'un côté un écusson avec des armoiries, ce sont assez souvent celles de la Compagnie des Indes légèrement modifiées, et de l'autre, la marque du fabricant ou de l'expéditeur; celle qui est le plus estimée porte les initiales H. H et L., et la prime pour les pièces revêtues de cette marque est de 10 à 15 cents (de 55 à 83 centimes). L'autre plomb est placé au-dessous du précédent, il est plus petit, n'a guère que 3 centimètres de diamètre et indique à l'endroit, le numéro d'ordre ainsi que l'aunage de la pièce; à l'envers le nom de l'emballeur: *Hayter & Howell, packers, London.*

La pièce est pliée par le milieu de la laize, de façon à offrir des plis rectangulaires de 50 à 52 centimètres sur 38 à 39 centimètres.

Les Chinois attachent une grande importance à la toilette; ils tiennent non pas positivement à ce qu'elle soit parfaitement semblable à celle des *long ells* anglais, mais à ce qu'elle ait à peu près même aspect, même genre d'ornemens et même couleur. La toilette de la Compagnie des Indes est toujours préférée; depuis 1834, beaucoup d'expéditeurs l'ont adoptée en conservant les armes, les inscriptions, et en ajoutant simplement l'estampille de leur raison de commerce.

La pièce est saisie à la tranche par trois cordonnets de fil de Russie ou trois rubans roses dits *harlems*, recouverte d'une feuille de papier blanc et introduite dans l'enveloppe. Cette toilette (*pack* ou *wrapper*) est en calicot fort, très rond de grain et très lustré; elle était autrefois rouge-brun ou noire, suivant la couleur des pièces qu'elle renfermait. Aujourd'hui c'est une attention inutile, et cependant il convient de se conformer encore à l'ancien usage.

Les pièces en	écarlate	doivent être sous la toilette noire.
—	pensée	
—	marron	
—	jaune	
—	blanc	
Les pièces en	bleu foncé	doivent être sous la toilette rouge-brun.
—	bleu gentiane	
—	vert-émeraude	
—	noir	
—	gris cendré (1)	

L'enveloppe pliée en sac, est longue de 57 centimètres et large de 46 centimètres; ces dimensions se changent en 52 centimètres de long, 40 centimètres de large et 52 millimètres d'épaisseur, quand la pièce y

(1) Plusieurs négocians conseillent de placer les gris sous des toilettes noires; tel est aussi notre avis; nous nous sommes conformé ci-dessus à des indications qui méritent ordinairement toute confiance.

est placée. Ce *wrapper* est fermé des deux côtés par une couture à longs points faite avec de la petite ficelle, et au milieu par des cordonnets noués. On a soin de laisser libre le premier pli de la pièce, afin qu'on puisse en examiner facilement la qualité. La toilette est ornée sur la face supérieure d'un décor imprimé à l'huile, large de 49 centimètres et long de 47 centimètres. Le dessin représente deux lions soutenant un écusson aux armes de la Compagnie et des guidons aux couleurs d'Angleterre, avec les légendes *Auspicio Regis et senatûs Angliæ* et *fine superfine serge of London, yards* 24. Au bas, au milieu de rosiers, de trèfles et de chardons, se trouve la marque de la manufacture. L'intérieur de la toilette est garni de papier blanc.

Les balles sont toujours de 20 pièces; les 20 pièces doivent être de la même couleur (1). Chaque pièce est empaquetée avec du fort papier goudronné, et chaque balle, enveloppée : 1° d'une bonne toile à voile ; 2° d'une toile grasse goudronnée, et 3° d'une toile d'emballage grise, est fortement cordée. Sur la balle sont indiqués le numéro d'ordre, la marque de la fabrique, le nom de l'article, le nombre et la couleur des pièces.

Prix.—En 1790 et 1792, les *long ells* se vendaient à Canton 7 taëls (51 fr. 20 c.) la pièce. En 1831, le cours des écarlates était de 7 à 9 piastres (de 38 fr. 50 c. à 48 fr. 50 c.) la pièce ; en 1832, il était descendu à 7 et 8 piastres (38 fr. 50 c. et 44 fr.), atteignit, en 1833, 13 piastres (71 fr. 50 c.), et oscilla, en 1834, entre 8 piastres 50 cents et 10 piastres 50 cents (46 fr. 75 c. et 57 fr. 75 c.). En 1835-36, on estimait à 9 piastres 1/2 (52 fr. 25 c.) le prix moyen de la pièce : plusieurs ventes furent effectuées à 10 piastres (55 fr.), et le taux se maintint à 9 piastres 1/2 (52 fr. 25 c.) pour les écarlates, et 9 piastres 25 cents (50 fr. 90 c.) pour les couleurs assorties. En 1842, M. Robert Thom fixait la variation moyenne de la valeur de cet article de 8 à 9 piastres (de 44 fr. à 48 fr. 50 c.). En 1843, le *long ell* ne trouvait d'acheteur qu'à 6 piastres 50 cents (35 fr. 75 c.) : c'était une baisse de 30 p. 0/0 comparativement aux cours des saisons précédentes (2). De mai à juillet 1844, l'écarlate se cotait de 8 piastres 60 cents à 9 piastres (de 47 fr. 30 c. à 48 fr. 50 c.), et l'assortiment entier de 8 piastres à 8 piastres 25 cents (de 44 fr. à 45 fr. 38 c.) ; en août, le premier se réalisait à 8 piastres 1/2 (46 fr. 75 c.) et le second à 8 piastres (44 fr.); de septembre à décembre enfin, celui-là n'obtint pas un meilleur prix, et celui-ci, à part quelques ventes à 8 piastres et à 8 piastres 1/2, ne valut que 7 piastres 1/2 et 7 piastres 60 cents (41 fr. 25 c. et 41 fr. 80 c.).

Voici maintenant le cours de cet article, constaté par nous, durant notre séjour en Chine.

Macao. — Juillet 1845, 8 piastres 50 cents (46 fr. 75 c.) la pièce en écarlate et 8 piastres 25 cents (45 fr. 40 c.) en couleurs assorties.

Canton.—Les *long ells* se vendent presque toujours par assortimens

---

(1) Wells Williams (*Chinese commercial Guide*, page 126) dit que les pièces de chaque balle sont de couleurs assorties; c'est une erreur.

(2) Il paraît qu'en février 1842, le *long ell* valut aussi 6 piastres 1/2 la pièce, mais cette baisse ne fut qu'accidentelle, tandis que celle de 1843 eut une plus longue durée.

de 100 pièces; cependant la couleur écarlate étant préférée et devant se vendre à plus haut prix à cause de la cherté de cette teinture, on a l'habitude de la coter séparément. Il arrive parfois aussi que l'on achète isolément les autres nuances, et, dans tous les cas, les négocians chinois, dès qu'une partie de *long ells* leur est offerte, attribuent à chacune des couleurs une valeur relative fixée d'après sa rareté sur la

NOMS des différentes couleurs.	PRIX COURANT DE LA							
	En septembre 1845 (1).		Au 29 sept^bre 1845.		Au 27 oct^bre 1845,		Au 31 oct^bre 1845,	
	en piastres.	en francs.	en piastres	en francs.	en piastres	en francs.	en piastres	en francs.
	pi. c. pi. c.	fr. c. fr. c.	pi. c.	fr. c.	pi. c.	fr. c.	pi. c.	fr. c.
Ecarlate.........	8 40 à 8 80	46 20 à 48 40	9 »	49 50	8 60	47 30	8 60	47 30
Pensée.........	8 60 à 9 »	37 30 à 49 50	9 10	50 05	8 50	46 75	8 50	46 75
Bleu mazarin....	8 40 à 8 60	46 20 à 47 30	8 90	48 95	8 20	45 10	8 30	45 65
Noir............	8 30 à 8 50	45 65 à 46 75	8 80	48 40	8 30	45 65	8 30	45 65
Brun-marron....	7 30 à 7 50	40 15 à 41 25	7 50	41 25	7 »	38 50	7 »	48 50
Vert............	8 » à 8 50	44 » à 46 75	8 »	44 »	7 60	41 80	7 60	41 80
Gris-cendré.	6 » à 6 80	33 » à 37 40	6 »	33 »	6 »	33 »	6 50	35 75
Jaune...........	6 70 à 6 80	36 85 à 37 40	7 50	41 25	6 50	35 75	6 50	35 75
Bleu gentiane ...	8 » à 8 20	44 » à 45 10	» »	» »	8 »	44 »	8 »	44 »

(1) En octobre 1843, le prix de l'écarlate était de 35 shillings 9 pence (44 fr. 65 c.) par pièce; celui 3 pence (32 fr. 80 c.), y compris l'emballage et autres frais, excepté pour l'écarlate. En dernier lieu, les CHINE, *Faits commerciaux*, n° 8, page 43.

(2) Ces prix sont pour les *long ells* marqués H H.

place, la durée présumée de son écoulement et ses applications plus ou moins nombreuses. Cette valeur étant établie et la composition de l'assortiment étant connue, on détermine le prix qu'il est possible d'offrir pour le lot de *long ells* entier. Le tableau suivant a été dressé avec des renseignemens recueillis à Canton durant les trois derniers mois de 1845 et avec des informations plus récentes, datées de 1846.

E DE 22 MÈTRES.

	Au ...bre 1845,	Au 21 mai 1846,		Au 20 juin 1846,		Au 24 août 1846,		Au 24 novbre 1846 (2),	
...es	en francs.	en piastres	en francs.	en piastres.	en francs.	en piastres	en francs.	en piastres	en francs.
... c.	fr. c.	pi. c.	fr. c.	pi. c.	fr. c.	pi. c.	fr. c.	pi. c.	fr. c.
...75	48 12	8 15	44 82	8 75	48 12	8 40	46 20	9 80	53 90
»	49 50	8 15	44 82	8 75	48 12	8 40	46 20	8 70	47 85
...50	46 75	8 15	44 82	8 75	48 12	8 20	45 10	7 85	43 17
...50	46 75	7 25	39 87	pi. c. pi. c. 7 50 à 7 75	fr. c. fr. c. 41 25 à 42 62	7 20	39 60	7 50	41 25
...25	39 87	7 50	41 25	pi. c. 8 75	fr. c. 48 12	8 50	46 75	8 80	48 40
»	44 »	7 15	39 32	pi. c. pi. c. 7 50 à 7 75	fr. c. fr. c. 41 25 à 48 »	7 20	39 60	7 50	41 25
»	33 »	6 »	33 »	6 50 à 6 60	35 75 à 36 30	6 20	34 10	6 20	34 10
...50	35 75	6 »	33 »	6 50 à 6 60	35 75 à 36 30	7 20	39 60	7 50	41 25
»	44 »	» »	» »	7 50 à 7 75	41 25 à 42 62	» »	» »	7 20	39 60

... foncé et du brun, de 28 shillings 3 pence (35 fr. 30 c.); celui du noir et du gris, de 26 shillings ... ont livré à des prix notablement inférieurs à ceux que nous venons d'indiquer. — CHINE ET INDO-

On peut compter aujourd'hui sur un prix moyen de 8 piastres 25 cents à 8 piastres 75 cents (45 fr. 40 c. à 48 fr. 10 c.) pour les pièces écarlates, et de 7 piastres 80 cents à 8 piastres 20 cents (42 fr. 90 c. à 45 fr. 10 c.) pour les pièces de couleurs assorties. En juillet 1845, l'assortiment était coté 8 piastres à 8 piastres 1/2 ; et en août, 8 piastres 25 cents et 8 piastres 60 cents. En septembre et en octobre, les écarlates, les pourpres et les bleus mazarins se payaient 8 piastres 75 cents (48 fr. 10 c.), et même 9 piastres (48 fr. 50 c.) ; les autres couleurs obtenaient 8 piastres 25 cents (45 fr. 40 c.) ; en décembre, les prix fléchirent de 25 à 30 cents. Il y a eu baisse en mai 1846, et le cours s'est relevé dans les derniers mois de 1846, car l'assortiment de *long ells* HH qui ne se vendait, à la première de ces époques, que 7 piastres 80 cents et 8 piastres la pièce, trouvait en août acheteurs à 8 piastres 25 cents, et en décembre, à 8 piastres 50 cents.

Un négociant anglais de Chang-haï nous écrivait, à la date du 26 de ce même mois de décembre : « On a vendu, ce mois, environ 5,000 pièces de *long ells ;* on a réalisé les bons assortimens au prix de 8 piastres 25 cents et 8 piastres 50 cents, droit d'entrée payé. Les écarlates seuls valaient 9 piastres 50 cents et 9 piastres 75 cents la pièce. Voici la note des couleurs qu'il faut pour la vente, rangées dans l'ordre de la faveur dont elles jouissent maintenant : brun, pensée, bleu mazarin, vert, bleu gentiane, noir, jaune, bleu clair et gris. » — La hausse se maintenait à la fin de janvier 1847 ; les prix courans cotent, en effet, l'écarlate à 10 piastres 10 cents, et l'assortiment entier à 8 piastres 60 cents la pièce de Manchester supérieure ; la qualité du Yorkshire valait 1 piastre et 1 piastre 1/4 de moins.

La valeur relative des couleurs peut être fixée ainsi pour le commencement de 1847 :

	pi.	c.	fr.	c.	
Ecarlate	10	»	ou 55	»	la pièce de 22 mèt.
Consommation et vente courante pour ameublement et tenture.					
Pensée ou violet pourpré	8	75	48	12	
En faveur pour ameublemens et vêtemens du peuple.					
Bleu mazarin ou foncé	8	20	45	10	
Noir-noir	7	50	41	25	
Brun rougeâtre	8	75	48	12	
En faveur pour vêtemens et ameublemens. Rare sur la place.					
Vert	7	50	41	25	
Jaune	7	20	39	60	
Bleu gentiane	7	25	39	87	
Gris cendré	6	20	34	10	

On vend à Canton, à deux mois de crédit, ou au comptant avec escompte de 2 p. 0/0. La meilleure saison de vente des *long ells* est du 15 octobre au 15 mars.

Ting-haï (île Tchou-san). — En 1843, on a acheté des *long ells* 8 piastres 1/2 et 9 piastres (46 fr. 75 c. et 48 fr. 50 c.) en couleurs assorties, et jusqu'à 11 piastres (60 fr. 50 c.) en écarlate. Lors de notre séjour dans cette ville, la pièce ne se vendait que 16 roupies (38 fr. 40 c.) en écarlate, et que de 12 à 14 roupies (de 28 fr. 80 c. à 33 fr. 60 c.) en nuances diverses.

Ning-po. — Les négocians de ce port viennent souvent s'approvisionner de *long ells* à Tchou-san, et Yuing-tchan nous en a offert au prix de 7 piastres (38 fr. 50 c.). On ne peut s'expliquer la dépression des cours des marchandises européennes à Ning-po que par le commerce actif d'échange de cette cité avec Chang-haï et Sou-tchou. Quoi qu'il en soit, le prix maximum des *long ells*, au dire de Ta-tji, était, en octobre 1845, de 8 piastres 25 cents (45 fr. 40 c.) pour les écarlates, et de 8 piastres (44 fr.) pour les autres couleurs; et Tong-yu, autre négociant de Ning-po, déclarait, à la même époque, que les premiers ne valaient que 7 piastres 50 cents (41 fr. 25 c.), et les seconds que 6 piastres (33 fr.).
Lors du passage, en 1832, de MM. Lindsay et Gutzlaff, l'assortiment se payait 11 piastres (60 fr. 50 c.) la pièce.

Chang-haï (1). — En mars 1844, quelques ventes ont été faites au prix de 10 à 11 piastres (55 fr. et 60 fr. 50 c.) pour les écarlates. On voulait à cette époque 70 pièces de cette couleur, 10 pièces de bleu foncé, 10 de vert et 10 de noir, et l'on promettait 8 à 9 piastres (44 fr. à 48 fr. 50 c.) d'un pareil assortiment. En juillet de la même année, l'écarlate se payait 9 piastres, et les autres couleurs, 8 piastres et 8 piastres 1/2. (L'article était peu recherché.) En novembre 1845, le stock étant de 500 pièces, et la demande annuelle évaluée à 12,000, le cours était à 8 piastres 1/2 pour assortiment convenable, c'est-à-dire dans lequel on supposait 70 à 80 pièces d'écarlate. King-wo offrait d'acheter un tel assortiment 8 piastres 50 cents (46 fr. 75 c.) en argent, ou de 8 piastres 60 cents à 8 piastres 75 cents (de 47 fr. 30 c. à 48 fr. 10 c.) payables en thé. D'après des lettres de Chang-haï, en date du 16 mai 1846, le prix de l'écarlate variait de 7 piastres 20 cents à 8 piastres 50 cents, et celui de toutes couleurs assorties oscillait entre 6 piastres 20 cents et 7 piastres 50 cents. Au 20 juillet de la même année, il y avait une hausse légère sur les écarlates, dont on offrait 8 piastres 50 cents et 8 piastres 80 cents la pièce.

Fou-tchou. — Nous n'avons pas de renseignemens sur la vente des *long ells* dans ce port : cet article n'y est pas importé directement, il est expédié d'E-mouï et quelquefois de Tchou-san. Quand MM. H.-H. Lindsay et Gutzlaff visitèrent Fou-tchou avec le navire l'*Amherst*, le *long ell* se vendait 10 et 14 piastres la pièce dans les boutiques de cette ville.

Amoy.—En 1843, on plaçait les bonnes qualités à 8 1/2 et 9 piastres la pièce (46 fr. 75 c. et 48 fr. 50 c.). En 1844, le cours s'est maintenu entre 8 et 10 piastres (44 fr. et 55 fr.); le *long ell* était alors et est

(1) Le *long ell* s'y vendait, en 1832, suivant MM. Lindsay et Gutzlaff, de 10 à 16 piastres.

encore aujourd'hui presque entièrement importé par la maison Jardine, Matheson et Cie. D'après les informations que nous avons recueillies auprès des agens de cette maison, le placement en serait facile et régulier et les prix réglés par ceux de Canton. Le pensée est toujours en faveur et obtenait, en novembre 1845, 8 piastres 50 cents (46 fr. 75 c.); les assortimens se payaient, en général, à raison de 8 piastres (44 fr.) la pièce.

Observation. — Il résulte de documens produits devant la commission d'enquête de la Chambre des Lords, en 1830, et du témoignage de M. Ch. Everett, que le prix de vente des *long ells* en Angleterre était, en 1830, de 55 p. 0/0 plus bas qu'en 1820.

Droits d'importation en Chine. — Anciennement chaque tchang de *long ell* payait un droit d'environ 2 mèces 5 caches, c'est-à-dire de 1 fr. 55 c., ce qui grevait la pièce d'une taxe de 9 fr. 80 c., ou de 22 p. 0/0.

Ce droit se décomposait ainsi :

	mèc.	cand.	cach.	
Tching-hiang ou droits impériaux	1	5	»	par tchang.
Kia-san, ou taxe de 30 p. 0/0 de la valeur	»	4	5	id.
10 p. o/o étaient destinés à indemniser de la différence entre le titre des piastres et celui du sycee. Les 20 autres p. o/o étaient illégalement perçus par le Hoppo.				
Tan-taou, ou droit de pesage	»	»	7 ½	id.
Taxe légale fixée par le Tarif impérial à 3 cand., 8 caches par picul, et que le Hoppo avait élevée à 1 mèce 5 cand. sur les articles d'importation.				
Hang-yong, ou droit du Consou	»	»	»	id.
Sse-li, ou frais divers, environ 5 p. 0/0	»	»	2 ½	id.
	2	»	5	

Cette estimation est établie d'après J.-R. Morrison et confirmée par un travail de W. Wood. Robert Thom (*Foreign commerce with China : Imports*) évaluait les droits impériaux à 2 mèces 1 candarine 4 caches 9/10, et la somme totale des droits à 3 mèces 6 candarines 9 caches 1/2 (2 fr. 80 c.) = à 38 p. 0/0 de la valeur.

Aujourd'hui les *long ells* ne paient plus qu'un droit unique de 7 candarines par tchang, ou de 15 centimes par mètre. Ils sont classés à tort avec les draps dans le tarif annexé au traité français.

Autrefois les linguistes percevaient un droit de 23 piastres par chaque *chop-boat*, et de 15 piastres 1/2, quand on était autorisé à prendre 2 ou 3 bateaux à la fois. Ce droit est réduit maintenant à 15 piastres, et le louage du bateau est de 10 à 12 piastres. Le chargement, auparavant de 140 piculs de *long ells*, est fixé maintenant à 120 balles de 12 pièces.

SERGES LONG ELLS *ANGLAISES IMPRIMÉES.*

Les registres de la Compagnie des Indes font mention de l'expédition en Chine de *long ells* gaufrés qui se vendirent assez bien. Voici le relevé des quantités importées à Canton depuis l'année 1809-10 jusqu'à 1823-24 : on ne voit plus cet article figurer dans les envois postérieurs.

	pièces.
1809-10	560
1810-11	600
1811-12	600
1812-13	600
1813-14	600
1814-15	800
1815-16	800
1816-17	1,400
1817-18	1,000
1818-19	1,200
1819-20	1,800
1820-21	2,400
1821-22	2,800
1822-23	2,160
1823-24	1,800

La pièce coûtait à Londres en 1813-14 2 livres sterling 19 shillings (73 fr. 75 c.), et fut vendue, en 1814-15 à Canton, 3 livres 13 shillings 4 deniers (91 fr. 70 c.) ; le bénéfice fut donc de 25 p. 0/0.

Aujourd'hui les *long ells* imprimés sont presque inconnus ; il n'en a pas été importé une seule pièce depuis plusieurs années. Nous n'en avons vu à Canton qu'à la maison consulaire de France ; le meuble du salon était garni de cette serge avec fond plein imprimé rouge sur noir. A E-mouï, il y en avait quelques pièces qui provenaient d'un lot de 100 à 200 pièces apportées de Canton en 1842. Elles avaient été payées à cette époque 8 piastres 1/2 (46 fr. 75 c.) la pièce, et étaient employées pour couvertures et garnitures de lit. Ces *long ells* étaient de même qualité que les unis; et la seule différence qui ait été remarquée, c'est qu'ils étaient pliés avec la laize entière.

CHALONS GLACÉS ANGLAIS.

Cet article n'a été trouvé qu'à Ting-haï (île Tchou-san) chez le marchand King-ho, qui en ignorait le nom anglais et ne lui connaissait pas de nom chinois. C'est une serge en laine sèche peignée, légère, mince et très rase; elle a, aux 5 millimètres, 12 fils en chaîne et en trame, et 4 croisures. La largeur est de 91 à 92 centimètres; elle a été achetée à Ting-haï à raison de 1 fr. 60 c. le mètre en couleur noire.

Cette serge est identique au chalon glacé que l'on fabriquait à Amiens vers 1806, et qui se vendait pour l'Espagne 45 francs la pièce, longue de 25 mètres et large de 75 centimètres. Nous déconseillons d'en envoyer en Chine, où le placement en est difficile et désavantageux.

CAMELOTS ANGLAIS EN LAINE PEIGNÉE.

Leur nom anglais est *camlet* ou *camblet;* en Chine, ils sont ordinairement désignés dans les différens dialectes par les mêmes caractères, mais la prononciation varie suivant la province. Ainsi ils s'appellent *yu-cha* dans le dialecte de la cour, *u-cha* à Canton, *u-sa* à Ning-po, et *hou-sa* ainsi que *i-sè* à E-mouï.

IMPORTATIONS EN CHINE DE 1785 A 1845.

ANNÉES.	IMPORTATIONS sous pavillon anglais.	IMPORTATIONS sous pavillon américain.	ANNÉES.	IMPORTATIONS sous pavillon anglais.	IMPORTATIONS sous pavillon américain.
	(pièces de 50 mètres.)			(pièces de 50 mètres.)	
1785	332	»	1811-12	22,340	»
1786	200	»	1812-13	22,020	»
1787	aucune.	»	1813-14	23,010	»
1788	740	»	1814-15	20,000	»
1789	1,200	»	1815-16	14,590	»
1790	1,797	»	1816-17	13,890	1,798
1791	2,340	»	1817-18	14,250	»
1792	3,760	»	1818-19	12,000	1,788
1793	5,120	»	1819-20	15,000	2,874
1794	5,000	»	1820-21	15,830	6,728
1795	4,480	»	1821-22	19,000	13,274
1796	6,640	»	1822-23	11,340	5,220
1797	2,086	»	1823-24	11,986	6,362
1798	6,020	»	1824-25	12,000	4,338
1799	11,300	»	1825-26	17,000	4,290
1800	11,600	»	1826-27	13,300	3,272
1801	23,400	»	1827-28	4,700	7,270
1802	23,320	»	1828-29	12,741	3,900
1803	20,270	»	1829-30	12,574	9,080
1804	21,800	»	1830-31	16,080	3,410
1805	21,010	3,640	1831-32	14,661	820
1806	22,150	1,200	1832-33	7,290	1,912
1807	21,390	»	1833-34	5,531	»
1808	22,570	»	1836-37	16,257	5,042
1809	20,160	»	1842	3,000	»
1809-10	21,770	»	1844	25,300	360
1810-11	18,750	»	1845	13,700	»

On lit dans les *Documens sur le commerce extérieur*, CHINE ET INDO-CHINE, *Faits commerciaux*, n° 9, page 42:—« L'importation des *camlets* anglais s'élève à environ 100,000 pièces par an. A Canton seulement, on en avait importé, en 1837, au delà de 21,000 pièces. Il serait difficile de préciser ce qui a été importé par les jonques chinoises de Singapore dans les autres ports. » Ces chiffres sont exagérés, nous sommes convaincu que les besoins n'appellent chaque année en Chine que de 26 à 28,000 pièces de 50 mètres. Les négocians indigènes évaluent la vente annuelle des camelots à Canton à 18,000 pièces; A-lum estime celle de Chang-haï à près de 8,000, et il faut compter 1,200 pièces au moins pour E-mouï. Ce chiffre de 26,000 à 28,000 pièces pourra paraître même trop élevé si on le compare à ceux du tableau précédent; mais il convient de rappeler que le relevé ci-dessus ne comprend que les quantités entrées en acquittant les droits; un quart au moins est introduit en contrebande.

Du 1er juillet 1836 au 30 juin 1837, il a été, en effet, importé à Canton, par navires anglais et américains, 21,299 pièces de camelots; ce qui est arrivé, non-seulement de Singapore, mais aussi de Manille et de Batavia, est réellement sans intérêt. Il n'est présenté chaque année à Singapore que 1,000 pièces de camelots (en 1838-39, 439 pièces; en 1839-40, 1,237; en 1840-41, 1,111, etc.); à Batavia, il n'est entré en 1835 que 10 pièces; en 1836, que 1 pièce de 61 aunes de Brabant, et en 1837 que 38 pièces; enfin à Manille, la moyenne annuelle est de 600 pièces environ. Ainsi en ajoutant aux 21,299 pièces, 5,000 pièces pour la part de la contrebande, et les 1,600 pièces que nous supposons sorties des trois entrepôts de l'Archipel indien, nous arrivons à un total de 28,000, et non point de 100,000 pièces.

Il est intéressant d'indiquer dans quelle proportion, d'après les documens officiels, ont été répartis les camelots dans les cinq ports ouverts.

Canton. — Par navires anglais :

QUANTITÉ.		VALEUR.		
tchangs.	mèt.	piast.	fr. c.	
283,092	(1,002,145)	572,463	(3,148,546 »)	durant 1844.
119,754	(423,929)	232,526	(1,278,893 »)	Id. 1845.

— Par navires américains et danois :

QUANTITÉ.		VALEUR.		
tchangs.	mèt.	piast.	fr. c.	
9,009	(31,892)	18,143	(99,786 50)	durant 1844.

E-mouï. — Par navires étrangers autres qu'anglais :

QUANTITÉ.	VALEUR.		
pièces.	piast.	fr. c.	
100........... ..	2,600	(14,300 »)	du 2 novembre 1843 au 31 mars 1844.

— Par navires anglais :

QUANTITÉ.	VALEUR.				
pièces.	liv. st.	sh.	d.	fr. c.	
1,468.........	8,269	10	»	(206,737 50)	du 2 novembre 1843 au 30 septembre 1844.
950.........	5,234	13	4	(130,866 60)	durant 1845.

L'importation totale de cet article à E-mouï est estimée à 6,500 pièces par un des premiers négocians anglais de ce port.

Fou-tchou. — Le *Wave*, schooner anglais, y présenta des camelots qu'il ne put placer et qu'il dut remporter à E-mouï. Le trois-mâts barque, *la Princesse-Royale*, en avait à bord plusieurs assortimens; la quantité en était trop grande pour les besoins du marché, il en réexporta 120 pièces à Chang-haï; enfin le *Bintang* fut plus malheureux, il échoua en entrant dans le fleuve *Min*, et ne put vendre presque rien de sa cargaison : il avait entre autres 141 tchangs de camelots qui furent soldés à Chang-haï.

Ning-po. — Par navires anglais :

QUANTITÉ.	VALEUR.		
pièces.	piast.	fr. c.	
260.............	6,500	(35,750 »)	durant le 1er trimestre de 1844.
(La plupart n'étaient pas vendues en août 1844.)			
pièces.	liv. st.	fr. c.	
10.............	45	(1,125 »)	durant 1845.

Chang-haï.

QUANTITÉ.		VALEUR.			
tchangs.	mèt.	tchangs.	liv. st.	sh.	
11,285	(39,948)	....			du 15 novembre au 31 décembre 1843.
3,820 (1)	(13,523)	49,885	19,455	3	durant le 1er trimestre 1844.
16,240	(57,590)				id. 3e id.
29,825	(114,580)				id. 4e id.
pièces.					
4,057	....	»	18,872	»	durant l'année 1845.

Le camelot est un tissu lisse, sa chaîne et sa trame sont en laine sèche peignée. La longueur des pièces est de 55 yards pleins, c'est-à-dire de 50 mèt. 27 c.; elles ont ordinairement 56 yards (51 mèt. 18 c.) (2), et même à E-mouï, on conseille d'envoyer une longueur constante de 56 à 57 yards, la moyenne doit être prise entre 55 et 59 yards. La largeur réglementaire est de 31 pouces anglais (0 mèt. 787 m.); les négocians chinois réclament 80 centimètres (3), mais les 8 échantillons que nous avons rapportés dans le but de montrer les couleurs qu'il convient d'envoyer ont les laizes suivantes : 0 mèt. 75 c., 0 mèt. 76 c., 0 mèt. 75 c., 0 mèt. 78 c. 1/2, 0 mèt. 75 c. 1/2, 0 mèt. 77 c. 1/2, 0 mèt. 76 c. 1/2 et 0 mèt. 80 c.; il est donc inutile de dépasser la laize indiquée. Le poids du mètre varie de 180 à 200 grammes.

---

(1) D'après un document (non officiel) l'importation pendant ce trimestre aurait été de 5,454 tchangs.
(2) On demande ordinairement à Canton 140 tchihs (52 mètres 22 c.).
(3) Quelques-uns ont indiqué seulement 2 tchihs 1 tsun (783 millimètres).

Il y a trois qualités de camelots; elles se distinguent par la lettre dont elles sont marquées. La première qualité porte la lettre D (*double*), la deuxième, la lettre S (*single*) (1), et la troisième, les lettres SS (*second single*).

Elles ont toutes les trois mêmes dimensions, mêmes couleurs dans l'assortiment, et ne diffèrent que par la finesse.

	Nombre des fils de chaîne aux 5 millimètres.	Nombre des fils de trame aux 5 millimètres.
D....................	14	11—12
S....................	12—13	10—11
SS....................	10—11	9—10

Les proportions des couleurs (2) et des qualités dans les assortimens sont assez variables, il est même difficile de les combiner de manière à satisfaire entièrement les goûts des acheteurs. Le tableau suivant présente tous les assortimens que nous avons recueillis; nous engageons les fabricans à l'examiner avec attention. La combinaison qui le précède est celle que nous avons tracée et que nous recommandons pour la vente de Canton.

	D.	*S.*	*SS.*		
Fleur de pensée................	10	30	25	=	65 pièces.
Bleu foncé....................	10	24	26	=	60
Noir..........................	4	9	12	=	25
Ecarlate......................	3	7	10	=	20
Bleu *tchin-lan*................	2	3	5	=	10
Brun-rouge....................	1	2	3	=	6
Bleu *yong-lan* (gentiane)......	1	2	2	=	5
Jaune vif.....................	1	1	2	=	4
Vert..........................	0	1	2	=	3
Gris..........................	0	1	1	=	2
	32	80	88	=	200 pièces.

(1) La deuxième qualité est appelée parfois *fine single*.

(2) Nous avons pensé inutile d'entrer dans de longs détails sur les meilleures couleurs qu'il convient d'adopter; nous avons rapporté 5 à 6 collections complètes destinées à montrer les nuances qui sont préférées à Canton, à E-mouï et à Chang-haï. Ces échantillons sont déposés au Ministère du Commerce (*Direction du commerce extérieur*).

ASSORTIMENT, ETC.

ASSORTIMENT DES COULE[URS]

ORIGINE DES RENSEIGNEMENS et NOMS DES NÉGOCIANS qui les ont donnés.	DATE des RENSEIGNEMENS.		Lettres indicatives des qualités.	Fleur de pensée. — *Purple.*	Bleu foncé. — *Mazarine blue.*	Bleu clair. — *Light blue.* — *Tsing-lan.*	Bleu ge[…] — *You[…]* ou *Sky[…]* — *Yong[…]* o[…] *Choui[…]*
P. Blancard	1792			30	0	30	[illegible]
Document du *Singapore Chronicle*	1836	Février 1er	*D.*	7	7	2	[illegible]
			S.	12	12	4	[illegible]
			SS.	11	11	4	[illegible]
				30	30	10	[illegible]
Renseignement	1844	Juin	*D.*	7	7	1	[illegible]
			S.	30	20	4	[illegible]
			SS.	30	30	4	[illegible]
				67	57	9	[illegible]
Id.	1845	Janvier	*D.*	7	7	1	[illegible]
			S.	30	20	4	[illegible]
			SS.	30	30	4	[illegible]
				67	57	9	[illegible]
Id.	id.		*D.*	7	7	1	[illegible]
			S.	45	30	8	[illegible]
			SS.	34	20	3	[illegible]
				86	57	12	[illegible]
Fox, Rawson et Cie	1844	Mars		30	30	3	[illegible]
Renseignement obtenu à Manille	1845	Juillet 4	*D.*	7	7	1	[illegible]
			S.	30	20	4	[illegible]
			SS.	30	30	4	[illegible]
				67	57	9	[illegible]
You-long	id.	Août 14	*D.*	16	12	6	4
			S.	30	24	8	[illegible]
			SS.	40	30	10	14
				86	66	24	[illegible]

CAMELOTS ANGLAIS.

…MS ET PROPORTIONS DES DIVERSES NUANCES.									Proportion totale des pièces dans chaque qualité.
…te. — …et.	Noir. — *Black.*	Brun-rouge. — *Brown.*	Jaune vif. — *Yellow.*	Orange. — *Orange.*	Vert. — *Green.*	Lilas. — En fo-kiénois *Ho-hoé.*	Gris. — *Ash.*	Blanc. — *White.*	
	30	0	0	0	0	0	5	0	100
	1	0	0	0	0	0	0	0	20
	2	1	0	0	0	0	1	0	40
	2	2	0	0	0	0	1	0	40
	5	3	0	0	0	0	2	0	100
	2	1	0	0	0	0	0	0	20
	10	4	2	0	1	0	1	0	80
	20	4	2	0	0	0	0	0	100
	32	9	4	0	1	0	1	0	200
	2	1	0	0	0	0	0	0	20
	8	4	2	0	1	0	3	0	90
	10	4	2	0	0	0	0	0	90
	20	9	4	0	1	0	3	0	200
	2	1	0	0	0	0	0	0	20
	15	6	2	0	1	0	1	0	120
	12	2	1	0	0	0	0	0	80
	29	9	3	0	1	0	1	0	220
	10	3	1	0	3	0	1	0	100
	2	1	0	0	0	0	0	0	20
	20	4	2	0	1	0	1	0	90
	20	4	2	0	0	0	0	0	100
	42	9	4	0	1	0	1	0	210
	3	4	0	0	0	0	1	0	50
	8	6	2	0	2	0	2	0	100
	20	10	3	0	3	0	4	0	150
	31	20	5	0	5	0	7	0	300

ORIGINE DES RENSEIGNEMENS et NOMS DES NÉGOCIANS qui les ont donnés.	DATE des RENSEIGNEMENS.		Lettres indicatives des qualités.	Fleur de pensée. — *Purple.*	Bleu foncé. — *Mazarine blue.*	Bleu clair. — *Light blue.* — *Tsing-lan.*	Bleu ge[…] — *You[…]* ou *Sky* — *Yong-* ou *Choui-*
Russell et Cie	1845	Août 16	*D.*	7	6	1	0
			S.	14	12	2	0
			SS.	14	12	2	0
				35	30	5	0
Tchan-tching	id.	Id. 18	......	25	30	3	0
Cheng-tcheun	id.	Id. 27	......	30	30	2	6
Kum-qua	id.	Septembre . . 7	*D.*	30	30	10	0
			S.	30	25	15	0
			SS.	30	25	15	0
				90	80	40	0
Renseignement	1843	....	......	10	10	0	0
Reynwaan et Cie	1845	Janvier 31	......	30	25	10	0
Kong-hinn	id.	Novembre... 19	......	20	15	5	5
Jardine, Matheson et Cie	id.	Id. 23	......	150	80	34	0
		Id. 24	......	32	18	7	0
W. H. Mitchell	id.	Id. 26	......	30	30	10	0
							NI[…]
Ta-tji	id.	Octobre 14	......	10	0	20	0
							CHA[…]
Reynwaan et Cie	id.	Janvier 31	......	30	30	20	5
Fox, Rawson et Cie	1844	Août	......	30	40	0	0
	1845	Octobre	......	30	40	5	0
A-lum	id.	Id. 29	......	30	35	4	0
Dallas	id.	Id. 31	......	25	30	0	5
King-wo	id.	Novembre... 5	......	20	30	0	20

…S ET PROPORTIONS DES DIVERSES NUANCES.								Proportion totale des pièces dans chaque qualité.
Noir. — *Black.*	Brun-rouge. — *Brown.*	Jaune vif. — *Yellow.*	Orange. — *Orange.*	Vert. — *Green.*	Lilas. — En fo-kiénois *Ho-hoă.*	Gris. — *Ash.*	Blanc. — *White.*	
2	0	0	0	0	0	0	0	18
5	2	1	0	0	0	1	0	42
5	1	2	0	0	0	0	0	40
12	3	3	0	0	0	1	0	100
10	3	2	0	1	0	1	0	100
12	3	2	0	2	0	1	0	100
15	0	2	0	0	3	0	0	100
15	10	2	0	0	3	0	0	100
15	10	2	0	0	3	0	0	100
45	20	6	0	0	9	0	0	300
0	0	10	0	10	0	0	0	100
5	5	0	5	10	0	0	0	100
5	5	8	0	5	5	2	0	100
23	32	34	0	0	0	53	0	460
5	6	7	0	2	0	11	0	100
5	5	0	10	10	0	0	0	100
20	38	0	0	0	0	2	0	100
15	0	0	0	0	0	0	0	100
20	0	0	0	0	0	5	5	100
20	0	0	0	0	0	0	0	100
20	4	0	0	0	0	2	0	100
20	2	0	1	0	0	3	2	100
15	0	0	0	0	0	3	2	100

L'assortiment de camelots remis à lord Macartney par la Compagnie des Indes se composait de 4 balles contenant 20 pièces, savoir :

					l.	sh.	d.		fr.	c.
3 balles contenant chacune	1	pièce	écarlate........	coûtant	8	4	6	=	205	60
	1	id.	bleu mazarin....	id.	7	5	0	=	181	25
	1	id.	pensée..........	id.	7	7	0	=	183	75
	2	id.	noir............	id.	6	15	3	=	169	05
1 balle contenant.........	1	id.	écarlate........	achetées aux prix ci-dessus.						
	2	id.	bleu mazarin....							
	2	id.	noir............							

Il n'y a aucune observation particulière à faire sur les lisières et les chefs ; il faut que celles-là soient très nettes, bien entières, et quant à ceux-ci, ils ne se composent que d'une ou plusieurs rayettes.

Avant de parler du pliage, de l'empaquetage et de la toilette, nous allons faire connaître les conditions qu'imposait la Compagnie aux fabricans anglais pour les camelots qu'elle expédiait en Chine ; nous les trouvons dans la déposition (1) de M. Richard Shaw, manufacturier à Norwich, devant la commission d'enquête de la Chambre des Lords (1er juillet 1830).

« Les camelots doivent avoir les finesse, dimension et poids ci-après :

DÉSIGNATION des QUALITÉS.	CHAIN SCORE.	SHOOT DOZEN SKEINS.	SHOOTS TO AN INCH. — Nombre de fils de trame au pouce, c'est-à-dire aux 254 dix-millimètr.	POIDS. MESURE ANGLAISE. liv. avoir du pois.	onc.		liv. avoir du pois.	onc.	MESURE FRANÇAISE. kil.	gr.		kil.	gr.
Doubles....	23 4	29 0	50 *double.*	19	12	à	20	0	8	991	à	9	060
Singles.....	21 4	19 9	51 *single.*	19	8		19	12	8	863		8	991
Second singles.......	16 4	13 6	47 *single.*	19	8		19	12	8	863		8	991

« Chaque pièce de camelot doit mesurer, en longueur, 55 yards de 37 pouces, et en largeur, 30 pouces pleins. Il faut que les lisières soient sans rayures, que chaque pièce ait à chaque extrémité deux *roses*, et que le nom ou la marque du fabricant soit inscrit sur chaque chef.

« Les pièces doivent être bouillies afin d'être rendues souples et faciles à plier. On recommande de les finir en tous points. Les filés employés doivent être bien marronnés et réguliers, et le tissu clos et serré. Il faut que les couleurs soient solides et brillantes, vives et identiques à celles des échantillons de la Compagnie, auxquels il est essentiel de se conformer avec une exactitude scrupuleuse.

« Les camelots doivent être envoyés, roulés autour de planchettes larges de 16 pouces, sans résine, bien planes et enveloppées de papier ; il faut éviter avec soin les plis dans l'intérieur de l'étoffe, et attacher légèrement les chefs afin de les maintenir intacts. »

(1) *Journal de la Chambre des Lords*, vol. LXII, Appendice n° 1, p. 1164 et suiv.

Les assortimens, mis en adjudication par la Compagnie des Indes, à la fin de 1829, devaient être composés ainsi qu'il suit :

	D.	*S.*	*SS.*
Pensée (*purple*)	560	1,680	1,120
Bleu mazarin	480	1,440	960
Noir	400	1,200	800
Ecarlate	200	600	400
Bleu clair	140	420	280
Brun rouge	140	420	280
Jaune foncé	40	120	80
Brun foncé	20	60	40
Gris	20	60	40
Total	2,000	6,000	4,000

M. Shaw déclara que les camelots (qualité *double*), payés en 1820 140 shillings la pièce, se fabriquaient en 1830 à raison de 78 et même de 76 shillings, et que cette différence devait être attribuée à l'emploi des filés à la mécanique qui étaient à meilleur marché que les filés à la main, et à la baisse du prix des laines, des façons de teinture, etc. Les salaires étaient restés les mêmes ; les tisserands gagnaient aux deux époques de 12 à 14 shillings par semaine en moyenne.

Chefs et plombs. — Les chefs des camelots se composent simplement de 2 ou 3 filets en coton blanc ; la disposition la plus habituelle est la suivante : 2 fils blancs, intervalle de 28 mill., 1 fil blanc, intervalle de 28 mill., 2 fils blancs, et à 47 mill. plus loin une petite barbe en laine formée par la chaîne non tissée et haute de 1 centimètre.

On attache peu d'importance aux plombs qui sont soudés au chef ou au *muster ;* ils ont de 32 à 36 mill. de diamètre, et sont dorés. Sur les uns sont estampés d'un côté le nom (en chinois) du fabricant ou de l'expéditeur, de l'autre sa marque W. H. W., par exemple ; sur les autres est un navire, ou l'insigne de la Toison-d'Or, etc.

Pliage et toilette.—Les pièces sont pliées laize entière et roulées autour d'une planchette. Les lisières doivent être assez nettes et soignées pour que la tranche soit unie et sans bavures. Au centre de la pièce est placée une planchette (*board*) en bois blanc et entourée d'une feuille de papier blanc qui est collée le long d'un des côtés afin d'y rester fixée. Ce *board* a 75 centimèt. de long, 24 centimèt. 1/2 de large et 1 centimèt. d'épaisseur. Comme il est ordinairement en sapin, il faut faire attention à ce qu'il ne s'y trouve pas de nœuds d'où puisse exsuder de la résine.

Les camelots arrivent sous différentes toilettes ; nous allons décrire celle de la Compagnie qui est la plus estimée, et sous laquelle arrivent les camelots consignés à la maison Wetmore et Cie (1). — Elle est en calicot assez commun, teint en noir ou en rouge-brun et lustré, fermée par des ficelles faufilées autour de l'enveloppe ; celle-ci est ornée d'une vignette gravée sur papier blanc, représentant les armes d'Angleterre et celles de la Compagnie, avec les légendes : *Auspicio regis et senatûs Angliæ ; — Dieu et mon droit ;* -et — *Domine, dirige nos.* On inscrit sur cette étiquette la désignation de la couleur, de la qualité et la quantité de yards. Pliée à vide, cette enveloppe est longue de 86 à 89 centimètres

(1) Ces camelots sont d'une fabrication supérieure et très recherchés ; leurs lisières sont nettes et bien affilées, leurs couleurs sont toujours très vives.

et large de 50 centimètres ; quand la pièce est dedans, elle mesure en longueur 79 à 82 centimètres, en largeur 40 à 47 centimètres, et a une épaisseur de 7 à 8 centimètres. La vignette a 19 centimètres 1/2 sur 7 centimètres 1/2 (1).

On empaquète sous toilette noire les couleurs suivantes :

Pensée, — écarlate, — brun, — jaune — et gris ;

Et sous toilette brun-rougeâtre :

Le noir, — le bleu foncé — et le bleu clair.

Nous avons vu précédemment que la Compagnie imposait l'addition à chaque chef de deux *roses*, et nous ajouterons qu'elle se réservait le droit de couper une de ces *roses* à toutes les pièces non acceptées, afin d'empêcher qu'elles ne fussent représentées dans les adjudications suivantes. La suppression d'une de ces marques dépréciait extrêmement la marchandise, au point qu'on ne pouvait lui trouver d'acheteurs. Ces deux *roses*, que les Chinois appellent souvent des yeux de poisson (*u-ngan*), sont deux cercles blancs avec un centre de même couleur que la pièce ; ils sont réservés à la teinture, au moyen d'un fil qui entoure et serre le tissu au-dessous d'une petite poche laissée libre, de façon qu'au sortir de la cuve, cette pointe est teinte et la partie recouverte par le fil est restée blanche. Ces *roses* sont placées sur l'échantillon (*ticket-end*), qui, disposé hors de la toilette, indique la qualité, la couleur et l'origine. Il a ordinairement ou 12 centimètres sur 15 c., ou 16 centimètres sur 14 c. 1/2. Il faut qu'il soit coupé bien carrément et qu'une rayette empêche la trame de se défiler.

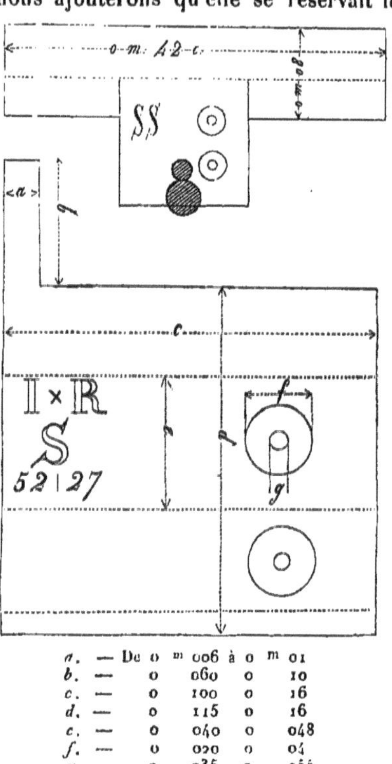

a.	— De	0 m 006	à	0 m 01	
b.	—	0	060	0	10
c.	—	0	100	0	16
d.	—	0	115	0	16
e.	—	0	040	0	048
f.	—	0	020	0	04
g.	—	0	035	0	055

Les camelots arrivent et se vendent par balles de 10 pièces.

---

(1) Les toilettes de la maison Fox, Rawson et Cie, bien qu'ayant une vignette différente de celle de la Compagnie, sont assez estimées, à cause de la bonne qualité des pièces qu'elles recouvrent ordinairement. La vignette, collée sur le dessus du *pack*, est tournée dans le sens opposé au *muster* ; la pièce mesure, sous enveloppe, 76 cent. sur 42 cent., et est épaisse de 7 cent. — Les *wrappers* de MM. Whitehead et Cie déprécient la marchandise : le calicot glacé, toujours de couleur noire, est fin et léger ; la vignette est placée sur la tranche de recouvrement de devant, le décor est jaune d'or sur blanc d'argent, on y lit *Best superfine*. La qualité des camelots Whitehead est inférieure et leurs lisières sont souvent baveuses.

Prix. — En 1790, la pièce de camelot se vendit à Canton 38 taëls (soit, suivant l'estimation de Blancard, 277 fr. 80 c.), et en 1792, 37 taëls 5 mèces (214 fr. 10 c.).

On trouve dans l'enquête de 1830 le curieux document suivant :

Prix d'achat à Londres, en 1813-14,

		l. st.	sh.	d.		fr.	c.
De la pièce de camelot	qualité *double*	9	4	4	=	230	40
	id. *single*	7	10	3	=	187	80
	id. *second single*	6	7	6	=	159	35

Prix d'achat à Londres, en 1828-29,

		l. st.	sh.	d.		fr.	c.
De la pièce de camelot	qualité *double*	7	3	10	=	179	75
	id. *single*	5	18	11	=	148	60
	id. *second single*	5	1	0	=	126	25

Prix de vente à Canton,

		en 1814-15, l. st. sh.	fr. c.	en 1829-30, l. st. sh. d.	fr. c.
De la pièce de camelot.	qualité *double* / id. *single* / id. *second single.*	7 4	= 180 »	6 19 2 4/10	= 174 »

M. Ch. Everett a, dans cette même enquête de 1830, présenté à la commission de la Chambre des Lords l'état comparatif suivant :

En 1821,	les camelots anglais	coûtaient........	5	p. 0/0 moins cher	qu'en	1820.
1822,	id.		10	id.		id.
1823,	id.	12 ½ à	15	id.		id.
1824,	id.	15	20	id.		id.
1825,	id.	10	12 ½	id.		id.
1826,	id.	17 ½	20	id.		id.
1827,	id.	25	30	id.		id.
1828,	id.	30	35	id.		id.
1829,	id.	37 ½	40	id.		id.
1830,	id.	42	45	id.		id.

En 1831, le cours était de 20 à 21 piastres (de 110 fr. à 115 fr. 50 c.); en 1832, de 17 à 18 piastres; en 1833, de 20 piastres; en 1834, de 30 piastres (pour le D), 28 piastres (pour le S), et de 26 piastres (pour le SS). En 1835, il s'était relevé à 29 et 31 piastres (de 159 fr. 50 c. et 170 fr. 50 c.); en mai 1844, il oscillait entre 25 et 30 piastres; en juin, entre 24 et 30 piastres; en juillet, entre 20 et 22 piastres; vers la fin de ce même mois, il remontait; on vendait 24 piastres, valeur en thé; en septembre, il se maintint à 22 et 24 piastres, fléchit en octobre, pour revenir en novembre à 22 et 25 piastres. La baisse continua pendant l'année 1845; au commencement de mai de cette année, on trouvait acheteurs à 21 piastres; à la fin du mois, les prix étaient tombés à 19 et 20 piastres; ils restèrent à 18 piastres durant juin et juillet, et depuis août jusqu'à décembre, le cours des assortimens varia de 17 à 20 piastres; il y eut même, en novembre, des ventes effectuées à 16 piastres.

Nous insistons sur ces variations du cours, afin de rectifier quelques indications précédentes. Dans les nos 9 et 10 des *Documens sur la Chine*, on a fixé de 23 à 30 piastres les prix des trois qualités de camelots. Nous faisons observer ici qu'en 1845 jamais *un assortiment* n'a été payé à Canton aussi cher ; il faut remonter au milieu de 1844, pour trouver des chiffres aussi élevés. Depuis notre départ de Chine, l'article est toujours un peu en défaveur. En janvier 1846, on recherchait les bleus (3/4 bleu foncé et 1/4 bleu clair); on payait 22 piastres les meilleurs assortimens, mais la plupart des affaires se traitaient à 18 et 20 piastres. En mai, il y eut encore baisse; on payait 18 et 19 piastres les lots dans lesquels dominaient les couleurs favorites et composés de parties égales des sortes D, S et SS. Enfin, le D valait en novembre de 16 à 20 piastres, et en février 1847, l'article n'était pas demandé (1).

Nous avons déjà dit, à l'occasion des *long ells*, que les Chinois préfèrent certaines couleurs, les paient beaucoup plus cher que d'autres, et cependant tiennent à ce qu'elles ne composent pas exclusivement les assortimens. Les nuances en faveur ne sont pas longtemps les mêmes, car il y a, en Chine comme en France, une grande instabilité dans les goûts. Nous allons indiquer rapidement les faits que nous avons recueillis sur ce sujet.

PRIX DES CAMELOTS A CANTON.

24 *août* 1845.

	D.		*S.*		*SS.*	
	pi. c.	fr. c.	pi. c.	fr. c.	pi. c.	fr. c.
Vert	27 »	148 50	25 »	137 50	24 »	132 »
Pensée	27 »	148 50	24 »	132 »	23 »	126 50
Bleu foncé	27 »	148 50	24 »	132 »	23 »	126 50
Brun	25 »	137 50	22 »	121 »	21 »	115 50
Ecarlate	24 »	132 »	22 »	121 »	21 »	115 50
Bleu clair	22 »	121 »	20 »	110 »	19 »	104 50
Jaune	19 »	104 50	18 »	99 »	17 »	93 50
Noir	16 »	88 »	15 »	82 50	14 »	77 »

20 *septembre* 1845.

	D.				*S.*				*SS.*
	pi. c.	pi. c.	fr. c.	fr. c.	pi. c.	pi. c.	fr. c.	fr. c.	
Bleu gentiane	33 »		181 50		De 30 50	à 31 »	167 75	à 170 50	De 2 à 3 piastres (de 11 à 16 f. 50 c.) de moins par pièce. La diminution varie suivant la couleur.
Vert	25 50		140 25		23 »	23 50	126 50	129 25	
Ecarlate, Pensée, Bleu mazarin, Brun	De 23 »	à 24 50	126 50	à 134 75	21 »	22 50	115 50	123 75	
Gris, Jaune	19 »	20 »	104 50	à 110 »	17 50	18 »	96 25	99 »	
Noir	15 »		82 50		12 50	13 »	68 75	71 50	

(1) En avril 1847, les camelots se cotaient à 19 et 22 piastres à Canton.

27 *octobre* 1845.

	D.		*S.*				*SS.*
	pi. c.	fr. c.	pi. c.	pi. c.	fr. c.	fr. c.	
Bleu gentiane	28 »	154 »	De 26 »	à 27 »	143 »	à 148 50	5 piastres par pièce de moins pour le bleu mazarin, le bleu clair, le bleu gentiane et le violet pensée, 2 à 3 piastres de moins pour les autres couleurs.
Vert	24 »	132 »	22 »	23 »	121 »	126 50	
Ecarlate / Bleu mazarin	23 »	126 50	21 »	22 »	115 50	121 »	
Pensée	22 »	121 »	20 »	21 »	110 »	115 50	
Brun / Blanc / Bleu clair	21 »	115 50	19 »	20 »	104 50	110 »	
Gris	19 »	104 50	17 »	18 »	93 50	99 »	
Noir	15 »	82 50	13 »	14 »	71 50	77 »	

Enfin, en décembre 1846, voici l'ordre de préférence des différentes nuances : écarlate, — bleu gentiane, — vert, — bleu mazarin, — pensée, — bleu clair, — jaune, — noir, — gris.

A E-mouï, les camelots se vendaient assez aisément, pendant l'année 1844, de 26 à 32 piastres, mais, depuis, les prix ont beaucoup baissé; lors de notre séjour dans ce port (novembre 1845), le cours était de 19 à 20 piastres la pièce, et les Chinois vendaient, en demi-gros, la qualité D, 23 piastres, le S, 22 piastres, et le SS, 21 piastres. En décembre, on soldait de 18 à 21 piastres l'assortiment complet.

A Fou-tchou, en avril et mai 1832, la pièce se vendait dans les boutiques de 56 à 70 piastres (Lindsay (1) et Gutzlaff).

Au dire de tous les négocians anglais et chinois, le camelot est un fort mauvais article pour Ning-po ; en effet, en octobre 1845, Ta-tji, un des premiers marchands de cette ville, les achetait à 18 piastres, et déclarait que, quand il y en a beaucoup sur la place et à Tchou-san, le prix tombe jusqu'à 12 piastres.

A Chang-haï, le cours a éprouvé, dans les trois dernières années, de grandes fluctuations. De 25 à 26 piastres, durant la première moitié de 1844, les prix se sont élevés à 27 et 30 piastres; en juillet, ils n'étaient qu'à 23 et 24 piastres ; en mai et en juin 1845, ils étaient descendus à 17 et 18 piastres, et l'écarlate seul obtenait une prime de faveur de 25 cents par pièce ; en août, ils étaient remontés à 24 piastres; en septembre, avaient fléchi de 2 piastres ; et en octobre, se maintenaient à 20 et 22 piastres. En octobre et novembre, nous trouvâmes, à Chang-haï, un stock de 700 pièces, le cours fixé à 20 et 21 piastres, et la vente fort difficile. Les blancs, dont il faut seulement quelques pièces de temps à autre, se plaçaient pour garniture de chaussures à 26 piastres. L'écarlate reprenait faveur. En juillet 1846, on composait les assortimens de 50 p. 0/0 d'écarlate, et plusieurs centaines de pièces trouvaient acheteurs à 19 piastres 1/2 comptant. En avril 1847, le cours de cet article était fixé de 20 à 21 piastres.

Droits d'importation. — Avant le tarif de 1842, les camelots

(1) Nous renvoyons à l'ouvrage publié par Lindsay sur son voyage de l'*Amherst* pour les prix des camelots dans les différens ports qu'il a visités.

payaient à l'entrée un droit 10 fois plus élevé, qu'il est utile de faire connaître et d'analyser.

	mèc.	cand.	cach.	
Tching-hiang, droits impériaux.....	6	0	0	le tchang.
Kia-san, 30 p. 0/0................	1	8	0	
Tan-taou, droit de pesage..........	0	1	5	
Sse-li...................... environ	0	3	5	
	8	3	0	

Cette analyse et ce chiffre sont établis d'après Morrison ; ils sont confirmés par Gutzlaff qui évalue l'ancien droit réel à 7 mèces 9 cand. 5 caches, et le droit nominal à 8 mèces 3 cand. Robert Thom calculait le premier à 7 mèces 7 cand. 5 caches 2/10, et le second à 7 mèces 7 cand. 8 caches 4/10.

Aujourd'hui le tchang de camelot ne paie à l'entrée que 7 candarines, c'est-à-dire que 15 centimes le mètre. Ainsi le droit, qui était en 1840 de plus de 50 p. 0/0 de la valeur, n'est maintenant que de 7 p. 0/0.

Nous ferons observer que, dans le tarif annexé au traité français, la désignation de *camelot anglais* a été remplacée par celle-ci : *camelot clair de tissu*. Il n'est point vrai que le camelot anglais soit clair de tissu, c'est au contraire une étoffe close et serrée, puisque l'on compte, aux 5 millimètres, de 11 à 14 fils de chaîne et de 10 à 12 duites. Cette dénomination serait plutôt applicable aux tamises, aux durois, aux étamines et aux camelots légers et clairs que l'on fabrique à Tourcoing et à Amiens ; et il serait à regretter qu'on assimilât ces lainages au camelot clair de tissu, car ils paieraient ainsi un droit beaucoup plus élevé. Ils sont classés dans le tarif anglais sous le titre de *bombazettes* ou *imitations de camelots* ; dans le tarif français le mot *bombazette* est conservé avec le droit de 3 cand. 1/2 par tchang y afférent, mais comme cet article n'est presque point fabriqué et n'est même point connu en France, nos manufacturiers ont pensé à tort que ce titre désignait les bombasines et autres tissus fins en laine peignée et soie. Ceux-ci ne sont pas spécifiés dans le tarif et paient 5 p. 0/0 de la valeur.

POLEMIETEN *OU CAMELOTS HOLLANDAIS*,

En chaîne et trame laine peignée ou poil de chèvre, ou en chaîne soie et trame laine peignée ou poil de chèvre.

Les *polemieten*, en anglais *dutch camlets*, sont connus en chinois *kouan-hoa* sous le nom de *yu-touan*, en fo-kiénois, sous celui de *u-toan ;* et dans les dialectes de Canton et de Ning-po, on les appelle *u-tunn*.

Il nous a été impossible de dresser l'état des importations de *polemieten* en Chine; on sait qu'ils y sont connus depuis longtemps, que les premières ambassades hollandaises en ont présenté à la cour de Pé-king des pièces de différentes couleurs et que ces présens ont été accueillis avec faveur. Il est constant qu'il en est importé chaque année des assortimens dont la vente a toujours été aussi avantageuse que facile. Le chiffre officiel le plus ancien que nous ayons pu trouver ne remonte qu'à dix années ; un état communiqué au *Chinese Repository* par le consul de Hollande à Canton, porte à 3,000 le nombre des pièces de *polemieten* introduites dans cette ville en 1836. En 1844, si nous en croyions le document publié par le consul anglais de Canton, il n'en serait entré que 15,400 tchangs (55,000 mètres) déclarés à 36,482 piastres (201,000 fr.); mais les états du commerce néerlandais à Canton et à Macao, que nous a fournis le consul, M. S. Van Basel, fixent à 2,191 pièces la quantité importée en 1844, et leur valeur à 76,687 piastres (422,000 fr.). Il est arrivé, en 1845, à Chang-haï, sous pavillon anglais, 100 pièces estimées à 792 livres sterling.

Nous évaluons à 4,500 pièces la vente annuelle de cet article en Chine, savoir : 3,500 pièces à Canton, 500 à Chang-haï, 200 à E-mouï, 100 à Ning-po et 200 à Macao, Hong-kong, Tchou-san et dans les stations des navires détenteurs d'opium.

Le camelot-poil, que M. Laurent fabriqua le premier à Amiens, et dont, en 1806, on produisait encore dans cette ville une centaine de pièces pour la France et l'Espagne, était monté sur une chaîne de fil de Tourcoing, plus ou moins fin, et de soie organsinée, l'un et l'autre retors ensemble; la trame était formée de deux fils de beau poil de chèvre du Levant virés ensemble. On en faisait beaucoup qui avaient en chaîne un fil de laine de Hollande retors avec deux fils de soie du Piémont, et en trame trois ou quatre fils de poil de chèvre; quelques-uns étaient entièrement en poil de chèvre.

Le *polemiet* que Leyde expédie en Chine et que cette ville fabrique depuis plusieurs siècles, est identique à l'ancien camelot-poil d'Amiens. La plupart de ces *polemieten* nous ont paru être en chaîne et trame laine de Hollande peignée, doublée, très brillante et très nerveuse. Il y en a dont la trame est en poil de chèvre, d'autres dont la chaîne est en soie organsin ; plusieurs enfin sont tissés avec une laine si brillante que l'on est tenté de la prendre pour de la soie ou pour du poil de chèvre.

On a assimilé à tort le *polemiet* au baracan. On dit qu'une étoffe est *baracanée*, quand, dans un tissu ras en laine sèche, la chaîne étant d'un numéro plus rond que la trame, ou composée de trois ou quatre fils virés ensemble, forme des cannelures longitudinales. Dans le camelot hollandais, au contraire, la chaîne, tout en étant doublée, est plus fine que la trame, et celle-ci dessine des côtes-lignes horizontales comme celles du *gros de Tours* et du *gros-grain*.

La longueur des pièces est, suivant les négocians hollandais, de 52 à 55 aunes de Brabant = de 36 mèt. 40 c. à 38 mèt. 50 c.; d'après les Anglais, de 40 yards = 36 mèt. 56 c. ; au dire des Chinois, de 98 à 100 tchihs de Canton = de 36 mèt. 75 c. à 37 mèt. 50 c. ; enfin, les certificats d'origine annoncent de 37 aunes 6 palmes à 38 aunes 4 palmes, c'est-à-dire de 37 mèt. 60 c. à 38 mèt. 40 c. La longueur préférable nous paraît être entre 37 et 38 mètres (1).

La largeur est beaucoup plus variable et il est assez difficile de donner à cet égard des informations bien précises, parce que chaque mar-

(1) Le 24 décembre 1844, nous avons assisté à la vérification de la longueur d'une pièce de *polemiet*, faite sous les yeux de l'un des commissaires de la Douane chinoise. La pièce fut trouvée d'une longueur de 103 tchihs 1/2 ; toutes les autres furent supposées avoir la même longueur, et la liquidation des droits d'entrée eut lieu sur cette base. Le tchih de la Douane, déterminé par le traité, est égal à 3 mè . 58 cent.; la pièce était donc longue de 37 mèt. 05 cent.

chaud a une clientèle différente, et suivant le vêtement auquel l'étoffe est destinée, la grande, la moyenne ou la petite laize est plus avantageuse. Aussi un négociant hollandais nous a-t-il recommandé d'adopter trois largeurs différentes et de composer ainsi chaque assortiment de 100 pièces :

50 pièces	larges de	32	pouces anglais	= 0 mèt.	813 millim.		
25 id.	id.	30 ½	id.	= 0	775		
25 id.	id.	28-29	id.	= 0	710	à 0 mèt. 735 millim.	

You-long fixe la longueur à 2 tchihs de Canton, c'est-à-dire à 75 centimètres ; Cheng-tcheun conseille celle de 33 pouces anglais = 84 centimètres ; Tchan-tching de Canton et King-wo de Chang-haï préfèrent 32 pouces = 81 centimètres.

Nous avons trouvé à Canton et dans les ports du nord deux largeurs qui conviennent parfaitement pour la coupe des divers vêtemens, et nous recommandons de mettre dans l'assortiment 1/3 de la plus grande et 2/3 de la plus petite. Celle-là varie entre 82 et 83 centimètres, celle-ci entre 74 centimètres 1/2 et 76 centimètres (1).

Le poids ne peut être indiqué qu'approximativement, car les pesées ont été faites à Canton avec des pièces entières garnies de leurs plombs, etc. ; cependant, déduction faite, nous évaluons le poids du mètre, en 82-83 centimètres, à 240 grammes, et, en 75-76 centimètres, de 185 à 195 grammes.

La qualité est, à peu près, la même pour toutes les largeurs ; cependant, les pièces en 82 centimètres sont toujours en compte plus serré et en filature plus fine que celles en 76 centimètres. Les premières ont, en général, aux 5 millimètres, 12 à 13 fils de chaîne et 9 duites, et les secondes 11 à 12 fils en chaîne et 7 à 8 en trame. On voit, d'après la proportion qui existe entre ces chiffres, que le tissu est un gros-grain cannelé par la trame.

Dans le tableau ci-après sont réunis les assortimens que nous avons pu recueillir auprès de quelques-uns des négocians des ports ouverts ; nous appelons sur eux l'attention. Nous devons faire observer que les renseignemens sur les *polemieten* sont extrêmement difficiles à obtenir, parce que les Hollandais sont jaloux de conserver le monopole de cet article en Chine, où ils le placent avec un bénéfice à peu près assuré. Ceux que renferme cette notice sont les premiers qui aient encore été publiés en Angleterre et en France.

---

(1) En mai 1846, c'est-à-dire quatre mois après notre départ de Canton, on nous mandait que la largeur préférée était celle de 31 pouces anglais = 78 centimètres 1/2, et que, dans les assortimens, il était convenable de placer un tiers ou moitié en 32 pouces, et le reste en 29-30 pouces 1/2.

ASSORTIMENS DES **POLEMIETEN** POUR 100 PIÈCES.

ORIGINE des RENSEIGNEMENS.	DATES des RENSEIGNEMENS.			Bleu très foncé.	Bleu foncé.	Bleu clair.	Bleu gentiane.	Noir.	Brun.	Gris.	Ecarlate.	Grenat foncé.	Total des pièces composant l'assortimt.
CANTON.													
ient envoyé par Lelyveld..........	—	—	—	0	130	30	0	20	10	0	10	0	200
id. J. Couvée, Sen et	—	—	—	0	13	3	0	2	1	0	1	0	20
ient envoyé par J. Couvée, Sen et	—	—	—	0	15	0	0	5	0	0	0	0	20
ient envoyé par Clos Leembruggen	—	—	—	0	30	0	0	10	0	0	0	0	40
ient examiné à la Douane chinoise.	1844	décembre...	10	0	14	5	0	0	0	1	0	0	20
ching..........................	id.	id......	11	0	70	2	10	7	4	6	1	0	100
g	1845	août.......	14	0	65	20	0	7	4	4	0	0	100
ching..........................	id.	id......	18	0	60	20	0	10	5	5	0	0	100
cheun	id.	id......	27	0	65	5	15	10	0	5	0	0	100
....	id.	septembre..	7	0	48	20	4	20	4	4	0	0	100
E-MOUÏ.													
an et Cie..........................	1845	janvier.....	31	0	60	15	0	13	8	4	0	0	100
nn	id.	novembre..	19	0	60	10	10	10	0	0	0	10	100
TING-HAÏ.													
o	1845	octobre....	9	50	20	0	10	10	0	5	5	0	100
CHANG-HAÏ.													
....	1845	octobre....	29	0	60	0	5	30	5	5	0	0	100
awson et Cie......................	id.	id......	31	0	60	20	0	12	0	4	0	4	100
id.........................	id.	novembre..	2	0	62	20	4	14	0	0	0	0	100
o	id.	id......	5	0	13	0	5	2	0	0	0	0	20

Si l'on n'expédiait que des camelots hollandais en grande largeur, il faudrait adopter de préférence l'assortiment suivant que nous devons à Tchan-tching :

	pièces.
Bleu foncé..	80
Bleu clair ou bleu gentiane........................	10
Noir..	10
	100

En étroit, on peut se baser sur la combinaison ci-après qui renferme toutes les couleurs qui sont de vente possible :

Bleu....	foncé........................	65	ou 65	pièces.
	clair........................	6	4	id.
	gentiane.....................	10	10	id.
Noir..............................		8	7	id.
Gris clair........................		6	5	id.
Grenat foncé......................		4	4	id.
Écarlate..........................		1	1	id.
Lilas clair.......................		0	3	id.
Pensée............................		0	1	id.
		100	ou 100	pièces.

Enfin un négociant hollandais a recommandé les assortimens suivans, qui laissent un peu à désirer.

	Bleu foncé.	Bleu clair.	Noir.	Brun.	Pensée.	Gris.	Vert.
LARGEUR DE 81 CENTIMÈTRES.							
3 balles de 20 pièces = 60 pièces, composées ainsi :	15	4	1	0	0	0	0
3 id. 20 id. = 60 id., id.......	15	4	0	1	0	0	0
3 id. 20 id. = 60 id., id.......	15	4	0	0	0	1	0
180 pièces.							
LARGEUR DE 77 CENTIMÈTRES 1/2.							
1 balle de.......... 20 pièces, composées ainsi :	15	4	1	0	0	0	0
1 id............. 20 id., id.......	15	4	0	1	0	0	0
1 id............. 20 id., id.......	15	4	0	0	1	0	0
1 id............. 20 id., id.......	15	4	0	0	0	1	0
1 id............. 20 id., id.......	15	4	0	0	0	0	1
100 pièces.							
LARGEUR DE 71 A 73 CENTIMÈTRES 1/2.							
3 balles de 20 pièces = 60 pièces, composées ainsi :	15	5	0	0	0	0	0

Les lisières sont simples, unies, sans rayures, rien ne les distingue du corps de la pièce. Le chef est également très simple ; il se compose : 1° d'un fil blanc ou bleu ciel lancé en lisse ; 2° de 15 à 22 millimètres plus bas, d'un second fil blanc ou bleu ciel ; et 3° à 3 ou 4 centimètres de distance, est une hauteur de 15 millimètres de chaîne non tissée, qui forme une barbe de soie. Les marques qui distinguent ordinairement les pièces sont assez souvent disposées ainsi :

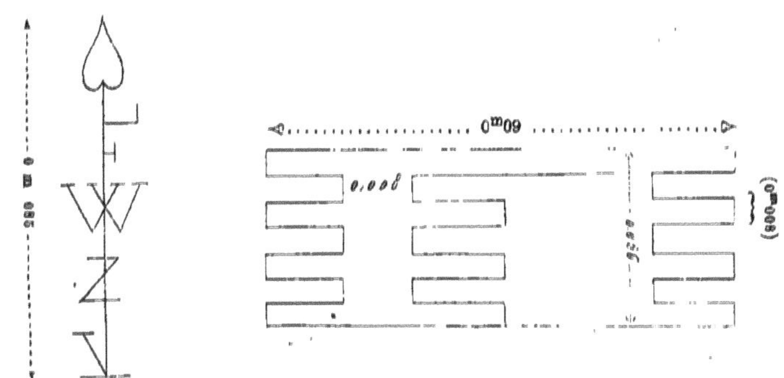

Ces marques sont faites avec un fil simple passé à l'aiguille.

La pièce de *polemiet* est pliée en laize entière par 40 centimètres ; au centre, se trouve un carton gris et fort, long de 805 millimètres, large de 34 centimètres 1/2 et épais de 5 millimètres ; il sert à maintenir la pièce. Quand elle est pliée, ou plus exactement enroulée autour du carton, elle est serrée et fermée par trois forts fils de couleur qui saisissent les lisières et sont arrêtés sur le pli-manteau par des petites rosettes-pompons en soie floche cramoisie. Chaque pièce longue de 76 ou de 82 centimètres, large de 40 centimètres, offre une épaisseur de 4 centimètres 1/2. Elle porte un plomb à chaque lisière, et d'ordinaire ces plombs sont attachés au chef intérieur et s'échappent du milieu de la pièce. Ils ont un diamètre de 3 centimètres : sur la face supérieure sont les armes de la ville de Leyde,—deux clefs en sautoir sur un écusson surmonté d'une couronne ;—on lit en exergue : *Leyden in Holland ;* l'autre face est ornée d'une couronne de lauriers, et au milieu est en relief le nombre d'aunes de la pièce, 54 ou 55.

La toilette est toujours de couleur noire, en jaconas léger, lustré à l'intérieur, c'est-à-dire sur les faces qui sont en contact avec la pièce, et mat à l'extérieur. Ce *wrapper* développé a une largeur totale de 89 centimètres ; plié par le milieu et disposé pour recevoir la pièce, il mesure 44 centimètres ; sa longueur est de 96 centimètres 1/2. Cette enveloppe porte sept attaches : deux fixent le pli du milieu ; deux, une de chaque côté, la ferment aux deux bouts ; deux autres la ferment sur le devant, et la dernière est placée à l'extrémité de droite. Celle-ci est disposée de manière à ce qu'on puisse ouvrir un coin du *wrapper* assez grand pour examiner la qualité et la couleur du camelot ; on laisse également libre dans ce but le pli-manteau. Les attaches sont en cordonnet plat de couleur rose, large de 6 millimètres, appelé *Bois-le-Duc* ou *ruban de Harlem.*

Chaque pièce porte, outre ses plombs, une ou plusieurs étiquettes placées sur le chef ou le manteau, et qui y sont ou cousues ou scellées avec des plombs. De ces étiquettes, l'une est réglementaire, les autres facultatives. — La première est toujours fixée par un plomb ; elle est revêtue d'un timbre noir aux armes de Hollande, avec cette exergue : *Nederlandsche wollen manufartuur,* et est ainsi conçue :

« Nous, directeur du magasin des articles, en tout ou partie, de laine, déclarons, — conformément à la *décision* de S. M. le roi, en date du 1er juin 1820 (*Staatsblad,* n° 14),—que la pièce bleu-clair..... sur laquelle est placée l'étiquette n° 836,—longue de 38 mètres 4 décim., est de fabrique nationale, confectionnée entièrement dans le royaume, et appartient au sieur....., de......

« En foi de quoi, nous avons revêtu le présent certificat de notre signature et du sceau du magasin. »

Leyde, le 1er mars 1844.

Vu, approuvé et revêtu des armes du royaume, conformément à l'arrêté des bourgmestres et conseillers de la ville de Leyde.

Leyde, le 1er mars 1844.

Ce certificat d'origine, écrit en hollandais, porte trois signatures autographes.

Les autres étiquettes diffèrent suivant la manufacture : celle de P. Clos et Leembruggen a 11 centimètres 1/2 sur 9 c. ; c'est une vignette gravée, tantôt en noir, tantôt coloriée et dorée, sur laquelle sont figurés les engins de la fabrication des camelots, rouet, peignes, navettes, pinces, échées, etc., et les armes de Leyde. L'inscription est écrite à la plume : *Supra suprafin zwart Breed Polemiet, n° 58253 à 55 ellen. Fabrick van P. Clos et Leembruggen. Leyden in Holland.* L'étiquette de P. et J. van Poot et Cie est une gravure sur cuivre qui représente la vente des *polemieten* dans l'Inde : elle a 13 centimètres sur 10 c. 1/2 ; sur celle de la maison François van Lelyveld, Ws Zoon et Cie, se trouvent Mercure, Minerve, le génie de la Loyauté, et cette marque si connue qui commande la confiance.

Dans les vignettes de MM. Dros et Cie, Jacob et Abm Le Poole, etc., on retrouve toujours Mercure avec Neptune ou Minerve ; des génies portent des balances, des outils de fabrique, etc. Les dimensions varient de 14 centimètres 1/2 sur 15 c. 1/2—à 18 c. 1/2 sur 23 centimètres.

La plus curieuse de ces vignettes est une lithographie sur laquelle se trouvent Mercure, l'Abondance, la Renommée et la Justice, ainsi que deux légendes, l'une en chinois, l'autre en anglais : la première dit que l'on tisse en Angleterre des camelots, sur lesquels les fabricans de ce pays mettent l'étiquette hollandaise, qu'il ne faut, en conséquence, avoir confiance que dans les pièces qui portent des marques originales et qui sont supérieures à tous égards ; sur la seconde inscription, on lit : *From the conviction that the mark and vignet of our manufactory is attached by british manufacturers to their camlets, the present certificate provided with our usual signature serves as a proof of evidence.* Le tout est signé de la double signature autographe de P. Clos et Leembruggen.

Prix.—A Canton, en 1835, les *polemieten* se vendaient 34 et 36 piastres la pièce ; en 1836, le cours était à 32 piastres. On se plaignait alors que la qualité fût inférieure à celle des camelots importés auparavant par la Compagnie des Indes néerlandaises. En 1842, la valeur moyenne était de 30 piastres. En mai, juin et juillet 1844, il y eut baisse dans les prix, on soldait de 26 à 27 piastres ; en août, l'article fut plus demandé, et obtint 1 piastre de plus ; en octobre et novembre, le cours se maintint de 28 à 30 piastres. Nous avons suivi les variations du cours depuis cette époque ; nous avons constaté qu'en mai 1845, celui-ci était monté à 29 et 31 piastres 1/2 ; qu'en juillet, les bleus foncé et clair étaient en faveur et valaient 35 piastres ; les couleurs sombres étaient de mauvaise vente, celles dites de distinction étaient aussi d'un placement difficile. L'assortiment de deux laizes, 28 et 32 pouces, obtenait 31 et 33 piastres. En août, il ne se payait plus que 29 à 31 piastres ; le marché était un peu encombré, cependant les bleus en belle qualité trouvaient encore acheteurs à 33 et 34 piastres. En septembre, 31 piastres ; fin octobre, 31 à 33 piastres ; au 3 novembre, 33 piastres ; au 28 novembre, 25 et 26 piastres ; en décembre, la baisse s'arrête, mais il y avait toujours un stock considérable. On vendit à 28 et 30 piastres ; on recherchait les largeurs de 31 pouces, et on préférait les assortimens de 3/4 bleu foncé et 1/4 bleu gentiane clair. En mai 1846, la place était plus encombrée qu'au moment de notre départ, l'article était en défaveur et le cours (25 à 26 piastres) n'était que nominal. La meilleure laize était alors celle de 31 pouces ; les pièces larges de 28 et 29 pouces (71 à 73 centimètres 1/2) étaient dépréciées, et l'on conseillait d'expédier moitié en 32 pouces et moitié de 29 à 30 pouces 1/2. Enfin, à la fin de janvier 1847, on ne faisait aucune affaire en *polemieten*, ils n'étaient pas demandés.

De même que pour les camelots anglais et les *long ells*, certaines couleurs se vendent beaucoup plus cher que d'autres, suivant la faveur dont elles jouissent et leur rareté sur le marché. Un exemple donnera la mesure de ces différences de valeur.

En août 1845,

				piastres.	
Les *polemieten*	en bleu foncé et en bleu clair....	valaient à Canton		34	la pièce.
	en écarlate, gris, brun et noir.....	id.	id.	20	
	en jaune et en vert...............	id.	id.	14	

Des faits précédens nous concluons que le prix à Canton du mètre du *polemiet*, assorti de largeur et de couleur, varie de 3 fr. 70 c. à 4 fr. 90 c. (1).

E-mouï. — Les camelots hollandais se placent assez facilement à E-mouï; on commençait à les rechercher en novembre 1845, et nous avons vu plusieurs négocians et courtiers fo-kiénois les porter en *makouas;* il n'est pas douteux que leur consommation ne devienne générale dans les classes aisées. Ils sont importés par les navires hollandais qui apportent de Batavia des cargaisons d'articles de l'Archipel indien. Le cours est, suivant un négociant anglais, M. Mitchell, de 27 piastres, et, au dire de Kong-hinn, de 35 piastres la pièce à l'assortiment. Ce dernier prix nous semble très élevé, surtout si on le compare aux valeurs assignées par ce même négociant aux diverses couleurs.

		piastres.	
Bleu	foncé (*tièn ching*)	35	la pièce.
	clair (*tchin-lam*)	30	
	gentiane (*chouï-lam*)	30	
Noir (*ho*)		25	
Grenat (*tchang*)		25	

Ning-po. — Suivant Tong-yu, le yard se vend 1 piastre 50 cents; il n'en faut qu'un très petit assortiment en bleu foncé pour la consommation locale.

Ting-haï. — Le *polemiet* est aussi d'une vente assez difficile à Tchou-san; lors de notre séjour à Ting-haï, la pièce valait 50 roupies (125 fr.) au dire de King-ho.

Chang-haï. — La demande annuelle est de 500 pièces : en novembre 1845, le stock était de 140 pièces environ, et le cours de 32 piastres la pièce (A-lum). MM. Fox, Rawson et Cie recommandent l'envoi du noir, du bleu foncé et du bleu clair, et estiment à 33 piastres le prix de vente de l'assortiment. — Le camelot hollandais n'est pas encore, suivant King-wo, bien connu à Chang-haï, il serait imprudent d'en présenter sur la place une partie un peu considérable. Il ne faut y expédier l'article que balle par balle; dans de telles conditions, on trouvera acheteurs à 32 piastres, et le cours atteindra même 38 et 40 piastres, ainsi que cela est déjà arrivé.

Droits d'importation.—Les *polemieten* payaient autrefois, par tchang, 1 taël 3 mèces 2 candarines, d'après Gutzlaff et Morrison, et 1 taël 2 mèces 9 candarines 1 cache 8/10 selon Robert Thom. Aujourd'hui le droit n'est plus que de 1 mèce 5 candarines par tchang; — c'est-à-dire qu'anciennement la douane percevait près de 60 p. 0/0 de la valeur et que maintenant elle ne perçoit que 6 1/2 p. 0/0.

(1) La grande largeur est achetée principalement par les dignitaires et les officiers, elle se vend en détail 5 à 6 piastres plus cher que la laize de 76 centimètres.

IMITATIONS ET CONTREFAÇONS DES CAMELOTS HOLLANDAIS.

L'imitation d'une étoffe est une chose loyale, qui exerce l'intelligence des fabricans et les excite à chercher des économies, de nouveaux procédés de travail, à utiliser leurs ressources industrielles et leurs matières; il est impossible qu'en s'attachant à imiter la fabrication rivale, on ne perfectionne pas la sienne et qu'on n'arrive pas à des progrès ou à d'utiles résultats. Mais la contrefaçon est un acte déloyal, et nous constatons avec plaisir que nous n'avons trouvé nulle part en Asie des lainages français ayant usurpé des marques étrangères.

Les camelots hollandais ont été non pas seulement imités, mais très souvent contrefaits par les Anglais. Ces contrefaçons (nous appelons ainsi celles qui se présentent avec de faux certificats d'origine et de fausses étiquettes), sont très belles et habilement exécutées; les Hollandais eux-mêmes ont grand'peine à distinguer les pièces originales de leurs copies.

Quant aux imitations, c'est-à-dire aux pièces qui se vendent avec la marque anglaise, elles sont aussi trop belles et surtout trop fines; ce sont plutôt des qualités supérieures du camelot anglais que des *polemieten*. Nous en avons vu à Chang-haï ayant 9 à 10 fils en chaîne et de 11 à 14 fils en trame; ce compte était fort mal choisi, car de cette façon le tissu était baracané, son grain était presque celui du reps, et ses cannelures longitudinales ne pouvaient tromper les Chinois. Les expéditeurs paraissent l'avoir reconnu, car les échantillons étaient collés à rebours sur les carnets, c'est-à-dire la trame se présentant verticalement, afin que les côtes-lignes parussent être en gros de Tours.

Ces imitations, même celles qui sont fabriquées avec le plus d'exactitude, se vendent toujours en baisse; à Canton, on ne veut les payer que comme camelots anglais, avec une prime de 2 piastres par pièce; à Chang-haï, celles dont nous venons de parler (ayant 9-10 fils en chaîne et 11-14 en trame) étaient achetées à 2 et 3 piastres au-dessous du cours des *polemieten* originaux, — 30 et 31 piastres au lieu de 33 piastres.

Les Chinois aiment la rondeur et la cannelure du grain de ceux-ci, et recherchent ceux dont la filature est la plus irrégulière. Il paraît que ce n'a pas été sans peine que l'on est parvenu à faire accepter aux Chinois des camelots tissés avec des fils mécaniques, par conséquent plus réguliers; ils tenaient à ceux, fabriqués avec des filés à la main, que la Compagnie des Indes néerlandaises apportait depuis fort longtemps et dont ils avaient éprouvé la solidité et la durée.

Il est très facile aux fabriques d'Amiens, de Roubaix et de Tourcoing, de faire des camelots-poils pour la Chine. C'est un article que la première de ces manufactures fabriquait, il y a soixante ans, avec une grande supériorité; ses produits étaient autrefois aussi renommés que ceux de Leyde et de Lintz. Roland de la Plâtrière, inspecteur général des manufactures de Picardie, écrivait à ce sujet en 1780 : « Je ne parle pas des camelots anglais; on ne les fabrique ni supérieurement à ceux que nous venons de décrire, ni à un aussi bas prix que celui où nous pouvons les établir: ainsi, nous ne redoutons aucunement la concurrence de leur part dans ce genre de commerce (1) » Roubaix et Tourcoing font

(1) *L'art du fabricant d'étoffes en laines rases et sèches*, 1790, page 32.

encore aujourd'hui ce même genre de camelot en laine anglaise peignée; nous en avons sous les yeux une qualité large de 82 centimètres, cotée 3 fr. 20 c. le mètre, qui a 11 fils en chaîne et 7 en trame.

Les états commerciaux ne distinguent pas les imitations anglaises des camelots hollandais; nous n'avons donc aucun renseignement sur l'importance de ces expéditions. Un seul document en fait mention, c'est un tableau publié dans les Papiers parlementaires de 1829, qui constate qu'en 1827-28, 15 pièces de camelots *mohair* furent envoyées à Canton par la Compagnie des Indes d'Angleterre. En 1835, il paraît qu'il se présenta à Canton deux ou trois assortimens de ces mêmes camelots *mohair* ou *mohavi*, imitant les *polemieten;* ils avaient une longueur de 40 yards et une laize de 28 pouces. Les Chinois n'en voulurent point et n'offrirent que 27 piastres par pièce, droit d'entrée (de 16 piastres) compris; au commencement de 1836, ils n'étaient cotés qu'à 25 piastres, c'est-à-dire à un prix de beaucoup inférieur à celui des simples camelots anglais. Le mot *mohair* désigne ici sans aucun doute le poil de chèvre avec lequel était fabriqué cet article; M. Porter, dans une lettre du 23 décembre 1846, dit que le *mohair camlet* est une étoffe commune tissée en laine longue peignée, qu'il ignore si l'Angleterre en importe à Canton, mais qu'il croit savoir qu'il en arrive en Chine de la Russie par Kiakhta. Cette indication nous est confirmée par le *Guide du commerce direct de la Russie avec la Chine* (en russe); on y lit, page 43, que vers 1826 le camelot de Moscou se vendait à Kiakhta 30 copecks l'archine; et, page 46, que les camelots ordinaires s'y payaient de 80 copecks à 1 rouble d'argent l'archine. Les couleurs bleues et noires, ajoute l'auteur, sont presque exclusivement demandées. Le *polemiet* français se vend 7 mèces 2 candarines l'archine.

Nous avons omis de mentionner plus haut les faits que nous avons recueillis auprès de Cheng-cheun, un des négocians en lainages les plus intelligens de la rue *Ta-thong;* nous les reproduisons ici.

Cheng-tcheun conseille d'envoyer des *polemieten* plutôt que des camelots anglais; la vente en est toujours, dit-il, assurée, avantageuse et rapide. La longueur préférable est celle de 40 yards (36 mèt. 56 c.), la largeur ordinaire est de 30 pouces anglais (0 mèt. 76 c.). L'assortiment qu'il convient d'adopter est le suivant pour chaque balle de 20 pièces :

Bleu	foncé	14	ou 14	pièces.
	clair	2	2	
	gentiane	2	2	
Noir		2	1	
Gris clair		0	1	
Totaux		20	20	pièces.

Bien que la longueur soit de 40 yards ou 36 mètres 56 c., il faut conserver sur le plomb le chiffre de 55, qui indique le nombre d'aunes de Brabant de la pièce. Il convient d'attacher des vignettes, des étiquettes et des certificats d'origine semblables à ceux qui sont adoptés par les Hollandais; les Chinois y attachent une certaine importance. Les *polemieten* arrivent par balles de 12 ou de 20 pièces ordinairement assorties. Quelquefois, ils y sont séparés par des feuilles de papier et ne sont pas sous enveloppes; il est préférable, — et c'est ce qui a lieu le plus souvent, — de les couvrir d'une toilette, qui est toujours en calicot noir uni.

Tchan-tching a confirmé l'exactitude des renseignemens précédens, qui concordent d'ailleurs avec ceux qu'il nous avait donnés antérieurement. Il y a ajouté la note suivante :

La pièce de *polemiet* en grande laize est longue de 10 tchangs 1 ou 2 tchihs (de 37 mèt. 85 c. à 38 mèt. 45 c.) et large de 2 tchihs 2 tsuns (82 centimètres 1/2). Cette qualité se détaille à raison de 90 cents le yard (5 fr. 30 c. le mètre).

Pour faire un	*ma-koua*,	il en faut	6 tchihs	(2 mèt.	25 c.).
Id.	*taï-koua*,	Id.	12 Id.	(4	50).
Id.	*pô*,	Id.	19 Id.	(7	12).

Le camelot hollandais en petite largeur doit avoir même longueur et une laize de 2 tchihs (75 centimètres) ; — c'est beaucoup trop, suivant nous, qui conseillons d'adopter celle de 63 à 65 centimètres. Le prix de vente est de 70 cents le yard (4 fr. 20 c. le mètre).

Il en faut 7 tchihs 7 tsuns (2 mèt. 66 c.) pour 1 *ma-koua*.

CAMELOTS CHAINE SOIE, TRAME LAINE,

Unis et façonnés, de fabrication cantonnaise.

Les Chinois ne créent plus, comme autrefois, des étoffes et des combinaisons de tissage nouvelles ; ils ont perdu leur réputation d'inventeurs pour acquérir celle d'imitateurs et de copistes intelligens.

On se rappelle qu'un domestique chinois, admis à visiter à Londres une fabrique de bleu de Prusse, comprit et retint assez sûrement le procédé pour l'importer dans sa patrie et y établir une manufacture dont les produits sont les seuls consommés aujourd'hui. Même aventure est arrivée pour les camelots. Les dignitaires et les gens riches avaient adopté le *polemiet* pour leurs vêtemens, mais ils le trouvaient trop simple. Un petit fabricant de soieries de Canton, nommé *Tchouèn-long*, recueillit des informations auprès des Européens, acheta à bas prix des fils de laine de Hollande dont personne ne voulait, et après quelques tâtonnemens, il arriva à exécuter en grenat, en bleu foncé et clair, en pensée et en gris, couleurs habituelles pour *taï-kouas* et pour *pôs*, des camelots façonnés en soie et laine. Le *fa-u-tunn* est maintenant un article véritablement indigène, acquis à tout jamais à la fabrication chinoise ; à une époque assez récente, il se vendait si bien que *Tchouèn-long* fit des essais, afin d'imiter les camelots unis, c'est-à-dire les *polemieten* hollandais. S'il eût poursuivi son idée, la Hollande eût vu réduire, sans aucun doute, le chiffre de ses importations d'au moins 250,000 francs.

POLEMIETEN *CHINOIS UNIS.*

Cet article est connu à Canton sous le même nom que le *polemiet* hollandais, c'est-à-dire sous celui de *u-tunn*.

Nous avons obtenu des échantillons des essais de *polemieten* unis qui ont été faits par *Tchouèn-long* ; ils ont figuré à l'Exposition, et prouvent que le fabricant avait bien choisi le genre qui convient le mieux à la consommation indigène.

La laize est de 64 centimètres pleins, le poids du mètre varie de 125 à 135 grammes. La chaîne est en soie (douze fils en broche) et la trame en laine de Hollande peignée. Il y a, aux 5 millimètres, 30 fils de chaîne et de 7 à 9 fils de trame ; on a, par cette combinaison, des côtes-lignes horizontales de gros de Tours bien dessinées.

Le fabricant appelle *chiong-pou-lam* le *polemiet* bleu foncé; *u-tunn fouï-sak*, celui de couleur gris clair, et *u-tunn hi-lam*, celui de couleur bleu clair.

Le premier est destiné pour *ma-kouas* et *taï-kouas ;* le *ma-koua*, c'est-à-dire la longueur de 2 mèt. 25 c. en 64 centimètres, se vend 2 piastres 80 cents (9 fr. 90 c.). Le deuxième n'est porté qu'en *pôs;* il coûte 2 mèces 8 candarines le tchih, soit 5 fr. 68 c. le mètre ; le troisième, employé également pour *pôs*, se vend 8 piastres le *pô* de 21 tchihs, ou 5 fr. 57 c. le mètre (1).

POLEMIETEN *CHINOIS FAÇONNÉS.*

Ils s'appellent, à Canton, *fa-u-tunn* et *hoa-yu-touan* en dialecte *kouan-hoa*.

On fabrique cette étoffe en deux largeurs différentes : la plus grande laize est réservée pour les *ma-kouas*, et la plus petite pour les surtouts de cérémonie (*taï-kouas*) et les robes (*pôs*).

Le *fa-u-tunn* pour *ma-koua* a une longueur de 6 tchihs de Canton (2 mèt. 25 c.), suivant Tchouèn-long ; de 5 tchihs 6 tsuns et 5 tchihs 8 tsuns (2 mèt. 10 c. et 2 mèt. 18 c.), selon Tchan-tching et You-long. La longueur mesurée a été trouvée égale à 2 mèt. 12 c. ; celle de 2 mèt. 25 c. est préférable (2).

Pour *taï-koua*, Tchouèn-long annonce 15 tchihs (5 mèt. 63 c.), son associé, 15 tchihs 6 tsuns (5 mèt. 85 c.), et les négocians de la rue *Ta-thong* recommandent une longueur de 15 tchihs 1/2 à 16 tchihs (de 5 mèt. 81 c. à 6 mèt.).

Pour le *pô*, la pièce est longue, suivant le fabricant et Tchan-tching, de 22 tchihs (8 mèt. 25 c.) ; d'après d'autres, elle n'a que 21 tchihs (7 mèt. 88 c.) ; enfin, l'associé de Tchouèn-long l'a déclarée égale à 21 tchihs 1/2 (8 mèt. 06 c.). Une pièce pour *pô* a été achetée par nous à Canton ; elle mesure 7 mèt. 85 c.

Les *fa-u-tunn* en couleurs claires (rose, lilas, etc.), destinés pour vêtemens de femme, n'ont guère qu'un tchang de long (3 mèt. 75 c.) (3).

Il y a moins d'incertitude sur les largeurs, qui diffèrent, ainsi qu'on l'a dit plus haut, suivant la nature du vêtement.

Le *fa-u-tunn* pour *ma-koua* a de 2 tchihs à 2 tchihs 2 tsuns (de 75 à 82 centimètres 1/2), selon Tchouèn-long et son associé ; la laize réglementaire est de 2 tchihs 2 tsuns (82 centimètres 1/2), au dire de Tchan-tching ; les pièces que nous avons examinées avaient 82 centimètres, 822 millimètres et 83 centimètres de large.

---

(1) Savary (vol. 1, page 448) dit, sans citer les sources auxquelles il a puisé ce renseignement, que les Chinois « ne savent pas faire de draps à la mode d'Europe, mais qu'ils font (en laine) des serges de plusieurs sortes qui leur servent en hiver ou des *camelots*. »

(2) Les 80 premiers centimètres sont destinés aux manches et les 145 suivans servent à faire le corps du *ma-koua*. Le dessin est disposé en conséquence.

(3) On tisse aussi des pièces entières de *fa-u-tunn* qui sont longues de 25 yards (22 mèt. 85 c.).

Les camelots pour les *taï-kouas* et les *pôs* ont une même largeur de 1 tchih 6 ou 7 tsuns (60 et 63 centimètres 1/2). Les divers *fa-u-tunn* que nous avons mesurés avaient, en effet, 63, 63 4/10 et 64 centimètres.

La pièce de 2 mèt. 12 c. pour *ma-koua*, qui fait partie de la collection du Ministère du commerce, pèse 9 taëls 1 mèce 3 candarines, soit environ 164 grammes le mètre (1). Elle doit avoir, si nous en croyons le fabricant, un poids de 11 taëls (180 grammes le mètre); Tchan-tching a déclaré qu'elle n'avait ordinairement que 9 taëls 1/2.

Il donne à l'ouvrier, dit-il, pour tisser les 2 mèt. 25 c. :

12 taëls	=	456 grammes	de laine filée.
8 id.	=	304 id.	de soie.

Et il entre dans la pièce :

6 taëls 1/2	=	245 grammes	de laine.
4 id.	=	152 id.	de soie.
10 taëls 1/2	=	397 grammes.	

Le *taï-koua* doit peser 20 taëls pour 15 tchihs 6 tsuns, c'est-à-dire 130 grammes le mètre.

Le tisserand reçoit :

20 taëls	=	756 grammes	de laine.
12 id.	=	456 id.	de soie.

Il entre dans la pièce :

14 taëls	=	529 grammes	de laine.
8 id.	=	304 id.	de soie.
22 taëls	=	833 grammes.	

Le *pô*, qui figurait à l'exposition des échantillons rapportés de Chine, pesait 25 taëls 9 candarines, c'est-à-dire 120 grammes le mètre. Au moment où il fut acheté, son poids était de 25 taëls 4 mèces 3 candarines; cette différence ne doit pas surprendre, car, les acheteurs ayant souvent recours à la balance comme moyen d'appréciation de la qualité, les marchands ont soin de renfermer leur marchandise dans un endroit frais, afin que le poids de l'humidité s'ajoute à celui de l'étoffe. Le *pô* doit peser 27 taëls, soit environ 127 grammes le mètre.

On donne pour le tisser :

24 taëls	=	907 grammes	de laine filée.
16 id.	=	608 id.	de soie.

Et il n'entre que :

16 taëls	=	608 grammes	de laine.
12 id.	=	453 id.	de soie.
28 taëls	=	1 kil. 061 grammes.	

(1) D'après cinq ou six pesées faites à Canton, le mètre du *fa-u-tunn* pour *ma-koua* pèse 16 grammes en moyenne.

Le déchet est donc, dans le tissage des *ma-kouas*, de 47 p. 0/0, dans celui des *taï-kouas* et des *pôs*, d'à peu près 30 p. 0/0 (1).

Le montage, la finesse et le grain des *fa-u-tuns* sont les mêmes que ceux des unis ; il y a huit ou douze fils en broche, la chaîne est en soie organsin et la trame en laine de Hollande peignée. On compte, aux 5 millimètres, 30 fils de chaîne et 8 à 10 duites.

Les lisières n'ont que quatre ou six fils en broche ; elles sont larges de 7 millimètres. Les chefs du commencement et de la fin des pièces sont de simples rayettes de 1 à 2 centimètres.

Les couleurs habituelles pour *ma-koua* et *taï-koua* sont bleu foncé violeté, bleu mazarin et grenat, et pour *pô*, gris clair, bleus clair et gentiane. On fait aussi des *fa-u-tuns* en nuances de fantaisie, en lilas, par exemple, pour robes de femme. Nous avons rapporté un échantillon d'un genre caméléone, chaîne écarlate vif, trame bleu clair, appelé par Tchouèn-long *fa-hong tchin-lam* ; les dessins ressortent par effet de trame.

Les dispositions de cet article sont jusqu'à présent peu variées ; on n'en connaît encore que trois ou quatre. Pour les *ma-kouas* et les *taï-kouas*, ce sont sur un fond uni des rosaces fond plein de 25 centimètres de diamètre ; leur répartition dans la pièce est calculée de telle façon que, lors de la coupe, les ornemens se présentent à certaines places du vêtement. Ordinairement, ces cercles sont à 10 centimètres de la lisière, séparés en largeur, l'un de l'autre, de 19 centimètres 1/2, et dans le sens de la longueur, de 2 centimètres. Les *pôs* sont en fond plein damassé. Dans tous les *fa-u-tuns*, les dessins sont damassés par effet de chaîne.

Le *ma-koua* vaut 2 piastres 70 c. (14 fr. 85 c.) ; on le vend dans les boutiques de *Ta-thong kaï* 3 piastres (16 fr. 50 c.).

Le *taï koua* s'achète au fabricant 5 piastres (27 fr. 50 c.) et se détaille à 5 piastres 30 cents (29 fr. 15 c.).

Le *pô*, enfin, se vend 7 piastres (38 fr. 50 c.), et se paie au détail de 7 piastres 25 cents à 8 piastres (39 fr. 85 c. à 44 fr.).

Le *fa-hong tchin-lam*, camelot de fantaisie pour vêtemens de femme, vaut 9 piastres les 10 tchihs (13 fr. 75 c. le mètre) (2).

Il y a à Canton, au dire des marchands chinois, trois ou quatre fabricans qui produisent cet article ; nous sommes convaincu que, lors de notre séjour dans cette ville, en 1844 et 1845, Tchouèn-long était le seul qui en fît tisser ; il n'occupait que quatre métiers à la tire (3).

Avant de terminer, nous devons donner quelques renseignemens sur le travail et le montage de cette étoffe.

Chaque métier à la tire coûte de 40 à 50 piastres (220 à 275 fr.).

La chaîne est en soie organsin ; c'est du *tsat-li* de première qualité,

---

(1) Les déchets de soie servent à faire des tapis. Nous en avons vu un chez Tchouèn-long, long de 1 mèt. 55 c., large de 90 centimètres et ayant 19 croisures aux 10 centimètres. La chaîne, en gros coton, avait 19 fils au décimètre ; la trame était en déchets de soie ; le tapis valait 2 piastres (11 francs).

(2) On trouve des pièces entières, longues de 25 yards, larges de 62 centimètres, et du poids de 37 taëls, qui se vendent 22 et 23 piastres.

(3) Tchouèn-long habite, à Canton, la petite rue *Tsing-hong* ; elle donne dans *Taï-lok-pou*, qui aboutit à la grande rue du faubourg.

acheté en grége à Sou-tchou 58 piastres les 170 taëls (50 fr. le kilog.). La façon de filature est de 1 taël 2 mèces et quelquefois de 2 piastres les 170 taëls (environ 2 fr. le kilog.), et le picul de soie *tsal-li* filée revient à 620 piastres (54 fr. le kilog.), à 800 piastres (70 fr. le kilog.), suivant l'associé de Tchouèn-long. La teinture se paie à raison de

5 mèces	» cand.	le catty	(6 fr.	» c.	le kilogr.)	pour le bleu foncé.
9	»	id.	(10	80	id.)	pour le brun.
3	8	id.	(4	55	id.)	pour le gris.
9	»	id.	(10	80	id.)	pour le pensée.
2	4	id.	(3	»	id.)	pour le bleu clair.

La soie se vend en échées dont deux ont été pesées ; l'une (bleu foncé) avait un poids de 1 taël 8 mèces 3 candarines (69 grammes), l'autre (bleu clair) pesait 2 taëls 3 mèces 7 candarines (87 grammes); leur prix était de 4 piastres le catty (66 fr. le kilog.).

La chaîne a une longueur de 80 tchihs (18 m. 75 c.); on coupe quand on a fini un *ma-koua* ou un *taï-koua*. Le peigne a 1,100 dents et le remettage au ros est fait à raison de 12 fils en broche; il y a donc 13,200 fils dans la largeur. Les lames ont 1,500 lisses en soie.

La trame est en laine de Hollande peignée, filée bon tors et quelquefois doublée; le taux paraît être de 8 à 8 1/2 (1). Ces fils sont en grodes de quatre échées de deux peunes; l'échée est forte, en moyenne, de 780 tours de fil et semble avoir été dévidée sur un périmètre de 1 mèt. 67 c. Toutes les échées ne sont pas toutefois égales en longueur; la plupart ont 78 centimètres, d'autres 73 centimètres 1/2 et quelques-unes 60 centimètres. Leur poids est également très variable, il y en a qui pèsent 92 grammes 25 c. et d'autres 37 grammes 1/2; la moyenne est de 76 grammes 125. Ces fils étaient en balles de 180 à 200 catties ; ils avaient été achetés à un négociant hollandais par Sam-qua, qui les vendit à perte, dit-il, à Tchouèn-long, vers 1840. Celui-ci nous déclara les avoir payés 140 ou 150 piastres le picul (12 fr. 75 c. ou 13 fr. 65 c. le kilogramme); ils ne valent réellement, à son avis, que 120 piastres (10 fr. 95 c. le kilogramme), mais il ne cède, néanmoins, pas à moins de 200 piastres (18 fr. 20 c. le kilogramme) le peu qu'on demande.

Cette laine filée est teinte à Canton par U-tching, rue *Taï-tchat-pou*. Voici quels sont ses prix :

Brun foncé............	7 mèces	» cand.	le catty	(8 fr.	40 c.	le kilogr.)
Bleu... foncé.......	6	»	id.	(7	20	id.)
Bleu... clair........	5	»	id.	(6	»	id.)
Bleu... gentiane....	2	8	id.	(3	35	id.)
Noir..................	2	8	id.	(3	35	id.)
Grenat...............	3	»	id.	(3	60	id.)
Couleur de paille de riz.	2	8	id.	(3	35	id.)
Gris bleu............	2	8	id.	(3	35	id.)

Teinture de la laine.—La description des matières et des pro-

(1) 8,097 ou 8,480 mètres au 1/2 kilogramme.
170 tours de dévidoir × 1 mèt. 439 = 250 mètres.

cédés tinctoriaux des Chinois sera l'objet d'un travail spécial que nous nous proposons de présenter prochainement; en attendant, nous indiquons succinctement ceux qui ont rapport à la laine.

L'écarlate, le ponceau et le cerise s'obtiennent avec le carthame *hong-hoa* (*carthamus tinctorius*) ; le bain se monte à froid, il a été préparé en exprimant, à l'aide de l'eau de potasse, la matière colorante rose des fleurs de carthame que l'on fixe sur la laine au moyen du suc de citron.

Pour teindre en rouge clair, on fait bouillir la laine dans un bain de bois de sapan et d'alun, et on avive par le curcuma ou tout autre colorant jaune.

Les feuilles de *lân* (*polygonum tinctorium*) donnent le bleu clair et le gris, et servent à piéter en bleu les verts clairs. Ces feuilles coûtent en été 1,600 caches le picul (14 fr. les 100 kilogrammes) et en hiver 30 caches le catty (20 fr. les 100 kilogrammes).

Le *houé-fa*, le *hoang-tang* et le curcuma servent pour la teinture en jaune, et les feuilles de l'*hou-kao* pour celle en gris.

Enfin, le noir s'obtient par les feuilles du *hiaou-kam* et le vinaigre de fer.

Salaire des ouvriers. Navettes, peignes, etc. — Le tisserand travaille à façon; il est payé, si l'on en croit le fabricant, à raison de 1 mèce (1) (76 centimes) par tchih; il fait de 4 à 5 tchihs par jour; son salaire quotidien est donc de 3 francs à 3 francs 80 centimes. Le tireur de lacs reçoit 5 candarines par tchih, c'est de 1 franc 50 centimes à 1 franc 90 centimes par jour. Ces paies sont, sans aucun doute, exagérées, car, dans la fabrication des gazes *sou-cha* pour tamis et blutoirs, les tisseurs ne gagnent que 1 mèce 3 candarines (1 fr.) par jour et les ourdisseurs que 1 mèce (76 cent.); dans celle des soieries façonnées, les premiers sont payés, suivant leur habileté, de 3 à 6 piastres par mois, c'est-à-dire de 55 centimes à 1 franc 10 centimes par jour; les dévideurs, bobineurs, etc., enfans de dix à quinze ans, ne reçoivent que 1 ou 2 piastres, soit 18 à 37 centimes par jour; quant à l'ourdissage, au remettage, au passage au ros, ils se règlent à la pièce.

On travaille le *fa-u-tunn* sur un métier à la tire ordinaire, sur lequel sont montées 10 lisses de satin pour le façonné et 4 lisses pour le fond. On le tisse à l'envers.

Les peignes (*ki-haou*) sont à dents de bambou ou de roseau ; leur longueur est de 68 centimètres 1/2 ou de 65 centimètres, la hauteur totale est de 57 à 58 millimètres, et celle des broches est de 32 à 36 millimètres.

---

(1) Il serait possible qu'il ne fût question que de mèces et de candarines de cuivre; à ce compte, le salaire du tisserand serait de 1 fr. 60 c. à 2 francs, et celui du tireur de lacs de 80 centimes à 1 franc, ce qui est beaucoup plus près de la vérité.

Ils ont de 18 à 19 dents au centimètre. Les peignes de 65 centimètres sont divisés en 13 quarterons, larges de 49 à 55 centimètres, qui comprennent de 90 à 96 broches. Celles-ci sont liées et montées tantôt avec des fils de soie, tantôt avec des fils de *mâ*. Les peignes valent 2 francs 75 centimes.

Les navettes (*so*), en fer et en bois, sont très bien imaginées ; deux petits pinceaux de poil maintiennent la trame sur la canuette en même temps qu'ils la brossent au fur et à mesure qu'elle s'échappe. Elles ont 30 centimètres 1/2 de long et coûtent 4 mèces (3 fr.).

Les pinces d'épincetage, les petites forces (ciseaux) du tisserand, l'attrape-fils ou passette pour le remettage, les vautoirs, le rouet pour couvrir de trame les biaux, etc., sont à peu près les mêmes que les nôtres. Le système d'ourdissage et les appareils qui s'y rapportent, le *kang-paè*, le *kang-tak*, le *kang-tang*, etc., se rapprochent des procédés de l'Inde et du pays de Cachemyr, mais ils sont plus ingénieux et mieux établis.

Suivant l'associé de Tchouèn-long, la soie et la trame, dans le *fa-u-tunn*, sont dans les proportions suivantes :

		taëls		kil.	gr.		taëls		kil.	gr.
Pour 10 *ma-kouas* ;	chaîne de soie,	40	=	1	512	trame de laine,	70	=	2	646
Pour 10 *taï-kouas* ;	id.,	80	=	3	024	id.,	120	=	4	536
Pour 10 *pôs* ;	id.,	120	=	4	536	id.,	180	=	6	804

LASTINGS ANGLAIS,

Chaîne et trame laine sèche peignée.

Le lasting se nomme *yu-ling* en chinois *kouan-hoa*, en cantonnais *u-ling* et *u-lang*, en fo-kiénois *i-lèng* et *hou-lèng*.

Cet article n'est mentionné sur aucun document commercial, sur aucun état d'importation, et n'est pas inscrit au tarif; on en vend cependant à Canton une quantité assez considérable : nous estimons de 6 à 700 pièces le chiffre de la vente annuelle dans cette ville.

Le lasting ou l'*ever lasting*, envoyé en Chine, est une étoffe unie, rase et teinte en pièce, chaîne et trame laine sèche et peignée, armure satin de 5 fils par effet de chaîne (tors à droite).

Roubaix fabrique presque seul cet article qui se porte le plus généralement en France en pantalons, paletots et habits d'été, et s'emploie aussi en passementerie et pour tentures. Le lasting a été pendant longtemps fabriqué à Amiens, d'abord sous le nom de *calmande*, puis sous celui de *satin turc*. La qualité des calmandes se distinguait par la finesse; on en faisait depuis 2,000 jusqu'à 3,200 fils en chaîne. La filature était en laine de Hollande, le remettage au ros était de 5 fils en dent, chaque fil doublé et retors, et la trame était simple, moins torse, lancée, mouillée et chassée ferme. En 1806, les pièces de ces satins avaient 72 mètres de longueur et une largeur de 48 centimètres : les sortes inférieures étaient faites en laine du pays et les supérieures en laine de Hollande; celles-là (à 8 croisures 1/2) valaient 3 fr. 55 c. le mètre, celles-ci (de 12 à 14 croisures aux 5 millimètres) se vendaient de 4 fr. à 4 fr. 80 c.

Les lastings anglais expédiés en Chine ont une longueur de 30 yards

(27 mèt. 42 c.) environ. Leur largeur réglementaire est de 28 pouces anglais (71 centimètres); il paraît qu'il serait préférable de leur donner une laize de 30 à 31 pouces, c'est-à-dire de 76 à 78 centimètres 1/2, et You-long recommande même celle de 2 tchihs 2 tsuns (82 centimètres 1/2). Nous avons acheté à Canton et rapporté 8 échantillons de lastings dont la largeur varie de 63 à 65 centimètres et qui ont pour la plupart 64 centimètres pleins. Des pièces mesurées à Hong-kong avaient 62 centimètres entre lisières et 63 centimètres 1/4, lisières comprises. Chacune des lisières, dont la largeur varie de 5 à 6 millimètres, est montée en tissu lisse, en filature un peu plus ronde, et se trouve séparée du corps de l'étoffe par un liséré blanc en fil de coton. Le poids du mètre varie de 186 à 200 grammes.

Le lasting s'envoie en trois qualités différentes :

La première	a une finesse de	11	croisures	aux 8 millimètres.
La deuxième	id. id.	9-10	id.	
La troisième	id. id.	8-9	id.	

La plupart des assortimens sont composés des qualités 2 et 3; la dernière est celle qui convient et se vend le mieux. On compte ordinairement dans les pièces de 8 croisures, 11 ou 12 fils de chaîne et 15 de trame, et dans celles de 9 ou 10, 13 ou 14 fils de chaîne et 16 duites.

Le lasting s'expédie par assortimens de 100 pièces et par balles de 10 ou de 20 pièces.

ASSORTIMENS POUR CANTON.

DÉSIGNATION des COULEURS.	RENSEIGNEMENS FOURNIS PAR				
	REYNVAAN ET Cie.	TCHAN-TCHING.		YOU-LONG.	AP-HING.
	31 xbre 1844	10 xbre 1844	25 xbre 1844	14 août 1845	7 7bre 1845.
Bleu foncé	30	35	40	56	45
Bleu clair	30	5	5	»	»
Bleu gentiane	20	30	30	30	25
Noir	10	5	5	10	20
Pensée	5	»	»	»	»
Vert	2	2	2	»	»
Gris cendré	1	»	»	»	»
Gris de fer	»	8	5	»	»
Gris clair	»	»	»	4	10
Noisette clair, ou fauve clair, ou cendre rosée	»	5	5	»	»
Brun jaune (couleur de vieux cuivre)	»	10	10	»	»
Brun	2	»	»	»	»

Une maison américaine de Canton reçut en consignation une partie assez considérable de lastings en couleur claire, en blanc et en gris mode. L'écoulement en fut très lent et difficile; pour y arriver, il fallut expédier plusieurs balles à Macao, à Hong-kong, à Manille, etc. Ces couleurs ne pouvaient convenir en effet qu'aux Européens qui en firent des vestes et des redingotes. Il y a donc lieu d'en déconseiller l'envoi.

Le chef est une simple rayette en fil de coton blanc et une bande de 1 à 2 centimètres tissée armure batavia.

La pièce est enroulée autour d'une planchette de bois blanc; elle est disposée laize entière et forme des plis rectangulaires longs de 64 centimètres, larges de 19 à 23 centimètres. Empaquetée, elle a une épaisseur de 7 centimètres.

La toilette est différente de celle des autres articles; elle se compose de trois enveloppes. 1° Une feuille de papier de soie recouvre la pièce. 2° Celle-ci est empaquetée dans une feuille (de 70 sur 82 centimètres) de papier blanc très fort, qui porte une étiquette, de 15 centimètres 1/2 sur 6 centimètres 2/10, en papier vert de Schèele glacé, avec vignette gravée.

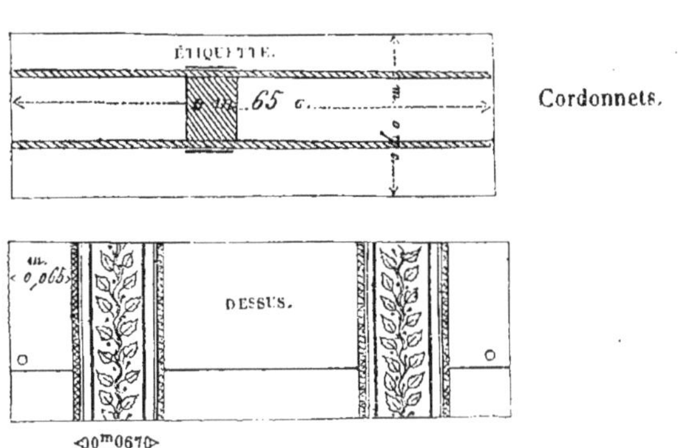

La pièce est ficelée longitudinalement par deux faveurs en cordonnet rose Bar-le-Duc. On les remplace quelquefois par deux bandelettes de papier blanc gaufré, longues de 68 centimètres, larges de 67 millimètres, qui sont maintenues par deux faveurs en fil, à trois lisérés rose, vert et blanc, larges de 4 millimètres. Le repli ou le croisement du papier d'enveloppe est sur le dessus de la pièce. Chaque bande est placée à 6 centimètres 1/2 de la lisière. 3° L'enveloppe extérieure est une feuille (de 73 sur 80 centimètres) de papier brun clair tenace; elle est maintenue par une ficelle ou une faveur rose disposée en croix et bien serrée. On laisse toujours sortir de l'enveloppe un petit échantillon coupé au chef et y attenant, afin qu'on puisse examiner, sans l'ouvrir, la qualité et la couleur.

Un négociant hollandais a conseillé de mettre chaque pièce sous une toilette de jaconas noir lustré; nous considérons comme préférable le mode d'empaquetage que nous venons de décrire.

Prix. — **Canton.** — La première qualité de 11 croisures vaut

21 piastres (115 fr. 50 c.) la pièce de 30 yards (27 mèt. 42 c.), c'est-à-dire 4 fr. 20 c. le mètre.

La deuxième, de 9 et 10 croisures, vaut 20 piastres (110 francs), soit 4 francs le mètre; la troisième enfin, de 8 à 9 croisures, se vend 19 piastres (104 fr. 50 c.), c'est-à-dire 3 fr. 80 c. le mètre. Une partie bien assortie, en qualité moyenne, trouve toujours acheteurs à 19 ou 20 piastres, mais il faut avoir soin de ne pas envoyer plus de 100 pièces à la fois, parce que la consommation de cette étoffe est assez limitée. Au détail, on paie le yard 1 piastre (6 francs le mètre), et même 1 piastre 20 cents (7 fr. 25 c. le mètre) pour les couleurs favorites.

E-mouï.—Le lasting y a été essayé et s'y est toujours vendu à perte; il ne convient pas à la consommation fo-kiénoise. Le trois-mâts *Julia* avait apporté un assortiment de 24 pièces en noir et 6 pièces en pensée que l'on n'a pu réaliser qu'à 15 piastres (82 fr. 50 c.) la pièce, ce qui était de beaucoup au-dessous du prix de facture.

Ning-po et Tchou-san.—On y placerait quelques pièces comme camelots, si elles avaient mêmes longueur et largeur, mais le placement n'en sera jamais avantageux (1).

Chang-haï. — Le lasting est tout à fait déprécié dans ce port: MM. Fox, Rawson et Cie avaient en magasin un assortiment composé de bleu foncé, bleu clair, noir, pensée, vert, gris cendré, cramoisi, et ils ne pouvaient le solder même en l'offrant à 10 piastres (55 francs) la pièce de 20 yards (22 mètres), soit à 2 fr. 50 c. le mètre.

Droits. — Comme tous les articles non inscrits au tarif, le lasting paie à l'entrée 5 p. 0/0 de la valeur.

DUROIS.

En 1810-11, la Compagnie des Indes-Orientales d'Angleterre expédia à Canton 50 pièces de durois rayés et 44 pièces de durois façonnés; il paraît que cet essai ne réussit pas, puisque l'on ne voit plus depuis cette époque cet article figurer dans les envois.

Le durois est une étoffe en laine de Hollande peignée que l'on fabriquait autrefois à Amiens, et qui s'exportait en Espagne où elle était employée pour manteaux d'été. C'était une espèce de tamise en compte plus serré et dont la trame était frappée avec plus de force: elle pouvait avoir de 9 à 11 fils de chaîne et de 9 à 12 duites aux 5 millimètres. La pièce de cette qualité, longue de 30 mètres et large de 60 centimètres, se vendait, teinte en toutes couleurs et glacée, 55 francs.

BOMBAZETTES.

En chinois *kouan-hoa*, *yu-tchéou* et *yu-cha-tss'*; en cantonnais, *u-tchao*; en fo-kiénois, *i-tiou*, *hou-tiou* et *hou-sè*.

---

(1) On importa à Ning-po, dans le premier trimestre de 1844, 36 pièces de lastings, évaluées à 30 piastres la pièce; en août de la même année, elles n'étaient pas encore vendues.

IMPORTATIONS EN CHINE (1).

	QUANTITÉ.	VALEUR.				
	pièces.	piastres.	fr.	c.		
1818-19.........	2,400	16,800 =	92,400	»	à Canton....	par navires américains.
1819-20.........	363	....	....	..	id......	
1820-21.........	7,624	....	....	..	id......	
1821-22.........	2,740	....	....	..	id......	
1822-23.........	120	....	....	..	id......	
1823-24.........	20	....	....	..	id......	
1824-25.........	672	9,448 =	51,964	»	id......	
1826-27.........	1,800	27,000 =	148,500	»	id......	
1830-31.........	2,998	....	....	..	id......	
1832-33.........	6,394	....	....	..	id......	
1833-34.........	....	20,760 =	114,180	»	id......	
1836-37.........	10,957	111,527 =	613,398	»	id......	par navires anglais et américains.
	mètres.					
1843............	10,831	....	....	..	à Chang-haï.	par navir. anglais.
1844............	148,437	66,858 =	367,720	»	à Canton et à Chang-haï.	
1845........	environ 72,000	29,000 =	159,500	»	à Canton et à Chang-haï.	par navires anglais et étrangers.

Durant notre séjour à Canton, nous n'avons pu voir ni nous procurer une seule pièce de bombazette, et plusieurs négocians, depuis longues années résidens dans cette ville, n'avaient jamais eu occasion d'en trouver. C'est qu'en effet cet article, dont la consommation est assez limitée et qui est entre les mains de deux ou trois maisons anglaises, est tout à fait négligé par les négocians européens, parce qu'il n'y a aucun bénéfice suffisant à espérer de son importation. Ce n'est qu'à E-mouï et à Chang-haï qu'il nous a été possible d'examiner cette étoffe. Nous devons faire observer que, dans les publications antérieures, on a traduit à tort *bombazett* par *bombasine*.

La bombasine est une variété de l'alépine ; c'est comme celle-ci, une imitation exacte d'un article anglais qu'entreprirent, vers 1792, des manufacturiers d'Amiens, après la paix avec l'Espagne qui en demanda de grandes quantités. A la paix d'Amiens, les Espagnols revinrent à l'alépine anglaise, et sous l'empire de la concurrence étrangère, la fabrication de cette étoffe en France fut tellement perfectionnée et développée que, dès 1806, elle pouvait presque lutter avec sa rivale, et qu'en 1834, on estimait sa production à 36,000 pièces de 102 à 104 aunes d'une valeur de 20 millions de francs. La bombasine est un tissu croisé, dont la chaîne est en soie organsin, et la trame en laine peignée très fine; les deux genres que l'on fait ne diffèrent que par la nature de la trame, laine mérinos de France, ou laine brillante de Hollande ou d'Angleterre. La bombasine est large de 85 à 90 centimètres; la qualité du prix de 3 fr. 50 c. le mètre a 10 ou 11 croisures aux 5 millimètres (2) : elle valait, en 1806, 6 fr. 50 c. environ en laize de 1 mèt. 05 c.; celle de 5 fr. 80 c. a 18 croisures; en 1806, on n'obtenait pas plus de 13 croisures, et cette finesse se payait 7 fr. 50 c. le mètre (en 105 centimètres).

(1) Nous devons faire observer que ces chiffres ne représentent pas seulement les quantités importées de bombazettes proprement dites. On comprend dans les manifestes, sous ce nom, les bombazettes d'abord, puis les mérinos, les mousselines, les alépines, les imitations de camelot, etc.

(2) On compte dans les qualités de 12 croisures 23 fils en chaîne et 25 en trame.

La bombazette est singulièrement différente, ainsi qu'on va le voir ; elle est en laine anglaise pure, et non pas en laine et soie ; elle est lisse et non pas croisée; en compte très clair et non pas en compte très serré; enfin, en filature ronde, à gros grain, tandis que la bombasine est un tissu d'une extrême finesse. La bombazette, en un mot, est une variété de la tamise d'Amiens ou plutôt du stoff uni de Roubaix.

Les pièces ont une longueur de 28 yards (25 mèt. 60 c.); leur largeur est de 44 à 45 centimètres ; on compte, aux 5 millimètres, 9 fils de chaîne et 11 duites. Les seules couleurs que nous ayons pu nous procurer (1) sont l'écarlate, le vert émeraude et le jaune bouton d'or.

L'écarlate se vendait à E-mouï, lors de notre séjour dans ce port (novembre 1845), 5 piastres 60 cents (30 fr. 80 c.) la pièce ; le jaune et le vert, 6 piastres 50 cents (35 fr. 75 c.) ; c'est un prix moyen de 1 fr. 30 c. le mètre.

Ce genre de bombazette est, à E-mouï et à Chang-haï, d'une vente lente et peu avantageuse ; il s'emploie en place de camelots anglais.

BOMBAZETTES IMITATIONS DE CAMELOT.

On connaît dans le commerce de Chine trois articles différens sous ce nom.

L'un, en laine anglaise pure, désigné comme bombazette-camelot, ou bombazette imitation de camelot, ou petit camelot, est presque identique à l'étoffe dont nous avons parlé dans la notice précédente.

Il a, comme elle, une largeur de 45 centimètres, et sa finesse est de 9 à 11 fils (ordinairement 11 fils) en chaîne, et de 10 à 11 duites aux 5 millimètres. L'assortiment se compose d'écarlate, de bleu clair, de vert, de pensée et de jaune.

C'est, suivant MM. Fox, Rawson et Cie, un mauvais article pour Chang-haï ; il ne faut point en envoyer.

La deuxième étoffe, chaîne coton, trame laine, paraît être celle qui est appelée le plus habituellement *imitation de camelot*. Les échantillons que nous en avons rapportés nous ont été donnés à Chang-haï par M. Empson, sans détails sur les longueurs, largeurs et assortimens (2). On nous fit observer seulement que cet article ne trouvait d'acheteurs à aucun prix, et les négocians chinois nous ont, de leur côté, instamment recommandé de ne jamais en expédier.

L'imitation de camelot se fait aussi en laine pure ; c'est un reps à cannelures verticales, ayant de 7 à 8 fils en chaîne et de 17 à 19 duites aux 5 millimètres.

Le troisième genre de bombazette, nommé également bombazette imitation de camelot (*u-tchao*) ou petit camelot (*siao-u-cha*), est une espèce de marceline chaîne coton, trame laine anglaise peignée. Les Anglais

---

(1) Ces échantillons ont figuré à l'exposition de la rue Neuve-Saint-Laurent et sont déposés au Ministère du commerce.—N° 240 ; laize : 443 millimètres ; 8 ou 9 fils de laine et 10 duites.—N° 241 : largeur : 445 millimètres ; 9 fils et 11 duites.—N° 242 ; laize : 448 millimètres ; 9 ou 10 fils et 10 à 11 duites.

(2) Longueur : 55 yards (50 mèt. 27 c.). Prix de la pièce : 16 piastres (88 fr.).

l'expédient sous le nom d'*Orléans cloth*. De même que les précédens, il ne convient pas pour la Chine, et s'y place, en général, à des prix désavantageux. A-lum de Chang-haï, dont le témoignage ne saurait être suspecté, a déclaré qu'il n'est possible d'en écouler chaque année qu'un très petit nombre de pièces. Dans les premiers temps de l'ouverture du port, on vendait cette étoffe 10 et 11 piastres, aujourd'hui le cours, le plus souvent nominal, est de 9 piastres. Il n'y avait sur place, en novembre 1845, que quelques pièces qu'on ne pouvait solder a aucun prix.

Nous avons obtenu à Chang-haï, d'Alum et de M. Empson, 16 échantillons qui sont déposés au Ministère du commerce. Les uns ont 11 ou 12 fils de chaîne et 14 ou 15 de trame; les autres, d'un tissage plus régulier, ont 11 fils et 14 duites. Ceux-ci revenaient à Chang-haï, suivant M. Empson, associé de la maison Fox, Rawson et Cie, à 14 piastres (77 francs) la pièce de 28 yards (25 mèt. 60 c.), et ne s'étaient vendus que 11 piastres (60 fr. 50 c.). Ce prix de revient de 3 francs le mètre pour un article, laine coton et trame laine anglaise peignée, aussi léger et en laize de 65 à 68 centimètres, nous a surpris, et nous sommes parvenu à avoir la preuve de l'inexactitude des renseignemens qu'on nous avait donnés. Nous avons obtenu, en effet, et nous avons déposé au Ministère le carnet d'échantillons des quatre balles d'*Orléans cloth* importés de Hong-kong, par le *Sam*, en octobre 1844, et l'on y voit que la pièce, longue de 28 yards (25 m. 60 c.), large de 65 à 68 centimètres, est cotée :

	shill.	penc.		fr.	c.		fr.	c.	
En noir....................	26	0	=	32	50	c'est-à-dire	1	27	le mètre.
En brun et en marron......	27	3	=	34	06	id.	1	33	
En violet..................	28	6	=	35	62	id.	1	39	
En bleu gentiane..........	29	6	=	36	87	id.	1	44	

C'est, en moyenne, 1 fr. 36 c. le mètre, et à Chang-haï environ 1 fr. 63 c.; on a vendu à raison de 11 piastres ou 60 fr. 50 c. la pièce, soit 2 fr. 35 c. le mètre ; le bénéfice net a donc été d'un peu plus de 30 p. 0/0.

Les prix mentionnés ci-dessus sont même un peu exagérés, car nous avons trouvé au Cap de Bonne-Espérance de ces mêmes *Orléans cloths*, larges de 64 à 68 centimètres, qui n'avaient coûté en Angleterre que 85 centimes le mètre en finesse de 11-12 fils en chaîne et en trame, et que 1 fr. 13 c., en compte de 13 fils et de 12 duites.

A-lum et King-wo ont déconseillé formellement l'envoi de cet article, bien que, suivant eux, on ne soit pas en perte en vendant la pièce de 24 à 30 yards (de 21 mèt. 83 c. à 27 mèt. 42 c.) 9 piastres, c'est-à-dire 49 fr. 50 c.

Les couleurs qui paraissent composer l'assortiment habituel sont le noir, le bleu gentiane, le marron, le brun, le rouge-brun lie de vin, le violet, le bleu foncé, le rouge orangé, le gris mode et le vert myrte. Un des meilleurs assortimens apportés était le suivant :

	pièces.
Noir....................................	6
Bleu gentiane..........................	5
Violet clair............................	2
Gris mode..............................	2
Fleur de pensée........................	1
Bleu foncé..............................	1
Grenat..................................	1
Vert clair...............................	1
Jaune ou brun foncé..................	1
	20

Cette étoffe est d'aussi mauvaise vente à Canton qu'à Chang-haï ; elle est invendable à Ning-po, à E-mouï et à Tchou-san.

On trouve encore à Chang-haï une qualité supérieure d'*Orléans cloth*, ayant 13 fils de chaîne et 16 duites aux 5 millimètres, qui est d'un placement encore plus difficile que la sorte précédente.

BUNTING *OU ÉTAMINE.*

Il s'agit ici de l'étamine à pavillons qui se fabrique à très bas prix et fort bien en Angleterre, et qu'en France on tisse à Ambert et à Thiers (dans le Puy-de-Dôme), à Amiens et à Reims. Les Anglais en expédient chaque année à Canton des quantités très variables. En 1844, il en a été importé 11,238 tchangs (40,232 mètres), d'une valeur déclarée de 17,543 piastres (96,486 fr. 50 c.), soit, en moyenne, 2 fr. 40 c. le mètre. En 1845, il n'en est entré que 987 tchangs (3,534 mètres), évaluées à 1,228 piastres ou 6,754 francs ; en moyenne 1 fr. 91 c. le mètre.

Les prix recueillis à Canton sont tellement inférieurs que nous craignons d'avoir été induit en erreur : nous préférons donc ne pas les transcrire; nous ferons observer que les qualités de vente courantes sont très communes, tissées en laine peignée anglaise, et destinées, pour la plupart, pour pavillons de navires.

Nieuhoff, qui accompagna l'ambassade de Pierre de Goyer et de Jacob de Keyser à Pé-king, parle de la convenance des étamines pour la Chine (1); P. Blancard (2) conseille de porter à Canton 40 ballots, de 10 pièces chacun, d'étamines de Reims et du Mans, assortis dans les mêmes couleurs que les draps, c'est-à-dire :

	pièces.		pièces.		pièces.		pièces.
Ecarlate	1		1		1		1
Noir	4		3		4		3
Bleu turc	3		3		3		3
Violet	1		2		1		2
Gris	1	marron,	1	brun,	1	café,	1
	10		10		10		10

Mais depuis 1790 et 1792, époques où Blancard était à Canton (3), les affaires et les assortimens ont singulièrement changé. Aujourd'hui on ne croit pas prudent l'envoi des étamines, et, bien que les Chinois les emploient un peu pour tentures et ameublemens, au lieu de bombazettes et de camelots, bien que la consommation pour pavillons soit à peu près constante, l'écoulement est ordinairement difficile ; c'est ce qui engage à en déconseiller l'expédition.

Le tarif annexé au traité de Wham-pou, conclu entre la France et la Chine, a été rédigé d'après l'édition anglaise du 24 août 1843. Le remaniement que l'on a pris pour guide et pour modèle avait été exécuté par ordre du gouvernement de Hong-kong ; mais il s'y est glissé

(1) *Route du Voyage des Holandois à Pékin par Nievvhoff. — Relations de divers voyages curieux, etc., publiés par Melchisedec Thevenot.* Paris, 1672, vol. III, page 27.

(2) *Manuel du Commerce des Indes et de la Chine*, 1806, chap. IX, page 411.

(3) Blancard vendit à Canton, en 1790 et 1792, ses étamines (du Mans) 6 mèces l'aune de France (page 447). Il compte (page 443) le mèce à raison de 73 centimes : c'est donc,—l'ancienne aune étant égale à 1 mèt. 188, — 3 fr. 68 c. le mètre.

des incorrections qu'a naturellement reproduites le texte français. Nous les rectifierons plus loin ; il ne s'agit ici que de savoir quel droit doit être appliqué aux bombazettes, aux imitations de camelot et aux étamines. Si l'on suivait le texte à la lettre, la tamise, l'imitation de camelot et sans doute aussi l'étamine, seraient grevés de 7 candarines par tchang (15 centimes par mètre), car ce sont réellement des *camelots clairs de tissu*. On voit, il est vrai, la bombazette frappée d'un droit de 3 candarines 1/2 (7 centimes par mètre) ; mais rien ne dit que l'on ait voulu parler de celle en pure laine ou de celle en laine et coton. Enfin, il est dit que toutes les étoffes de laine non comprises dans le tarif et celles qui sont mélangées de soie ou de coton, paieront 5 p. 0/0 de la valeur.

Nous croyons qu'il faut suivre en cette occasion le texte anglais, appliquer, en conséquence, aux bombazettes pure laine, ainsi qu'aux tamises, imitations de camelot, etc., le droit de 7 centimes, et aux étamines celui de 3 centimes. Quant aux bombazettes, *Orléans cloths* et autres articles de ce genre en laine et coton, ils ont à payer 5 p. 0/0 de la valeur.

ALPACAS LUSTRES, *OU MARCELINES*

Chaîne coton, trame laine peignée ou alpaca.

Cet article a été présenté à Chang-haï par MM. Fox, Rawson et Cie; il n'a pas convenu et a cependant obtenu un prix satisfaisant. Il est en largeur de 6/4 (anglais) comme l'*Orléans cloth* auquel il ressemble beaucoup, mais dont il se distingue par une plus grande finesse ; la chaîne est en coton, la trame tantôt en alpaca noir, blanc ou teint, tantôt en laine peignée. Il a 12 ou 13 fils de chaîne et 17 ou 18 coups de trame aux 5 millimètres. — L'assortiment apporté se composait de couleurs sombres, brun marron, grenat, vert myrte, noir, violet, bleu gentiane, gris mode, etc.

ALPACAS *DAMASSÉS*.

L'alpaca damassé est une étoffe fort jolie dont la chaîne est en laine peignée et la trame en alpaca noir ; il y en a de plusieurs genres, les uns sont identiques aux lamas d'Amiens, toutefois en compte plus clair ; les autres ressemblent à certaines éoliennes, et la laine en est si brillante qu'elle aide à l'analogie ; enfin il en est plusieurs dont le broché est en satin et dont le fond présente à peu près le grain de l'isabelle. Dans tous les cas, l'article est fond plein, c'est-à-dire couvert de dessins, ordinairement d'assez mauvais goût, mais qui produisent toujours beaucoup d'effet. Les alpacas damassés se sont mal vendus à Chang-haï ; mais il ne faut pas désespérer de leur convenance. Le jour n'est pas loin peut-être où ces étoffes élégantes, riches et à bas prix, entreront dans la consommation chinoise.

Les échantillons que nous avons rapportés ont 13 fils en chaîne et 12-13 duites aux 5 millimètres ; les fleurs se détachent en noir sur des fonds bleus, verts et jaunes.

MÉRINOS.

Nous n'avons vu en Chine que des mérinos anglais, qui, fabriqués en laine anglaise sèche, ressemblent aux anciens anascots et aux escots actuels d'Amiens. Nous avons discuté déjà longuement et en nous fondant sur les observations des négocians chinois, la probabilité de vente du mérinos français. Nous renvoyons donc à notre travail spécial, pages 17 à 36 du rapport autographié sur les échantillons de la chambre de commerce de Reims. Il résulte de l'ensemble des faits que la vente du mérinos est, dès à présent, possible, qu'elle sera prochainement avantageuse, et deviendra d'autant plus étendue et facile que cette étoffe sera plus connue. Les dernières nouvelles de Chine ont confirmé nos prévisions, et il est positif que cette année la demande en a été assez considérable et le placement fructueux.

Nous ne saurions terminer sans appeler l'attention sur le caractère de fixité qu'offre l'importation et la vente des *étoffes de laine rases* en Chine. Il est utile de présenter le résumé des quantités importées sous pavillon anglais, depuis 1824 jusqu'à 1845; on aura ainsi la preuve que la consommation et le commerce des lainages ne diminuent point; on peut tout au plus, dans l'ensemble, les considérer comme stationnaires.

	QUANTITÉ.	VALEUR.		QUANTITÉ.	VALEUR.
	pièces.	liv. st.		pièces.	liv. st.
1824..........	128,489	274,041	1835..........	109,567	208,572
1825..........	165,738	397,704	1836..........	121,379	251,920
1826..........	191,455	520,141	1837..........	59,619	134,584
1827..........	119,785	274,444	1838..........	127,436	184,025
1828..........	178,426	405,674	1839..........	99,517	175,863
1829..........	135,126	285,747	1840..........	64,248	103,825
1830..........	169,470	311,225	1841..........	54,829	116,209
1831..........	153,060	257,280	1842..........	62,491	107,318
1832..........	162,126	259,027	1843..........	124,714	258,085
1833..........	167,986	283,960	1844..........	170,034	345,103
1834..........	69,560	167,050	1845..........	132,819	245,886

II. — ÉTOFFES EN LAINE FOULÉES ET DRAPÉES.

DRAPS.

On a vu plus haut (1) les observations dont nous avons fait précéder nos renseignemens sur les échantillons des draps légers de la manufacture de Reims; nous ne reviendrons ici sur aucune considération générale, car ce travail doit être essentiellement pratique. Nous constaterons seulement que le drap est, de tous les tissus de laine, celui dont l'importation est la plus considérable, et si, d'après les documens anglais, cette importation paraît décroître depuis plusieurs années, cela tient, non pas à ce que la consommation des lainages diminue, mais à ce que le commerce des draps à Kiakhta augmente chaque année, et aussi à ce que les draps de la Belgique et de l'Allemagne se présentent aujourd'hui sur les divers marchés du littoral.

---

(1) Pages 24 et suivantes.

Le tableau suivant, dressé d'après les états officiels anglais et américains et d'après des autorités respectables, donnera une idée du commerce de cet article. Nous devons faire observer que nous ne mentionnons que les quantités importées après avoir acquitté les droits, et qu'une grande partie des importations, entrant aisément en contrebande, échappe à la douane, et par conséquent à la constatation consulaire.

Importations en Chine (1) des draps de différentes qualités, depuis 1785 jusqu'en 1845.

		pièces.
Par la Compagnie des Indes-Orientales d'Angleterre	1785	4,534
	1786	3,491
	1787	3,879
	1788	4,122
	1789	4,608
	1790	6,593
	1791	6,456
	1792	6,542
	1793	7,088
	1794	7,193
	1795	4,462
	1796	3,196
	1797	3,144
	1798	7,119
	1799	7,174
	1800	7,130
	1801	7,244
	1802	9,833
	1803	9,822
	1804	9,667
	1805	9,567
	1806	9,934
	1807	9,081
	1808	8,827
	1809	5,918
Par la Compagnie des Indes et le commerce privé d'Angleterre	1810	7,428
	1811	7,324
	1812	6,450
	1813	7,610
	1814	8,592
	1815	8,253
	1816	11,631
	1817	9,111
Par la Compagnie des Indes, le commerce privé d'Angleterre et les navires des États-Unis d'Amérique	1818	11,530
	1819	9,769
	1820	16,803
	1821	23,553
	1822	22,350
	1823	24,271
	1824	30,117
	1825	31,533
	1826	42,410
	1827	26,551
	1828	23,052
	1829	34,523
	1830	27,550
	1831	19,758
	1832	32,046

(1) Il n'est question dans le tableau ci-dessus que des draps importés par le littoral de la Chine ; nous n'y avons pas compris ceux qui sont introduits par Kiakhta et Tsouron-Khaïtou, ainsi que par les frontières thibétaine et mongole.

	Années		pièces.
Par la Compagnie des Indes et le commerce privé d'Angleterre	1833		33,495
Par le commerce libre d'Angleterre	1834		69,765
	1835		73,620
	1836	(1)	90,917
	1837		29,250
	1838		55,716
	1839		32,837
	1840		9,520
	1841		16,715
	1842		8,098
	1843		29,989
Par navires anglais et étrangers	1844		59,450
	1845		61,820

On trouvera la *valeur déclarée* des importations sous pavillon anglais, depuis 1824 jusqu'en 1845, dans les *Papiers parlementaires* d'Angleterre (n° 148, 24 mars 1846) et dans les états consulaires publiés par le Gouvernement de Hong-kong.

Les draps importés en Chine sont de *cinq* qualités différentes; ils sont connus dans le commerce sous les noms de *spanish stripes*, *habit* et *ladies' cloths*, *medium cloths*, *broad cloths* et *superfine broad cloths*. Nous allons les examiner successivement.

SPANISH STRIPES.

Le *spanish stripe*, par abréviation de *spanish striped lists*, est une certaine qualité de drap léger a laquelle ce nom a été donné, parce que ses lisières sont rayées et que, dans l'origine, il était fabriqué en laine d'Espagne. C'est un genre intermédiaire entre le drap de Silésie et le drap de dame que l'on fait à Reims, et dont les sortes supérieures se rapprochent de l'article de Mouy et de Beauvais.

Longueur. — La longueur des pièces est peu variable. Nous conseillons d'adopter celle de 18 à 19 yards (de 16 mètres 45 c. à 17 mèt. 36 c.). Cheng-tcheun, You-long et Sam-qua réclament 48 tchihs (18 mètres). Les dimensions habituelles sont, en effet, de 18 1/2. 18 3/4, 19 1/2 et 20 yards; si l'on trouve sur quelques plombs l'indication de 21 et de 22 yards, on remarque aussi des pièces, de Jones Gibson et Ord, par exemple, qui n'en ont que 15 1/2.—Pour Chang-haï, M. Dallas, de la maison Jardine, Matheson et Cie, demande 19 et 20 yards, et A-lum 20 yards; M. Reynvaan recommande 21 à 22 yards à Ning-po; Ta-tji préfère 18 yards, et Tong-yu 21 yards. Plusieurs assortimens sont arrivés à Chang-haï durant notre séjour; les pièces mesuraient, en moyenne, d'après le carnet, 21 yards 1/4; les plus longues avaient 23 yards; les plus courtes, 20 yards 1/4. Ces parties se placèrent assez difficilement; les Chinois faisaient observer que ces aunages les mettaient en perte, parce qu'ils achetaient au yard et revendaient en gros

(1) Il a été importé, en 1836-37, à Canton, 11,000 pièces environ sous pavillon américain, d'après les états publiés par la chambre de commerce de Canton, *Chinese Repository*, vol. VI, pag. 284.

habituellement à la pièce. Comme le cours est établi, il n'est guère possible d'obtenir un prix plus élevé, même en faisant valoir un excédant de longueur.

Largeur. — La largeur du *spanish stripe* est un point important sur lequel nous devons insister. Nous avons parlé précédemment des vêtemens des Chinois, et nous avons dit qu'il y en a trois principaux. La forme générale de ces habillemens ne paraît pas avoir varié depuis plusieurs siècles ; cependant, par l'effet des conditions et des goûts différens, le riche voulant son surtout plus ample par luxe, et le pauvre le désirant plus court par économie, il est arrivé que les dimensions ont été sensiblement modifiées. Les uns portent des *ma-kouas* qui descendent jusqu'au-dessus des hanches, et ceux des autres sont, comme autrefois, des espèces de pèlerines. Il en est de même des *pôs;* la plupart sont serrés à mi-corps par une ceinture, mais on en voit de flottans comme les *chong-chams.* Ces différences n'altèrent point la coupe traditionnelle, et n'exigent pas, en apparence, plus d'étoffe. Les tailleurs chinois, en effet, ont de tout temps réclamé une certaine longueur de drap qui paraît être de beaucoup plus grande que celle qui est réellement nécessaire, et comme la façon qu'ils font payer pour ces *ma-kouas* et ces *pôs* à la mode est plus élevée, ils y font entrer l'excédant de drap qui leur reste ordinairement. Aussi, pour toute espèce de *ma-koua*, il est admis qu'il faut 3 tchihs 7 tsuns, soit 1 mèt. 37 c., le tchih des tailleurs étant presque toujours de 37 centimètres.

	tch.	ts.		mèt.	c.
Pour 1 *taï-koua*, on compte..............	6	2	=	2	30
Pour 1 *pô*, id..................	8	5	=	3	15
Pour 1 *chong-cham*, id..................	8	»	=	2	96
Pour 1 *cham*, id..................	4	5	=	1	67

Il est entendu que l'étoffe a une largeur entre lisières de 4 tchihs 2 tsuns, ou 61-62 pouces anglais. On conçoit que si la laize est inférieure, le bénéfice du tailleur est moindre, et celui-ci déprécie naturellement le drap qui lui est désavantageux; c'est ce qui explique une partie de la faveur qui est attachée à certaines marques. Cependant, tant que la largeur est supérieure à 1 mèt. 52 c. entre lisières, le *spanish stripe* trouve un placement facile ; du moment que ce minimum est dépassé, c'est-à-dire dès que le tissu ne mesure plus que 148, 150 et même 151 centimètres, il est vendu au-dessous du cours et déprécié de 5, 10 et 15 cents par yard.

Ainsi, la largeur réglementaire indiquée par tous les négocians étrangers et chinois est celle de 60 à 62 pouces anglais, de 152 centimètres 1/2 à 157 centimètres 1/2 entre lisières, pour les ports de Canton, de Ning-po et d'E-mouï (1). Il serait convenable de la porter à 1 mèt. 60 c. pour Chang-haï, où l'on est habitué aux draps russes. Ces largeurs sont celles que nous conseillons formellement d'adopter. Il est essentiel qu'elles soient bien réelles, c'est-à-dire qu'elles ne soient pas obtenues par une tension forcée sur les rames, et que l'on tienne compte du retrait naturel de l'étoffe durant les quatre ou cinq mois de traversée et de magasinage.

(1) La largeur de 1 mèt. 57 c. 1/2 est recommandée par Sam-qua et Russell et Cie de Canton, King-ho de Ting-haï, Kong-hinu d'E-mouï, etc. Ta-tji de Ning-po ne demandait que 4 tch. 4 ts. (1 mèt. 54 c.), Yung-tchan que 4 tch. 3 ts. (1 mèt. 52 c.), etc.

Voici les dimensions, avec et sans lisières, des échantillons achetés par nous dans les différens ports; les chiffres qui figurent sur ce tableau n'infirment nullement la recommandation expresse que nous venons de faire.

NUMÉROS du Catalogue de l'Exposition.	INDICATION de la ville où l'échantillon a été acheté.	DÉSIGNATION des COULEURS.	LARGEUR entre lisières.		LARGEUR avec lisières.	
			mèt.	cent.	mèt.	cent.
143......	Canton............	Pensée............	1	37 ½	1	45
129......	Id............	Bleu foncé..........	1	38	1	45
126......	Id............	Lilas foncé..........	1	44 ½	1	51
133......	Id............	Amarante..........	1	46 ½	1	53
137......	Id............	Ecarlate............	1	48	1	54
149......	Id............	Bleu foncé..........	1	48	1	54
175......	Ting-haï..........	Pensée............	1	48	1	54
165......	E-mouï..........	Id............	1	48	1	56
128......	Canton............	Gris foncé..........	1	48	1	54 ½
148......	Id............	Pensée............	1	49	1	55
149 bis...	Id............	Bleu clair..........	1	49	1	55
147......	Id............	Id............	1	50	1	56
172......	Ning-po..........	Noir............	1	50	1	57
166......	E-mouï..........	Bleu clair..........	1	50	1	58
149 ter...	Canton............	Bleu gentiane........	1	51	1	57
152......	Chang-haï..........	Vert foncé..........	1	51	1	57
122......	Canton............	Brun............	1	51 ½	1	58
123......	Id............	Ecarlate............	1	51 ½	1	58
145......	Id............	Pensée............	1	51 ½	1	58
134......	Id............	Gris verdâtre........	1	52	1	58
180......	Macao............	Ecarlate............	1	52	1	58
176......	Ting-haï..........	Bleu gentiane........	1	52	1	58
154......	Chang-haï..........	Bleu foncé..........	1	52	1	58
153......	Id............	Marron foncé........	1	52	1	58
164......	E-mouï..........	Blanc............	1	52	1	60
142......	Canton............	Bleu clair..........	1	52 ½	1	60 ½
141......	Id............	Id............	1	52 ½	1	58
178......	Ting-haï..........	Pensée............	1	53	1	60
157......	Chang-haï..........	Bleu clair..........	1	53	1	59
125......	Canton............	Bleu foncé..........	1	53	1	59 ½
156......	Chang-haï..........	Id............	1	54	1	60
124......	Canton............	Vert émeraude........	1	54	1	61
121......	Id............	Jaune............	1	54	1	61
130......	Id............	Noir............	1	54 ½	1	62
140......	Id............	Pensée............	1	54 ½	1	63
139......	Id............	Ecarlate............	1	55	1	61
167......	E-mouï..........	Bleu gentiane........	1	55	1	62
168......	Id............	Gris............	1	55	1	62
158......	Chang-haï..........	Bleu très foncé......	1	55	1	61
155......	Id............	Pensée foncé........	1	55	1	61
170......	Ning-po..........	Vert émeraude........	1	55	1	62
169......	Id............	Pensée............	1	55	1	62
150......	Chang-haï..........	Gris foncé..........	1	56	1	63
171......	Ning-po..........	Bleu gentiane........	1	57	1	64
159......	Chang-haï..........	Id............	1	58	1	64
151......	Id............	Gris clair..........	1	58	1	66
146......	Canton............	Bleu gentiane........	1	60 ½	1	67

Ainsi, sur 47 pièces de draps, 19 ont une laize au-dessous du minimum de 1 mèt. 52 c., 16 sont dans les dimensions acceptées, et 12 seulement ont la largeur réglementaire. Il est juste de dire que ces draps ont peut-être plusieurs années de date, et que l'étoffe a pu perdre, par le retrait naturel, 4 ou 5 centimètres. Il importe de prévoir cette perte et d'envoyer 63 pouces pour être certain de vendre à Canton 60 et 61 pouces.

En décembre 1844, *le Nicolas Cézard,* du Havre, apporta à Canton 38 balles de drap léger d'un fabricant belge, M. Maquinet. Bien que l'assortiment fût incomplet, on pouvait espérer de réaliser cette partie à un bon prix, quand on s'aperçut que la largeur n'était pas régulière ; que si certaines pièces avaient 61 pouces (1 mèt. 55 c.), un plus grand nombre n'en avait que 55 (1 mèt. 40 c.), et qu'il manquait, en outre, 1 et 2 yards sur la longueur. Cela déprécia ces draps, qui ne furent vendus que six mois après à 1 piastre 15 cents le yard (6 fr. 92 c. le mètre) (1).

Assortimens. — Toutes les couleurs ne sont pas en Chine d'une égale convenance et n'ont pas une valeur égale ; cependant il faut que chaque assortiment se compose de celles qui sont recherchées et de celles qui sont dépréciées ; on gagne sur celles-là, on perd sur celles-ci, et il en résulte une moyenne qui donne un bénéfice suffisant. Ces proportions des diverses nuances dans ces assortimens varient non-seulement chaque saison et même chaque mois, mais aussi d'une province, d'une ville à l'autre. Ce qui est porté à Canton ne l'est pas à Ning-po ; la couleur estimée dans le Nord est en défaveur dans le Midi. Aussi les assortimens convenables pour Canton et vendus aux marchands de cette ville sont remaniés et modifiés dès qu'ils sont expédiés dans les provinces voisines.

Suivant Tchan-tching, le noir et les bleus foncé et clair sont de placement facile et avantageux à Sou-tchou et à Hang-tchou ; on préfère, dans les provinces du Fo-kièn, du Yun-nan, du Sse-tchouèn et du Kouang-tong, les écarlates et les pensées. Ce renseignement a été confirmé par You-long, qui a dit également que ces deux dernières couleurs sont les plus recherchées dans le Fo-kièn ; que le noir et le bleu foncé se vendent le mieux à Sou-tchou, et que dans le Hou-pèh, le Ho-nan, le Chan-si et le Yun-nan, on écoule avec une égale facilité le bleu, le noir, l'écarlate et le pensée. Cheng-tcheun a déclaré que les assortimens destinés pour Canton conviennent également pour le Kiang-si, le Ho-nan et le Sse-tchouèn, et que, pour les faire accepter à Sou-tchou, il suffit d'augmenter la proportion du noir et des bleus.

Nous ne saurions entrer ici dans de grands détails à ce sujet ; mais nous devons insister sur la nécessité de bien assortir les envois. La proportion des nuances à y introduire n'est variable, il est vrai, que dans des limites assez restreintes ; mais, quelque légères que soient ces variations, elles n'en sont pas moins importantes à suivre et à déterminer, afin que l'on puisse combiner les assortimens d'après les besoins et les goûts du marché auquel ils sont destinés.

Pour mieux faire comprendre ces changemens dans les cadres d'expédition, d'ailleurs très utiles à connaître, nous avons préparé le travail qui va suivre. La moyenne, facile à déduire des trente exemples que nous citons, pourra être adoptée, sans crainte d'insuccès, dans le cas où des renseignemens récens n'auraient pas éclairé le fabricant sur les *stocks* des ports et les désirs des acheteurs en Chine.

---

(1) Ces draps se trouvent sans doute compris dans les 18,500 mètres de *draps prussiens* mentionnés par le consul de France en Chine comme importés à Canton sous pavillon français.

ASSORTIMEN

SOURCES ET DATES des RENSEIGNEMENS.				Noir. — Black.	BLEUS. Bleu foncé. — Dark blue.	Bleu mazarin (Mazarine blue), moins sombre que le bleu foncé.	Bleu anglais. — Light blue. — Tsing-lan en chinois.	Bleu gentiane ou flore. — Young blue. — Yong-lan en chinois.	Bleu un peu plus clair que le Yong-lan.
Singapore Chronicle	1	Février	1836	10	25	»	»	15	»
Memorandum manuscrit	..		1842	10	15	»	3	5	»
Reynvaan et Cie	31	Décembre	1844	19	20	»	5	10	»
Rivott	..	Id.	id.	18	20	»	4	10	»
Sturgis	..	Id.	id.	18	21	»	3	10	»
Tchan-tching	10	Id.	id.	10	30	»	2	10	»
You-long	24	Id.	id.	18	36	»	»	4	»
Poun-tchong	26	Id.	id.	13	25	»	10	10	»
Id.	26	Id.	id.	5	25	»	10	10	»
Geoffroy	1	Janvier	1845	18	20	»	3	10	»
Cheng-tcheun	30	Id.	id.	20	35	»	»	»	»
Tchan-tching	30	Id.	id.	10	Bleu très-foncé... 3; Bleu foncé pourpré... 30; Bleu mazarin 3		4	10	»
A-tchun	5	Février	id.	12	32	»	4	10	»
You-long	14	Août	id.	20	30	»	3	8	»
Tchan-tching	18	Id.	id.	18	25	»	3	8	»
Cheng-tcheun	27	Id.	id.	15	27	»	2	6	»
Id.	3	Septembre	id.	15	30	»	2	8	»
Ap-hing	5	Id.	id.	18	»	26	2	4	»
Cheng-tcheun	6	Id.	id.	14	30	»	2	8	»
Kum-qua	7	Id.	id.	18	»	30	4	6	»
Fox, Rawson et Cie	..	Mars	id.	18	26	»	2	4	»
Reynvaan et Cie	31	Décembre	id.	13	25	»	5	8	»
Assortiment recommandé par M. Tastet	..		1846	12	30	»	5	20	»
TCHANG-									
Un négociant chinois	22	Novembre	1845	12	16	»	5	»	5
W.-H. Mitchell	26	Novembre	id.	»	5	»	10	5	»
Kong-hinn	18	Id.	id.	10	10	»	5	»	10
King-ho	9	Octobre	id.	15	Bleu très-foncé... 25; Bleu foncé.. 20		»	20	»
Yuing-tchan	13	Octobre	id.	25	40	»	»	6	»
Ta-tji	14	Id.	id.	15	40	»	»	15	»
Tong-yu	16	Id.	id.	10	40	»	1 à 2	10	»
Id.	19	Id.	id.	15	40	»	2	15	»
C									
Fox, Rawson et Cie	..	Août	1844	18	32	»	»	12	2
Reynvaan et Cie	31	Décembre	id.	12	25	»	5	20	»
A-lum	29	Octobre	1845	24	32	»	2	10	»
Fox, Rawson et Cie	2	Novembre	id.	20	36	»	4	12	»
King-wo	5	Id.	id.	18	28	»	4	12	»

SH STRIPES.

carlate — *carlet.*	Vert émeraude. — *Green.*	GRIS. Gris ordinaire ou cendré. — *Ash.*	Gris foncé. — *Dark ash.*	Gris verdâtre. — *Greenish ash.*	Gris clair. — *White ash.*	Faon ou Biche. — *Fawn.*	Rose. — *Pink.* — En cantonnais *penga.*	Blanc. — *White.*	Lilas.	Jaune. — *Yellow*	Brun marron. — *Brown.*	Amaraute.	Jaune orangé. — *Orange*	TOTAL des pièces composant l'assortiment.
15	»	»	»	»	»	»	»	»	»	»	5	»	»	100
30	1	1	»	»	»	»	»	»	»	2	3	»	»	100
15	2	3	»	»	»	»	»	1	»	2	3	»	»	100
15	2	6	»	»	»	»	»	2	»	2	3	»	»	102
15	3	»	»	»	»	»	»	5	»	2	3	»	»	100
10	2	»	»	»	2	»	»	»	»	2	2	»	»	100
12	2	»	»	»	»	»	»	»	»	2	2	»	»	100
10	2	10	»	»	»	»	»	»	»	2	»	8	»	100
10	2	10	»	»	»	»	»	»	»	»	2	6	»	100
15	3	»	»	»	1	»	»	5	»	2	3	»	»	100
5	»	»	»	»	5	»	»	»	»	»	»	»	»	100
10	1	2	»	»	»	»	»	»	»	»	2	»	»	100
10	2	2	»	»	»	»	»	»	»	2	2	»	»	100
13	1	1	»	»	»	»	»	»	»	1	3	»	»	100
18	1	»	»	»	»	»	»	»	»	1	1	»	»	100
15	1	»	»	»	1	»	»	»	»	1	2	»	»	100
12	1	»	»	»	»	»	»	»	»	»	2	»	»	100
20	2	»	»	»	»	»	»	»	»	2	2	»	»	100
12	1	»	»	»	1	»	»	»	»	»	2	»	»	100
6	»	»	4	»	»	»	»	»	»	»	2	»	»	100
20	2	»	»	»	»	»	»	»	»	2	2	»	»	100
15	1	1	»	»	»	»	»	»	»	1	1	»	»	100
10	2	2	»	»	»	»	»	»	»	2	2	»	»	100
N).														
22	4	1	»	»	»	»	»	»	»	4	6	»	»	100
20	5	»	»	5	»	»	»	»	»	5	5	»	»	100
10	5	2	»	»	»	»	»	»	5	3	5	»	»	100
»	»	5	»	»	»	»	»	»	4	»	»	1	»	100
10	1	1	»	»	»	»	»	»	»	1	1	»	»	100
10	5	»	»	»	»	»	»	»	»	»	»	»	»	100
»	1 à 2	5	»	»	»	»	»	1	»	1	»	»	»	80
»	1	5	»	»	»	»	»	1	»	1	»	»	»	95
12	4 dont 2 vert-clair.	»	»	»	»	2	2	1	2	1	1	»	»	102
»	»	»	»	»	»	»	»	»	»	»	»	»	»	»
12	2	2	»	»	»	»	»	»	»	2	2	»	»	100
12	»	»	»	»	»	»	»	»	»	»	»	»	»	100
12	2	1	»	»	1	»	»	»	»	»	2	»	2	100

Parmi les présens destinés à l'empereur Kièn-long, et confiés à lord Macartney, la Compagnie des Indes avait eu soin de faire mettre de beaux assortimens de marchandises anglaises, entre autres de draps, de serges *long-ells,* de camelots et de tapis de différens genres. On sera sans doute curieux de connaître le choix et la proportion des diverses couleurs :

	pièces.	
Jaune d'or	12	27 ½ p. %
Ecarlate	9	20 ½ —
Pensée	9	20 ½ —
Bleu mazarin	6	13 ½ —
Noir	2	4 ½ —
Brun foncé	2	4 ½ —
Marron	2	4 ½ —
Gris foncé	2	4 ½ —

De mois en mois, dans la même ville, les combinaisons varient ; les proportions des couleurs changent en même temps que leur valeur relative ; mais, invariablement, le pensée, le bleu foncé, le noir, l'écarlate et le bleu gentiane constituent la majeure partie de tout assortiment, et si l'on y supprimait même les nuances dites de distinction, c'est-à-dire le bleu clair, le brun, le vert, le jaune et le gris, on obtiendrait de l'ensemble un prix beaucoup plus avantageux ; ce serait, toutefois, à la condition de le vendre plus difficilement. Nous entrerons à ce sujet dans de plus grands détails, à l'occasion des prix courans des *spanish stripes.*

Couleurs. — Avant de rechercher et d'indiquer les nuances les plus convenables pour les divers marchés de la Chine, nous devons faire observer que les *couleurs franches et éclatantes sont les seules qui soient estimées*, et que *les couleurs mates, c'est-à-dire sans reflet et sans vivacité, sont toujours dépréciées.* Cela est vrai à ce point qu'il n'est pas rare de voir les acheteurs chinois établir une différence de 25 et de 30 p. 0/0 entre des draps de même qualité, ayant coûté en Angleterre le même prix, et ne différant que par l'éclat des couleurs et la réussite de la teinture.

Écarlate. — *Scarlet* en anglais, *hoa-hong* en chinois. — Il faut que l'écarlate soit d'une couleur très vive, très claire, et qu'il ait reçu un avivage bien entendu par le curcuma ou par le bi-tartrate de potasse et la composition d'étain. Les écarlates français ont un reflet violacé qui fait un peu bruniture; ceux des draps anglais sont légèrement orangés, et la faible nuance jaune qui les distingue ajoute à leur éclat et à leur valeur. Les Chinois sont très difficiles à satisfaire par cette couleur, et il y a bien peu de pièces, même parmi celles qui portent les marques les plus en renom, qui leur paraissent réussies.

CANTON. — Les meilleurs écarlates sont ceux que l'on trouvera sous les n°s 1007, 1008, 1012, 1013 et 1194 *bis* (1); le n° 1014 n'a pas assez de feu. Les n°s 1015, 1017 et 1193 sont également estimés, mais

(1) Ces numéros se rapportent aux échantillons que nous avons rapportés ; tous ceux dont il est ici question ont été exposés dans les salles de la rue Neuve-Saint-Laurent.

en les comparant aux précédens, on remarquera que leur teinte est un peu cramoisie; le n° 1046 plaît à certains acheteurs de l'intérieur de la province; enfin le n° 1194 ne vaut rien pour *spanish stripes*; son reflet est rouge au lieu d'être orangé.

E-MOUÏ.—Un négociant chinois a recommandé le n° 1001, qui est loin d'avoir la vivacité du n° 1015, et surtout des n°s 1007 et 1008; nous conseillons de prendre plutôt pour modèles ces derniers échantillons.

NING-PO. —Le n° 1016 est excellent; il est peut-être même meilleur que les n°s 1008, 1013, etc.

CHANG-HAI. — Les négocians indigènes ont signalé comme préférables les n°s 1002 et 1009; MM. Dallas et Empson ont remis comme types les n°s 1004, 1005 et 1192; nous partageons l'opinion de ceux-ci et nous pensons qu'il faut adopter leurs trois échantillons, le premier surtout, et le n° 1003 remis par A-lum.

Fleur de pensée. — *Purple* en anglais, et *pou-tsing* en chinois. — La couleur fleur de pensée est une de celles qui sont le plus en faveur, qui se vendent toujours avec prime, et, à elle seule, elle constitue environ le tiers de l'assortiment. Il y a sept à huit nuances de pensée, et il est difficile de déterminer exactement quelle est la teinte la plus avantageuse. On fait cette couleur, comme chacun sait, en piétant l'étoffe à l'indigo, en mordançant à l'alun et au bi-tartrate de potasse, puis en passant dans un bain de bi-tartrate et de cochenille; c'est donc un mélange de bleu et de rouge, et l'on conçoit qu'il soit facile d'en varier à l'infini les proportions et de faire dominer plus ou moins l'un ou l'autre; pour la Chine, il faut arriver au ton le plus franc et le plus mixte possible.

CANTON. — Sur douze échantillons, cinq nuances différentes. 1° Le n° 1022 n'a été rapporté que comme preuve de la dépréciation que subit une étoffe dont la couleur est mauvaise; ce *medium cloth* est en qualité assez belle pour valoir au moins 1 piastre 50 cents le yard; il n'a obtenu que 1 piastre, parce qu'il est teint en violet et non point en pensée. 2° Les n°s 1021, 1023, 1028 et 1128 représentent, suivant nous, la nuance la plus estimée; nous engageons à prendre ces échantillons pour modèles et recommandons particulièrement le n° 1023 et le n° 1028, celui-là virant au bleu et celui-ci au rouge. 3° Le bleu commence à dominer dans les n°s 1019, 1024, 1030 et 1197, aussi conviennent-ils un peu moins, parce que leur couleur n'est pas assez franche. 4° Celle des n°s 1026 et 1027 est originale et tranchée, ce sont plutôt des bleus pourprés que des pensées; ils sont préférés par beaucoup d'acheteurs au genre n° 2, mais, en général, s'ils sont accueillis avec plus de faveur, ils sont moins bien payés que les pensées proprement dits : le n° 1027 est le meilleur type de cette nuance. 5° Nous signalerons enfin les n°s 1032 et 1033 pour les pensées foncés; il s'en trouve très peu dans les assortimens; cependant quelques pièces peuvent de temps à autre se vendre à un prix avantageux.

E-MOUÏ. — La nuance convenable pour ce marché est celle du n° 1027 de Canton, c'est-à-dire que le bleu y domine et qu'elle est plutôt un pourpre bleuté qu'un pensée bien franc : on en a la preuve par les nos 1029 et 1034 qui proviennent de Kong-hinn.

Ning-po et Ting-hai. — Même observation pour ces deux villes : les nos 1018 et 178 (de l'Exposition) sont identiques aux nos 1027 de Canton et 1034 d'E-mouï. La teinture du *spanish stripe* no 178, qui sort de la fabrique de MM. Gott et fils de Leeds, est parfaitement réussie.

Chang-hai. — Les nos 1025, 1118 et 1196 sont à peu près semblables au no 1023; ils sont de bonne vente, bien que l'on n'aime guère à Chang-haï les pensées aussi francs : ils obtiennent des prix de faveur. La couleur des nos 1031, 1035 et 1194 se rencontre plus généralement; elle a été recommandée par King-wo : c'est celle du no 1027. Le no 1198 est trop rougi et tourne au grenat.

En résumé, la teinte no 1023 convient le mieux pour Canton et celle no 1027 pour les ports du Nord.

Bleu foncé. — *Dark blue* ou *mazarine blue* en anglais; *po-lan*, *tiènn-tsing* et *tsang-tsing* en chinois. — Il y a trois tons principaux qu'il importe de ne pas confondre; deux d'entre eux portent toujours des désignations distinctes, le plus foncé s'appelle *dark blue* ou *tsang-tsing* à Ning-po, et le second, *mazarine blue* ou *po-lan*.

Canton. — 1o Nos 1103, 1110 et 1115 : bleu très foncé, presque noir. Il en faut très peu dans un assortiment; sur 100 pièces de bleus divers, par exemple, on ne devrait en mettre que 2 pièces. Le no 1083 est à peu près semblable, mais moins bon. 2o La nuance des nos 1097, 1098, 1101, 1113 et 1114 est moins sombre, un peu meilleure par conséquent que la précédente, mais encore peu recherchée. 3o Nos 1090, 1096 et 125 (Exposition) : cette couleur est un *tsang-tsing*, c'est-à-dire un bleu très foncé aussi bon que possible : le no 1096 a été recommandé pour *spanish stripes*, et le no 1090 pour draps russes. 4o Les nos 1112 et 1116 sont les meilleurs types du bleu riche de vente courante ; nous devons mentionner aussi les nos 1091, 1093, 1095 et 1106 : le no 1111 s'en rapproche. Les nos 1079 et 1107 ont la même nuance, mais plus nourrie et avec un léger reflet de pourpre. 5o Pour bleu mazarin, on a dans les nos 1092, 1094 et 1104 d'excellens indicateurs. On doit avoir une moindre confiance dans la couleur beaucoup moins vive des nos 1078 et 1081. 6o Le no 1100 est le dernier échantillon à signaler et c'est un des plus intéressans, car il forme une espèce de transition entre les bleus foncés et les bleus pensées. Il se place, à ce qu'il paraît, avec assez de faveur ; des négocians chinois ont conseillé de mettre 25 pièces en ce genre dans un assortiment où il faudrait, par exemple, 40 pièces de bleus foncés.

Ning-po. — Le no 1109 acheté dans cette ville correspond au no 1108 de Canton, et sa couleur paraît être celle qui convient le mieux à la consommation locale.

Chang-hai. — Les bleus foncés destinés à ce marché doivent être de deux nuances : l'une à peu près identique au no 1113 et l'autre au no 1108. Les premiers (nos 1085, 1104 et 1201) sont peu demandés, il suffit de quelques pièces pour approvisionner la place ; les seconds (nos 1084, 1088, 1089, 1102 et 1102 *bis*) trouvent en tout temps un écoulement facile et avantageux. — Le n° 1105 ressemble au n° 1099 de Canton, sa teinte est très mauvaise ; le n° 1087 est également inférieur et sans éclat : jamais pareilles couleurs ne doivent être envoyées en Chine. Le n° 1086 est plus pourpré que le n° 1108 précédemment mentionné ; c'est un pensée dans lequel le bleu domine beaucoup trop.

Bleus clairs. — Il y a deux nuances de bleu clair : l'une, la plus foncée, a un reflet ardoisé et terne ; l'autre, la plus claire, est beaucoup plus vive, plus bleue et plus franche. La première s'appelle *tsing-lan* ou *hi-lan*, la seconde *yang-lan* ; sur 20 pièces, il faut 15 pièces de celle-ci et seulement 5 de celle-là.

Bleu ciel.—Avant de parler de ces deux bleus, nous devons dire un mot d'une couleur beaucoup plus claire, que la comparaison fait paraître fade, terne et verdâtre. (Voir les nos 1036, 1037 et 1038.) Il en a été importé quelques pièces à Chang-haï dans des lots de ras de castor et de *spanish stripes;* nous déconseillons d'en envoyer et de faire entrer le bleu de ciel dans aucun assortiment.

Bleu gentiane. — *Gentianella blue* en anglais, et *yang-lan* en chinois.

Canton. — 1° Le n° 1039 est le meilleur gentiane que l'on puisse adopter, si nous en croyons Cheng-tcheun, qui a écoulé rapidement et avec un beau bénéfice toutes les pièces en cette nuance qui se trouvaient dans son magasin. 2° You-long préfère la teinte n° 1040, qui est un peu plus foncée, mais aussi vive et aussi belle. Tchan-tching la recommande spécialement pour draps russes. (Voir le n° 1041.) 3° Les nos 1042, 1044, 1045 et 1047 sont ceux que l'on remarque habituellement dans les magasins. Nous appelons l'attention sur les nos 1045 et 1047. 4° Enfin les nos 1049, 1052 et 1079 sont également convenables, mais doivent être plutôt choisis pour les *broad cloths* que pour les draps légers.

E-mouï.—Le n° 1026 rentre dans le ton des nos 1042 et 1047. Il doit servir de modèle.

Ning-po. — Le bleu du n° 1043 est tout à fait supérieur ; il vaut même mieux que celui des nos 1040 et 1047, et ne le cède en beauté qu'au n° 1042. Nous le jugeons excellent, non-seulement pour Ning-po, mais encore pour E-mouï, Canton et Tchang-tchou.

Chang-hai. — Les gentianes que l'on y trouve sont foncés pour la plupart ; ceux indiqués par King-wo, 1048 et 1053, et ceux désignés par M. Empson, 1065 et 1202, se rapportent au type 1049, dont plusieurs négocians sont peu partisans. Nous mentionnerons de préférence le n° 1046, et nous ferons observer que le n° 1043 de Ning-po sera accueilli à Chang-haï avec plus de faveur qu'aucun des échantillons précédens.

Bleu intermédiaire.— Les nos 1055, 1063 et 1200 nous amènent, par une transition insensible, au *tsing-lân*. Quand on demande dans un assortiment une seule espèce de bleu clair, il faut y mettre du gentiane, ou, à défaut de ce dernier, le bleu dont il est question en ce moment. C'est une couleur qui ne laisse rien à désirer sous le rapport de la vivacité, qui est franche et qui a un reflet agréable ; aussi le n° 1055 sera-t-il toujours apprécié par les acheteurs, et il n'est pas inutile de faire observer que sa nuance est la plus estimée pour les draps russes.

Bleu clair (voir ce qui a déjà été dit page 105). — *Light blue* en anglais, et *tsing-lan* ou *hi-lan* en chinois.

Canton. — Les n°s 1061, 1062, 1071, 1072 et 1203 sont les types qu'il faut consulter pour cette nuance. Sa teinte originale la fait employer pour certains vêtemens et rechercher dans quelques provinces de l'intérieur. Les n°s 1057 et 1074 ne valent rien.

E-mouï. — Le n° 1070 représente la nuance demandée à E-mouï ; il est plus gris que le vrai bleu clair. Son aspect un peu lilacé en fait un genre spécial qui s'est écoulé assez facilement dans le Fo-kièn, mais qui n'aurait pas le même succès à Canton.

Ning-po. — Ce qu'on appelle *tsing-lan* dans les autres ports se nomme dans cette ville, ainsi qu'à Ting-haï, *hi-lan*. Le n° 1069, recueilli à Tchou-san, est semblable au n° 1062. Il faut avoir soin de n'y jamais envoyer une seule pièce en cette couleur ; on n'en veut à aucun prix.

Chang-hai. — Deux ou trois pièces de *tsing-lan* suffisent par assortiment de 100 pièces. Les n°s 1066 et 1059 peuvent être adoptés ; ils rentrent dans la catégorie 1062, 1071, etc. Les *tsing-lan* 1068 et 1077 sont des bleus intermédiaires, identiques aux n°s 1055 et 1200, et qui seraient d'un placement assez facile. Le n° 1117, enfin, est beaucoup trop foncé et n'aurait aucun succès.

Noir. — *Black* en anglais, et *yuen-tsing* ou *hi* en chinois. — Le seul noir qui convienne est le noir noir le plus sombre possible, sans reflet ni teinte grise ou bleue, tel, en un mot, que le n° 1187. Les noirs de Sedan ont été généralement admirés par les Chinois, qui les préféraient aux n°s 1181 et 1186, c'est-à-dire aux meilleurs *spanish stripes* noirs que l'on apporte en Chine. 15 p. 0/0 dans l'assortiment suffisent pour Canton et les autres ports.

Brun. — *Brown* en anglais, et *tchang* en chinois.

Canton. — Bien que le brun n'entre dans les assortimens que pour une très faible proportion, et que souvent même il en soit exclu, on est néanmoins assez exigeant pour cette couleur, qui est d'autant plus difficile à déterminer exactement, que l'on a moins de renseignemens et d'échantillons pour se guider. A Canton, on vend trois bruns différens : le premier (n° 1179) est un marron auquel on reproche d'être trop sombre ; on lui préfère le deuxième (n° 1175), qui est un peu plus clair ; le troisième (n° 1178) n'est recherché que par des marchands de l'intérieur ; on aime dans certaines provinces le reflet grenat pourpré de ce numéro. A Chang-haï, le brun aventurine et le brun grenat sont également estimés, et il y a même lieu de conseiller l'envoi simultané des deux nuances dans chaque assortiment. Les n°s 1173, 1176 et 1178 sont d'aussi excellens types pour le brun pourpré que les n°s 1171, 1172 et 1174 pour l'aventurine. Le brun foncé n° 1177 est très mauvais.

Les bronzes, les carmélites, les ourikas, les carolines, etc., seraient sans valeur en Chine.

Vert. — *Green* en anglais, et *lou* en chinois. — Nous recommandons de ne jamais teindre en vert pomme une seule pièce de *spanish stripe*. Cette couleur ne convient que pour les *ladies' cloths* ou les casimirs, et le n° 1157, le n° 1158 surtout, plus frais et plus joli, sont, dans ce cas, les meilleurs échantillons à consulter.

Pour *spanish stripes*, le vert émeraude est le seul qui soit demandé.

Canton. — 1° Le plus estimé est le n° 1165 de You-long; il a assez de vivacité, et obtiendra toujours un prix favorable. Le n° 1120 est également une excellente nuance. Un peu plus jaune, le n° 1166 est encore satisfaisant. 2° Le bleu domine trop dans le n° 1168; c'est un défaut qu'il importe d'éviter. 3° Le n° 1169, encore plus bleuté, manque d'éclat; il est mauvais, même comme drap russe.

E-moüi.—N° 1159 de Kong-hinn; la teinte serait bonne sans un reflet jaunâtre un peu trop prononcé. Le n° 1165 est supérieur.

Ning-po. — Même reproche à faire au n° 1162.

Chang-hai. — Le n° 1167, signalé comme bon à imiter, est identique au n° 1165. Quant aux n°s 1160, 1161, 1163 et 1164, ils n'en diffèrent que par une nuance plus ou moins marquée de jaune; ils se vendent toutefois sans soulever d'observations. Le n° 1170, vert tapis de billard, est aussi mauvais comme teinture que comme qualité.

Jaune.—*Yellow* en anglais, et *houong* en chinois.—En 1845, quand nous écrivîmes notre premier rapport sur les couleurs des *spanish stripes*, nous dûmes combattre cette opinion acceptée par presque tout le monde, que le jaune était en faveur, et que la plupart des Chinois étaient vêtus d'étoffes de cette couleur. Ces observations, répétées lors de l'Exposition chinoise, ont été exagérées, et l'on croit maintenant qu'il ne faut pas envoyer une seule pièce de jaune. Nous ne reviendrons pas ici sur l'origine et les motifs de l'adoption de telle ou telle couleur par les dynasties qui se sont succédé sur le trône de Chine; nous dirons seulement que celle qui est choisie devient à la fois l'emblème de l'autorité impériale et la couleur nationale. Le jaune est aujourd'hui réservé à Taoukouang, à sa famille, ainsi qu'à ses descendans, tant que la couronne restera dans la dynastie *Ta-Tsing*. Aussi dans les ministères, les préfectures, les tribunaux, partout où résident et fonctionnent des officiers de l'empereur, leurs pouvoirs, les ordres et les édits sont renfermés dans des coffrets enveloppés d'une étoffe jaune. Dans les cérémonies publiques où l'on rend hommage au souverain, c'est devant une table ou tout autre objet recouvert de drap ou de soierie jaune que le peuple témoigne de son respect et de sa fidélité; enfin nombre de bannières sacrées, d'étendards de guerre, de pavois, sont de cette couleur. On peut donc envoyer du jaune sans craindre de le voir rester invendu; seulement il n'en faut mettre qu'une ou deux pièces par assortiment. Les Belges, les Allemands et les Hollandais, qui expédient des draps légers en Chine, ont, jusque dans ces dernières années, suivi à la lettre la recommandation d'être prudens dans l'envoi de cette nuance, et se sont abstenus d'en mettre dans leurs parties. Il est résulté de cette circonstance que le cours des jaunes a été souvent en hausse, et qu'au lieu de n'être payés que 65 et 70 cents comme les gris et les blancs, ils ont obtenu des prix de 80, 85 et même de 90 cents le yard.

Nous avons remarqué dans les ports ouverts de Chine cinq nuances de jaune : 1° le n° 1148 (Chang-haï), jonquille, que nous engageons à ne pas imiter ; 2° les n°s 1149 (Canton), et 1151 (Chang-haï), bouton d'or ; le n° 1149 est terni par une légère bruniture verdâtre qui le déprécie ; 3° les n°s 1150 et 1152 (Chang-haï), bouton d'or foncé ; 4° le n° 1153 (Canton), jaune d'or ; et 5° les n°s 1154 et 1155 (E-mouï), orange vif et franc. La couleur que nous conseillons d'adopter est celle du n° 1151 ; les n°s 1150 et 1153 sont aussi assez estimés à Canton et à Chang-haï.

Gris.—*Ash* en anglais, *houï* en chinois et *hoé* dans le dialecte d'E-mouï. —Le gris est sans contredit la nuance la plus variable, la plus incertaine ; chaque négociant que l'on consulte a une opinion particulière, et quoi que nous ayons fait, nous n'avons pu être pleinement éclairé sur la couleur généralement préférée. Il y a en effet dix à douze gris différens dans les magasins de Canton et de Chang-haï ; ils se vendent à peu près au même prix, et ne sont pas plus recherchés les uns que les autres.

1° Gris cendre de roses, n° 1129, recommandé par King-wo pour Chang-haï.—2° Gris perle, n° 1130 de M. Dallas.—3° Gris de fer bleuté, n° 1131 d'A-lum ; il ne vaut rien.—4° Gris bleu ardoisé, n° 1134 de King-wo ; malgré l'indication favorable de ce négociant, nous engageons à ne pas adopter cette nuance. — 5° Gris cendré : n° 1137, clair, et n° 1138, foncé. Cette teinte est assez bonne ; elle est portée surtout en *pôs* par les marchands de Canton.—6° Gris foncé, 1132 (Kum-quo), 1133 (A-lum), et 1142 (You-long) : le premier et le troisième sont meilleurs que le deuxième qui serait rejeté partout. — 7° Même ton, mais plus foncé et présentant une nuance violetée ; le n° 1141 se place couramment à E-mouï.—8° Gris verdâtre, n°s 1139, 1140 et 1144 ; suivant les uns, il est satisfaisant ; au dire des autres, il est toujours déprécié. Nous engageons à ne pas l'imiter ; car You-long et Cheng-tcheun se sont prononcés contre ces échantillons ; ce n'est d'ailleurs qu'à Canton qu'il peut y avoir indécision sur leur convenance, dans le Nord ils seraient refusés sans hésitation. — 9° Gris rosé pâle, n° 1135 d'A-lum, et gris rosé vif, n° 1136 d'You-long ; cette couleur était en faveur il y a quelques années ; aujourd'hui, on ne doit plus songer à l'importer. — 10° Gris ventre de biche foncé, n° 1128 ; nous n'avons vu que des casimirs teints de cette manière : ce gris mode ne convient pas pour *spanish-stripes*. — 11° Brun fauve ; le n° 1143 a été présenté à Chang-haï, au lieu de gris, par MM. Fox, Rawson et Cie, et n'a pas plu.

En résumé, nous conseillons pour Canton les n°s 1132, 1142 et 1138 ; pour Chang-haï, les n°s 1129, 1130 et 1138 ; pour E-mouï, les n°s 1141 et 1142.

Lilas, etc.— Nous venons de faire observer que les gris rosés n°s 1135 et 1136 ne sont plus estimés maintenant en Chine ; les couleurs dont nous allons parler rentrent dans le même genre et dans la même catégorie. Le n° 1125 est un lilas foncé qui est arrivé à Chang-haï dans un assortiment de casimirs fins ; le n° 1121 est plus clair et plus rosé, et le n° 1124, encore plus rose, se rapproche de l'hortensia vif. Ces tons, malgré leur élégance, ne conviennent pas pour la Chine. Le n° 1126 est un lilas foncé, glacé de bleu, qui s'est vendu comme gris pourpré à Canton ; il n'a pas obtenu d'assez bons prix pour que l'on soit tenté d'en expédier de nouveaux.

Amarante. — Les négocians anglais l'appellent *crimson* (cramoisi), et les Chinois *ta-hong* ou *in-chi*, mais c'est un véritable amarante identique au n° 24 de la carte n° 3 de MM. Bertèche, Bonjean jeune et Chesnon de Sedan. Le n° 1127 est un excellent modèle à suivre, mais on rappellera que l'amarante est *très rarement demandé* et qu'il est prudent de n'en envoyer que quand on en désirera sur le marché. Nous n'en avons remarqué, durant notre séjour en Chine, que deux ou trois pièces et nous ne l'avons jamais vu figurer dans le costume ni dans les ameublemens; il ne paraît porté que par les enfans, dont les vêtemens en cette couleur sont ordinairement faits avec une étoffe de laine ou de cachemire fabriquée dans le Chan-si et analogue aux anascots d'Amiens.

Blanc.—*White* en anglais, et *pèh* en chinois. — Le blanc ne sert que pour les funérailles et dans certaines cérémonies religieuses, il en faut par conséquent très peu, et l'envoi accidentel de 1 pièce sur 100 est suffisant. Le meilleur blanc est celui du n° 1147 de M. Dallas ; le n° 1146 est un peu trop azuré, et le n° 1145 d'E-mouï ne l'est pas assez, ce qui le fait paraître sale et jaunâtre. Les n°s 3 de M. Augustin Cros, de Carcassonne, et 8 de M. Suchetet, de Sedan, ont été accueillis avec faveur à cause de la fraîcheur de leur nuance. On ne doit pas perdre de vue que, de toutes les couleurs de l'assortiment, le blanc est, ainsi que le gris, celle qui a la moindre valeur ; quand le bleu mazarin, le pensée, etc., s'achètent 1 piastre 30 cents le yard, on paie le blanc 60 et 70 cents, c'est-à-dire 50 p. 0/0 meilleur marché.

Rose.—*Pink* en anglais, *penga* à Canton. — La teinte du n° 1123 est préférable à celle du n° 1122 ; elle a plus de fraîcheur et de vivacité. On déconseille formellement l'adjonction du rose à un assortiment de *spanish stripes ;* cette couleur ne pourrait se placer qu'en qualité de *ladies' cloth*, car elle n'est portée que par les dames des classes aisées. Le *ladies' cloth* est à peu près le même drap léger que l'*habit cloth ;* la différence principale réside dans la teinture : le premier est toujours rose, vert pomme, écarlate, rarement bleu gentiane ; le second est pensée, bleu foncé, bleu gentiane et écarlate ; l'un est destiné au costume des femmes, l'autre à celui des hommes.

Qualités.—Renseignemens divers.—Le drap *spanish striped lists* est, comme on l'a déjà dit, un drap léger, dont le caractère distinctif est la disposition des lisières ; c'est aux trois rayures qui s'y trouvent, bien plutôt qu'à la qualité, qu'on le reconnaît. Quant à sa qualité, elle est singulièrement variable, et nous en avons constaté huit différentes, qui peuvent se réunir en quatre principales, appelées *ordinaire, bon ordinaire, bonne* et *supérieure*. Nous allons examiner rapidement ces divers genres de drap léger.

1° On vend à Ting-haï (Tchou-san) une espèce de *rayeta* ou flanelle grossière, poilue, appelée *yan-tioh*, qui ne vaut absolument rien.

2° Ce que les marchands de Tchou-san nomment *to-ni* est un drap extrêmement commun ; il doit être plutôt assimilé à cette sorte de flanelle grossière qui arrive dans l'île sous les noms de *rayeta de pellon* et de *rayeta de cien hilos*. Il y en a de deux largeurs : l'échantillon n° 1251 a 118 centimètres ; il est, ainsi que le n° 1252, sans lisières rayées, ce qui le distingue des *rayetas*, et a été acheté à l'encan chez M. Waterhouse de Taou-taou, 1 roupie le yard (1) ; l'autre laize est de 135 centimètres environ. Cet article ne convient point.

3° Si les lisières n'avaient pas été rayées et si l'on n'avait pas désigné cet article comme *spanish stripe*, nous n'en eussions parlé que plus loin en le comparant à nos draps communs du Midi. La qualité est, en effet, tellement différente de celle qui est réclamée par la consommation chinoise, que l'on doit croire à une méprise. Le n° 1253 est un bleu gentiane, et le n° 1254 un pensée ; tous deux étaient enveloppés d'une toilette en calicot noir glacé qui portait une vignette ornée d'une jolie gravure dorée. Sur le plomb était estampée en relief, et sur le chef tracée en lettres de papier doré, la marque : *A. & S. Henry & C°, Leeds*. Le chef était garni d'une barbe longue, soyeuse, blanche, bleue et blanche. Les lisières de la pièce pensée étaient à rayures noires sur fond blanc, celles du bleu gentiane étaient rayées en noir sur fond bleu. La largeur de la première, n° 1254, était de 1 mèt. 48 c. entre lisières, et de 1 mèt. 54 c., lisières comprises ; celle du n° 1253 était de 158 centimètres avec lisières et 152 centimètres entre lisières. La pièce longue de 23 yards 3/10 avait été achetée à l'encan, chez M. Waterhouse, 46 roupies.

4° Nous avons trouvé à Chang-haï une qualité de *spanish stripe* presque semblable à celle des n°s 1251 et 1252, dont nous avons parlé un peu plus haut. A-lum, qui a fourni l'échantillon 1011, a déclaré que cet article était sans valeur ; c'est même l'envoi depuis quelques années de ces qualités grossières qui a déterminé, suivant ce négociant chinois, la distinction si tranchée aujourd'hui entre les *spanish stripes* et les *striped lists* : ceux-ci sont les genres communs à lisières rayées, dont le tissu n'a aucun rapport avec les draps légers de Gott, de Gibson, etc., et n'est pas accepté par la consommation chinoise, ceux-là sont ceux dont il est spécialement question dans ce travail.

5° La qualité *ordinaire inférieure* des *spanish stripes* est représentée par les n°s 1024, 1019 et 129 : ce dernier échantillon montre la limite qu'il ne faut pas dépasser ; il est très commun et n'est acheté que par les dernières classes du peuple. Cette qualité ordinaire inférieure a 8 fils en chaîne et 10-11 en trame aux 5 millimètres, et son poids peut être estimé de 350 à 353 grammes le mètre large de 145 centimètres avec lisières.

Le prix ordinaire est de 90 cents le yard (5 fr. 42 c. le mètre), mais les parties de draps aussi inférieurs restent longtemps sans acheteurs, et il arrive parfois qu'elles n'obtiennent que 80 et 85 cents. Le n° 129 se

---

(1) Il y en a deux échantillons, l'un écarlate, l'autre bleu anglais, dans la collection du Ministère du commerce.

détaillait chez Tchan-tching à raison de 1 piastre 10 cents ; s'il eût été large de 4 tchihs 2 tsuns, il se fût vendu 1 piastre 30 cents le yard.

5° *bis*. Bien qu'il n'y ait pas lieu de tenir compte de l'origine des lainages dont il est ici question, nous n'avons pas voulu confondre avec les draps anglais ceux qui sont fabriqués en Hollande, et afin de n'avoir plus à revenir sur ces derniers, à l'occasion des lisières, des plombs et du prix, nous allons donner tous les détails qui s'y rapportent.

Le n° 1255 (n° 174 *bis*) a excité à l'exposition la curiosité des visiteurs ; le chapeau des chefs javanais est, en effet, assez original : c'est une ellipse dont une moitié, projetée en avant, forme une large visière destinée à préserver du soleil, et dont l'autre moitié, percée d'un trou ovale, est garnie d'un demi-fond ; celui-ci dérobe la vue du mouchoir batik dont la tête est coiffée. Le drap qui couvre ce chapeau est un *spanish stripe* hollandais assez commun, supérieur cependant à celui dont nous allons nous occuper et qui porte dans la collection le n° 135.

Cet échantillon a été acheté à Canton chez Tchan-tching. Dans nul autre magasin, nous n'avons pu trouver de drap hollandais ; il en arrive fort peu, — 692 pièces en 1844 (1), — et comme il est, en général, de qualité inférieure, il est envoyé dans les campagnes ou retenu par les petits détaillans des quartiers populeux. Il y a lieu de penser que très prochainement la Hollande présentera aussi à Canton et à Chang-haï les genres convenables à la consommation indigène. M. T. Modderman, délégué commercial du gouvernement néerlandais en Chine, a recueilli pour l'industrie lainière de son pays tous les renseignemens et les échantillons utiles. Suivant lui, Leyde peut fabriquer les *spanish stripes* avec assez de succès. Les draps légers de cette manufacture, que nous avons vus entre les mains de M. Modderman, sont, il est vrai, avantageux et suffisamment réussis ; mais ils sont loin d'égaler, pour la souplesse et la douceur, pour la fabrication et le traitement, les articles de la Prusse rhénane, de Leeds, de Reims et de Beauvais. Ils valent incontestablement mieux, d'ailleurs, que le n° 135.

Celui-ci ne mérite réellement pas le nom de drap ; c'est une napolitaine à peine foulée, ayant 8 fils de chaîne et 8 ou 9 duites aux 5 millimètres, large de 139 à 141 centimètres entre lisières, et de 145 à 147 centimètres, lisières comprises. Les lisières, de 38 à 40 millimètres, sont tenantes et ont trois raies en brun noir sur fond blanc. La qualité est maigre, assez close et tenace ; la toile est découverte ; il n'y a aucune trace de foulage, de garnissage et de tonte. La couleur est aussi mauvaise que le tissu, et l'apprêt a été entièrement négligé. Ce drap se vendait à Canton 90 cents le yard (5 fr. 42 c. le mètre) ; il avait été acheté en gros 70 cents au plus.

6° La qualité *ordinaire moyenne* nous paraît indiquée par les échantillons n°s 1003, 1064, 1082, 1083, 1104, 1139 (134) et 1182 (130). Nous engageons à ne pas l'imiter, car elle n'obtient pas de prix suffisans et s'écoule toujours difficilement. Les types recueillis ont 8-10 fils de chaîne et 10-12 fils de trame aux 5 millimètres, et pèsent 440 grammes environ par mètre large de 160 centimètres. Il est inutile d'insister sur ce genre dont nous ne conseillons pas l'envoi.

---

(1) D'après un document commercial officiel fourni par le consul de Hollande à Canton.

Cette qualité vaut à Canton de 90 cents à 1 piastre le yard (de 5 fr. 42 c. à 6 francs le mètre). Le n° 1082 a été payé, en mars 1845, 1 piastre 15 cents, mais ce prix est exceptionnel. Les n°s 130 et 134 se vendaient en détail 1 piastre 20 cents ; ce qui suppose une valeur en gros de 1 piastre.

7° La qualité *ordinaire supérieure* se rencontre souvent sur les divers marchés. Elle est représentée dans la collection par les n°s 1000, 1013, 1018, 1030, 1194 *bis* et 171. Ces divers échantillons ne sont pas identiques, mais ils renseignent sur le degré de force attribué au genre dont il est question. Le *spanish stripe ordinaire supra* a, en général, un grain peu régulier ; son duvet, peu fourni, couvre à peine la toile ; il peluche très aisément sous le doigt ; c'est un grand défaut. Il a un toucher un peu sec, peu de lustre et de soyeux. Sa finesse est variable ; elle est de 9 à 10 fils en chaîne et de 9 à 12 en trame.

Le prix moyen à Canton est de 1 piastre à 1 piastre 15 cents le yard. A Ning-po, on a acheté 24 piastres la pièce un genre semblable au n° 1018. Le n° 171 y valait, en octobre 1845, 26 piastres les 18 yards.

8° Le *bon ordinaire* est un drap bien connu de ceux qui ont examiné avec attention les échantillons de l'Exposition, où il se faisait remarquer par la vivacité de ses couleurs. Il y en a 31 échantillons : n°s 123, 149, 149 *bis*, 149 *ter*, 1033, 1045 (147), 1126 (120), 1127 (133), 1153 (121), 1199 et 1203 (Canton) ; 178 et 1162 (170) (Ning po) ; 1070 (166), 1141 (168), 1145 (164) et 1206 (167) (E-mouï) ; et 1031, 1077, 1135, 1192, 1202, etc. (Chang-haï).

Nous signalons comme modèles du *spanish stripe bon ordinaire* les n°s 123, 1045, 1127, 1162 et 1206. Nous constaterons, en étudiant ces échantillons, qui sont tous anglais, que le point essentiel est de fabriquer un drap à la fois léger et clos, moelleux et tenace ; il faut qu'il soit souple et soyeux avec un foulage assez peu prolongé pour ne pas donner au tissu la moindre compacité. La toile doit être à peine feutrée, et son grain bien visible à l'envers, et entièrement caché à l'endroit par un duvet fourni, serré et court; ce duvet doit être aussi *peuplé* que possible, et il importe de combiner la tonte et l'encartage de telle façon, qu'il ait ce grain finement *sablé* estimé des acheteurs. Nous recommandons aux fabricans d'employer des laines douces et fines, des filatures un peu rondes. Rien n'est plus facile que d'imiter et de surpasser les n°s 123, 1045, 1127, 1162, 1206, etc. De telles étoffes ne valent rien pour nous, ne peuvent être employées pour nos vêtemens ajustés ; elles sont trop légères, manquent de force et devraient être en compte plus serré ; mais c'est ce qui convient en Chine, ce qu'il faut copier; c'est ce que l'on fabrique d'ailleurs déjà en France. Beauvais et Reims font cet article ; nous avons mis sous les yeux des négocians chinois, anglais et américains, les draps de MM. Boudin, Gillard, Benoist, Croutelle neveu, etc. Ils ont été comparés avec les *spanish stripes* les plus estimés, signés des noms de B. Gott et de Gibson de Leeds, et les n°s 4 et 102 ont été jugés non seulement supérieurs en qualité, ce qui était ici un très faible mérite, mais surtout convenables par leur douceur, leur légèreté et leur apparence.

Le *bon ordinaire* a généralement 9 fils en chaîne et 9 ou 10 en trame aux 5 millimètres. Le n° 102 de M. Gillard, de Beauvais, a 9 fils et 11 duites ; la différence est insignifiante. Le poids est très variable, tantôt il est de 390 à 480 grammes par mètre en largeur de 152 à 160 centimètres, tantôt il n'est que de 250 à 340 grammes pour des laizes de 153 et 155 centimètres.

Nous devons mentionner un genre de *spanish stripe* présenté à plusieurs reprises à Chang-haï par MM. Fox, Rawson et Cie ; il est assez ordinaire en qualité, mais bien clos et surtout serré en trame, car on compte aux 5 millimètres 8 fils et 15 duites. On lui préférera toujours une étoffe un peu plus creuse, plus souple et plus légère. Ce drap corsé s'est vendu à raison de 1 piastre 30 cents le yard en septembre 1845. L'assortiment était conforme aux échantillons 1160, 1192, 1202, etc.

Le cours du *spanish stripe* bon ordinaire varie peu ; à Canton, ce drap vaut toujours de 1 piastre 15 cents à 1 piastre 20 cents le yard.

9° Nous recommandons comme modèles à suivre dans l'exécution des draps en *bonne* qualité les n°s 1026 (148), 1028 (140), 1055 (142) et 1168 (124), achetés à Canton. Nous engageons les fabricans à examiner avec attention ces échantillons, qui leur indiqueront dans quel sens ils doivent diriger les améliorations.

On ne fait nulle part, en France, d'aussi jolis draps que ces *spanish stripes best fine* et *superfine*. Les draps de dame, les draps royaux, les Silésies de Reims, les zéphyrs d'Elbeuf, les sortes de Beauvais, de Mouy, sont incontestablement inférieurs à cet article de Leeds, non pas pour la fabrication, l'apprêt et l'usage, mais pour l'apparence et la convenance. Cependant, à Reims, à Elbeuf, à Beauvais, on sait établir à bas prix et l'on a fait avec supériorité dans plusieurs circonstances ces draps légers ; on les a réussis au premier essai. Les faits ont donc prouvé que l'imitation des lainages de Leeds, de Düren et d'Eupen est chose facile ; l'enquête poursuivie en Chine a constaté cet autre point important, que, pour les prix, la lutte était possible avec nos rivaux, et que quelques-uns de nos draps, supérieurs en force, en poids et en finesse, pourraient s'offrir à un prix un peu plus avantageux que les qualités habituelles du marché.

C'est par ces motifs que nous insistons sur l'intérêt qui s'attache aux échantillons 1026, 1028, 1055 et 1168. Il serait utile, pour l'industrie lainière, de s'approprier ce genre de draperie, qui convient dans toute l'Asie. Il est indispensable, si l'on veut entretenir des relations d'affaires avec l'Inde et la Chine, d'exécuter pour ces deux grands débouchés un des articles qui s'y placent avec le plus de certitude et de profit. Préférable, d'ailleurs, à tous égards à nos similaires, il peut assurément les remplacer dans notre consommation, et celle-ci, satisfaite plus convenablement et peut-être à meilleur marché, n'en acquerrait que plus d'extension et d'importance.

Le *spanish stripe*, bonne qualité, se distingue par plus de finesse, de douceur et de beauté. Son grain est un peu écrasé ; son tissu est mince, couvert ; son duvet bien couché, serré et brillant ; on dirait qu'il a été passé et glacé sous la calandre. La teinture est aussi soignée que le tissage et l'apprêt ; s'il est peu de draps dont la filature et la toile soient aussi régulières, il en est moins encore qui offrent des couleurs plus nourries, plus vives et mieux réussies. Rien n'est négligé ; les barbes soyeuses et noires des chefs sont irréprochables, les lisières sont conformes aux règles traditionnelles, chaque rayure se compose de ses six gros fils, et les dimensions sont scrupuleusement observées. On remarque, en un mot, dans cet article à 7 ou 8 francs le mètre, des soins que l'on ne trouve guère en France que dans les draps de Sedan, de Louviers et d'Elbeuf, et qui portent les marques les plus estimées.

La finesse des échantillons de la collection du ministère est de 9 fils de chaîne et de 11 duites aux 5 millimètres ; le poids du mètre, large de 158 à 162 centimètres, varie de 420 à 450 grammes.

Le cours est assez fixe ; il se maintient entre 1 piastre 25 cents et 1 piastre 30 cents le yard ; quelques parties obtiennent 1 piastre 35 cents et même 1 piastre 45 cents, et on paie cette qualité au détail 1 piastre 70 cents et 1 piastre 80 cents.

10° Enfin, il existe un dernier genre de *spanish stripes,* désigné par le nom de *supra ;* les n°s 136, 1012, 1015, 1065, 1138, 1151 et 1164 sont les échantillons qui peuvent renseigner sur ce drap. On remarquera que c'est à peu près la même qualité, mais plus douce et mieux apprêtée, que fabrique M. Gillard, de Beauvais. (Voir le n° 102 de la collection de la Chambre de commerce de cette ville.) La différence est peu sensible entre le *supérieur* et le *bon ordinaire ;* celui-ci est même plus fin, plus joli, plus couvert ; mais il est moins corsé et moins tenace. Les n°s 1012 et 1065 montrent que le caractère distinctif de la sorte dont il est question est une toile close et forte ; le duvet est court et moussu. Le n° 136 est un *extra fin,* c'est-à-dire un *bon* superfin, un drap qui serait identique à ceux auxquels est consacré le paragraphe 9, si la laine n'en était pas un peu plus fine. On en apporte peu, parce que le placement en est peu avantageux ; on préfère l'*habit cloth* ou le *ladies' cloth,* qui sont plus estimés et s'offrent au même prix, c'est-à-dire de 1 piastre 30 cents à 1 piastre 45 cents le yard. Le n° 1012 n'a été acheté que 1 piastre 20 cents, mais les cours étaient à cette époque (mars 1845) en grande baisse ; le *bon ordinaire,* dont la valeur règle celle des qualités supérieures, ne se payait que 90 cents et 1 piastre le yard.

Telles sont les diverses qualités du drap *spanish stripe ;* bien que les deux termes extrêmes de la série n'aient aucune analogie et qu'il y ait des différences très tranchées, nous devons faire observer que les importations habituelles ne comprennent pas les genres moyens, c'est-à-dire qu'elles ne sont composées que de *spanish stripes ordinaire supra, bon ordinaire* et *bon.* La plupart des envois ne contiennent même que le *bon ordinaire ;* les prix courans ne s'occupent que de cette dernière qualité, caractérisée par une laine douce, une filature un peu ronde, mais nette, un tissu léger et régulier, une couleur franche et éclatante, un traitement et un apprêt bien entendus.

Prix. — Canton. = Nous avons, dans les paragraphes précédens, indiqué sommairement le prix de chaque sorte ; il y a lieu d'entrer maintenant dans des détails plus circonstanciés. Pour abréger, nous ne nous occuperons que des prix des draps en *bon ordinaire* assortis.

Il est un premier fait essentiel à mentionner, c'est que la valeur de tout tissu de laine uni et teint, importé en Chine, dépend entièrement de la couleur ; la qualité, la finesse et la force fussent-elles supérieures, l'article ne se vendrait pas moins avec perte si la nuance n'avait pas la teinte réglementaire. Il y a plus ; le *même* drap obtient des prix de vente qui diffèrent de 50 et de 60 p. 0/0; teint en violet pensée, il se paie 1 piastre 35 cents, et teint en gris, il vaut à peine 65 cents. Il y a, en effet, dans tout assortiment deux parties : l'une comprend les couleurs favorites, l'autre celles dites *de distinction;* celles-là valent toujours plus de 1 piastre le yard, celles-ci toujours moins de 1 piastre; en somme, il y a compensation parfaite et bénéfice suffisant sur l'assortiment. Examinons maintenant la valeur proportionnelle des diverses couleurs.

DÉSIGNATION des COULEURS.	PRIX DU YARD (1) A CANTON.												
	29 septembre 1845.		31 décbre 1845.	21 mai 1846.		20 juin 1846.		24 août 1846.		24 novembre 1846.			
	pi. c.	pi. c.	pi. c.	pi. c.	pi. c.	pi. c.	pi. c.	pi. c.	pi. c.	pi. c.	pi. c.		
Pensée......	1 30 à	1 35	1 30	1 15 à	1 30	1 20 à	1 35	1 30 à	1 45	1 35 à	1 45		
Ecarlate.....	» »	1 10	1 10	1 »	1 15	1 20	1 35	1 20	1 30	1 45	1 50		
Bleu mazarin	» »	1 50	1 40	1 15	1 30	1 20	1 35	1 25	1 35	1 25	1 30		
Bleu gentiane	1 30	1 35	1 30	1 10	1 20	1 15	1 20	1 15	1 20	1 20	1 25		
Noir.........	» »	1 10	1 10	1 5	1 10	1 15	1 20	1 5	1 15	1 10	1 15		
Bleu clair...	» 80	» 85	» 90	» 70	» 80	» 70	» 80	» 85	» 90	» 90	1 »		
Brun	» 80	» 85	» 90	» 75	» 90	» »	» »	» 95	1 10	1 »	1 10		
Vert........	» 80	» 85	1 »	» 70	» 80	» »	» »	» 85	» 90	1 »	1 10		
Jaune.......	» 80	» 85	1 »	» 70	» 80	» 70	» 80	» 70	» 80	» 65	» 70		
Gris	» »	» 60	» 80	» 60	» 70	» 70	» 80	» 60	» 70	» 65	» 70		
Blanc.......	» »	» »	» »	» »	» »	» »	» »	» 60	» 70	» »	» »		

Ces prix varient suivant la faveur ou la rareté plus ou moins grande de chaque couleur, et quand une partie arrive, l'acheteur se basant sur le cours et connaissant la composition de l'assortiment, établit son offre d'après la moyenne générale; ainsi, au 29 septembre 1845, l'assortiment se payait à raison de 1 piastre 25 cents le yard; au 21 mai 1846, il ne valait plus que 1 piastre 15 cents: au 20 juin, on offrait 1 piastre 15 cents à 1 piastre 25 cents; au 24 août, de 1 piastre 25 cents à 1 piastre 35 cents.

Si l'on retranchait les couleurs dépréciées, c'est-à-dire le bleu clair, le brun, le vert, le jaune, le gris et le blanc, la valeur des assortimens serait infailliblement augmentée; le placement en serait, par contre, plus difficile, parce que les détaillans tiennent absolument à ne pas avoir leur magasin désassorti. Nous conseillons donc de ne supprimer aucune des couleurs indiquées ci-dessus, mais de ne mettre de chacune que 1, 2 ou 5 au plus par centaine de pièces.

En 1790 et 1792, les draps que l'on importait étaient des londrins de différentes qualités; bien qu'ils fussent beaucoup plus forts que les *spanish stripes* actuels, et qu'il n'y ait pas, en conséquence, de compa-

(1) Nous rappelons que le yard mesure 0 mèt. 914.

raison possible, nous indiquerons, d'après Blancard, le prix de quelques-uns d'entre eux.

Draps londrins, seconds.....	français	....	1 taël	6 mèces	l'aune de France.
	anglais....	1re qualité......	2	2	le yard.
		2e id.........	1	5	le yard.
		3e id.........	1	2	le yard.
	hollandais.	1re id.........	1	4	l'aune de Hollande.
		2e id.........	1	»	l'aune de Hollande.

On trouve dans l'enquête anglaise de 1830 (1), l'indication officielle des prix d'achat en Angleterre et de vente à Canton du *spanish stripe* superfin. En 1813-14, la pièce coûta 26 liv. sterl. 9 sh. 11 den., et se vendit 28 liv. sterl. 12 shill.; en 1828-29, elle revint à Londres, à 11 liv. sterl. 2 den., et trouva acheteurs à 17 liv. st. La qualité *supra* payée en 1813-14 18 liv., et, en 1828-29, 8 liv. 17 sh. 3 d., fut soldée à Canton à la première époque, 1814-15, 17 liv. 12 sh.; et, à la seconde, 1829-30, 11 liv. 18 sh. la pièce.

Dans la même enquête, M. Charles Everett présenta, dans son interrogatoire, un très curieux tableau comparatif de la diminution de la valeur des draps convenables pour la Chine, et prouva que cette baisse avait été en dix ans de 50 p. 0/0 (2).

En 1821, de...............	5	à 7 ½ p. %	moins qu'en 1820.
1822...................	7 ½	10	id.
1823...................	10	»	id.
1824...................	12	15	id.
1825...................	5	10	id.
1826...................	35	40	id.
1827...................	40	42 ½	id.
1828...................	42	45 ½	id.
1829...................	45	47 ½	id.
1830...................	47 ½	50	id.

En 1835, on soldait à Canton les *spanish stripes* ordinaires de 1 piastre 20 cents à 1 piastre 50 cents le yard, et la qualité supérieure qui pouvait coûter 6 à 9 pence de plus par yard se vendait à raison de 1 piastre 50 cents et de 1 piastre 75 cents. Au commencement de 1836, les premiers s'achetaient de 1 piastre 25 cents à 1 piastre 35 cents, et les seconds 1 piastre 50 cents. On voulait 30 p. 0/0 de pensée, 25 de bleu mazarin, 10 de noir, 15 d'écarlate, 5 de brun foncé et 15 de bleu gentiane. A cette époque, comme aujourd'hui, les draps trop peu garnis étaient dépréciés de 10 à 15 cents par yard.

Enfin, si l'on consulte un document publié en avril 1843 (3) par le Département du commerce, on remarquera qu'en 1842, les *spanish stripes* coûtaient en Angleterre de 4 shillings 6 pence à 6 shillings le yard, et se vendaient à Canton de 1 piastre 60 cents à 1 piastre 70 cents le yard.

Ces préliminaires posés, il convient de suivre les fluctuations du cours durant notre séjour en Chine.

En mai, de 1 piastre 20 cents à 1 piastre 30 cents ; en juin et juillet, de 1 piastre 15 cents à 1 piastre 25 cents; en août et septembre, de 1 piastre à 1 piastre 25 cents; en octobre, novembre et décembre, de

(1) *Journal de la Chambre des Lords*, vol. LXII, append. n° 1, pag. 1321.
(2) *Idem*, pag. 1121.
(3) Chine et Indo-Chine, *Faits commerciaux*, n° 1 (n° 31 de la série).

1 piastre à 1 piastre 30 cents ; voilà les limites des oscillations à Canton en 1844. Les prix se maintinrent durant les premiers mois de 1845; de janvier à avril, l'article se cotait toujours 1 piastre 10 cents, 1 piastre 20 cents et jusqu'à 1 piastre 30 cents ; fin avril, il n'obtint plus que 1 piastre, et, au maximum, 1 piastre 10 cents. La baisse continua jusqu'à septembre; dans le mois d'août, le cours était descendu à 90 et 95 cents. Le *bon ordinaire* ne pouvait se placer à plus de 1 piastre 10 cents, et l'on ne tirait que 90 cents et 1 piastre de genres qu'on eût soldés six mois auparavant à 1 piastre 25 cents et 1 piastre 30 cents. A cette même époque de baisse, on offrait 1 piastre pour le yard du n° 188 de Reims ; 1 piastre 10 cents à 1 piastre 20 cents pour le n° 102 de M. Gillard de Beauvais, et 1 piastre 30 cents pour le n° 1 de M. Max. Boudin de la même ville.

Cette dépréciation générale des draps n'a rien qui doive étonner : la saison de vente est de mi-octobre à mi-avril, et, durant le reste de l'année, les négocians indigènes n'achètent que si l'occasion est favorable; leurs propositions sont alors fort désavantageuses; parfois elles sont acceptées par les consignataires qui ont hâte de se débarrasser de parties dont le succès ultérieur est douteux. Pour peu que les arrivages aient été nombreux et que le stock soit resté un peu considérable, les prix fléchissent rapidement et ne remontent jamais dans ce cas avant novembre. En 1845, il n'y avait pas dans les ports de Chine cet encombrement de draps légers que l'on avait prédit et que l'on prétendait exister ; dès la fin de septembre, les échanges se faisaient dans de bonnes conditions au taux de 1 piastre à 1 piastre 25 cents ; et, en novembre, on écoulait aisément à 1 piastre 20 cents et 1 piastre 25 cents le yard, c'est-à-dire avec bénéfice. Vers cette époque,

				pi.	c.		pi.	c.	
Le *spanish stripe*	*ordinaire*,	moyen,	valait de...	»	90	à	1	»	le yard,
		supérieur,	id.....	1	»		1	05	
	bon ordinaire,		id.....	1	10		1	20	
	bon,		id.....	1	15		1	30	
	supra,		id.....	1	25		1	35	

sauf exception ; car un négociant américain n'a obtenu de plusieurs balles de *bon ordinaire* que 1 piastre, faute de 2 pouces en largeur; Ap-hing a cédé pour 85 cents le yard un *spanish stripe* russe de 55 pouces anglais, une maison anglaise a livré à 1 piastre 10 cents 500 pièces de *bon ordinaire*, etc. On voit rarement des ventes à 75 cents, et on n'a entendu citer qu'un seul solde à 70 cents(1).

L'année 1846 paraît avoir été plus favorable que la précédente aux affaires en lainages. De 90 cents en juillet et août, le cours était arrivé à 1 piastre 20 cents en décembre; il fléchit en mai 1846 (de 90 cents à 1 piastre 15 cents), se releva en juin (1 piastre 15 cents à 1 piastre 25 cents), monta encore en août (1 piastre 25 cents à 1 piastre 35 cents), et retomba, fin novembre, à 1 piastre 20 cents, et fin janvier 1847, à 1 piastre 10 cents, en moyenne. D'après des informations en date de fin décembre 1846, l'écarlate et le pensée étaient le plus en faveur ; on demandait aussi : 1° le bleu mazarin ; 2° le bleu gentiane ; 3° le noir. Quant aux autres nuances, elles étaient peu recherchées ; il en fal-

(1) M. Reynsaan a déclaré n'avoir jamais vu de vente faite au-dessous de 80 cents le yard.

lait cependant plus ou moins, suivant leur convenance réglée ainsi : vert, brun, bleu clair, blanc, gris, jaune.

En résumé, on peut compter, à Canton, sur un prix moyen de 1 piastre 10 cents le yard, et les draps légers, comme ceux de Beauvais et de Reims, seraient payés, sans aucun doute, 1 piastre 20 cents et 1 piastre 30 cents le yard (1).

E-mouï.—En septembre 1844, les *spanish stripes* étaient demandés à E-mouï, mais le débouché en étant peu important, cette rareté fit peu hausser l'article, et un lot de qualité inférieure se traita de 1 piastre 20 cents à 1 piastre 25 cents le yard. On recherchait alors l'écarlate, le bleu mazarin, le pensée, le vert émeraude et le jaune orangé ; au 16 octobre, on vendait à 1 piastre et 1 piastre 30 cents le yard.

Nous étions, en novembre 1845, à E-mouï ; nous y apprîmes que la consommation du drap léger dans le Fo-kièn est peu considérable, que cependant un navire peut en apporter 3 à 400 pièces dans sa cargaison et être assuré de leur placement, et qu'on n'évalue pas à plus de 2,000 pièces la somme totale des importations depuis l'ouverture du port jusqu'au 2e semestre 1845. Le cours était alors de 1 piastre 20 cents le yard ; les négocians anglais firent observer qu'il est réglé par celui de Canton et que la différence, très peu sensible, est due ordinairement à la nécessité de tenir compte du fret et de la plus grande incertitude de l'écoulement. Les draps de Gott y sont en faveur ; Kong-hinn les a comparés avec les nos 1, 4 et 102 de Beauvais, et, tout en reconnaissant que ceux-ci sont supérieurs, il leur a préféré l'article de Leeds et nous a déclaré que tous les Fo kiénois seraient de son avis. Il a recommandé expressément d'imiter autant que possible le genre *bon* de Gott, de le livrer en 61-62 pouces entre lisières, et teint en couleurs franches et vives. Il garantit, dans ce cas, 1 piastre 20 cents à 1 piastre 25 cents par yard. Nos nos 1, 4 et 102 ne seraient payés que de 1 piastre à 1 piastre 20 cents, en les supposant en lots bien assortis, réussis au tissage et à la teinture, et larges de 158 centimètres.

Ting-haï (Tchou-san).—Cette ville et son faubourg ont aujourd'hui perdu de leur importance commerciale. Autant les affaires y étaient animées en 1843 et dans les premiers mois de 1844, lorsque cette île était l'entrepôt des marchandises anglaises dirigées de là sur E-mouï, Ning-po, Chang-haï et Tcha-pou, autant maintenant elles sont insignifiantes ; les magasins sont fermés et le port est désert. Ce que l'on y apporte n'est destiné qu'à la consommation locale et à quelques petits marchands qui continuent le commerce de cabotage avec Formose et la côte Nord-Est.

En juillet 1844, la cote nominale était de 1 piastre 40 cents, alors qu'à Chang-haï on trouvait acquéreurs à 1 piastre 50 cents. En septembre 1845, un négociant de Ting-haï, King-ho, a acheté, à raison de 22 piastres, des pièces de *spanish stripes* longues de 18 yards 1/2 ; un autre ne les a payées que 20 piastres. En *bon ordinaire* et en *bon,* il ne faut qu'un très petit nombre de pièces, car les marchands ont avoué qu'ils renou-

(1) Voici quel était à Canton, le 21 avril 1847, le cours des *spanish stipes* : écarlate, 1 p. 45 c. le yard ; pensée, 1 p. 38 c. ; bleu foncé, 1 p. 24 c. ; bleu gentiane, 1 p. 20 c. ; noir, 1 p. 10 c. ; bleu clair et brun, 1 p. ; gri , vert et jaune, 80 cents.

vellent à peine tous les ans l'assortiment de leurs boutiques. Les couleurs demandées sont le noir, le bleu foncé, le pensée ; on veut peu de bleu gentiane, très peu d'écarlate et de brun, occasionnellement une pièce de vert, point de jaune, de gris, de bleu clair, et chaque année une ou deux pièces de blanc pour les funérailles et les garnitures de chaussures. Il y a eu des momens où le blanc était si rare, qu'on le payait 4 piastres le yard ; aujourd'hui, il est déprécié et peu employé.

On apporte à Tchou-san beaucoup de draps légers à lisières rayées très communs, quelques-uns ne sont même que des flanelles grossières ou des droguets. Les uns, en 118 centimètres, se sont vendus à l'encan 1 roupie le yard ; les autres, larges de 150 centimètres entre lisières, ont été adjugés à 46 roupies la pièce de 23 yards.

Fou-tchou. — Aucun renseignement.

Tchang-tchou (Fo-kièn). — Nous avons trouvé chez un seul marchand une centaine de pièces de *spanish stripes,* qui étaient, en général, de belle qualité ; elles avaient été achetées à Canton et à E-mouï. Le premier choix, composé de *bon* et de *bon ordinaire,* valait 30 piastres la pièce, et le second avait été payé 20 piastres; c'était en grande partie du *bon ordinaire.* Au détail, les prix varient selon les couleurs ; la pièce de bleu mazarin à reflet légèrement pourpré se vend 40 piastres, et celle de noir 28 piastres. Le bleu foncé est la meilleure nuance pour cette partie du Fo-kièn.

Ning-po. — Les négocians de cette ville font venir leurs draps de Sou-tchou ou de Ting-haï ; il est singulier qu'ils refusent de les acheter sur la place, et l'agent que la maison Davidson y avait établi ne trouvait aucune opération à négocier.

Les pièces de *spanish stripes* que l'on tire de Tchou-san, disait Yuing-tchan, 13 octobre 1845, ont en moyenne 18 yards de long et 4 tchihs 3 tsuns de large ; elles coûtent 26 piastres, et les frais de transport et de douane sont de 1 piastre environ par pièce. Il faut par an 1,000 à 2,000 pièces.

Ta-tji achète aussi la même qualité à Waterhouse ou à Davidson, de Taou-taou, au prix de 26 piastres ; mais il ne la trouve pas assez belle, et préférerait qu'elle fût améliorée jusqu'à concurrence de 30 piastres. Tong-yu a payé 1 piastre le yard ses draps ; ils sont longs de 21 yards et larges de 4 tchihs 3 tsuns.

On ne saurait être trop prudent si l'on fait des expéditions à Ning-po, parce que les négocians indigènes combinent leurs échanges de telle façon, qu'ils arrivent parfois à obtenir des marchandises européennes à des prix inférieurs au prix de vente. Ainsi Ta-tji envoie à Sou-tchou des thés verts du Tché-kiang, qui y sont très estimés, et reçoit en paiement des lainages anglais ou russes qu'il livre à Ning-po à meilleur marché que les draps identiques en qualité offerts par Warden, le consignataire anglais (1).

---

(1) On trouve, dans un document daté du 17 décembre 1842 et publié dans les *Commercial Tariffs* de Mac Grégor, cette note sur les *spanish stripes* importés à Ning-po : « On se plaint de la qualité des draps légers qui est inférieure à celle à laquelle la Compagnie avait habitué les consommateurs ; aussi la demande diminue, elle n'est plus par an que de 300 à 500 pièces bleues et

Tchin-haï. — On n'a pu trouver une seule pièce de *spanish stripe* dans les boutiques, mais on y vend beaucoup de vêtemens confectionnés en drap doublé de peaux de chèvre et de mouton.

Pou-tou (île voisine de Tchou-san). — Nous y avons remarqué des parasols en drap léger chamois, jaune et écarlate.

Chang-haï. — Ce port est, après Canton, le point où le commerce des draps est le plus considérable, et, bien qu'il soit le plus septentrional des ports ouverts, il est à remarquer que les draps légers sont les seuls qui soient demandés. A-lum, qui était, lors de notre séjour à Chang-haï, le négociant le plus habile et le plus riche, estimait à 16,000 pièces la quantité nécessaire aux besoins du marché. Le stock était, en novembre 1845, de 4,000 pièces, dont l'écoulement était regardé comme facile, et le prix oscillait entre 1 piastre 15 cents et 1 piastre 30 cents le yard. Le cours fléchit parfois, mais jamais au-dessous de 1 piastre, et ce n'est que lorsque des consignataires ou des capitaines sont forcés de réaliser les parties importées. En toute saison, une qualité comme celle dont M. Dallas a remis échantillon vaut 28 piastres la pièce de 19 yards, en laize de 60-62 pouces, quand l'assortiment est convenable, et de 24 à 26 piastres quand il laisse à désirer, c'est-à-dire lorsqu'il renferme peu de bleus et de noirs et trop de couleurs de fantaisie. M. Empson a soldé à 1 piastre 50 cents et à 1 piastre 30 cents des genres dont les échantillons sont au Ministère du commerce, et qui ne se paieraient à Canton que 1 piastre 10 cents et 1 piastre 20 cents. Nous avons vu des draps de Reiss frères, de Leeds, achetés 28 piastres la pièce de 20 yards, et des *spanish stripes* allemands (1), enveloppés dans des toilettes identiques à celles de Gott, payés 1 piastre 75 cents le yard en noir fin ; d'un autre côté, King-wo a déclaré solder habituellement le *spanish stripe* à 1 piastre 10 cents en argent, et 1 piastre 20 cents payables en thé. Un dernier renseignement nous amènera à une conclusion ; les Beauvais ont été jugés par M. Dallas pouvoir se vendre sûrement de 1 piastre 20 cents à 1 piastre 40 cents le yard ; A-lum a offert 1 piastre 20 cents du n° 4 de M. Boudin, et 1 piastre 30 cents du n° 166 de Reims. En résumé, il est permis de penser que l'on obtiendra 1 piastre 25 cents et 1 piastre 30 cents pour tout *bon spanish stripe* (2).

Il est réellement impossible de donner sur les prix des informations bien utiles, si les intéressés ne consultent pas les échantillons, et sur-

---

noires, pour la plupart. A Sou-tchou, on n'en vend guère que 3,000 à 5,000, et à Hang-tchou, il s'en place peu. — Le prix de la pièce de 18 yards 1/2 est de 35 piastres en pensée (1 p. 89 c. le yard), 27 p. en bleu (1 p. 46 c.) et 20 p. en noir (1 p. 08 c.). — Les droits de transit des *spanish stripes* de Canton à Ning-po s'élèvent à 53 *cents par yard.* »

(1) Il est arrivé à Chang-haï, par *l'Andromaque*, beaucoup de draps légers allemands qui sont restés longtemps sans acheteurs ; cependant, en juillet 1844, le cours était à 1 piastre 30 cents et 1 piastre 35 cents payables en thé. Le marché était un peu encombré, il est vrai, mais les ventes étaient faciles. Un fait analogue se présentait à Ning-po, vers la même époque : le *Vanguard* avait chargé à Singapore, en mai, des *spanish stripes* apportés par l'*Anne Elise* de Brême, et ces tissus, trop beaux et trop chers, dit-on, restaient invendus. — Les fabricans rhénans et allemands paraissent n'être pas exactement renseignés sur les meilleurs assortimens, couleurs, largeurs et qualités pour la Chine.

(2) A la fin de mars 1847, les *spanish stripes* assortis se payaient au comptant 1 piastre 08 c. le yard, et les écarlates 1 p. 15 c.

tout s'ils ne se reportent pas en même temps aux évaluations des échantillons de Reims et de Beauvais, faites par les négocians chinois et étrangers. Nous renvoyons donc le lecteur à la collection du Département du commerce et à nos rapports spéciaux.

On lit à la page 69 du document n° 9 sur la Chine : « Les *spanish stripes* valent actuellement de 1 piastre 10 cents à 1 piastre 30 cents le yard. *A ces prix, les Anglais y perdent.* » Les draps légers se vendaient, en effet, à ce prix en janvier 1845 ; mais, depuis cette époque, les faits se sont modifiés, et aujourd'hui nous pouvons assurer que les Anglais, loin de perdre, gagnent au moins 15 p. 0/0 net (1). En août 1845, le cours était, ainsi qu'il a été dit, descendu à 90 cents et 1 piastre le yard, et, néanmoins, les Anglais n'y perdaient pas, c'est-à-dire qu'à ce prix le tissu, le fret et les commissions étaient payés, et il ne serait même pas étonnant qu'il restât encore pour le négociant expéditeur un bénéfice. Au reste, ce qui prouve de la manière la plus péremptoire que les Anglais n'y perdent pas, c'est que nos fabricans de Reims trouveraient au cours minimum de 1 piastre 10 cents un profit de *vingt-deux pour cent*. Le fait et la preuve ont assez d'intérêt pour devoir être présentés.

M. Croutelle neveu fabrique à Reims, à la mécanique, des draps légers, connus sous le nom de *draps royaux*, et dont la qualité se rapproche beaucoup de celle du *spanish stripe* de Leeds. Sans doute ils ont besoin d'être améliorés : il faut choisir une laine plus douce, la filer à un taux plus rond, maintenir l'étoffe souple et moelleuse, lui donner un léger foulage, un garnissage bien entendu et un apprêt semblable à celui des jolis *superfins* de Gott ; il convient d'ajouter les lisières aux trois rayures, les chefs avec barbes soyeuses, les décors consacrés, les toilettes, les plombs, etc. Tout cela est essentiel ; mais, dès à présent, le drap royal n° 367 de M. Croutelle neveu peut être comparé au *spanish stripe* bon ordinaire de Leeds. S'il est moins apparent, moins soigné, il est supérieur en qualité, plus tenace, plus régulier, grâce à la perfection de la filature cardée de Reims ; enfin, il est aussi tissé à la mécanique. Voici le compte simulé d'expédition, de vente et de retour pour ce n° 367 :

		fr.	c.	
Prix à Reims en 70 centimètres, 2 fr. 10 c. le mètre. La largeur demandée en Chine étant de 1 m. 575, le prix doit être porté à		4	72	le mètre.
A déduire : Escompte de 8 p. 0/0		»	40	id.
		4	32	id.
Commission d'achat, frais d'emballage et de roulage jusqu'au port d'embarquement	3 ½ p. % = 0 fr. 15 c.			
Menus frais et commissions de passe au port	2 p. % = » 09	»	24	id.
		4	56	id.
A déduire : Prime à la sortie, 9 p. %		»	41	id.
A reporter...		4	15	le mètre.

(1) Il s'agit ici des *spanish stripes* en général ; il ne peut être question des qualités supérieures de cet article dont l'importation est relativement peu considérable : sur celles-ci il a dû, en effet, y avoir perte ; car le 31 août 1845, le consul des États-Unis à Canton, M. Forbes, assurait que le *supra* coûtait 1 p. 18 c., et il se vendait difficilement à 1 p. 20 c.

			fr. c.	
		Report.....	4 15	le mètre.
Fret du Havre à Canton par navire français. — Le fret d'Angleterre en Chine est d'environ 3 liv. st. (75 fr.) par tonneau anglais ; celui de France doit être compté à raison de 175 fr. le tonneau de 1 m. c. 44. La balle de 6 pièces de *spanish stripes* a un volume de 78 décimètres cubes, il y a donc 18 balles 1/2, 111 pièces ou 2.110 mètres au tonneau ; on doit compter en conséquence..................	2 p °/₀ =	fr. c. » 08	le mèt.	
Assurance maritime............	3 p °/₀ =	» 12	id.	
Intérêts des capitaux pendant 9 mois........................	4½ p °/₀ =	» 18½	id.	
Droit de douane à l'entrée......		» 30	id.	» 98½ id.
Commission de vente à Canton..	3 p °/₀ =	» 12	id.	
Ducroire ou garantie de la vente	2½ p °/₀ =	» 10	id.	
Commission pour retour : en traites { non garanties..... 1 p. °/₀ = » 05 (fr. c.) ; garanties, 2½ p. °/₀ = » 10 } ; en produits..... 2½ p. °/₀ = » 10	Au maximum.	» 10	id.	
				fr. c. 5 13½ le mètre.

En ne comptant la piastre qu'à 5 fr. 50 c., on voit que le yard du drap royal n° 367 revient à Canton, tous frais comptés au maximum, à 88 cents. Dans les mois d'août et de septembre 1845, c'est-à-dire à une époque où l'article était en baisse, A-tching en offrait 1 piastre 20 cents (7 fr. 22 c. le mètre), Cheng-tcheun, 1 piastre 25 cents (7 fr. 52 c. le mètre), etc. Nous avons recueilli sur ce numéro 15 évaluations que nous avons consignées à la page 102 de notre rapport spécial sur les échantillons de Reims ; la moyenne est de 1 piastre 12 cents le yard, et, à ce prix, qui est au-dessous de la vérité, le bénéfice net serait de *vingt-sept pour cent.*

Conditionnement. — Lisières. — La largeur ordinaire des lisières est variable, mais les limites les plus extrêmes sont 22 et 24 millimètres. En général, chaque lisière mesure de 25 à 30 millimètres, ou de 34 à 38 millimètres. Les lisières sont le plus souvent égales, et nous conseillons de les établir toujours ainsi ; quelquefois on trouve une différence de 5 à 8 millimètres entre celle de droite et celle de gauche, et l'on y fait peu attention. Leur disposition rubannée est obligatoire et consacrée depuis longues années ; c'est elle qui a fait donner à cet article le nom de *spanish striped lists,* drap (en laine) d'Espagne à lisières rayées. Il est essentiel d'imiter en ce point les échantillons rapportés, et de composer les lisières de six rayures. Suivant un négociant de Macao, voici quel est le goût cantonnais pour les pièces de couleur :

Ecarlate..	3 ou 4 raies noires	sur un fond	cramoisi (amarante) ou écarlate.
Bleue....	id. blanches	id	bleu.
Pensée...	id. écarlates	id.	pensée.
Verte....	2 raies blanches et 2 raies bleues sur un fond vert.		

Il ne faut pas avoir une entière confiance dans cette information et il nous a paru plus sûr de noter, d'après les pièces les plus estimées, les dispositions de leurs lisières :

Couleur	N°		Largeur	Raies
Ecarlate	1°	Largeur de la lisière.	0m035	3 raies de 8 millim. bleu foncé.
				3 id. de 4 id. écarlate.
	2°	Id.........	0 032	3 id. noires.
				3 id. écarlates.
	3°	Id.........	0 034	3 id. de 5 millim. en bleu très foncé.
				3 id. de 7 id. en écarlate.
Bleu foncé..	4°	Id.........	0 036	3 id. blanches.
				3 id. brunes.
	5°	Id.........	0 035	3 id. en bleu foncé.
				3 id. en écarlate.
Bleu gentiane	6°	Id.........	0 030	3 id. bleues.
				3 id. noires.
	7°	Id.........	0 035	3 id. bleues.
				3 id. noires.
Bleu clair...	8°	Id.........	0 034	3 id. bleues.
				3 id. noires.
Pensée......	9°	Lisière droite.....	0 035	3 id. en pensée, piqueté de blanc.
		id. gauche....	0 040	3 id. en amarante.
	10°	Largeur de la lisière.	0 038	3 id. pourpres.
				3 id. noires.
	11°	Id.........	0 030	3 id. bleues.
				3 id. blanches.
Vert........	12°	Id.	0 038	3 id. vertes.
				3 id. noires.
Gris........	13°	Id.........	0 035	3 id. grises.
				3 id. bleues.
Amarante...	14°	Id.........	0 034	3 id. de 6 millim. amarantes.
				3 id. de 5 id. bleues.

Un négociant hollandais de Canton a signalé les dispositions suivantes comme plaisant aux Chinois :

Pour les pièces écarlates, 3 ou 4 raies blanches ou noires sur fond écarlate ;

Pour toutes les autres, 3 ou 4 raies écarlates sur un fond de la couleur de la pièce.

Les indications précédentes doivent être prises en plus sérieuse considération que cette recommandation de l'exactitude de laquelle il y a lieu de douter.

Parmi les lisières, les unes sont tenantes, c'est-à-dire ourdies, montées sur le métier en même temps que la pièce et saisies par la trame ; les autres sont rapportées. Les premières sont préférables, parce que les négocians chinois ont la singulière méthode de juger de la bonté d'un tissu en saisissant une des lisières et le milieu de la largeur, et lui faisant subir des mouvemens de tension brusques et réitérés.

Chefs. — 1° Le chef n'est quelquefois qu'un espace blanc ménagé par réserve à la teinture ; c'est alors une bande haute de 4, 6 ou 8 centimètres ordinairement sans ornemens. Le plus souvent elle est entièrement nue ; seulement, au-dessus, à gauche, est tracé à l'aiguille, avec du fil blanc, le numéro de la pièce, tandis qu'à droite est soudé le plomb indiquant l'aunage. Il arrive parfois qu'on y trouve collées des lettres hautes de 4 centimètres, en papier d'argent, dessin damier; on y lit : *best fine, superfine*, ou toute autre désignation de qualité.

On réserve aussi pour chef un certain espace à la fin de la pièce et sur la gauche de la laize, — par exemple, large de 64 centimètres et haut de 58 millimètres, — que l'on encadre d'un filet de soie jaune d'or. On marque, dans le milieu, en soie de même couleur, le nom du fabricant entre deux étoiles et le numéro de la pièce.

Enfin, il y a bon nombre de pièces qui n'ont pour chef qu'une rayette tissée avec de la grosse chaîne noire à lisières; au-dessus ou au-dessous sont marqués, en fil blanc, le nom du fabricant et le numéro d'ordre.

2° Il est plus convenable d'orner le chef et de le rendre aussi élégant et aussi soigné que possible. Dans ce second cas, il est ou en partie rapporté, c'est-à-dire fixé par une couture, ou tenant et faisant corps avec la pièce.

A. Chefs en partie rapportés.—Ces chefs qui sont les plus jolis et que l'on doit adopter, sont composés de deux parties, de la barbe et du décor. La barbe est une bande de la largeur de la pièce; elle est tissée en laine ou en poils de chèvre, longs, brillans, tirés à longs poils, et l'on s'attache à la rendre fournie et soyeuse; elle est tantôt blanche, tantôt noire, et ordinairement haute de 10 à 11 1/2 centimètres. Le décor est immédiatement au-dessus; il est appliqué sur la fin de la pièce; il peut avoir, en moyenne, 65 centimètres de large sur 78 millimètres de haut, et se trouve toujours à gauche. La vignette est en papier d'or ou d'argent; ce sont les mots *best fine* ou *superfine*, en lettres découpées, hautes de 4 centimètres 1/2, ou seulement de 4 centimètres.

B. Chefs tenans. — Ils sont ordinairement ras. Comme dans les précédens, on y remarque deux parties distinctes; l'une, tirée ou non à poils, est ordinairement une bande ou rayure tramée d'une autre couleur que la pièce, ou une série de rayettes de différentes couleurs; l'autre est la fin de la pièce, et c'est plus souvent sur elle qu'est appliqué le décor.

EXEMPLES :

1°	*Spanish stripe*	marron et pensée.	Rayure noire en chaîne à lisières, large de 4 centimètres et de 6 centimètres ½. Au-dessus le décor et l'inscription.
2°	*Id.*	noir..............	Rayette réservée blanche de 3 centimètres. Bande bleue en chaîne à lisière large de 5 cent. ½. Au-dessus est placée l'inscription.
3°	*Id.*	gris verdâtre.....	Bande tramée en bleu foncé, haute de 68 millim. Au-dessus le décor.
4°	*Id.*	pensée...........	Bande en grosse trame à lisières, pensée, haute de 7 centimètres ½. Au-dessus le décor.
5°	*Id.*	vert émeraude ...	Rayette, noire de 2 centimètres ½. / verte de 3 id. / noire de 4 id. Ensuite la vignette-décor.
6°	*Id.*	noir..............	Filet.... de 15 millimètres, noir. / de 15 id., blanc. Bande de 55 millim., bleu et blanc mélangés. Au-dessus l'inscription.

7° *Spanish stripe* bleu gentiane.... Rayure.. écarlate. blanche. bleue. jaune. Au dessus sont appliqués les ornemens.

8° *Id.* écarlate.......... Rayette.. de 1 millimètre, écarlate. id. noire. id. écarlate. id. noire. id. écarlate. id. noire. de ½ millimètre, bleue. Bande blanche réservée, haute de 55 millimètres. Le décor est au-dessus.

Ces huit exemples suffisent pour renseigner sur les différentes dispositions.

Quant aux décors, il serait trop long de les décrire; nous engageons les fabricans à examiner et à faire dessiner ceux que nous avons rapportés; ils sont déposés au Ministère du commerce.

Le papier d'or et d'argent avec lequel sont faits ces ornemens est rarement uni; le plus souvent il est gaufré ou gravé; dans le premier cas, le dessin est assez simple, car c'est ou un moiré finement strié, ou un chagrin, ou un damier, ou des zigs-zags parallèles, ou enfin des quadrillés écossais.

Le décor est simple ou riche: simple, il se compose d'un mot qui désigne la qualité, *superfine*, *best fine*, etc.; riche, il est formé par une ou plusieurs vignettes gravées. Les armes d'Angleterre en sont l'ornement principal; l'écusson et la couronne sont surmontés d'un lion et soutenus par le léopard et la licorne, ou par des dragons ailés, ou bien entourés de palmes, de festons, de fleurs, etc. Le décor est en outre orné d'arabesques, de branches de chêne et de laurier, de paons, de rubans sur lesquels on lit diverses légendes, ou tantôt le nom du fabricant: *B. Gott & sons*, *Jones Gibson & Ord*, etc., tantôt la qualité du drap: *Best fine*, *Electoral Saxony*, etc.

Les décors-vignettes sont toujours collés à gauche; la surface qu'ils recouvrent est, en moyenne, de 65 centimètres de large sur 7 à 10 centimètres de haut; la plupart mesurent 76 centimètres sur 4 centimètres 1/2, d'autres ont de 5 centimètres de large sur 11 centimètres de haut, de 60 centimètres sur 11 centimètres, etc.

Plombs et étiquettes. — Les plombs sont préférables aux étiquettes fixées par un long fil. Les uns et les autres sont placés indifféremment à gauche ou à droite; ils portent le numéro d'ordre et l'aunage de la pièce. Les plombs ont une de leurs faces estampée en relief; on y voit une paire d'ailes et une étoile, un dragon ailé à mi-corps, un éléphant porteur d'un palanquin, l'insigne de la Toison d'Or, les armes de la Compagnie des Indes, ou simplement le nom de l'emballeur: *Hayter & Howell, packers, London.*

Presque toujours, malgré la présence de l'étiquette ou du plomb, le numéro de la pièce est marqué en fil blanc sur la lisière droite, dans le sens vertical.

Pliage. — Les *spanish stripes* sont pliés par le milieu de la laize, et le plus souvent en livret, avec soin et régularité ; un pli-manteau s'enroule deux fois autour de la pièce et l'enveloppe entièrement. Les lisières sont saisies par de forts cordonnets blancs, roses ou bleus, noués à nœud coulant et bien serrés. Les deux premiers plis restent libres, ainsi que le manteau, afin qu'il soit possible à l'acheteur d'examiner la qualité et de voir le chef, les plombs, etc. ; mais ils sont néanmoins attachés par des cordonnets noués à nœud coulant.

Toilette. — Chaque pièce est sous une première enveloppe de papier blanc, puis sous un *wrapper* ou *pack* en calicot noir ou brun-rougeâtre lustré, sur lequel est imprimé le décor large de 33 centimètres et haut de 10 centimètres. Chaque maison a pris soin d'adopter non pas toujours un dessin spécial, mais une marque qui distingue ses produits. Comme on achète ordinairement les balles au simple vu de la carte d'échantillons, on comprend que les acheteurs préfèrent celles qui sont revêtues de marques connues, lesquelles, leur rappelant des livraisons antérieures loyales et conformes, leur garantissent en quelque sorte l'exactitude du contenu de la balle et l'identité de la qualité de l'intérieur avec celle du *muster* extérieur. Certaines marques ont aussi la réputation de ne couvrir que des marchandises supérieures ; ainsi, il n'y a pas si petit marchand du dernier chef-lieu de district d'une province, qui ne veuille détailler au moins une pièce sous le *wrapper* au dragon vert et à l'écusson de la maison Wetmore et Cie.

Ce ne sera qu'à regret qu'il se décidera à choisir une pièce aux deux dragons et à la marque de la maison Dent et Cie.

Enfin, à défaut de ses *spanish stripes* favoris, il se résignera à acheter ceux à l'écusson aux trois oiseaux de Pearse.

Autrefois, du temps de la Compagnie des Indes orientales, la couleur de la toilette était essentielle et réglementaire ; il était admis que tous les draps légers de couleur bleu mazarin, bleu gentiane, bleu clair, noire, verte et brune, devaient être sous enveloppe *rouge brun*, et que ceux de couleur pensée, grise, blanche, jaune et écarlate, seraient recouverts d'une toilette *noire*.

Aujourd'hui, les Anglais ont négligé cette habitude, et l'on n'y attache plus d'importance ; cependant on fera toujours mieux de suivre les traditions de la Compagnie des Indes.

La pièce de *spanish stripe* mesure, sous enveloppe, de 79 à 81 centimètres de long, de 33 à 35 centimètres de large, et de 5 à 10 centimètres de haut.

Les toilettes ne portent, en général, de décor qu'au recouvrement de la tranche, tandis que les *habit cloths,* les *medium cloths* et les draps fins ont des *wrappers* aussi riches qu'éclatans, couverts d'ornemens sur la face supérieure.

Les décors ordinaires pour *spanish stripes* sont les suivans :

Enveloppe en calicot noir lustré, ayant sur le recouvrement de la tranche des lisières un décor imprimé large de 33 centimètres et haut de 10 centimètres. Le dessin est grossier et sans goût : c'est un encadrement de festons et de guirlandes ; au milieu se trouve un dragon vert entre deux colonnes jaunes, et au-dessous un cartouche avec la marque B. G. et S., l'indication exacte de l'aunage (en yards) et de la couleur (en anglais). Les pièces sous cette toilette ont 81 centimètres sur 33 centimètres et 45 millimètres de haut, et sont vendues par la maison Wetmore et Cie.

Wrapper en calicot noir ou rouge brun ciré ; l'ornement imprimé ne se trouve également que sur le recouvrement de devant. On y remarque deux écussons blasonnés, et au milieu, entre deux dragons verts, la marque de la manufacture (H. H. et L.). La pièce mesure 78 sur 35 centimètres, et a 8 centimètres d'épaisseur ; elle est consignée à Dent et Cie.

Dans d'autres, au lieu de cette marque est un cartouche avec trois oiseaux, et au-dessous est écrit sur un ruban flottant le nom de *J. & P. Pearse, London.* On les trouve chez Dent et Cie, et ils ont 80 centimètres sur 34 centimètres et 10 centimètres de haut.

Il y a aussi beaucoup de pièces qui sont recouvertes d'une enveloppe en jaconas léger noir et glacé ; la tranche de devant est ornée d'une vignette sur papier gravée et coloriée. Le fond est verni argent ; le dessin est sans intérêt. Au centre, dans un champ ovale, un éléphant chargé d'un pavillon indien ; autour, des acanthes et des roses entrelacées ; au-dessous, la légende : *Best superfine ;* le numéro d'ordre est à gauche, et l'aunage à droite. Les lisières sont fixées avec des cordonnets de bourre de soie ou de fil blanc très brillant. Dimensions de la pièce : 79 centimètres, 34 centimètres et 5 centimètres (1).

Tous les décors ont à peu près la même apparence, parce que les fabricans cherchent à reproduire le plus possible l'effet des toilettes qui portent les marques favorites. Nous avons consulté plusieurs négocians américains et chinois à l'effet de savoir ce qu'il convenait de faire en France à cet égard, et nous croyons devoir conseiller *l'imitation intelligente* des enveloppes anglaises. Il convient de conserver la disposition générale du dessin, mais d'adopter un modèle nouveau ; il faut que les couleurs soient éclatantes et l'ensemble de bon goût. Nous recommandons de ne recouvrir de la toilette qui sera adoptée que des

(1) La marque B. G et S (Wetmore et Cie) est la plus estimée, et celle H. H et L (Dent et Cie) est préférée à celle de J. et P. Pearse.

étoffes non-seulement fabriquées conformément aux exigences chinoises, mais réussies et mesurant réellement le nombre de mètres ou de yards mentionné sur le plomb. « La qualité supérieure de nos draps, écrivait en 1821 Sir G.-T. Staunton (1), semble être généralement reconnue; mais ce qui peut-être a contribué plus que tout autre mérite à leur assurer un accueil favorable dans l'intérieur de la Chine, c'est le soin particulier et l'attention incessante de la Compagnie des Indes à empêcher l'emballage et l'envoi des pièces défectueuses, inférieures en qualité ou irrégulières, dans les toilettes adoptées par elle et dans les balles sortant de ses magasins. Sous ce rapport, *la Compagnie a pleinement réussi,* et elle a obtenu l'estime et la confiance des Chinois à un degré sans exemple. Il est notoire que la marque et les étiquettes de la Compagnie sont maintenant admises, dans presque toutes les parties du vaste empire de Chine, comme une garantie si certaine de la quantité et de la qualité de l'article qu'elles couvrent, que l'on juge inutiles un examen et une vérification préliminaires. » Cette confiance accordée à la Compagnie peut être acquise par tout expéditeur qui ne livrera jamais sous sa marque que des produits bons et loyaux.

Les marchandises françaises, nous ne saurions le dire trop hautement, ont eu jusque dans ces dernières années un mauvais renom en Chine. Déjà, en 1790, Blancard disait : « Les draps français ont perdu de leur réputation à la Chine, *à cause de la mauvaise qualité de ceux que nous y avons portés.* Ce discrédit déshonore nos manufactures, leur enlève un débouché important et donne beaucoup de peines aux subrécargues. C'est ainsi que la cupidité de quelques particuliers nuit essentiellement à l'État (2). » Depuis 1790, la France a fait en Chine des expéditions de draps assez fréquentes, et, à une certaine époque, assez importantes. Tout le monde connaît l'erreur commise dans la désignation de la largeur, qui déprécia quelques-uns des assortimens envoyés, il y a environ 20 ans, à Canton. Ce fait regrettable a été exagéré, mais il n'est malheureusement que trop vrai qu'il discrédita les draps français pendant quelque temps. Ceux qui avaient été envoyés alors n'avaient que 60 pouces anglais (1 mèt. 524 m.) avec lisières, et la qualité pouvait correspondre à celle des *spanish stripes supra* actuels. Nous nous occuperons plus loin des dernières affaires en lainages engagées en Chine et réalisées avec plus ou moins de profit, mais nous devons dire ici que les négocians de la rue *Ta-thong* sont, grâce à la beauté des draps de MM. Randoing d'Abbeville, Bertèche, Bonjean jeune et Chesnon de Sedan, et Renard des Andelys, favorablement disposés à accueillir ceux que nous leur enverrons désormais. Ces précédens fâcheux dont nous parlions tout à l'heure commencent du reste à s'effacer, la réputation des lainages français est relevée, et l'examen attentif de nos échantillons par la plupart des grands marchands cantonnais les a convaincus de la supériorité de notre industrie.

En résumé, nous insistons pour qu'une toilette et une marque spéciales soient adoptées par les expéditeurs français, et pour qu'elles ne recouvrent et ne garantissent que des marchandises régulières, bonnes et réussies.

---

(1) *Miscellaneous notices relating to China*, 1822, pag. 165.
(2) *Manuel du Commerce des Indes et de la Chine*, pag. 410.

Emballage. — Les pièces étant renfermées dans les toilettes, et celles-ci étant fermées au moyen de cordonnets ou de rubans placés à égale distance, on les réunit par six pour composer un ballot ou *truss*, puis quatre ballots forment une balle ou *bale*. Chaque ballot et chaque balle ne doivent contenir que des pièces de la même couleur.

Chaque ballot reçoit les enveloppes suivantes :

1° Un empaquetage en papier gris fort, ou mieux en papier brun goudronné ;

2° Une enveloppe en toile grise ;

3° Une toile grasse goudronnée, ou *tarpawling* ;

4° Une grosse toile grise.

Cette dernière porte sur le devant la marque de la balle, dont voici un modèle pris sur une balle de *broad-cloth* :

Il arrive beaucoup de ballots qui n'ont pas un emballage aussi complet ; ils sont simplement empaquetés avec du fort papier goudronné et recouverts d'une bonne toile écrue, espèce de toile à voile qui peut résister à l'usure et aux accidens.

Nous avons dit que quatre ballots forment une balle ; il faut ajouter que le plus souvent on expédie de préférence par ballots de six pièces ; c'est plus commode pour la vente et il est plus facile ainsi de modifier les assortimens.

Quant au volume, il y a lieu de le déterminer, afin d'évaluer le nombre de pièces contenues dans le tonneau d'encombrement anglais ou français. Plusieurs pièces mesurées sous leurs enveloppes ont été reconnues avoir en moyenne une longueur de 80 centimètres, une largeur de 34 centimètres, et une hauteur de 7 centimètres ; elles auraient donc un volume de 19 décimètres cubes, et, à ce compte, il en entrerait 75 1/2 dans le tonneau de 1 mètre cube 44. D'autre part, un ballot de 6 pièces a été cubé chez Tchan-tching ; il avait 81 centimètres de long, 30 centimètres de large, et 32 centimètres de haut, c'est-à-dire un volume de 78 décimètres cubes. Le tonneau contiendrait, en conséquence, 18 ballots 1/2, ou 111 pièces. Cette différence ne surprendra pas, si l'on considère que, dans le ballot, les pièces sont fortement pressées et cordées.

Nous ferons observer en terminant que les marchands chinois des ports du Nord attachent beaucoup moins d'importance que ceux de Canton aux lisières, aux chefs, aux marques et aux toilettes.

DRAPS LÉGERS, DITS LADIES' CLOTHS *ET* HABIT CLOTHS.

Le *ladies' cloth* et l'*habit cloth* sont une seule et même qualité de drap léger et différent principalement dans la destination et par conséquent dans la couleur. Le drap qui doit être porté par les dames est teint en nuances claires, en écarlate, en bleu gentiane, en rose et en vert pomme. L'*habit cloth*, qui n'est, à vrai dire, qu'un *spanish stripe* supérieur, qu'un genre intermédiaire entre le *striped lists supra* et le *medium cloth*, est employé pour les vêtemens des classes aisées et demandé en bleu foncé, en pensée, en noir, etc. Il y a cependant une différence à établir et elle sera parfaitement comprise par les fabricans ; comme le *ladies' cloth* est toujours teint en couleurs claires, il faut que son tissu soit beaucoup plus régulier, fabriqué et apprêté avec plus de soin que celui de l'*habit cloth*. Un drap clair doit être plus couvert et mieux garni que celui qui est foncé ; c'est pour cette raison que la qualité du *drap de dame* est supérieure à celle du *drap d'homme*.

Le *ladies' cloth* n'est qu'une variété de l'*habit cloth*, qui constitue un type distinct dans la série des étoffes drapées convenables pour la Chine.

Longueur. — Les pièces doivent avoir une longueur de 18 à 20 yards (16 mèt. 45 c. à 18 mèt. 28 c.), mais la plupart ont de 22 à 25 yards (20 mèt. 10 c. à 22 mèt. 85 c.).

Largeur. — Il est essentiel que la laize soit de 62 pouces, c'est-à-dire de 157 centimètres 1/2 entre lisières ; plusieurs marchands ont même recommandé qu'elle fût de 63 pouces pleins (160 centimètres).

Voici les largeurs des échantillons rapportés par nous et qui ont figuré à l'Exposition :

			mèt.	c.		mèt.	c.
Ladies' cloth.	vert-pomme........	laize avec lisières	1	60	laize entre lisières	1	56
	rose (*pink*).........	id.	1	63	id.	1	58
	écarlate...........	id.	1	56	id.	1	51
Habit cloth.	bleu *tsang-tsing*..	id.	1	53	id.	1	48
	bleu gentiane......	id.	1	58	id.	1	53
	écarlate...........	id.	1	61	id.	1	55
	pensée............	id.	1	62	id.	1	54

Nous conseillons d'adopter la laize de 162-163 cent., lisières comprises, et 158-159 cent. entre lisières.

Poids. —Il est d'environ 500 grammes par mètre, large de 158 centimètres pleins.

Qualité. — Il y a trois qualités bien distinctes. La première est représentée par les n°s 125, 165 et 172 ; elle est inférieure et devrait être classée parmi les *spanish stripes bons* et même *bons ordinaires ;* il est probable que les marchands auxquels ces échantillons ont été achetés ont fait erreur et qu'ils ont assigné à tort à ces draps très légers le titre d'*habit cloth.* L'*electoral saxony* n° 125 est inférieur, et le *best fine* n° 172 peut seul être assimilé aux draps dont il est ici question. En tout cas, nous recommandons de ne prendre aucun de ces trois *musters* pour modèle.

La deuxième sorte comprend les pièces au chef desquelles est inscrit le mot : *Habit cloth ;* mais il y a parmi elles des différences énormes. Ainsi le n° 139 est incontestablement supérieur au n° 141 ; leur finesse est la même, tous deux ont aux 5 millimètres 9 fils de chaîne et 10-11 coups de trame; mais le n° 139 est en laine plus douce et plus fine, la filature et le tissage sont plus réguliers, le duvet est plus peuplé, plus long et bien couché ; il peluche moins sous le doigt que celui du n° 141, qui laisse la toile trop à découvert. En résumé, le n° 139 est le meilleur type d'*habit cloth* qu'il soit possible de proposer.

La qualité de la troisième catégorie, dans laquelle sont réunis les *ladies' cloths* proprement dits, est plus belle que celle du n° 139, elle est surtout fabriquée en filature plus fine, et l'on compte aux 5 millimètres 9 fils de chaîne et 12 duites dans les uns, et 10 fils et 13 duites dans les autres. Les échantillons 131, 132, 174 et 1123 (1) sont remarquables et doivent être pour nos fabricans des modèles à suivre, à imiter, non pas seulement en vue de l'importation en Chine, mais principalement pour notre consommation, pour celle de l'Espagne et des colonies. Le caractère distinctif de ce genre de draperie est d'avoir une toile close, régulière et nette, un grain à peine couvert par un duvet léger et couché, une grande souplesse, un toucher moelleux et doux. Ce *ladies' cloth* a tous les mérites du *bon spanish stripe*, et n'en diffère que parce qu'il est plus corsé; il serait presque identique à l'*habit cloth*, s'il n'était plus fin et un peu moins garni ; il a une force et une ténacité égales à celles du *medium cloth*, mais il est moins foulé, moins tondu. En un mot, ce n'est pas un drap , c'est une étoffe d'un excellent usage, dont le prix un peu élevé (comparativement à celui du *spanish stripe*) restreint malheureusement la demande et la vente.

Nous n'avons trouvé aucun article français à opposer à ces échantillons de la draperie légère de Leeds ; les genres de MM. Max. Boudin et Gillard, de Beauvais, les Silésies de Reims sont inférieurs, les zéphyrs d'Elbeuf sont trop fins, les cachemires d'Abbeville trop drapés, les draps du sérail de Saint-Chinian et de Saint-Pons laissent trop à désirer sous le rapport de la douceur et de l'apprêt ; en somme , c'est un article avantageux et très joli qui appelle l'attention des manufactures françaises.

Assortimens. — L'assortiment des *habit cloths* se rapproche de celui du *spanish stripe* : on va en juger.

---

(1) Ce sont les négocians chinois eux-mêmes qui ont choisi les échantillons que nous présentons comme les types des divers genres de draps demandés en Chine ; on remarquera classées dans la même catégorie des qualités souvent très différentes : nous n'avons pas voulu rectifier les assimilations originales, et nous conseillons aux fabricans français de se baser sur les moyennes et les comparaisons, et de ne point prendre pour modèle un échantillon seul de chaque série.

DÉSIGNATION des COULEURS.	CANTON.			E-MOUÏ.	TING-HAÏ (île Tchou-san).		CHANG-HAÏ.
	MÉMORANDUM. — 1er février 1842.	REYNVAAN et Cie. — 31 décembre 1844.	KUM-QUA. — 7 septembre 1845.	W. H. MITCHELL. — 25 novembre 1845.	KING-HO. — 9 octobre 1845.		REYNVAAN et Cie. — 31 décembre 1844.
Bleu très foncé (*tsang-tsing*).	»	»	»	»	30	25	»
Bleu mazarin (*paou-lan*)...	20	24	42	5	30	20	30
Pensée.......	30	18	10	40	10	10	10
Noir.........	12	18	24	»	20	15	10
Bleu gentiane.	10	12	18	5	20	20	26
Ecarlate......	20	15	»	20	»	»	5
Bleu clair.....	2	4	4	10	»	»	6
Brun.........	2	3	»	5	2	1	2
Gris cendré...	1	2	2	5	5	5	2
Blanc........	0	»	»	»	5	4	5
Vert.........	1	2	»	5	»	»	2
Jaune........	0	2	»	»	»	»	2
Orange.......	2	»	»	5	»	»	»
	100	100	100	100	122	100	100

Nous n'approuvons aucune de ces combinaisons, et proposons la suivante qui nous paraît satisfaire mieux au goût et aux besoins des Chinois :

	pièces.
Bleu mazarin	10
Id. légèrement pourpré.........	20
Pensée................................	20
Bleu gentiane	20
Noir..................................	12
Ecarlate	10
Bleu clair.............................	4
Brun	2
Gris...................................	2
	100

Pour *ladies' cloth*, les proportions sont plus simples; on peut composer ainsi l'assortiment de 24 pièces :

	pièces.
Bleu.... { mazarin........................	6
Bleu.... { gentiane........................	5
Pensée.................................	5
Ecarlate...............................	3
Noir...................................	3
Rose (*pink*)............................	1
Vert pomme	1
	4

Couleurs. — Les couleurs que nous avons précédemment signalées comme les plus convenables pour *spanish stripes* doivent être adoptées également pour *habit cloths* et *ladies' cloths ;* il est inutile de revenir sur ce sujet. Nous nous bornerons à parler de l'écarlate, du rose et du vert pomme.

Ecarlate. — Le n° 174 doit être préféré à tout autre, malgré sa nuance un peu foncée; à Ning-po, on l'a signalé comme meilleur que celui du n° 139 qui a un peu plus de feu.

Rose. — Les négocians anglais appellent ce rose hortensia *pink*, mot que les marchands cantonnais prononcent *penga.* Il est essentiel qu'il soit un peu vif et très frais; le n° 1123 convient mieux que le n° 1132 (132).

Vert pomme.— Il y a lieu de reprocher à l'échantillon 1157 (131) de n'avoir pas assez de vivacité; en donnant un pied de bleu un peu plus fort, on arrivera à rendre à la teinte la fraîcheur qui lui manque et qu'elle a dû perdre par l'exposition à la lumière.

Lisières. — Il suffit d'un coup d'œil jeté sur les lisières pour distinguer un *habit cloth* ou un *ladies'cloth* d'un *spanish stripe;* car, dans celui-ci, elles sont garnies de trois raies, et, dans les autres, elles sont tout à fait différentes. Les unes, principalement celle des *habit cloths*, sont composées de 26 à 28 gros fils, dont 13 ou 14 sont noirs et les 13 ou 14 autres écarlates, si la pièce est écarlate; — les autres sont noires, poilues et piquetées à cause du passage de la trame, comme celles des *broad cloths.* Les premières ont de 50 à 53 millimètres de large, les secondes ont de 22 à 26 millimètres.

Chefs. — On ne met jamais aux chefs de vignette-décor, c'est-à-dire d'ornemens comme les armes d'Angleterre ou de la Compagnie, des palmes, des lions, des dragons, etc. ; ils sont formés de deux parties, la barbe et la légende. — 1° La barbe est tenante et le plus souvent rapportée ; dans ce dernier cas, on la choisit de préférence blanche, et on la coud avec de la soie. Sa hauteur varie de 7 à 10 centimètres, sa couleur est noire ou blanche ; elle est quelquefois en laine brillante, souvent en poil de chèvre ; il faut qu'elle soit tirée à longs poils, fournie et soyeuse. 2° Au-dessus est l'inscription; celle des *spanish stripes* est à gauche, et n'occupe qu'une largeur de 70 centimètres au plus; celle des *habit* et *ladies'cloths* s'étend d'une lisière à l'autre. Les lettres sont des majuscules anglaises ou romaines, droites ou penchées, hautes de 7 à 8 centimètres 1/2, en papier d'or ou d'argent à gaufrures moirées ou écossaises. Un plomb soudé à l'extrémité droite de la barbe indique l'aunage et le numéro d'ordre.

Toilette. — Les toilettes sont plus ornées que celles des *spanish stripes;* le décor, au lieu de n'être placé que sur la tranche de devant, recouvre toute la face supérieure ; il est imprimé à l'huile à plusieurs couleurs.

L'enveloppe est toujours en calicot fort, teint en noir et lustré ; le décor de la toilette d'une des bonnes qualités de *ladies'cloths* roses, que nous avons vue chez Tchan-tching, est disposé ainsi : sur un fond blanc mat et au milieu d'un encadrement de festons, est un écusson à trois trèfles et trois croissans, surmonté d'un casque et d'une tête de cerf ; sur la légende supérieure est écrit : *John & Thomas William sons*; et sur celle placée plus bas, on lit : *Constare in sententia.... Cleckeaton, near Leeds.* Au-dessous se trouvent un éléphant et un dromadaire. Ce dessin est reproduit en petit sur le recouvrement de la tranche ; le grand décor a 61 centimètres de long sur 36 centimètres de large, et le petit 34 centimètres de large sur 7 centimètres 1/2 de haut. Le *pack* s'ouvre indifféremment à droite ou à gauche et se ferme avec des cordonnets plats roses (1).

Pliage et emballage.—Les mêmes que ceux des *spanish stripes.*

Prix et faits divers. — La consommation des *habit* et *ladies' cloths* est assez restreinte en Chine : on n'en demande à Canton chaque année que 400 ou 500 pièces, dont à peine 200 de draps de dame. A E-mouï, 100 pièces suffiront ; à Ning-po, il ne faut pas en envoyer, celles qui s'y vendent arrivant de Sou-tchou ; à Chang-haï, de 300 à 400 pièces se placeront aisément.

Canton.—L'*habit'cloth* valait, en juillet 1844, de 1 piastre 20 cents à 1 piastre 40 cents ; en mars 1845, de 1 piastre 20 cents à 1 piastre 35 cents; et, en août 1845, son prix a oscillé entre 1 piastre 15 cents et 1 piastre 25 cents le yard (de 6 fr. 92 c. à 7 fr. 52 c.). Le cours du *ladies'cloth* a été toujours supérieur de quelques cents ; ainsi, en mars 1845, il était coté 1 piastre 35 cents ; en avril, il descendait à 1 piastre 25 cents, et se maintint de septembre à décembre entre 1 piastre 25 cents et 1 piastre 40 cents le yard. On peut être assuré de vendre 1 piastre 25 cents et 1 piastre 30 cents toute qualité conforme aux n°s 139, 132 et 174 (2). Le n° 4 de M. Boudin, qui leur est très inférieur, a été évalué à 1 piastre 20 cents le yard au mois d'août 1845, époque où il y avait au moins 15 p. 0/0 de baisse dans le cours. Malgré cette estimation faite par des négocians indigènes très compétens, il est douteux que, pour 5 fr. 50 c. le mètre large de 1 mètre 58 centimètres entre lisières, on fabrique en France un drap aussi beau que ceux qui viennent d'être cités.

Le prix de détail à Canton des *ladies'cloths* roses et verts est de 2 piastres le yard (12 fr. le mètre).

Ting-haï (île Tchou-san). — La pièce de 22 yards (20 mèt. 11 c.) se vend, au dire de King-ho, 32 piastres (176 fr.) en largeur de 63 pouces anglais (1 mètre 60 c.).

Ning-po.—L'*habit cloth* vaut 1 piastre 40 cents le yard en belle qualité.

Chang-haï. — Il y en a à 1 piastre 30 cents, 1 piastre 40 cents et même à 1 piastre 50 cents ; mais ces derniers sont plutôt des *medium*

---

(1) Les diverses toilettes pour *spanish stripes* et *habit cloths* qui ont été décrites, ont été rapportées par nous; elles ont figuré à l'Exposition, et on peut les consulter dans les bureaux de la Direction du Commerce extérieur, au Ministère du commerce. Voir les n°s 304, 305, 306, 307, 308 *bis* et 310 du Catalogue.

(2) Mai 1846 : *Spanish stripes*, de 90 c. à 1 p. 15 c. le yard; *habit cloths*, de 1 p. 10 c. à 1 p. 25 c. (de 6 fr. 62 c. à 7 fr. 52 c. le mètre).—27 janvier 1847 : *habit cloths*, de 1 p. 15 c. à 1 p. 35 c.; 21 avril 1847 : *spanish stripes*, de 1 p. à 1 p. 22 c.; *habit cloths*, de 1 p. 10 c. à 1 p. 25 c.; *ladies' cloths*, de 1 p. 20 c. à 1 p. 35 c.

cloths. L'article courant s'achète, suivant King-wo (6 novembre 1845), 1 piastre 30 cents en argent, et 1 piastre 40 cents le yard (8 fr. 42 c. le mètre) payable en thé.

E-mouï.— Il se vend à un prix moyen de 1 piastre 25 cents le yard, c'est-à-dire 10 cents plus cher que le *spanish stripe*.

HABIT CLOTH *SUPERFIN*.

La qualité de ce drap le rapproche assez du *medium cloth* pour que nous ayons cru devoir l'isoler du précédent, auquel on ne peut vraiment pas l'assimiler. Sa toile est, en effet, parfaitement close et couverte ; elle est foulée, garnie, tondue et traitée comme celle des draps, et la barbe qui termine le chef est semblable à celle des *broad cloths*.

Cet échantillon (n° 173) de couleur bleue *tsang-tsing* a été acheté à Ning-po chez Yuing-tchan : nous ne saurions mieux le comparer qu'à un zéphyr d'Elbeuf ; il est toutefois inférieur, non-seulement au joli article de M. Chennevière, mais aux *habit cloths* précédens. Il est sec et laisse à désirer sous le rapport de la douceur et de la légèreté ; c'est un drap beaucoup trop corsé pour porter le nom d'*habit cloth*, et qui court le risque de se vendre désavantageusement, car si l'on a égard à l'inscription, on n'en offrira que 1 piastre 25 cents ou 1 piastre 35 cents au plus ; si on le présente pour drap fin, il sera déprécié comme insuffisant.

La pièce est longue de 22 yards, la largeur est de 153 centimètres, lisières comprises, et de 148 centimètres entre lisières ; celles-ci, larges de 2 centimètres 1/2, sont de même couleur que le drap et tirées à poils. Le chef se compose d'une barbe en poils de chèvre longs et soyeux ; la hauteur de cette barbe est de 14 centimètres, et trois bandes de couleurs différentes la divisent inégalement : la première, jaune clair, a 5 centimètres ; la deuxième, blanche, 6 centimètres ; et la troisième, bleu clair, 3 centimètres. Au-dessus est appliqué le mot *habit cloth*, en lettres majuscules anglaises, hautes de 8 centimètres, et découpées en papier d'argent à gaufrures de fantaisie. Le numéro d'ordre est marqué en fil bleu sur la lisière gauche de l'envers ; il est répété sur un plomb placé à l'extrémité droite de la barbe.

MEDIUM CLOTHS.

La consommation du *medium cloth* n'est pas beaucoup plus considérable que celle des précédens ; on ne peut l'évaluer pour Canton qu'à 600 pièces et qu'à 300 pièces pour les autres ports.

Le *medium cloth* est une étoffe qui tient le milieu entre l'*habit cloth* et le *broad cloth* ; il est bien difficile de déterminer exactement le degré de finesse et de bonté qui caractérise ces deux types ; les limites sont très incertaines, et c'est pourquoi l'on désigne sous le nom de drap moyen, *medium cloth*, tout lainage drapé supérieur au *spanish stripe*, au *ladies' cloth*, etc., et inférieur aux comptes fins de Leeds. Ainsi, le cachemire de M. Randoing d'Abbeville, le zéphyr n° 267 de M. Chennevière d'Elbeuf, le n° 5 de Beauvais, sont des *medium cloths* ; le Silésie n° 165 de Reims peut être considéré comme un bon échantillon de cet article et, comme tel, serait payé 1 piastre 45 cents le yard.

Les pièces sont d'une longueur de 22 à 25 yards (de 20 mèt. 10 c. à 22 mèt. 85 c.); leur largeur est de 63 pouces anglais, c'est-à-dire de 1 mèt. 60 c. entre lisières. Leurs couleurs sont celles des *broad cloths* (voir plus loin); mais l'assortiment diffère quelque peu.

DÉSIGNATION des COULEURS.	CANTON.						CHANG-HAÏ.	
	TCHAN-TCHING. — 10 décembre 1844.		REYNVAAN et Cie. — 31 décembre 1844.	YOU-LONG. 24 décembre 1844.	YOU-LONG. 14 août 1845.	KUM-QUA. — 7 septembre 1845.	FOX, RAWSON et Cie. — Novembre 1845.	
Bleu foncé....	60	60	60	48	36	60	3	3
Noir.........	10	10	10	18	18	24	1	1
Bleu gentiane.	20	20	20	18	12	16	»	1
Pensée.......	3	5	»	12	18	»	1	1
Bleu clair.....	2	5	10	»	»	»	»	»
Ecarlate......	1	1	»	»	12	»	»	»
Brun.........	2	2	»	»	4	»	»	»
Gris clair.....	2	2	»	4	»	»	»	»
Blanc........	»	»	»	»	»	»	1	»
	100	105	100	100	100	100	6	6.

Qualité. — Les *medium cloths* sont assez rares dans les divers ports de Chine, et comme on les confond généralement avec les autres draps, on conçoit qu'il soit difficile d'en obtenir un grand nombre d'échantillons authentiques; nous n'avons pu en réunir que 1 douzaine.

Le n° 1074 a été vendu à Canton comme *medium* 1 piastre 35 cents le yard (8 fr. 12 c. le mètre); c'est un *spanish stripe ordinaire* corsé, et un genre que l'on ne doit pas imiter.

Le n° 1075, payé à Canton 1 piastre 40 cents le yard (8 fr. 42 c. le mètre), est un drap assez commun, qui n'est pas réussi et qu'il n'y a pas lieu de recommander.

Les n°s 1068, 1102 et 1196 représentent le *medium* le plus inférieur, c'est-à-dire celui qui a le plus d'analogie avec l'*habit cloth*, et qui est le premier degré de la transition entre celui-ci et les comptes fins. Il est clos, couvert, mais à peine foulé, un peu sec et commun; MM. Fox, Rawson et Cie ont soldé cette partie à 1 piastre 50 cents le yard (9 fr. 02 c. le mètre).

Cette même maison nous a remis le carnet d'échantillons d'une des balles de vrai *medium* importées à Chang-haï et vendues par elle 2 piastres le yard (12 fr. 03 c. le mètre) : elles étaient composées de 3 pièces de bleu de roi, 1 de pensée foncé, 1 de noir-noir et 1 de blanc; cette dernière pièce peut être remplacée, quand cette couleur n'est pas rare sur la place, par du bleu gentiane. Les nos 1085 *bis* et 1086 de ce carnet doivent être regardés comme des types d'une bonne qualité, préférable même à celle de plusieurs *broad cloths*, si, dans les tons clairs, elle n'était pas si découverte et si son grain était un peu moins rond.

Les n$^{os.}$ 1087 et 1205 sont aussi d'excellens *medium* remis par A-lum comme modèles; mais nous ferons observer qu'il est inutile de livrer une étoffe aussi corsée; il convient mieux d'adopter pour type du *medium* les zéphyrs d'Elbeuf et les Silésies fins de Reims, le n° 165, par exemple. En s'attachant à leur donner l'apparence d'un drap proprement dit, un grain sablé, un duvet peuplé, court et bien couché, un toucher doux, on sera certain d'une vente avantageuse; nous avons toujours entendu reprocher aux *medium* forts, comme le n° 1087, de n'avoir pas assez de souplesse, de légèreté ni de douceur.

En résumé, si nous avions des types à proposer, nous conseillerions de prendre pour modèles du genre superfin le drap cachemire de M. Randoing; du *middle*, le zéphyr n° 269 de M. Chennevière, et de l'ordinaire, le Silésie n° 165 de Reims. C'est notre devoir de donner ces avis; mais nous ferons remarquer que la demande est si peu importante qu'il n'y a pas espoir d'être indemnisé, par des ventes assez nombreuses et assez avantageuses, des essais que l'on pourrait faire. Il ne faut pas suivre à la lettre les recommandations des négocians, et quand on fera une expédition de drap en Chine, on devra tout simplement donner ordre au consignataire de décider, sur le vu des carnets, s'il n'y a pas lieu d'affecter le nom de *medium* aux *spanish stripes* et aux *habit cloths* supérieurs, ou aux *broad cloths* inférieurs que l'on aurait pu envoyer. Il n'y a guère à Leeds que B. Gott qui fabrique spécialement cet article.

Le n° 1107 (183 de l'exposition) sort de sa fabrique; on fera aisément en France beaucoup mieux que cela quand on voudra et très probablement à prix égal. Ce drap a été acheté par You-long 2 piastres 75 cents le yard (16 fr. 55 c. le mètre) et est vendu en détail 3 piastres 50 cents (21 fr. 05 c. le mètre); on l'appelle en cantonnais *i-tcheuk-ta-ni;* sa largeur est de 156 centimètres entre lisières; celle des lisières est de 25 millimètres; la barbe est haute de 18 centimètres. On écoule aisément à Canton 100 pièces de cette qualité, mais à la marque de Gott.

Le n° 1022 est un *medium* qui, à coup sûr, n'est pas anglais; il a, aux 5 millimètres, 12 fils de chaîne et 16 duites, tandis qu'à Leeds on n'établit cette étoffe qu'en 10 fils et 12 duites. Il est teint en une couleur que l'on a présentée comme pensée (*purple*) et qui n'est qu'un violet faux et terne; c'est ce défaut qui l'a déprécié, car au lieu d'obtenir 1 piastre 30 cents ou 1 piastre 40 cents, il n'a trouvé acheteur qu'à 1 piastre le yard (6 fr. 02 c. le mètre) en juillet 1844.

Prix. — Dans ce même mois de juillet 1844, le *medium* courant était coté à Canton 2 piastres le yard (12 fr. 03 c. le mètre) en moyenne; en mars 1845, il valait de 2 piastres à 2 piastres 20 cents (de 12 fr. 03 c. à 13 fr. 23 c. le mètre); le cours a fléchi en avril; plusieurs achats ont été faits à 1 piastre 80 cents (10 fr. 83 c. le mètre), et on n'a payé aucun assortiment plus de 2 piastres 05 cents (12 fr. 33 c. le mètre). Si l'on se reporte aux cotes des journaux anglais de Hong-kong de juillet à décembre 1845, on verra que le cours de cet article varie de 1 piastre 60 cents à 2 piastres 40 cents, c'est-à-dire de 9 fr. 63 c. à 14 fr. 44 c. le mètre. Nous n'ajoutons pas foi à ces indications; nous nous sommes assuré qu'au mois de juillet 1845, le *medium* ne valait réellement que 1 piastre 35 cents et 1 piastre 40 cents le yard (8 fr. 12 c. et 8 fr. 42 c. le mètre); et le drap qui, désigné sous ce nom, était en réalité un *broad cloth* ordinaire, ne se payait que 2 piastres 20 cents (13 fr. 23 c.

le mètre) au plus. A la fin d'août, la hausse ne fut que de 10 cents (60 centimes par mètre) et la moyenne des transactions était, à cette époque, au taux de 1 piastre 60 cents (9 fr. 63 c. le mètre). En mai 1846, il y a eu une légère baisse ; le prix du premier choix n'a été que de 1 piastre 80 cents (10 fr. 83 c. le mètre) et le cours moyen de 1 piastre 55 cents (9 fr. 33 c. le mètre). Enfin, à la fin de janvier 1847, il descendit à 1 piastre 50 cents (9 fr. 02 c. le mètre) pour les qualités ordinaires, et à 1 piastre 75 cents (10 fr. 53 c. le mètre) pour les superfines, à peu près comme en août 1845 (1).

A Chang-haï, les prix sont aussi variables; ils dépendent naturellement des qualités et surtout du *stock* et des circonstances : on en a vu traiter à raison de 1 piastre 50 cents (9 fr. 02 c. le mètre), de 1 piastre 80 cents (10 fr. 83 c. le mètre), et de 2 piastres (12 fr. 03 c. le mètre). King-wo a déclaré que le cours moyen est de 1 piastre 60 cents le yard (9 fr. 63 c. le mètre) en argent, et de 1 piastre 80 cents le yard (10 fr. 83 c. le mètre) payable en thé.

Lisières et chefs. — Il n'y a à présenter à ce sujet aucune observation particulière ; nous renvoyons à ce que nous dirons au chapitre des *broad cloths.*

Pliage, toilette et emballage. — Nous n'avons aucune recommandation spéciale à faire sur le pliage et l'emballage. Quant à la toilette, quelques indications suffiront : le *wrapper* porte un décor semblable à celui qui recouvre les *broad cloths;* nous le décrirons plus loin; les seules différences sont dans la dimension du décor, qui est haut de 91 centimètres et large de 41 centimètres, et dans la légende. Au lieu de la désignation de drap fin, on lit *medium cloth;* puis, comme aux autres : *Benjamin Gott* & *sons*, *Leeds*, et, au-dessous, le numéro d'ordre, l'aunage (de 22 à 24 yards) et le nom de la couleur.

BROAD CLOTHS, *DRAPS MI-FINS ET FINS, ANGLAIS ET ALLEMANDS.*

Le mot *broad cloth* n'implique pas seulement l'idée d'une étoffe large; il désigne spécialement tout drap fin et fort, analogue, par exemple, à notre article de Sedan, de Louviers et d'Elbeuf. Les Chinois réservent également pour ces tissus (2) le nom de *ta-ni* (grand drap), par opposition à celui de *siao-ni* (petit drap), appliqué aux *spanish stripes* et aux casimirs.

La longueur préférable est celle de 23 à 25 yards (de 21 mèt. 02 c. à 23 mèt. 85 c.). Quant à la largeur, il faut remarquer qu'elle doit être d'autant plus grande que la qualité est plus belle. Ainsi le *spanish stripe* a une laize de 1 mètre 57 centimètres entre lisières, l'*habit cloth* et le *ladies' cloth*, 1 mètre 59 centimètres ; le *medium cloth*, 1 mètre 60 centimètres ; enfin, le *broad cloth* doit mesurer, entre lisières, au moins 1 mètre 60 centimètres, ordinairement 1 mètre 62 centimètres,

---

(1) En décembre 1844, un négociant américain, M. King, nous a montré à Canton, des *medium* allemands revenant à 2 pi. 50 c. le yard (15 fr. 04 c. le mètre), et dont on ne pouvait tirer alors que 1 pi. 80 c. (10 fr. 83 c. le mètre), parce qu'ils n'avaient que 59 pouces (1 m. 50 c.) entre lisières ; et des *medium* anglais du prix de 4 piastres (24 francs le mètre), dont la cherté rendait la vente impossible.

(2) On les appelle à Canton *ki-tao-ta-ni*, *ki-tao-i-tcheuk-ni* et *ki-tao-ta-jong.*

et plusieurs négocians, A-lum et King-ho, entre autres, réclament 1 mètre 62 centimètres 1/2 à 1 mètre 65 centimètres.

Six échantillons ont été mesurés par nous; voici quelles sont leurs dimensions :

	Largeur avec lisières.	Largeur entre lisières.
	mèt. c.	mèt. c.
Bleu foncé	1 63	1 56
Id	1 64	1 57
Id	1 66	1 60
Id	1 67	1 58
Id	» »	1 61
Bleu gentiane	1 70	1 64
En moyenne	1 66	1 60 (1).

ASSORTIMENT.

TION … JRS.	CANTON.									TING-HAÏ (Tchou-san). — King-ho. — 9 octobre 1845.	NING-PO. — Yuing-tchan. — 13 octbre 1845.	CHANG-HAÏ. — Reynvaan et Cie. — 31 décbre 1844.
	Memorandum du 1er février 1842.	Tchan-tching. — 10 décbre 1844.	You-long. — 24 décbre 1844.	Reynvaan et Cie. — 31 décbre 1844.	Renseignement recueilli auprès d'un négociant de Manille (2). — 4 juillet 1845	You-long. — 14 août 1845.	You-long. — 18 août 1845.	Cheng-tcheun. — 27 août 1845.	Ap-hing. — 7 septbre 1845.			
cé....	55	60	24	60	45	48	30	65	42	50	40	35
......	10	10	12	10	15	24	12	10	24	15	50	10
tiane.	6	20	6	20	12	12	12	20	18	20	10	35
......	25	4	5	»	12	12	6	»	10	10	»	10
ir....	»	2	»	10	6	»	»	5	4	»	»	10
......	2	1	»	»	6	2	»	»	»	1	»	»
......	»	2	3	»	6	2	»	»	2	4	»	»
......	2	1	»	»	»	»	»	»	»	»	»	»
ux....	100	100	48	100	102	100	60	100	100	100	100	100

(1) Ces échantillons ont été mesurés récemment; il est donc essentiel de tenir compte du retrait du drap durant les trois ou quatre ans qui se sont écoulés depuis sa fabrication.

Observation importante. — On lit dans le *Manuel* de M. de Montigny (Chine et Indo-Chine, *Faits commerciaux*, n° 10), pages 262 et 263, que la largeur, en dedans des lisières, du *spanish stripe* est de 62 ou 63 pouces anglais = de 1 mèt. 35 c. à 1 mèt. 375 m.; de l'*habit* ou du *ladies' cloth*, de 62 ou 63 pouces anglais = de 1 mèt. 35 c. à 1 mèt. 375 m.; du *broad cloth*, de 63 pouces anglais = de 1 mèt. 375 m.

Il y a eu là erreur de conversion ; il faut lire 1 mèt. 57 c. 1/2 au lieu de 1 mèt. 35 c., et 1 mèt. 60 c. au lieu de 1 mèt. 375 m.

(2) Cet assortiment émane, sans aucun doute, de MM. Reynvaan et Cie, qui l'auront transmis à Manille au négociant de qui nous le tenons; il remonte à coup sûr à une époque un peu reculée, à quatre ans environ, car il ne valait rien en 1845 et ne convient nullement aujourd'hui. Nous engageons donc à ne pas avoir égard aux proportions de brun, de gris et de bleu clair qu'il donne.

M. Tastet recommande l'envoi de :

Bleu....	de roi	40 pièces.
	anglais	30
	barbeau	10
Pensée très vif		20
		100

C'est à peu près dans cette proportion qu'ont été exportés pour la Chine, dans ces dernières années, les draps de qualité moyenne d'Abbeville, de Sedan, etc.

Nous préférons la combinaison suivante :

Bleu....	foncé	55 pièces.
	gentiane	20
Noir		15
Pensée riche		10
		100

Couleurs. — Bleu foncé. — Celui des n°s 1111 et 1112 est le plus convenable ; le n° 181, un peu plus foncé, et le n° 1078, plus clair, plairaient moins aux acheteurs. S'il arrivait que l'on demandât les deux ou trois nuances de bleu foncé, le *tsang-tsing*, le *paou-lan* et le *mazarine blue*, il faudrait, sur 55 pièces, par exemple : 5 pièces du n° 181, 40 pièces des n°s 1080 ou 1112, et 10 pièces du n° 1078 ou du n° 1093.

Bleu gentiane.—On peut choisir indifféremment le n° 1049 (189 *bis*) ou le n° 1052 ; le premier est peut-être d'une nuance plus estimée.

Noir. — Les n°s 1186 et 1187, et de préférence les beaux noirs de Sedan, doivent être pris pour modèles.

Pensée. — Le n° 1086 est très satisfaisant ; la nuance que nous conseillons, si le n° 1086 semblait trop bleuté, serait celle des n°s 1018, 1026 et 1027.

Bleu clair. — Nous n'engageons pas à adopter pour les *broad cloths* le vrai *tsing-lan ;* il vaut mieux foncer la couleur du bleu gentiane et se guider d'après le n° 1055 (142).

Brun.— Nous n'avons jamais pu voir durant notre séjour une seule pièce de *broad cloth* brun, c'est pourquoi nous n'osons pas décider s'il faut teindre en grenat, en marron ou en aventurine. Notre avis est qu'il n'y a pas lieu de mettre l'une ou l'autre de ces nuances dans un assortiment.

Gris. — Le n° 1132 est celui que nous recommandons principalement.

Écarlate. — *Tchan-tching* est le seul négociant chinois qui ait, par inadvertance peut-être, demandé une pièce d'écarlate, et plusieurs expéditeurs français (1) ont admis comme essentielle la présence de cette couleur dans un assortiment de draps mi-fins ou fins. Dans une note sur

(1) M. Tastet est aussi d'avis de ne pas mettre d'écarlate dans les parties de draps fins.

les marchandises convenables pour la Chine, on a conseillé d'en expédier et l'on a invoqué l'autorité de Barrow, qui aurait vu exposés en vente à Hang-tchou des *broad cloths*, principalement *bleus et écarlates*, employés pour surtouts d'hiver, housses et coussins de siéges, tapis, etc. La citation est exacte ; mais, dans ce passage, *broad cloth* signifie simplement drap large. A l'époque de l'ambassade Macartney, l'Angleterre expédiait des espèces de londrins, et c'est évidemment de ces draps dont on se servait pour garnir des chaises et recouvrir des meubles et des planchers. Nous déconseillons formellement l'envoi de *broad cloth* écarlate.

Qualité et prix. — Le n° 1049 (181 *bis*) est le meilleur *broad cloth* anglais que nous ayons trouvé en Chine ; nous l'avons acheté à Canton, en détail, 4 piastres 20 cents le yard (25 fr. 27 c. le mètre), large de 1 mètre 64 c. entre lisières. Il a coûté au marchand 2 piastres 80 cents (16 fr. 80 c. le mètre) au plus ; ce qui suppose une valeur de 12 fr. 60 c. Le drap de Chine de M. Randoing, à 13 fr. 25 c. le mètre en 155 centimètres, est supérieur en qualité, mais moins apparent.

Le n° 1112 (184) est sans doute moins beau et moins fin que le précédent, mais son prix est moins élevé, car il a été vendu 2 piastres (12 fr. 03 c. le mètre), et payé au détail 2 piastres 90 cents le yard (17 fr. 45 c. le mètre). Ce que les Chinois lui ont reproché, c'est d'être mal tondu, d'être apprêté avec peu de soin, de ne pas faire la peau; c'est, tout en conservant la légèreté qui est son principal mérite, de n'être pas mieux drapé. Au moment de l'achat de ce n° 1112, nous nous trouvâmes avoir par hasard entre les mains le n° 2 de MM. F. Jourdain et fils de Louviers, du prix de 10 fr. 50 c. le mètre, en 1 mètre 40 c. de large, et Tchan-tching l'a comparé au *Saxony imperial* de Gott, dont il discutait la convenance. La différence entre les deux draps est énorme : le Leeds n'a, aux 5 millimètres, que 9 fils de chaîne et 12-13 duites; le Louviers a 11 fils et 12 duites. Le premier est léger, très souple, moelleux et fin ; le second est serré, corsé et un peu sec ; à celui-là, il manque la perfection du traitement; à celui-ci, l'apparence, la douceur et la légèreté. Le Louviers serait, à la rigueur, un bon modèle de drap russe, mais jamais, tant qu'il sera aussi compact, il ne sera préféré au *broad cloth*.

Le n° 1111 (184 *bis*) est encore de la fabrique de MM. Gott ; il est plus corsé que le n° 1112 ; sa qualité est supérieure, et elle est adoptée comme *extrà superfine*. Ce genre est assez rare sur le marché, à cause de l'élévation de son prix ; il se rapproche des draps de France, et il est probable qu'à prix égal, ceux-ci seraient plus beaux. Au commencement de 1845, ce n° 1111 se détaillait à Canton à raison de 4 piastres 1/2 à 5 piastres le yard (de 27 à 30 fr. le mètre) ; au mois d'août de la même année, il ne valait que 3 piastres 1/2 (21 francs le mètre) ; le prix d'achat pouvait être de 2 piastres 50 cents environ.

Le n° 181 est de vente courante comme extrà-superfin ; cependant il ne vaut pas les trois échantillons déjà mentionnés. Au détail, il se plaçait, en décembre 1844, à 3 piastres 20 cents le yard (19 fr. 25 c. le mètre).

La collection du Ministère du commerce renferme plusieurs autres échantillons ; nous allons signaler ceux qui offrent le plus d'intérêt.

Les n°s 1076 et 1078 sont un peu moins beaux que le n° 1049, la différence est néanmoins très faible. Ce sont d'excellens draps mi-fins; nous ferons remarquer seulement que le prix maximum obtenu pour eux à Canton, en mars 1845, a été de 2 piastres 10 cents le yard, soit de 12 fr. 65 c. le mètre, en 164-166 centimètres de large.

Le n° 1079 de Gott, identique pour la qualité et la nuance au n° 1112 (184), n'a été également vendu, dans ce même mois de mars 1845, que 2 piastres (12 fr. 03 c. le mètre).

Le n° 1080 est un joli drap cachemire dont la finesse, le traitement et la couleur sont aussi satisfaisans que possible; malgré son mérite, il n'a obtenu, au commencement de 1845, que 1 piastre 1/2 (9 fr. 02 c. le mètre).

1 piastre 35 cents le yard (8 fr. 12 c. le mètre), tel a été le prix de vente du n° 1081, en mars 1845 ; la cause de cette énorme dépréciation ne doit pas être attribuée à la qualité, qui mérite, de l'aveu des Chinois, 2 piastres 25 cents le yard (13 fr. 55 c. le mètre), mais au stock considérable de cet article sur les marchés de Macao et de Canton.

Que conclure de ces faits? Que trois genres de *broad cloths* arrivent en Chine ; que tous trois sont d'un écoulement facile (dans une certaine mesure), mais rarement avantageux. 1049 représente le premier choix, 1111 le deuxième, et 1112 le dernier. — Que doivent expédier les manufacturiers français? Y a-t-il pour eux plus d'espoir de succès à imiter le travail de Leeds qu'à apporter dans la fabrication leur perfection habituelle? C'est ce que nous examinerons sommairement dans un des chapitres qui suivent.

Bien qu'il ne faille pas ajouter entièrement foi aux indications des prix courans des journaux anglais de Hong-kong, nous ferons observer, à l'occasion des *broad cloths*, que les cotes qu'ils donnent pour 1844 et 1845, par exemple, ne varient que dans les limites de 1 piastre 3/4 à 2 piastres 1/2 ; il est essentiel que l'on sache bien en France qu'au delà de 2 piastres 1/2, de 3 piastres (18 fr. le mètre) au maximum, il n'y a pas à songer aujourd'hui à placer en Chine une seule pièce de drap. Si l'on déduit de 18 francs 20 à 25 p. 0/0 de frais, on arrive à 14 francs en moyenne pour le mètre large de 164 centimètres environ.—Il ne faut pas s'occuper des prix du détail, car on voit que tel drap, acheté dans *Ta-thong-kaï* 3 ou 4 piastres le yard, n'a réellement coûté que 2 ou 3 piastres. A Ning-po, Yuing-tchan détaillait à 2 piastres 40 cents le yard (14 fr. 50 c. le mètre) des draps électoraux en bleu foncé, et ceux de mêmes origine, valeur et qualité qui étaient teints en pensée ne se vendaient *au détail* que 1 piastre 1/2 (9 fr. le mètre).—A Chang-haï, presque tous les *broad cloths* se soldent à perte : King-wo ne les estime en moyenne qu'à 2 piastres 30 cents le yard (13 fr. 85 c. le mètre) en argent, et 2 piastres 50 cents (15 fr. le mètre) payables en thé; A-lum et M. Dallas en déconseillent l'envoi ; MM. Fox Rawson et Cie recommandent de ne pas compter sur plus de 2 piastres 1/2. Si l'on se fiait aux notes que l'on recueille dans les magasins, on serait tenté d'engager à en envoyer, car on paie les *superfins* 5 piastres et 5 piastres 1/2 dans les boutiques de Chang-haï. Nous avons acheté à ces prix, longuement débattus, des draps de couleur bleu foncé de Reiss frères et de Gott et fils de Leeds. A E-mouï, M. Mitchell ne croit pas que l'on trouve acheteur au-dessus de 2 piastres 25 cents (13 fr. 50 c. le mètre) (1).

---

(1) En avril et mai 1832, lors de leur passage, MM. Lindsay et Gutzlaff ont vu vendre les *broad cloths* superfins de 38 à 42 piastres la pièce.

Les Chinois connaissent depuis longtemps les qualités les plus fines des draps anglais ; on en a douté, et pourtant le fait est historique. Les draps emportés par lord Macartney coûtaient, en Angleterre, de 21 livres sterling 18 shillings 6 deniers à 24 livres sterling 10 shillings la pièce de 17 yards, c'est-à-dire de 36 à 40 francs le mètre. Plus tard, vers 1830, il arriva à Canton des *broad cloths* qui se vendirent de 4 à 5 piastres le tchih, ou 12 piastres le yard (plus de 70 francs le mètre) (1), et enfin, en 1843, il y en avait sur place à 2 et 3 piastres le tchih. Il est bien entendu qu'il ne faut pas envoyer une seule pièce aussi chère.

En résumé, la consommation annuelle des draps mi-fins et fins peut être estimée à 800 pièces au plus dans tout l'Empire : à Chang-haï, 100 pièces par an suffisent ; à E-mouï, 300 à 400 pièces du cachemire de M. Randoing sont d'un placement assuré ; à Ning-po, Yuing-tchan engage à expédier 100 à 200 pièces, mais nous recommandons de n'en pas risquer une seule dans ce port ; à Canton enfin, il faut 60 pièces en qualité semblable à celle du n° 1111, 100 pièces des n°s 1049 et 1112, et 200 pièces de draps français.

Lisières. — *Observation importante.* — Tous les Chinois qui ont examiné les échantillons de draps de France ont été unanimes pour déconseiller les lisières jaunes ; la présence de ces lisières dépréciera *toujours* le drap, et plusieurs évaluations ont été faites avec une réduction de 15 cents (90 centimes par mètre), à cause de ce défaut.

Les lisières que l'on doit préférer sont celles (de Gott) à trois rayures, et le n° 1204 nous a été remis pour montrer la disposition la plus convenable ; la largeur, de 32 millimètres, est également divisée par trois raies, rouge, bleue et jaune.

Celles que l'on remarque ensuite le plus souvent sont, pour la plupart, de la même couleur que la pièce, et quelquefois à cinq et six raies. Voici quelques détails sur les dernières :

N° 181. — Lisière droite = 0 mètre 045 ; lisière gauche = 0 mètre 04. Six rayures en grosse chaîne tirée à longs poils se succédant à partir du bord extérieur : 1° rouge ; 2° blanc ; 3° bleu ; 4° jaune ; 5° rouge, et 6° blanc.

N°s 1112 et 1107. — Largeur de chaque lisière, 30 à 32 millimètres ; elle est en bleu foncé comme la pièce et tirée à longs poils.

N° 1049. — Largeur, de 32 à 36 millimètres ; bleu gentiane comme la pièce et tirée à longs poils, etc. (2).

Chefs. — Ils doivent être aussi ornés et aussi riches que possible, et les échantillons de la collection du Ministère fourniront sur ce point d'excellentes indications. Nous ne décrirons ici que les trois dispositions qui sont le mieux accueillies.

1° N° 1049. — Barbe rapportée, en poils de chèvre longs, fournis et soyeux ; haute de 8 centimètres, divisée en quatre rayettes : la 1re (de

---

(1) Le linguiste A-tchunn se fit faire en ce drap un *ma-koua* qui lui coûta 20 piastres ; il y entrait 4 tchihs de Canton et l'étoffe était large de 4 tchihs (1 m. 50 c. environ) ; ce renseignement confirme le précédent, car il attribue au drap une valeur de 73 fr. le mètre.

Tchan-tching n'a jamais eu de drap plus cher que 4 piastres 1/2 le yard.

(2) Cheng-tcheun a conseillé de rayer de 5 couleurs les lisières et le chef.

4 millimètres), rouge, la 2e (de 16 millimètres) blanche, la 3e (de 14 millimètres) bleue et la 4e (de 46 millimètres) jaune d'or. Au-dessus est placé le décor, long de 61 centimètres et haut de 11 centimètres; c'est une vignette gravée sur papier d'argent gaufré et découpé; elle représente les armes de la Grande-Bretagne, accompagnées du lion, de la licorne, de palmes et de lauriers.

2° N° 1112 (184). — Barbe faisant corps avec la pièce, tramée en laine brillante ou en poil de chèvre, tirée à longs poils, fournie et soyeuse, haute de 18 centimètres et de couleur bleu foncé. L'ornement s'étend sur toute la largeur; il se compose d'un double filet qui encadre les mots *Saxony imperial*, en lettres de 7 centimètres 1/2, faites en papier doré gaufré. A gauche, au-dessus, est inscrit, sur une écharpe à festons, aussi en papier doré, le nom du fabricant : *B. Gott* & *sons*. Le décor entier a 157 centimètres sur 21. Le plomb est soudé à droite; sur sa face supérieure sont deux ailes déployées et une étoile; au revers, le numéro et l'aunage.

3° N° 1111 (184 *bis*). — Barbe tenante, tramée en laine brillante ou en poil de chèvre, tirée à longs poils, fournie et soyeuse, haute de 17 centimètres 1/2, partagée en trois bandes : 6 centimètres de rouge, 5 centimètres 3/4 de bleu clair et 5 centimètres 3/4 de bouton d'or. Le décor de l'endroit du drap est formé par un double filet en papier doré lisse qui encadre les mots *Saxony imperial*, tracés en lettres majuscules anglaises de 88 millimètres, en papier or gravé et découpé. Il a 155 centimètres de long sur 15 centimètres de haut. A l'envers, à 5 centimètres de la lisière et à 3 centimètres de la barbe, est collé un ornement en papier or gravé; il représente un dragon à mi-corps, à droite, les roses, les trèfles et les chardons du Royaume-Uni, et à gauche des rameaux de chêne et de laurier; au-dessous la légende *B. Gott* & *sons*, —de 42 centimètres sur 11. — Plomb à droite.

Pliage. — Le même que celui des *spanish stripes;* il y a peut-être plus de pièces pliées en rouleau qu'en livret.

Toilette. — A Canton, plus encore qu'à Chang-haï, on attache beaucoup d'importance au conditionnement, et l'on ne saurait apporter trop de soin aux ornemens et à la toilette des pièces. Les renseignemens que nous allons communiquer doivent donc être pris en considération; mais ils seront insuffisans si l'on ne consulte pas en même temps les *wrappers* rapportés par nous.

Ils sont tous en calicot ou en jaconas noir et glacé; le décor est imprimé sur la face supérieure, il a de 72 à 82 centimètres de haut et 41 centimètres de large. Le fond est blanc d'argent verni; l'encadrement, à festons et rinceaux de fantaisie, est jaune d'or verni. En haut, le lion et la licorne soutiennent la couronne royale et les écussons aux armes et devises du Royaume-Uni; au milieu, deux écussons blasonnés sont entourés de chardons, de trèfles, de branches de chêne, de rosier et de laurier, et surmontés d'un bélier. Au-dessous se trouvent : 1° l'écusson de la Compagnie des Indes, que supportent deux dragons verts; 2° les légendes: *Domine, dirige nos*, et *Extra superfine cloth;* le numéro d'ordre, l'aunage et la désignation de la couleur. Ces toilettes s'ouvrent ordinairement à droite et sont fermées, de deux côtés, par des ficelles, et à la tranche de devant, par 3 cordonnets noués. Il y a, dans le décor, des changemens insignifians, suivant la fabrique d'où sortent les draps ; ainsi le *wrapper* décrit ci-dessus est une imitation servile de celui de MM. Gott qui, ne recouvrant le plus souvent que de bonnes marchandises, est, par conséquent, plus estimé que tout autre. Au lieu de B. G. et S. sur un des écussons, on a mis G. G., et à *Benjamin Gott & sons, Leeds*, on a substitué *Domine, dirige nos*. — Parmi les *packs* de la collection du Ministère, on en remarquera un ou deux qui diffèrent en tous points. — Des guirlandes de feuilles et de fleurs forment un encadrement de 79 centimètres sur 38 ; en tête, sont, comme d'usage, les armes et les emblèmes nationaux ; mais, au milieu, une étoile octogonale présente, dans le cartouche circulaire du centre, deux ailes déployées et une étoile. Au bas est la légende : *Extra superfine broad cloth. B. B. & C°*. Cette enveloppe s'ouvre à gauche. — Les fonds blancs vernis sont préférés à ceux en blanc mat.

Emballage. — La pièce est introduite dans la toilette, garnie à l'intérieur de papier blanc. Six pièces sont réunies pour former un ballot (*truss*) ; voici de quelles enveloppes il se trouve recouvert : 1° papier gris fort; 2° toile grise ; 3° toile goudronnée (*tarpawling*) ; et 4° toile à voile. Souvent les draps, avec ou sans toilette, sont placés dans des couvertures de laine communes, longues de 1 mètre 75 c. et larges de 1 mètre 22 c. Il y en a deux échantillons (n°s 301 et 302) dans la collection du Ministère. Sur le ballot et sur la balle (composée de 4 ballots) sont marquées la qualité, la couleur et l'origine. Voir la vignette, à la fin de la notice des *spanish stripes*, page 129.

BROAD CLOTHS *RUSSES*.

1. — IMPORTANCE DE L'EXPORTATION DES DRAPS DE RUSSIE EN CHINE PAR KIAKHTA ET TSOUROU-KHAÏTOU.

On trouvera plus loin un aperçu rapide de l'origine, des progrès et des élémens du commerce entre la Russie et la Chine (1) ; il suffit de dire ici que les opérations de Kiakhta sont à peu près limitées au *thé* d'une part, aux *fourrures* et aux *draps* de l'autre ; que, les pelleteries devenant de jour en jour plus rares, les étoffes de laine drapées sont aujourd'hui le seul moyen de commerce des Russes. On sait que les affaires ne s'effectuent dans les deux marchés de Kiakhta et de Tsourou-khaïtou que par voie d'échange simple et direct, et que l'intervention des métaux précieux bruts ou monnayés y est interdite.

Le tableau ci-après a été dressé par nous d'après les états publiés dans les documens officiels russes, le *Chinese Repository* (juin 1845), le *Bombay Times* (décembre 1843), le *British and foreign quarterly Review* (1841), les *Commercial Tariffs and Regulations* de G. Mac Gregor (2e partie, 1843), et les *Avis divers* du Ministère du commerce (1843).

---

(1) Voir, en outre, ce qui a été dit, sur ce commerce, soit dans les divers documens publiés sous le titre RUSSIE, soit dans les précédens documens CHINE, *Faits commerciaux*, principalement dans le n° 319 de la série.

ANNÉES.	DRAPS								TOTAL des Quantités (1)
	RUSSES.			POLONAIS.			PRUSSIENS	d'autres pays.	
	Quantité.		Valeur.	Quantité.		Valeur.	Quantité.	Quantité.	
	pièces de 17m 80	archines.	roub. ass.	pièces de 17m 80	archines.	roub. ass.	archines.	archines.	archines.
1815.......	»	158,465	»	»	»	»	»	375,462	533,927
1816.......	»	174,246	»	»	»	»	»	123,584	297,830
1817.......	»	327,253	»	»	»	»	»	66,133	393,386
1818.......	»	313,064	»	»	»	»	446,924	41,637	801,625
1819.......	»	90,423	»	»	»	»	833,597	5,474	929,494
1820.......	»	66,640	»	»	»	»	841,515	8,463	916,618
1821.......	»	Inconnu.	»	»	»	»	855,875	»	855,875
1822.......	»	id.	»	»	»	»	305,620	3,781	309,401
1823.......	»	19,711	22,934	»	»	»	479,280	7,668	506,659
1824.......	»	97,398	347,934	»	»	»	186,900	»	284,298
1825.......	»	2,438	114,432	»	3,516	8,741	292,311	2,659	300,924
1826.......	»	92,329	173,135	»	155,603	15,322	224,364	8,648	480,944
1827.......	»	134,706	367,928	»	334,021	156,234	9,155	1,417	479,299
1828.......	»	228,418	638,483	»	475,301	332,863	4,837	1,673	710,229
1829.......	»	297,743	724,376	»	515,329	824,803	574	1,124	814,770
1830.......	»	144,441	367,615	»	468,879	1,024,463	735	385	614,440
1831.......	»	138,724	374,214	»	637,875	958,980	»	»	776,599
1832.......	»	493,720	1,204,513	»	144,493	1,070,494	»	448	638,661
1833.......	18,305	447,176	1,198,890	13,305	325,040	1,385,340	»	45	772,261
1834.......	22,755	555,876	1,413,286	10,122	247,256	360,312	»	»	803,132
1835.......	29,442	719,221	1,794,974	8,445	206,301	801,531	»	102	925,624
1836.......	37,822	923,936	2,281,859	7,430	181,519	567,653	»	28	1,105,483
1837.......	32,333	789,853	1,798,570	1,089	26,625	466,950	»	81	816,559
			roub. arg.						
1838.......	39,510	965,193	801,497	30 ½	738	372,780	»	81	966,012
1839.......	49,880	1,218,574	984,200	»	615	37,840	»	»	1,219,189
1840.......	50,806	1,241,133	984,404	»	»	»	»	»	1,241,133
1841.......	63,470	1,550,477	1,282,401	»	»	»	»	»	1,550,477
1842.......	»	1,542,282	3,219,311	»	»	»	»	»	1,542,282
						roub. arg.			
1843.......	»	928,321	1,830,812	»	2,111	2,756	»	»	930,432
1844.......	»	1,324,176	2,600,500	»	»	»	»	»	1,324,176
1845.......	»	1,525,155	2,908,613	»	»	»	»	»	1,525,155

2. — OBSERVATIONS GÉNÉRALES.

C'est un des faits de l'étude commerciale du marché de Canton les plus féconds en renseignemens et les plus intéressans, que la présence de draps russes sur les rayons du magasin de Tchan-tching, de la rue *Ta-*

(1) C'est le total des quantités inscrites sur ce tableau, et non le total réel et absolu : on voit, en effet, qu'il y a des lacunes dans quelques années.

thong, et dans le *hong* d'Ap-hing, l'un des associés de Pwan-tss'-ching. Il est étrange, en effet, de rencontrer à l'extrémité la plus méridionale de l'empire de Chine un article de vente exceptionnelle, fabriqué à Moscou, vendu à Nijni-Novgorod et échangé à Kiakhta ; et nous avons remarqué avec surprise le singulier désir des Chinois de vouloir le faire entrer en concurrence avec les *broad cloths* anglais, en dépit du climat et de la supériorité des draps rivaux.

Notre séjour à Canton, durant la saison d'hiver 1844-1845, nous a permis de constater combien la consommation en est restreinte et de remarquer quels en sont les amateurs. Il n'y a guère que les mandchous, officiers civils et militaires, qui achètent le drap russe ; ils en étaient vêtus habituellement dans le Nord ; ils ont conservé pour lui une certaine prédilection, et le portent en *ma-koua*, en *taï-koua* et en *pô*. Quelques Chinois ont suivi l'exemple des Tartares; mais, en général, ils préfèrent avec raison les *superfine broad cloths* des Anglais à la qualité la plus belle des Russes. Parmi les dignitaires avec lesquels nous nous sommes trouvé, deux seulement, le préfet du Kouang-tchou-fou, Yi-tchan-hoa, et le hoppo Wan-fong étaient revêtus de surtouts de cérémonie en drap russe.

Le commerce russe a atteint rapidement, dans ces dernières années, une si haute importance, qu'il appelle et mérite l'attention sérieuse des négocians, et ceux dont les intérêts sont engagés dans des affaires avec la Chine se sont préoccupés vivement de ces draps russes. Cet article arrive, en effet, aujourd'hui dans les cinq ports ouverts, et lutte partout avec les *broad cloths* anglais, français et allemands, qu'il surpasse en bon marché et en force. Dans les provinces septentrionales, à Chang-haï, à Sou-tchou, à Tièn-tsing, il est maître du marché, accepté depuis longtemps et préféré par la population ; il y est aussi estimé que le *spanish stripe* de Gott l'est à Canton et à E-mouï.

La Russie a fait un pas immense dans les arts manufacturiers durant la première moitié de ce siècle, et l'élan de son industrie peut se mesurer en citant un simple fait.—De 1793 à 1795, elle importait chaque année des draps pour une valeur de 3 millions 978,000 roubles d'argent (15,912,000 fr.), et les seuls lainages dont elle s'occupât alors étaient des draps grossiers pour l'habillement de l'armée. De 1837 à 1839, l'importation cessait presque entièrement ; les fabriques indigènes, favorisées et surexcitées par la protection douanière, alimentaient la consommation de l'Europe et exportaient encore dans l'Orient, et surtout en Chine, des marchandises perfectionnées chaque année. En 1841, leur valeur a dépassé le chiffre de 2 millions 1/2 de roubles d'argent (10 millions de francs).—Ces progrès ont imprimé un développement simultané au commerce, et la Russie qui, en 1800, ne recevait que 2 millions 799,900 livres russes de thé (1,146,279 kilogr.), en traitait en moyenne, de 1837 à 1839, 8 millions 71,880 livres (3,304,628 kilogr.).

Les développemens de la manufacture lainière russe ne sauraient être étudiés et suivis avec trop de soin, et il convient, pour s'en faire une idée, de remonter à leur origine ; cet examen ne nous écarte pas de notre sujet.

Pendant 20 ans environ, la Russie a échangé, à Kiakhta, les lainages de la Pologne, et, en 1841, ils constituaient les 74/100 de l'exportation.

Avant 1830, les draps de la Silésie prussienne jouissaient du privilége du transit par la Russie, et avaient fait connaître assez avantageusement en Chine la manufacture européenne. Ce fait nous a été attesté par feu M. Grübe, conseiller de commerce de Prusse, en mission en Chine, qui espérait voir bientôt ces mêmes articles lutter victorieusement contre leurs similaires russes.

Enfin, postérieurement à 1812, les Anglais expédiaient à Moscou de grandes quantités de draps destinés au marché chinois. L'industrie russe tentait alors de prendre quelque essor, ses essais étaient malheureux, ses ouvriers inhabiles, elle était vassale de l'intelligence étrangère et empruntait à la France et à l'Angleterre leurs élémens d'action productrice, leurs engins de travail et leurs bras les plus actifs. En attendant que ses fabriques pussent produire, la Russie demandait ses draps à Londres, à Leeds, à Liverpool : c'était dans les quinze premières années de ce siècle. Ils coûtaient alors de 17 à 20 shillings le yard, c'est-à-dire de 23 fr. 25 c. à 27 fr. 35 c. le mètre, et la qualité n'eût peut-être pas valu, en 1830, 10 à 12 sh. (13 fr. 70 c. à 16 fr. 40 c.). Au reste, le transit russe fut bientôt fermé aux marchandises anglaises; un ukase du 10 mai 1817 (1) augmenta le droit d'entrée qu'elles avaient à solder, réduisit, en même temps, celui qui frappait les draps prussiens, et ceux-ci les remplacèrent naturellement dans les expéditions à destination de la Mongolie chinoise. La législation, quelques années plus tard, frappait à leur tour les lainages de la Prusse, et la Pologne, se substituant à sa rivale, augmenta sa fabrication et prospéra, jusqu'à ce qu'enfin, en 1838 et 1839, cet écoulement si avantageux lui manqua. Avant la révolution, elle produisait 8 millions d'aunes (2), soit 4 millions 608,000 mètres, d'une valeur de 48 à 52 millions de florins (3) (de 28,800,000 fr. à 31,200,000 fr.); ses importations en Russie et en Chine s'élevaient à 12 ou 13 millions de florins (de 7,200,000 fr. à 7,800,000 fr.); mais le régime douanier russe lui porta des coups successifs dont elle ne put se relever. De 10 centimes environ par aune de 576 millimètres, le droit monta à près de 1 fr. 30 c.; aussi, en 1839, il ne sortait de ses ateliers que 1 million 382,767 aunes (796,474 mètres), évalués à 7 millions 763,000 florins ou 4 millions 658,056 francs. Ce fut vers cette époque que le débouché de la Chine fut constitué en privilége en faveur de la manufacture nationale. Maintenant, l'exportation ne comprend que les produits des fabriques russes; ce sont les seuls échangés à Kiakhta et les seuls d'ailleurs qui y puissent arriver à un prix assez bas pour trouver un placement assuré.

On les fabrique principalement à Moscou.

Nous dirons, en terminant, que la Russie n'a eu la pensée d'importer des draps en Chine que vers 1812; les Anglais et les Américains apportaient alors à Canton des quantités considérables de pelleteries et de fourrures (en 1812, 366,329 pièces; en 1816, 140,355 pièces, etc.), et l'on accueillit naturellement avec moins de faveur à Kiakhta celles qu'y présentaient les Russes. Le tableau suivant donne la mesure de la diminution des affaires en cet article :

---

(1) Cet ukase autorise le transit moyennant un droit de 15 copecks d'argent par archine. L'article 11 de cet édit défend, sous peine de saisie et de confiscation, de laisser en Russie des draps de couleur noire.

(2) L'aune ou lokiec de Pologne est de 0 mètre 576 millimètres.

(3) Le florin à 30 groschen (15 copecks russes) vaut à peu près 60 centimes.

ANNÉES.	PELLETERIES ET FOURRURES IMPORTÉES — A KIAKHTA. — Par les Russes.	A CANTON. — Par les Anglais.	A CANTON. — Par les Américains.
	valeurs en roubles assignation.	pièces.	pièces.
1822	inconnue.	»	277,236
1823	2,264,564	»	79,932
1824	742,679	»	163,329
1825	842,218	26,968	100,794
1826	873,243	25,620	63,958
1827	78,422	6,000	73,575
1828	131,073	»	89,949

Pour suppléer à ce déficit dans le mouvement commercial, on envoya des draps de qualité moyenne fabriqués en Sibérie (1), et ce ne fut que plus tard que l'on songea à imiter en Russie les qualités prussiennes et polonaises dont la vente était, à Kiakhta, avantageuse et facile.

Diversité des qualités de draps. — Il y a plusieurs qualités bien distinctes de draps; on en admet trois ou quatre qui sont mentionnées ainsi dans les documens du Ministère du commerce (2) et dans une notice du *Chinese Repository*.

AVIS DIVERS DU MINISTÈRE DU COMMERCE. — N° 31. — NOMS.	Largeur	Prix moyen du mètre.	N° 114. — NOMS.	Largeur	Prix moyen du mètre.	CHINESE REPOSITORY, 1845, vol. XIV, page 281. — NOMS.	Largeur	Prix moyen du mètre.
Drap de *Mézéresky*........	à l'échantillon.	fr. c. 10 10	Drap *Mézéritsky*..........	mèt. m. 1 645	fr. c. 9 »	Drap *Mézéritsky*, 1re qual..	mèt. m. 1 615	fr. c. 10 10
Drap de *Maslovia*........	mèt. c. 1 69	11 60	Drap *Masselowoé*, 1re qté..	0 934	14 40	Drap *Masloff* ou *Muslovia*, 1re qualité....	1 740	11 60
—	» »	» »	Drap *Masselowoé*, 2e qualité	1 734	12 »	—	» »	» »
—	» »	» »	—	» »	» »	Drap *Karnovoy*.	aucun	détail.
Drap de dame.	1 42	6 35	—	» »	» »	—	» »	» »
—	» »	» »	Drap de fantaisie	1 422	» »	—	» »	» »
Drap du Levant	1 42	12 »	—	» »	» »	—	» »	» »

(1) A Irkoutsk, à Telminsk, sur les bords du fleuve Léna, etc.

(2) D'après des renseignemens recueillis par M. Casimir Leconte. CHINE, *Faits commerciaux*, nos 31 et 114 de la série.

Nous croyons pouvoir éliminer de la liste ci-dessus, sans plus ample discussion, le *masselowoë* de première qualité, à 14 fr. 40 c. le mètre en 93 centimètres 1/2. Ce prix d'achat à Moscou ou même à Nijni-Novgorod est trop élevé pour que la vente en soit possible en Chine, et la laize est d'ailleurs trop étroite ; la consommation chinoise n'a jamais pu accepter un pareil drap. Il y a eu erreur sans aucun doute, et s'il est arrivé que quelques pièces ont été expédiées à Kiakhta, cet envoi n'a pu avoir lieu qu'à titre d'essai ou pour satisfaire à une demande exceptionnelle et restreinte.

Avant de produire les renseignemens recueillis en Chine, il nous paraît utile de communiquer quelques-uns de ceux que nous avons pu trouver dans les ouvrages russes.

Parmi les draps de manufacture russe, destinés au commerce de Kiakhta, on distingue plusieurs genres; mais les plus anciens et les plus connus sont ceux dits de *Mézéritsky* et de *Masloff*, ainsi appelés du nom des endroits où ils ont été fabriqués dans l'origine.

Les premiers ont 25 archines de long et les seconds 40 ; ceux-là pèsent de 35 à 36 livres russes et ceux-ci 50 livres. Autrefois, la largeur des mézéritskys était de 1 archine 10 werschocks et celle des masloffs de 12 à 14 werschocks; aujourd'hui, tous les deux sont larges de 2 archines 6 à 8 werschocks.

Anciennement, sur 100 pièces, il y avait ordinairement de 50 à 60 noirs, 5 écarlates, 15 bleus clairs, et le reste était teint en couleurs de mode plus ou moins chères; maintenant, il n'y a que 30 p. 0/0 de noir, mais 20 d'écarlate, 30 de bleu, etc. En outre, la qualité a été beaucoup bonifiée.

Ces diverses améliorations ont été faites malgré l'abaissement du prix. De 175 roubles, la valeur de 1 pièce de mézéritsky est tombée à 135 roubles, et la pièce contient pour 50 roubles de laine. Cette baisse énorme et tant de changemens avantageux ont été déterminés par la concurrence qui s'établit, il y a plusieurs années, entre les fabricans russes. La manufacture de M. Alexandrof, à Moscou, voulut n'avoir point de rivales dans ses affaires en Chine ; elle produisit des draps supérieurs et les offrit, à Kiakhta, à des prix qui ne lui laissaient qu'un bénéfice insignifiant; elle espérait que la grande quantité des demandes compenserait le sacrifice qu'elle s'imposait; elle se flattait peut-être qu'elle tuerait la concurrence et ferait plus tard la loi sur le marché; elle se trompait, et il paraît qu'elle et ses imitateurs furent ruinés.

Les draps de Masloff étaient, dans l'origine, plus forts que ceux de Mézéritsky ; la qualité de ces derniers a été tellement perfectionnée depuis, que l'on ne fait aujourd'hui que très peu de masloffs.

Les draps les plus communs que l'on expédie à Kiakhta sont connus sous le nom de *trentièmes « Trittsatoff hwuya ; »* ils sont destinés aux habitans des steppes mongoles. — Dans ces dernières années, on a commencé à fabriquer pour la Chine des demi-draps et des draps de dame semblables à ceux (*spanish stripes*) que les Anglais importent à Canton.

Dans un autre document, nous lisons qu'à la foire de Nijni, en 1843, on a vendu, pour Kiakhta, 40,000 pièces de mézéritskys et de masloffs, dont partie livrable à Nijni même et partie à Moscou. Le prix des masloffs était de 1 rouble 80 copecks à 1 rouble 85 copecks d'argent l'archine, et celui des mézéritskys variait de 36 à 48 roubles d'argent la pièce.

Enfin *le Guide du commerce direct de la Russie avec la Chine* (1) donne aussi quelques détails sur les étoffes de laine russes.

En 1817, l'archine de drap de paysan se vendait, à Kiakhta, 1 rouble d'argent ; en 1826, ce même drap (2), teint ou non, était payé de 12 à 35 copecks l'archine (page 43).

Les draps les plus demandés, ajoute l'auteur (page 46), sont ceux de couleur bleu violet et noire, *étroits* et à peu près semblables à ceux appelés *longs draps*. Il y a, comparativement, peu d'amateurs pour les qualités plus fines qui se vendent de 8 à 15 roubles assignation l'archine, frais et bénéfice compris, etc.

3. — DRAPS FORTS RUSSES EXAMINÉS A CANTON.

Russian broad cloth en anglais ; *ngo-lo ss' ta-ni* ou *ta-jong* en chinois. On les connaît à Canton sous les noms précédens et sous celui de *ngo-lo-ss' to-lo-ni*, altérés plus ou moins par la prononciation locale ; on les appelle aussi quelquefois *yi-tcha-jong*.

Pour comparer autant que possible ces renseignemens avec ceux qu'a déjà publiés le Département du Commerce, nous avons compris, sous le titre précédent, les draps *mézéritskys* et *masloffs* ; les échantillons, déposés au Ministère à l'appui de ce document, sont analogues aux draps que nous avons trouvés dans les magasins de Canton : c'est pourquoi nous avons pensé pouvoir faire cette assimilation sans inconvénient.

Longueur. — Les pièces de mézéritsky ont une longueur de 25 archines (3) (17 mètres 78 centimètres), non compris le chef (voir les nos 31 et 114 des *Avis divers*). Les masloffs ont de 40 à 45 archines (28 mètres 45 centimètres à 32 mètres) suivant le n° 31, et 42 archines (29 mètres 87 centimètres) d'après le n° 114.

Les draps russes arrivent à Canton en demi-pièces et en pièces entières.

Les demi-pièces, dites *simples*, mesurent, au dire de Tchan-tching, 47 tchihs 1/2 de Canton (4), soit 17 mètres 74 centimètres, ou 19 yards 1/4 (17 mètres 60 centimètres); d'après Cheng-tcheun, de 18 à 20 yards, c'est-à-dire de 16 mètres 45 centimètres à 18 mètres 28 centimètres ; d'après Ap-hing, 4 tchangs et 5 tchihs, c'est-à-dire 16 mètres 80 centimètres ; en résumé, de 17 à 18 mètres.

Les pièces entières, dites *doubles*, ont, suivant Tchan-tching, 93 tchihs 1/2 (34 mètres 92 centimètres), ou 37 yards 1/2 (34 mètres 28 centimètres ; et selon Ap-hing, 7 tchangs (33 mètres 62 centimètres), soit de 34 à 35 mètres, ce qui suppose naturellement la demi-pièce longue de 17 mètres à 17 mètres 50 centimètres.

La longueur la plus convenable est celle de 18 mètres par pièce.

---

(1) *Journal des Manufactures et du Commerce de Saint-Pétersbourg*, n° XI, 1836.

(2) Fabriqué sur les bords du fleuve Léna, en Sibérie.

(3) L'archine est, depuis le 15 février 1826, la mesure linéaire légale de la Russie ; elle se divise en 16 werschocks et est égale à 28 pouces anglais ou 0 mèt. 7112. Le werschock = 0 mèt. 04445.

(4) Le tchih de Canton = 0 mèt. 3735.

Largeur. — *Nota.* Toutes les mesures mentionnées ci-après sont prises *entre lisières.*

Le n° 31 ne donne pas la largeur du mézeritsky; il renvoie aux échantillons déposés au Ministère du commerce. Nous les avons mesurés tous ; ils portent, entre lisières, de 1 mètre 64 centimètres à 1 mètre 68 centimètres ; en moyenne, 1 mètre 66 centimètres. Le n° 114 indique une laize de 2 archines 5 werschocks (1 mètre 645 millimètres).

La largeur du masloff est, d'après le n° 31, de 2 archines 6 werschocks, soit de 1 mètre 69 centimètres, et non pas de 1 mètre 45 centimètres, ainsi qu'on le lit à la page 123, ligne 32 ;—d'après le n° 114, elle est de 2 archines 7 werschocks, c'est-à-dire de 1 mètre 734 millimètres.

Les marchands chinois disent que la largeur du drap russe varie de 4 tchihs 6 tsuns à 4 tchihs 8 tsuns (de 1 mètre 718 millimètres à 1 mètre 793 millimètres).— Tchan-tching, dans une lettre du 4 septembre 1845, l'estime à 4 tchihs 7 tsuns (1 mètre 755 millimètres). Nous avons mesuré chez ce négociant, à la fin d'août 1845, cinq pièces prises au hasard, et nous leur avons trouvé des laizes variant de 1 mètre 64 centimètres à 1 mètre 76 centimètres. Quant aux échantillons que nous avons rapportés, voici leurs mesures exactes :

Nos D'ORDRE.	COULEURS.	LARGEUR ENTRE LISIÈRES. Relevé des mesures prises en différentes parties de la pièce.		Moyenne.	LARGEUR AVEC LISIÈRES. Relevé des mesures prises en différentes parties de la pièce.		Moyenne.
		m. c.	m. c.	m. c.	m. c.	m. c.	mèt. mill.
1.	Bleu foncé....	1 74 à	1 78	1 76	1 84 à	1 87	1 855
1 bis.	Id.......	» »	» »	» »	1 88	» »	» »
2.	Bleu clair....	1 75	1 77	1 76	1 81	1 86	1 845
3.	Noir.........	1 71	1 73	1 72	1 80	1 81	1 805
3 bis.	Id.......	» »	» »	» »	1 88	» »	» »
4.	Ecarlate......	1 74 ½	1 76	1 75 ¼	1 83	1 85	1 840
5.	Vert.........	1 75	1 76	1 75 ½	1 79	1 81	1 800

En moyenne, 1 mètre 75 centimètres entre lisières, et 1 mètre 83 centimètres, lisières comprises.

Le drap russe est beaucoup trop large, il y a toujours perte dans la confection des vêtemens. Les tailleurs chinois d'ailleurs, prodigues, comme en Europe, du drap de leurs clients, se préoccupent peu de la différence de laize et demandent, pour un *ma-koua*, de 3 tchihs 4 tsuns à 3 tchihs 6 tsuns (de 1 mètre 27 centimètres à 1 mètre 34 centimètres), pour un *taï-koua*, 6 tchihs 2 tsuns (2 mètres 32 centimètres), et pour un *pô*, de 8 tchihs à 8 tchihs 4 tsuns (de 2 mètres 99 centimètres à 3 mètres 14 centimètres). Ap-hing trouve 62-63 pouces anglais, soit 1 mètre 57 centimètres 1/2 à 1 mètre 60 centimètres, fort suffisans. Tchan-tching recommande d'adopter de 4 tchihs 3 tsuns à 4 tchihs 5 tsuns, c'est-à-dire de 1 mètre 61 centimètres à 1 mètre 68 centimètres, et l'un de ses associés, après avoir examiné les castors et les draps de même qualité de nos fabriques d'Elbeuf, de Louviers et de Sedan, conseille de préférence la laize de 4 tchihs 2 tsuns à 4 tchihs 4 tsuns (de 1 mètre 57 centimètres à 1 mètre 64 centimètres).

Poids. — Le n° 114 des *Avis divers* attribue 1° à la pièce de mézéritsky, longue de 17 mètres 78 centimètres, un poids de 1 poud 5 livres, soit 18 kilogrammes 431 grammes ; c'est 1 kilogramme 37 grammes par mètre, large de 1 mètre 72 centimètres, ou 603 grammes par mètre carré ; 2° à la pièce de masloff, longue de 29 mètres 87 centimètres, un poids de 1 poud 15 livres (22 kilogrammes 531 grammes) ; donc 754 grammes par mètre large de 1 mètre 80 centimètres, et 419 grammes par mètre carré.

La demi-pièce de drap russe de 19 yards (17 mètres 36 centimètres 1/2) pèse 25 catties environ, et la pièce entière, 50 catties ou 1/2 picul, c'est-à-dire 871 grammes le mètre de 1 mètre 80 centimètres, et 484 grammes le mètre carré.

POIDS DES ÉCHANTILLONS ACHETÉS A CANTON.

Nos D'ORDRE.	COULEURS des ÉCHANTILLONS	POIDS de chaque échantillon.	VALEUR de l'unité chinoise.	Poids de chaque échantillon. — Conversion des unités chinoises en unités françaises.	LONGUEUR de l'échantillon en mètres.	LARGEUR entière de l'échantillon en mètres.	POIDS du mètre du drap à l'échantillon, laize entière.	POIDS du mètre carré du drap à l'échantillon.
		t. m. c.	kil. gr.	kil. gr.	mèt. c.	mèt. c.	kil. gr.	kil. gr.
1.	Bleu foncé...	45 7 2	0 037 78	1 724	2 04	1 85 ½	0 850	0 458
2.	Bleu clair...	49 6 9	id.	1 873	2 »	1 84	0 937	0 509
3.	Noir	48 3 1	id.	1 829	2 02	1 84 ½	0 905	0 491
4.	Ecarlate.....	46 2 3	id.	1 743	1 98	1 80 ½	0 880	0 487
5.	Vert........	19 3 1	id.	0 728	0 95	1 80	0 777	0 431

Ainsi il résulte des pesées de ces 5 échantillons et de celle d'une demi-pièce faite à Canton, que le mètre carré pèse de 432 à 509 grammes, en moyenne 479 grammes. Les marchands n'attachent pas d'ailleurs une grande importance au poids des pièces.

Assortiment. — Mézéritsky et Masloff ; n° 31, page 123.

	pièces.
Bleu....................................	40
Noir-noir....................................	20
Bleu clair....................................	10
Ecarlate....................................	10
Grenat....................................	8
Pensée....................................	4
Vert....................................	3
Violet....................................	2
Mode....................................	2
Jaune....................................	1
	100

— Mézéritsky et Masloff; n° 114, page 6.

	pièces.
Bleu foncé	40
Noir	35
Ecarlate	10
Violet	4
Bleu clair	4
Bleu violeté	2
Massaca	2
Vert	1
Jaune	1
Gris	1
	100

D'après M. Casimir Leconte, voici la composition de l'assortiment adopté dans la manufacture du prince N. Troubetskoï, à Moscou.

	pièces.
Bleu	45
Brun	35
Ecarlate, gris de lin, jaune et vert clair	20
	100

Les assortimens que nous venons de citer ont été recueillis dans les fabriques russes ; nous allons maintenant faire connaître ceux qui conviennent pour la vente de Canton.

DÉSIGNATION DES COULEURS			COMPOSITION DES ASSORTIMENS pour Canton.				
			Tchan-tching.				Ap-hing
en français.	en anglais.	en chinois.	10 décembre 1844.	Février 1845.	3 septembre 1845.	4 septembre 1845.	— Septembre 1845.
Bleu mazarin	*Dark blue*	*Paou-lan*	80	80	70	70	75
— clair	*Light blue*	*Tsien-lan*	3	5	»	2	2
— gentiane	*Gentianellablue* ou *Young blue*	*Yang-lan*	5	5	20	18	15
Noir	*Black*	*Yuen-tsing*	5	5	10	10	8
Ecarlate	*Scarlet*	*Hoa-hong*	3	5	»	»	»
Vert	*Green*	*Louh*	1	»	»	»	»
Pensée	*Purple*	*Pou-tsing*	1 ou 2	»	»	»	»
Gris	*Ash*	*Hwoui*	1	»	»	»	»
			100	100	100	100	100

Couleurs. — En discutant la nuance convenable en chaque couleur, nous rapprocherons les anciens échantillons du Ministère du commerce de ceux que nous avons achetés à Canton ; cette comparaison renseignera utilement sur la composition des assortimens et les progrès de la teinture en Russie.

Bleu foncé ou mazarin.—Le bleu foncé diffère du bleu mazarin ; celui-ci est moins foncé et plus estimé. — Il faut un bleu vif, avec une légère teinte pensée ; le n° 1090 est le meilleur type que l'on puisse suivre (1). Le n° 1210 (ancien mézéritsky) est beaucoup trop foncé, et le n° 1211 (191) est trop clair ; on lui reproche surtout d'avoir un reflet bleu terne, dû sans doute à un indigo inférieur.

Bleu clair (*tsièn-lan*). — Presque tous les draps russes bleu clair qui arrivent à Canton sont des *tsièn-lan* ; c'est aussi en cette couleur que sont teints les anciens mézéritskys. Parmi ceux-ci on distingue quatre nuances : 1° le n° 1212 est trop sombre, très mal teint et ne vaut rien ; 2° n° 1213, moins foncé, ayant un reflet plus vif, mais piqueté et veiné ; 3° le n° 1214 diffère des deux numéros précédens ; au lieu d'être légèrement pourpré, comme le sont les *tsièn-lan*, il a un ton bleu assez franc, mais qui manque d'éclat ; 4° le n° 1215 est dans le même genre, mais un peu mieux réussi.

La couleur des draps russes actuels est supérieure sans contredit, elle est plus riche, plus unie, et les n°s 1067, 1200 et 1215 sont satisfaisans ; le n° 1073 est trop foncé ; le n° 1215 est excellent.

Bleu gentiane. — Il est rare de trouver des draps russes de cette nuance, et nous n'avons pu nous en procurer à Canton ; tout assortiment doit néanmoins en renfermer quelques pièces. Le choix et la proportion du gentiane ont une certaine importance, car il se vend toujours avec prime et s'écoule très rapidement ; on le porte en *pôs* exclusivement, et l'on tient à avoir une teinte claire, vive et réussie. Les n°s 1049, 1052 et 1216 principalement méritent d'être recommandés.

Noir. — Il faut un beau noir-noir semblable aux n°s 1217 et 1187.

Pensée. — Le pensée est indispensable dans les assortimens de *spanish stripes*, il y entre dans la proportion de 20 à 30 p. 0/0 ; dans les *habit cloths*, il n'y en a que 18 à 20 p. 0/0 ; il suffit de 6 à 10 p. 0/0 en *broad cloth* superfin, et il est rare de voir des *extrà-superfins* de cette couleur ; il n'y a donc rien de surprenant à ce qu'elle soit exclue des parties de draps russes. Nous ne saurions trop rappeler que les nuances varient suivant la qualité des étoffes et les latitudes ; ce qui est demandé à Canton pour draps anglais légers, mi-fins et fins n'est nullement applicable aux draps russes : ceux-ci ne sont pas destinés aux mêmes acheteurs ; leur consommation est, nous l'avons dit plus haut, une anomalie introduite par le fait des habitudes antérieures des magistrats et des officiers mandchous, des Chinois du Tchih-li, du Chan-si, etc., et que les perfectionnemens de l'article, ainsi que son bas prix, paraissent devoir maintenir à l'état normal.

(1) Les bleus foncés 1093 et 1111 peuvent être aussi recommandés.

L'assortiment des mézéritskys du n° 31 comprend 4 pièces en pensée et 2 en violet, et celui du n° 114 indique 4 pièces en violet et 2 en bleu violeté ; il s'agit dans les deux cas de pensée plus ou moins bleuté.

Le n° 1218 est un pourpre bleu analogue au n° 1086 ; nous engageons à ne pas l'imiter, car il est peu estimé des marchands.

Le n° 1219 est, au contraire, un pourpre violet, qui convient peut-être mieux que le précédent, mais qui n'est pas satisfaisant ; il a tout à fait le reflet du n° 1023, et une légère addition de bleu le rendrait excellent.

Grenat et Massaca.—Telles sont les désignations que portent les n°s 1220 et 1221 (anciens mézéritskys, etc.) : le premier est, en effet, un beau grenat ; et, le second, un corinthe clair ; ni l'un ni l'autre ne conviennent et ne doivent jamais être placés dans les lots de draps corsés envoyés en Chine.

Gris. — Celui des anciens mézéritskys est le plus mauvais possible ; c'est le lilas ou gris tourterelle appelé en cantonnais *kop-fouï* ; il est en petit teint, tellement fugace qu'à l'air la couleur a passé ou rougi, si mal teint qu'il est veiné de lilas violacé et de gris bleu et que la teinte de l'endroit est plus foncée que celle de l'envers. Cette nuance fausse, manquée et piquée, a déplu à tous les négocians auxquels elle a été soumise.

Il y a six à huit ans, on recherchait à Canton le gris mode 1136, mais on reconnaîtra qu'il est singulièrement plus clair, plus frais et plus joli que celui qui nous occupe. Aujourd'hui le seul qui soit accepté doit être conforme au n° 1132.

Le ton des n°s 1222 et 1223 doit être plutôt réservé, de l'avis de plusieurs Chinois, aux *drills* américains, et on l'obtient à Canton avec la galle *peï-tss'* du *Kouang-si*, le *sam-tchou* et un peu d'encre de Chine.

Écarlate. — Il n'a pas le même feu que celui des *spanish stripes* et des *habit cloths* ; celui-ci a un reflet écarlate orangé, celui-là est plus cochenillé, plus ponceau. Bien qu'on le place sans difficulté et qu'il soit très éclatant, nous conseillons de prendre pour modèle l'*habit cloth*, n° 1017 (139). L'écarlate de l'ancien mézéritsky (n° 1225) est aussi bon que celui du n° 1224 acheté à Canton ; il a cependant moins de vivacité et une légère apparence de bruniture.

Vert. — Avant de parler de la nuance la meilleure, il importe de recommander de n'en expédier aucune pièce; il en arrive à Canton et dans les autres ports, mais elle est accueillie avec défaveur et vendue à perte. Les Russes fournissent un vert bleuté qui ne vaut rien ; si des ordres imposent cette couleur dans un assortiment, il faut adopter le vert émeraude, ou, à défaut d'un bon modèle, les n°s 1165, 1159 et 1167.

Les échantillons des anciens mézéritskys (n° 1226) rappellent les tapis de billard ; le vert serait satisfaisant et trouverait acheteurs s'il était moins foncé, plus franc et s'il n'était point piqueté à la teinture.

Jaune. — « Il serait imprudent, dit l'auteur du *Guide du commerce de la Russie avec la Chine* (en russe), d'apporter à Kiakhta du drap de couleur jaune, couleur qui est considérée comme impériale, et que n'osent porter ni les gens du commun, ni les personnages de distinction. » Le rédacteur du *Journal des manufactures de Saint-Pétersbourg* ajoute : « Est-ce de même aujourd'hui ? Nous avons vu de très beaux draps jaunes fabriqués pour la Chine. » Ces draps jaunes étaient destinés sans aucun doute pour la maison impériale ; car tant que la dynastie Ta-tsing sera sur le trône, le jaune sera la couleur distinctive de tout ce qui touche au souverain, le représente ou émane de lui.

Le jaune des anciens mézéritskys (n° 1227) est bon comme nuance, et se rapproche du n° 1153 (121) ; malheureusement il est terne, sale, marbré de vert sombre et piqueté de blanc. Nous insistons : 1° pour n'expédier cette couleur que sur commission ou demande ; 2° pour que l'on ne livre qu'un jaune d'or plein, éclatant et ayant un reflet également très vif.

Les anciens échantillons de mézéritsky du Ministère du commerce montrent dans quel état d'infériorité a été la teinturerie russe ; les procédés s'acquièrent aisément, mais les eaux ne se modifient guère; l'expérience et l'intelligence font seules les ouvriers habiles, et les manufactures devaient être, sous ces rapports, dans de bien mauvaises conditions pour arriver à de si déplorables résultats. A cette époque, récente d'ailleurs, d'enfance, sinon d'essais, le drap était dur et sec, mal foulé, à peine garni, teint en couleurs ternes, fausses et fugaces ; aujourd'hui il est assez bien réussi pour soutenir la concurrence anglaise. Il a fallu que les essais fussent dirigés avec activité, que des transfuges allassent révéler les habitudes de travail des ateliers français et anglais, les modes de montage des cuves, les formules de mordançage, les correctifs des eaux, etc., pour qu'en si peu d'années la différence fût aussi sensible et le progrès aussi évident. Les Russes ont donc maintenant d'assez belles couleurs, qui toutefois sont encore loin d'atteindre à la beauté et à la vivacité des nôtres; et leur teinture en laine surtout laisse à désirer. La plupart des couleurs sur drap (les bleus exceptés) sont teintes en pièces et encore aujourd'hui bien peu solides.

Qualité.—Les anciens mézéritskys ont, aux 5 millimètres, 8 fils de chaîne et de 9 à 11 duites, le plus ordinairement 10.

Les draps russes achetés à Canton ont aussi, aux 5 millimètres, 8 fils en chaîne et 10 en trame.

Les premiers ont donc, en admettant la laize moyenne de 1 mèt. 66 c., 2,656 fils, soit, à 2 fils en broche, 1,328 dents de peigne ; et les seconds, en 1 mèt. 75 c. de large, ont 2,800 fils, soit 1,400 dents.

Cette différence que nous avons signalée plus haut dans la teinture de nos deux séries d'échantillons, se remarque davantage dans la qualité. Dans les mézéritskys, on distingue trois degrés de bonté : 1° le *tsien-lan* clair, le gris et le pourpre violet se rapportent à un premier type que caractérisent la douceur de la laine, la souplesse et le corsé du tissu; il est clos et suffisamment garni. 2° L'écarlate, le pourpre bleuté, le *tsien-lan* foncé, le vert et le grenat se classent dans un deuxième genre de même finesse, plus dur, plus ras, et néanmoins encore acceptable. 3° Enfin, le jaune et le bleu foncé sont tout à fait inférieurs ; la laine est dure, le drap sec et roide ; il est terne, mal foulé, découvert et mal tondu.—En résumé, ces draps sont communs, trop épais, mal réussis au tissage, au traitement et à la teinture.

La qualité actuelle est beaucoup mieux établie ; la laine est plus belle et plus douce, le compte plus régulier, le foulage et la tonte mieux en-

21

tendus, la toile est mieux couverte et apprêtée, elle est souple, moelleuse et drape assez bien. Le perfectionnement est remarquable.

Cette appréciation favorable des draps russes est relative; il est inutile de faire observer que la question de prix étant réservée, ils sont moins beaux que les genres à peu près correspondans de Louviers, d'Elbeuf et de Sedan : à prix égal, ils sont supérieurs.

Lisières.—Les lisières des anciens mézéritskys sont inégales; l'une a de 4 centimèt. 1/2 à 5 centimèt. 1/2, et l'autre de 2 centimèt. 1/2 à 3 centimèt. de large; elles sont pour la plupart noires, tirées à poil et rapportées.

Voici les dimensions et dispositions de celles des échantillons de Canton :

N°s 189 (noir) et 190 (écarlate); lisières noires, tirées à poil, cousues, larges de 45 à 48 millimètres.

N° 191. Bleu *tsien-lan ;* lisière gauche, large de 3 à 4 centimètres; lisière droite, large de 5 à 6 centimètres : toutes deux noires, poilues et rapportées.

N° 193. Vert ; lisière gauche, large de 12 à 14 millimètres; lisière droite, large de 20 à 35 millimètres: toutes deux noires, tirées à poil et tenantes.

N° 192. Bleu foncé ; lisières larges de 4 à 5 centimètres, formées de 9 à 12 filets jaunes alternant avec de gros fils bleus en même nombre ; tirées à poil et cousues.

Chefs.—Les chefs sont chargés d'ornemens et très brillans; ils occupent une assez grande surface sur toute la largeur de la pièce et plaisent aux Chinois. Ils sont réellement curieux, et nous engageons les fabricans à les examiner avec attention pour y puiser quelques bonnes idées.

La barbe est cousue à l'extrémité de la pièce; elle a, par conséquent, 1 mètre 84 centimètres de large environ; elle est tissée en grosse trame à lisières noire, brillante et tirée à poil: sa hauteur varie de 80 à 90 millimètres; 12 rayures en papier doré uni la recouvrent; ces rayures ont en moyenne 5 millimètres 1/2, et sont séparées les unes des autres par un intervalle de 1 millimètre.

A près de 18 millimètres de la barbe commence l'encadrement; il est formé par un double filet de papier doré (le 1[er] = 12 millimètres, le 2[e] = 7 millimètres), s'étend d'une lisière à l'autre, et a une hauteur de 128 millimètres entre filets et de 178 millimètres, filets compris. Il faut avoir soin de supprimer à l'endroit du pli du milieu les bandes de la barbe et de l'encadrement qui seraient décollées infailliblement au bout de peu de temps.

L'encadrement est interrompu vers ses extrémités supérieures par deux vignettes gravées sur papier doré, découpé : celle de gauche représente l'aigle à deux têtes de Russie, portant au cœur l'écusson de Saint-Michel, dans une des serres le globe, dans l'autre le sceptre; il est surmonté de la couronne impériale et entouré de deux palmes. La vignette placée à droite est une double médaille de 42 centimètres de diamètre; sur la face est l'effigie de l'empereur Nicolas, avec cette légende à l'exergue :

Б. М. НИКОЛАИ I ИМПЕРАТОРЪ И САМОДЕРЖЕЦЪ ВСЕРОСС.

Par la grâce de Dieu, Nicolas Ier, empereur et autocrate de toutes les Russies.

Le revers porte l'inscription suivante :

ЗА ТРУДОЛЮБІЕ И ИСКУСТВО МОСК. КУП. П. М. АЛЕКСАН
ДРОБУ. 1833.

Pour l'industrie et l'habileté, au fabricant P. M. Alexandroff de Moscou.

Dans l'intérieur et à chaque extrémité de l'encadrement, est appliquée une couronne en papier doré découpé à jour, et de l'une à l'autre lisière s'étend l'inscription suivante en lettres dorées et découpées, hautes de 87 millimètres :

Фки П. АЛЕКСАН.

Fabrique de P. Alexandroff.

puis le n° 113,882 ou 121,561, ou tout autre.

Par une exception sans doute motivée, l'inscription du n° 190, écarlate, commence par le numéro (121,541) et se termine par l'indication de l'origine : *Fabrique de P. Alexandroff.* Sur ce chef, la médaille est placée à gauche et l'aigle à droite ; le contraire a lieu sur les chefs des n°s 189, 191 et 192.

Les lisières sont, en général, plus larges au chef que tout le long de la pièce ; elles y ont de 45 à 52 millimètres ; elles sont recouvertes, comme la barbe, durant une longueur de 46 à 56 centimètres, de rayures en papier doré de 4 millimètres 1/2, distantes l'une de l'autre de 1 millimètre. Il y a ordinairement 8 ou 9 rayures sur chaque lisière.

Ainsi un espace de 5 décimètres est réservé à l'extrémité de la pièce pour le décor ; les ornemens que nous venons de décrire sont tous en papier doré et font beaucoup d'effet. Les négocians chinois recommandent d'adopter une disposition analogue, de la rendre le plus riche possible, et surtout de bien coller les vignettes : il est préférable de ne pas garnir la barbe et les lisières de bandelettes dorées ; tirées à longs poils, fournies, soyeuses et de même couleur que la pièce, elles conviendraient mieux.

Pliage. — Le pliage est disposé en livret, c'est-à-dire en plis étagés ; ils sont enveloppés d'un manteau, sauf le premier pli-chef. Celui-ci est libre à gauche et s'ouvre de ce côté seulement, car il est fixé à droite. La pièce est saisie — à gauche, par quatre fortes cordelettes en fil blanc de Russie, qui se terminent par une rosace, — à droite, par cinq attaches, — et au dos, par trois autres.

La pièce *simple* forme un parallélipipède rectangle de 82 centimètres de long, 50 centimètres de pli, et 8 centimètres de haut ; on y compte 33 plis doubles, qui, étant larges de 50 centimètres, donnent environ 18 yards, longueur moyenne de la pièce.

Toilette. — La pièce est enveloppée dans une toilette en calicot blanc glacé. Cette étoffe de coton a, aux 5 millimètres, 12 fils et 11 ou 12 duites ; ses irrégularités et ses défauts prouvent qu'elle a été tissée à la main et par des ouvriers peu habiles. Le *wrapper* a 1 mètre de long et 60 centimètres de large : la poche a été formée en ployant le calicot dans le sens de la longueur, faufilant un tiers de la hauteur des deux côtés avec une petite ficelle blanche, et fermant (à volonté) les deux autres tiers au moyen d'attaches en cordonnet rose à double liséré jaune et bleu, large de 1 centimètre. La tranche de devant est aussi garnie, à chaque angle et au milieu, de doubles attaches. Les Chinois trouvent cette toilette beaucoup trop simple.

La pièce *simple* mesure, sous enveloppe, de 82 à 88 centimètres de longueur, de 45 à 50 centimètres de largeur et 8 à 9 centimètres d'épaisseur.

Prix. — Tchan-tching paie les draps russes de qualité conforme aux échantillons 189, 190, 191, etc., et en couleurs assorties, de 2 piastres 10 cents à 2 piastres 20 cents le yard, c'est-à-dire de 12 francs 65 centimes à 13 francs 25 centimes le mètre, large, comme on l'a vu, de 1 mètre 84 centimètres ; il le vend, en détail, de 2 piastres 40 cents à 2 piastres 50 cents le yard (de 14 francs 45 centimes à 15 francs 05 centimes le mètre). Nous avons acheté à ce marchand, en décembre 1844 :

Le bleu *tsien-lan*.. / Le bleu foncé......	à raison de	2 piastres	50 cents	le yard	= 15 fr.	05 c.	le mètre.
Le noir............ / L'écarlate.......... / Et le vert..........	id.	2	20	id.	= 13	25	id.

En juillet et août 1845, on obtenait au détail ces mêmes draps à 1 piastre 95 cents et 2 piastres 10 cents le yard (11 francs 75 centimes et 12 francs 65 centimes le mètre) ; tous les lainages étaient alors en baisse.

Importation. — Il vient chaque année 120 pièces environ de drap russe à Canton ; mais on peut en vendre 300 pièces, et comme il commence à être en faveur dans l'intérieur de la province, il est probable que la demande en augmentera dans quelques années. Déjà maintenant l'écoulement du peu qui arrive est si rapide que la place est désassortie durant la moitié de l'année.

Transport de Pé-king et de Sou-tchou à Canton. — Sou-tchou est, ainsi qu'on le verra plus loin, l'entrepôt principal des draps russes et le centre de la spéculation sur cet article ; c'est de cette ville que Canton tire les draps qu'il consomme, et nous avons recherché de quelle somme de frais ils étaient grevés par le fait de leur transport.

	Par pièce de 1/2 picul.	
On affrète à Sou-tchou un bateau pouvant contenir 500 pièces, moyennant 100 piastres ; soit par pièce de 1/2 picul..............................	1 fr.	10 c.
On demande, avant de partir, à la Douane, un *chop* ou *passe-port* sur lequel se trouvent mentionnés la déclaration en détail de la cargaison, le rôle de l'équipage, le jour du départ et la destination, afin de pouvoir voyager sans être inquiété.		
On va de Sou-tchou à Nan-king, et de cette ville à Pih-sin (auprès d'Hang-tchéou) sans rien payer ; à la douane de Pih-sin, on acquitte un droit de 50 piastres par 100 pièces de 1/2 picul..........................	2	75
On arrive ensuite à celle de Kan-tchéou (Kiang-si), où l'on paie 10 piastres..	»	55
A REPORTER..........................	4 fr.	40 c.

	Par pièce de 1/2 picul.
REPORT.................	4 fr. 40 c.
De là, on va à Nan-ngan; on y débarque les marchandises et on leur fait traverser à dos de *coolies* le Mei-ling jusqu'à Nan-hiong; ce transport coûte 10 piastres..........	» 55
A Nan-hiong, on prend de nouveau un bateau, et l'on atteint bientôt la douane de Taï-ping, située sur les confins du Kouang-tong et du Kiang-si; les droits y sont de 25 piastres..........	1 38
On parvient enfin à Canton, où il faut payer encore au Hoppo 25 piastres.	1 38
TOTAL par pièce de 1/2 picul..................	7 fr. 71 c.

D'après un autre négociant, les frais seraient ainsi répartis :

Droit à la douane de Pih-sin (Hang-tchéou)............	par pièce.	2 fr. 75 c. (1)
Id. id. de Kan-tchéou (Kiang-si)............	id....	» 69 (2)
Id. id. de Taï-ping (Kouang-tong)...........	id....	» 69 (3)
Id. id. de Canton (*Hué-haé-kwan*)..........	id....	2 75
Fret du bateau, transport au Mei-ling par les *coolies*, etc..	id....	6 88
TOTAL..........................	id....	13 fr. 76 c.

Ainsi, en ajoutant foi au compte ci-dessus, de Sou-tchou à Canton, la pièce paierait 13 francs 76 centimes, soit 6 1/2 p. 0/0 de la valeur, et, si l'on en croit Tchan-tching, 7 francs 71 centimes seulement, ou à peine 3 1/2 p. 0/0, ce qui est peu probable et ne s'accorde pas avec les tarifications officielles.

De Pé-king à Canton (4) les frais de transport et de douane s'élèvent, par pièce, à 16 francs 70 centimes, ou 7 1/2 p. 0/0, suivant les uns, et à 13 francs, ou 6 p. 0/0, suivant les autres ; nous adoptons le premier chiffre (5).

Il paraît que le transit des *polemieten* coûte aussi cher ; celui des *long ells* est estimé à 1 piastre 1/4 par pièce, de Canton à Sou-tchou, et à 1 piastre 1/2 de Canton à Pé-king.

---

(1) D'après le tarif officiel des douanes intérieures, publié par le gouvernement de Hong-kong, le droit à la douane de Pih-sin est de 1 mèce 1 candarine 4/10 de cache par tchang, c'est-à-dire de 3 fr. 80 c. environ par pièce *simple*.

(2) Le même document fixe à 2 mèces, soit 1 fr. 55 c., le droit à payer pour chaque pièce.

(3) Le tarif des droits à l'intérieur, affiché à la douane de Chang-haï, porte à 3 mèces 6 candarines 4 caches (2 fr. 80 c.) le droit qui frappe chaque pièce de drap en transit ; suivant le *Hou-pou Tsih-li* (traduit par M. Gutzlaff), il est, à cette douane de Taï-ping, de 2 mèces (1 fr. 54 c.). Enfin, un document recueilli par M. Wells Williams (*Chinese Repository*, vol. VIII, pag. 146) mentionne un droit de 3 taëls 6 mèces 3 candarines par picul ; il faut lire 3 mèces 6 candarines 3 caches, c'est-à-dire 2 fr. 79 c.— « Les lainages sont grevés en Chine de droits de transit très élevés. » (F.-H. Toone : *Enquête de* 1830. *Lords' Journal*, vol. LXII, pages 1108 et 1110.)

(4) On compte de Pé-king à Canton 8,185 *lis* (*) ou 818 lieues marines 1/2 ; en admettant les frais de transport et de douane de la pièce de drap russe du poids de 30 kilogrammes, à 16 fr. 50 c., nous remarquons que tous les frais ne s'élèvent qu'à 1 centime 1/4 par myriamètre.

(5) Un négociant de Canton évalue tous les frais à 3 piastres 1/4 (17 fr. 88 c.) par pièce, savoir 2 piastres (11 francs) pour le transport par eau et par terre, et 1 piastre 1/4 (6 fr. 88 c.) pour les droits de transit ; c'est environ 8 p. 0/0 de la valeur (20 yards à 2 piastres).

(*) La distance de 5,494 *lis* indiquée dans la topographie générale de l'Empire (*Chinese Repository*, vol. XIV, pag. 427) n'est pas exacte ; la différence géographique entre les deux villes est de 365 lieues 3/10.

En Chine, la navigation et la circulation fluviales sont entièrement libres ; on n'a besoin ni de patente, ni d'autorisation, ni d'être affilié à aucune corporation ; il suffit d'un simple *chop*, qui sert à la fois de manifeste et de passe-port.

Comparaison des draps de France avec ceux de Russie.—Nous donnons ci-après les résultats de l'examen comparatif des draps de France avec les mézéritskys russes importés à Canton ; nous avons établi ces évaluations de concert avec deux négocians chinois.

NOMS DES FABRICANS des échantillons.	Nos des échantillons.	DÉSIGNATION.	LARGEUR des draps français.		PRIX en France des draps aux échantillons.		OBSERVATIONS.	PRIX ESTIMÉS par Tchao-tching et A-tching. Le yard.		Le mètre.	
					CARCASSONNE.						
MM.			mèt.	c.	fr.	c.		pi.	c.	fr.	c.
Bonnefoy Sicre fils..	s. n°..	Drap noir.......	1	35	7	50	—	1	60	9	63
Cazaben aîné.......	id....	Id. id........	1	40	9	50	Mieux tondu et plus doux	2	15	12	94
Cros (Augustin)....	id....	Id. écarlate...	1	55	18	»	—	2	10	12	64
Pascal Lignières....	id....	Id. noir.......	1	40	9	»	—	2	»	12	03
Roger frères........	id....	Id. id.......	1	40	10	»	—	2	15	12	94
Id...........	id....	Id. id.......	1	45	11	»	Bonne qualité.	2	30	13	84
					ELBEUF.						
Carré (C.).........	s. n°..	Drap...........	»	70	8	50	—	1	50	9	02
Chefdrue et Chauvreulx...........	183...	Id. castor bleu.	1	40	17	15	Qualité et couleur excellentes. Mauvaises lisières.	2	60	15	65
Chennevière (T.)....	232...	Id. id. bleu de roi.........	1	50	12	»	Dur. Il laisse à désirer. Mauvaises lisieres.	1	75	10	53
Id...........	233...	Drap castor bronze	1	50	12	»	Il laisse à désirer. Mauvaises lisières.	2	»	12	03
Id...........	237...	Id. id. prune.	1	50	11	»		2	»	12	03
Id...........	238...	Id. id. bronze	1	50	10	»		1	80	10	83
Id...........	240...	Id. bronze.....	1	50	10	50	Mauvaises lisières.	2	»	12	03
Id...........	243...	Id. bleu céleste.	1	50	9	50		1	75	10	53
Flavigny aîné (L.-R.)	117...	Id.............	1	50	13	»	—	2	20	13	23
Grandin (Constant)..	223...	Id.............	1	40	10	50	—	2	10	12	64
Poussin (Al.).......	66...	Id.............	1	40	10	»	—	1	75	10	53
Id...........	72...	Id.............	1	40	11	»	Mauvaises qté et lisières	1	60	9	63
Id...........	73...	Id.............	1	40	13	»	Mauvaises lisières.	2	10	12	64
Ternisien..........	214...	Id.............	1	40	9	50	—	2	»	12	03
					LOUVIERS.						
Fréd. Jourdain et fils.	1...	Drap noir.......	1	40	9	»	On le demande un peu plus doux.	2	40	14	44
Id...........	s. n°..	Id. bleu de roi..	1	40	9	50	Un peu plus doux. Mauvaises lisières.	1	80	10	83
Id...........	id....	Id. id......	1	40	10	»		2	20	13	23
Id...........	9...	Id. noir.......	1	40	10	»	Moins bon que le précédt	2	05	12	33
Id...........	2...	Id. vert russe..	1	40	10	50	Un peu plus doux. Mauvaises lisières.	2	20	13	24
Poitevin et fils.....	s. n°..	Id. castor bleu de roi.........	1	40	16	»	Très bon.	2	40	14	44

(1) A et AA signifient que le drap français à l'échantillon indiqué est meilleur que le drap russe et lui serait préféré ; B, qualité est à peu près égale, et qu'il peut se vendre en lieu et place sans difficulté ; C, qu'il est inférieur au drap russe ; D, convient pas du tout.

NOMS des FABRICANS des échantillons.	N^os des échantillons.	DÉSIGNATION.	LARGEUR des draps français.	PRIX en France des draps aux échantillons.	OBSERVATIONS.	PRIX ESTIMÉS par Tchang-tching et A-tching. Le yard.	Le mètre.	DEGRÉ de mérite des échantillons.
				ROMORANTIN.				
			mèt. c.	fr. c.		pi. c.	fr. c.	(1)
u fres et Cie.	7...	Drap vert russe..	1 40	9 80	Très bon.	1 80	10 83	C
frères.....	4622..	Id. vert myrte..	1 40	8 »	—	2 »	12 03	C
				SEDAN.				
n-Gridaine fils..	s. n°..	Drap noir B......	1 50	12 »	—	2 10	12 64	C
....	id....	Id. id. ABV...	1 50	14 »	—	2 40	14 44	A
....	id....	Id. id. M.....	1 50	16 »	Trop bon.	2 50	15 04	A
....	id....	Id. id. X......	1 50	18 »	—	2 25	13 54	B
....	8...	Id. blanc......	1 60	12 »	—	2 »	12 03	C
....	10...	Id. castor noir..	1 50	13 »	—	2 30	13 84	A
				VIENNE.				
ambert et Cie	8...	Cuir-laine.......	1 50	13 »	Trop commun.	1 80	10 83	D
....	6...	Id...........	1 48	13 50	Trop de force et de dureté. Pas assez de douceur.	2 20	13 24	B
....	4...	Id...........	1 50	15 »		2 25	13 54	B
d...........	7...	Drap...........	1 40	13 »	Trop dur.	1 60	9 63	D
on.........	9...	Id............	1 40	10 »		1 40	8 42	DD
fils aîné...	3...	Cuir-laine.......	1 40	11 »	Trop épais. Pas assez de douceur ni d'apparence	2 »	12 03	C
l...........	1...	Id...........	1 50	13 »	Trop fort. Pas assez de douceur ni d'apparence	2 30	13 84	A

En résumé, ces divers draps ont paru, en général, très satisfaisans ; on a fait abstraction des couleurs, des lisières, des largeurs, qui, pour la plupart, ne valaient rien ; la qualité seule était en cause, et elle a été trouvée excellente. Les draps de MM. Jourdain de Louviers, Roger de Carcassonne, et Chefdrue et Chauvreulx d'Elbeuf, ont surtout attiré l'attention. La recommandation principale qui a été faite est relative à la souplesse, à la douceur du drap et à la vivacité de la couleur ; au reste, il est indispensable que nos fabricans se guident d'après les échantillons du Ministère, et nous signalons particulièrement à leur examen les n°s 189, 190, 191, 192.

4. — DRAPS RUSSES EXAMINÉS A E-MOUÏ ET A TCHANG-TCHOU.

Les draps russes conviennent aux Fo-kiénois ; la qualité en est estimée, l'écoulement assez facile ; mais le climat étant tempéré et les

(1) Voir la note de la page précédente.

froids rarement rigoureux, la consommation est naturellement très restreinte. Kong-hinn évalue à 100 pièces la vente annuelle ; il arrive à peu près ce nombre de pièces, et toutes se placent sans difficulté (1). M. Jackson n'estime qu'à 30 ou 40 pièces l'importation de cet article en bleus foncé et clair. Le chiffre précédent est plus près de la vérité.

Tchang-tchou et E-mouï font venir de Sou-tchou les draps russes qu'ils consomment. Suivant Kong-hinn, chaque pièce, durant le transport de Sou-tchou à E-mouï, paie 3 piastres 1/2 (19 fr. 25 c.) de droits de transit aux douanes intérieures.

Les pièces sont presque toutes *simples*, c'est-à-dire longues de 17 m. 1/2 environ ; leur largeur est à peu près la même que celle des échantillons provenant de Canton. Une pièce de couleur vert émeraude, trouvée dans la boutique d'un marchand de fourrures, mesurait 1 m. 84 c. lisières comprises, et 1 m. 76 c. entre lisières. L'échantillon, acheté chez Kong-hinn, a 1 m. 73 c. avec lisières, et 1 m. 64 c. entre lisières, et celui que nous avons rapporté de Tchang-tchou a 1 m. 76 c. avec lisières, et 1 m. 67 c. entre lisières.

Le meilleur assortiment pour E-mouï est le suivant, d'après Kong-hinn :

	pièces.
Bleu foncé (*Tièn-ching*)	50
Noir (*Ha*)	15
Bleu gentiane (*Choui-lan*)	15
Ecarlate	10
Gris	5
Brun ou grenat	5
	100

Il ne faut pas de pensée, et cette observation nous amène à rappeler que cette couleur doit être exclue autant que possible des assortimens de draps forts. Il serait peut-être bon de ne mettre que 3 pièces de brun et de remplacer les 2 autres par des verts.

Nous avons remarqué deux qualités : l'une (le n° 203) a, aux 5 millimètres, 9 fils en chaîne et 10 en trame, et l'autre (le n° 1228) a 7 fils et 8 duites. Le n° 205 de Tchang-tchou est intermédiaire (8 fils en chaîne et en trame).

Ces draps ont les mêmes caractères que ceux que nous avons observés à Canton ; la force, la douceur et le traitement sont semblables ; seulement nous devons faire observer que le n° 1228, en filature plus ronde, est un peu plus léger, plus lustré, mais moins bien tondu, et que le n° 203 est plus commun.

Kong-hinn a déclaré acheter l'assortiment au prix de 2 piastres environ le yard (12 fr. 03 c. le mètre), et vendre au détail le bleu foncé 3 p. le yard (18 fr. 05 c. le m.), et le vert 2 p. 1/2 (15 fr. 04 c. le m.). Une pièce de drap vert, longue de 17 mèt. 50 c., était offerte chez un

(1) Cette facilité de placement fait comprendre pourquoi l'on ne trouve sur place que très peu de pièces ; Kong-hinn n'en avait que trois dans son magasin : 2 en bleu foncé et 1 en vert.

marchand de fourrures à 30 piastres, — 9 fr. 43 c. le mètre d'une largeur totale de 1 m. 84 c. En 1841, il paraît, au dire de M. Jackson, que le yard se payait 5 p. 25 c. (31 fr. 60 c. le m.), et, en 1844, il ne valait plus que 3 p. 25 c. (19 fr. 55 c. le m.).

A Tchang-tchou, le drap russe se vend au détail 1 piastre le tchih (de 296 millimètres), soit 18 fr. 46 c. le mètre.

Lisières et chefs. — Le bleu gentiane (1) de Tchang-tchou a des lisières tenantes, composées de 23 gros fils noirs et tirés à poils ; leur largeur est de 48 à 50 millimètres. Les lisières du bleu foncé d'E-mouï sont rapportées, tirées à longs poils, larges de 43 à 46 millimètres, et de couleur bleu foncé avec des raies jaunes.

Le n° 1228 a été levé sur une pièce qui portait l'inscription suivante :

Фки П. АЛЕКСАНДРОВА (2), n° 142,759.

Le chef du n° 203 offre une disposition nouvelle ; on se rappelle que celui de la qualité de draps en vente à Canton était très riche, que la barbe et les lisières étaient ornées de rayures de papier doré, que les lettres avaient 8 cent. 1/2, et que le décor était haut de 35 centimètres. Celui dont il est ici question est plus simple ; il n'y a pas d'encadrement, pas de bandes dorées sur les lisières et la barbe (3), pas de vignettes ; trois petits filets (18 mill. en tout) séparent de la fin de la pièce la légende écrite en lettres papier or découpé, et grandes de 7 cent. On lit dans le sens naturel :

Ф. РЫБНИКОВА

et en sens opposé, c'est-à-dire les lettres étant collées à l'envers :

И СЫНОВЕИ.

Fabrique de Ribnikoff et fils.

A gauche, à 73 cent. de la fin de la barbe, est fixé à la lisière, par un cordonnet blanc, un plomb en ellipse (grand axe = 25 mill., et petit axe = 22 mill.), sur lequel est marqué en creux le chiffre 25, qui indique la longueur de la pièce en archines.

Toilette. — Elle est en toile de coton blanche lustrée, ornée d'une vignette gravée qui représente la manufacture où le drap a été fabriqué. En haut de la gravure est l'aigle à double tête, portant au cœur un écusson et la marque $\frac{H}{I}$; au-dessous est cette légende :

ФАБРИКИ РЫБНИКОВА И СЫНОВЕЙ. ВЪ МОСКВѢ. Мезерицкое 25 ар.

Fabrique de Ribnikoff et fils à Moscou. — Mézéritsky. 25 archines.

---

(1) Cet échantillon de bleu gentiane est assez bon, comme bleu; il vaut beaucoup mieux que le n° 192, mais on doit lui préférer le n° 1049.
(2) *Fabrique de P. Alexandroff.*
(3) La barbe a 10 centimètres de hauteur.

5. — DRAPS RUSSES EXAMINÉS A NING-PO.

Il a été dit dans un précédent document (CHINE, n° 7, page 75) que l'importation des draps russes est douze fois plus considérable à Chang-haï et à Ning-po que celle des draps anglais. — Cette assertion peut, à la rigueur, s'appliquer à Ning-po, mais non pas à Chang-haï. En 1845, 14,860 pièces de draps anglais ont acquitté les droits à la douane de Chang-haï ; la supposition d'une importation de draps russes douze fois plus considérable, c'est-à-dire de 178,320 pièces, est impossible, puisqu'il n'est entré par Kiakhta, en 1844, par exemple, que 52,908 pièces de 25 archines. — Il arrive à Ning-po, chaque année, une centaine de pièces de draps anglais qui passent en douane, et peut-être 6 à 700 en contrebande ou de l'intérieur. Quant aux draps russes, Yuing-tchan estime la quantité importée à 3,000 pièces, et un document sur Ning-po, en date du 17 décembre 1844, qui mérite toute confiance et que M. Mac-Grégor a publié dans les *Commercial tariffs*, dit, en s'appuyant sur des autorités chinoises, que ce n'est que depuis 1838 environ que les draps russes sont connus et répandus dans cette partie de l'Empire ; que la consommation de cet article à Ning-po est, par rapport aux draps anglais, comme *cinq* est à *un*, et que l'on peut fixer la vente annuelle de 3 à 5,000 pièces. Nous partageons entièrement cette opinion.

Les draps russes portent à Ning-po le nom de *ngo-lo-ss' ha-la-ni* ; ils viennent, disent les marchands, de *Tchang-tchia-kéou*. Ce *Tchang-tchia-kéou*, ou correctement *Tchang-kiah-kéou*, est la ville de Kalgan, dans la province de Tchih-li, à 146 lieues de Pé-king. C'est, en quelque sorte, l'entrepôt chinois de Kiakhta, le point de réunion des spéculateurs et des marchands, et, comme Sélenghinsk (1), le point de départ des caravanes. De Kalgan, les draps arrivent par Pé-king à Sou-tchou, d'où on les fait venir.

De Sou-tchou à Ning-po, en passant par Hang-tchou et Siao-ching, le trajet se fait par eau, et dure de sept à douze jours. Durant ce transit, chaque pièce paie, suivant Yuing-tchan, 12 mèces d'argent (9 fr. 24 c.) aux douanes, et son transport revient à 6 mèces (4 fr. 62 c.). Ta-tji, qui reçoit aussi très souvent des marchandises de Sou-tchou, a établi, d'après ses livres, que les droits de transit s'élèvent à 7 mèces 5 candarines d'argent (5 fr. 78 c.) par pièce, et que les frais de bateau (*siau-ting*) peuvent être évalués à 1 roupie (2 fr. 40 c.).

La longueur des pièces qui se vendent à Ning-po est de 20 yards (18 mèt. 28 c.) environ ; il est évident que la longueur réelle est celle de 25 archines (17 mèt. 75 c.), indiquée sur les étiquettes et les plombs (2).

---

(1) Ville du gouvernement d'Irkoutsk.

(2) La longueur ordinaire des pièces est de 50 à 80 tchihs, c'est-à-dire de 19 à 30 yards = de 17 m. 37 c. à 27 m. 42 c. (*Document du 17 décembre 1842.*)

La largeur entre lisières est de 5 tchihs de Ning-po; le tchih, adopté par les marchands de soieries et de lainages de cette ville, étant égal à 352 mill. 1/2 en moyenne, la laize est donc de 1 m. 76 c. 1/4. Voici quelles sont les largeurs des échantillons achetés ou observés à Ning-po :

N°							
206	Bleu foncé ..	1 m. 88 c.	avec lisières.	—	1 m. 80 c.	entre lisières.
207	Gris rosé....	—	—	—	1 76	id.
209	Bleu clair ...	1 76	avec lisières.	—	1 68	id.
208	Noir........	1 76	id.	—	1 67	id.
210	Ecarlate.....	1 63	id.	—	1 57	id.

La lettre du 17 décembre 1842, déjà citée, indique que la largeur ordinaire varie de 62 à 64 pouces anglais (de 157 c. 1/2 à 162 c. 1/2); on voit que ces chiffres sont au-dessous de la vérité.

Le n° 207, gris rosé, n'est large que de 88 centimètres et ne porte pas de lisières ; cela vient de ce qu'il a été coupé par le milieu de la laize, afin d'être vendu comme *siau-ni* ou *long ell*. Cette couleur ne convient pas pour vêtemens ; elle n'est employée que dans les ameublemens, et, pour cet usage, il suffit de 80 à 82 centimètres. Nous ferons remarquer : 1° qu'il ne faut pas se fonder sur ce fait (exceptionnel) pour envoyer des draps en petite largeur ; 2° que cette division de la laize n'a pas été approuvée à Ning-po ; et 3° que la nuance, satisfaisante pour la destination que nous venons d'indiquer, peut être remplacée avec succès par un gris plus foncé qui serait de meilleure vente.

Assortiment.—Le document de 1842 dit que les balles de draps russes se composent de 5 pièces, et que l'assortiment le plus convenable doit renfermer :

50	pièces	en bleu foncé.
35	id.	en noir.
10	id.	en écarlate.
2	id.	en gris.
3	id.	en vert.
100	pièces.	

Il ne faut ni pensée, ni brun ; cette dernière recommandation est confirmée par celle de Ta-tji. Nous donnons ci-après les proportions proposées par Yuing-tchan, qui sont préférables aux précédentes :

	pièces.
Bleu très foncé (*Tsang-tsing*)........................	40
Noir (*Yuen-tsing*)................................	40
Bleu gentiane (*Yang lân*)........................	10
Ecarlate (*Hong*)..................................	9
Gris (*Houï*)......................................	1
Vert...	2
Pensée...	4
	106

Cet assortiment, que nous donnons ici tel qu'il a été tracé par le négociant chinois, doit être modifié ; il faut suivre le conseil de Ta-tji, et supprimer le pensée. Nous engageons, en outre, pour ramener le total à 100 pièces, à n'envoyer que 5 pièces d'écarlate et ajouter 2 pièces au bleu foncé (1).

Quant aux couleurs, il est essentiel de se reporter aux échantillons et aux observations présentées précédemment. Nous nous bornerons à dire que les nuances bleu foncé, bleu clair, gris rosé et noir des échantillons sont satisfaisantes et peuvent servir de modèles.

Qualité et prix. — Les draps russes ne se vendent pas au détail à Ning-po par yards ou par tchihs; les marchands prennent soin de les diviser et disposer par coupons plus ou moins grands, selon qu'ils sont destinés à la confection de *ma-kouas*, de *taï-kouas* ou de *pôs*. Pour un *ma-koua*, vêtement pour lequel est principalement réservé le drap russe, on lève 3 tchihs (de 352 mill. 1/2), soit 1 mèt. 06 c.; pour un *taï-koua*, 5 tchihs, ou 1 m. 76 c., et, pour un *pô*, 8 tchihs, ou 2 m. 82 c.

Les draps russes que nous avons vus à Ning-po proviennent des fabriques de MM. Babkine, Alexandroff et du prince Troubetskoï, situées aux environs de Moscou. Ils reviennent aux marchands de Ning-po à 30 piastres (165 francs) la pièce de 17 mèt. 75 c., c'est-à-dire à 9 FR. 30 C. LE MÈTRE. Le témoignage de Ta-tji et de Yuing-tchan a été formel à cet égard.

Chez ce dernier, qui est, après Ta-tji, le premier négociant en soieries et en lainages, et qui avait dans son magasin de *Tong-mang-kaï* une quarantaine de pièces en vente, nous n'avons payé, sans débattre le prix, que 2 piastres le yard (12 *fr.* 13 *c. le mètre*) les échantillons bleu foncé, bleu clair, noir et gris, que nous avons rapportés, et, pour ce prix, nous avons, en outre, obtenu qu'ils seraient levés avec le chef et les décors.

Il est donc positif, puisque l'on vend en détail à 2 piastres, que, ainsi que l'ont déclaré Ta-tji et Yuing-tchan, le yard est acheté 1 piastre 1/2 au plus, prix auquel s'ajoutent les droits et le transport à Ning-po. Ainsi, à Sou-tchou, le drap russe coûterait 9 FRANCS 2 CENTIMES LE MÈTRE, large, en moyenne, de 1 mèt. 80 c. avec lisières, et de 1 m. 73 c. entre lisières, ayant aux 5 millimètres de 8 à 9 fils en chaîne, et de 9 à 10 fils en trame (2).

Nous devons à l'obligeance du Conseil des manufactures de Moscou un échantillon de drap russe vert fabriqué pour Kiakhta: il a 1 mèt.

---

(1) Nous conseillons plutôt la combinaison suivante qui nous paraît répondre mieux aux goûts de la consommation :

Bleu.	très foncé	20 pièces.
	mazarin	30
Noir		30
Bleu gentiane		14
Ecarlate		2
Gris		2
Vert		2
		100 pièces.

(2)

Nos		Chaîne		Trame	
206.	Aux 5 millimètres	8 à 9	fils de chaîne et	9 à 11	fils de trame.
207.	id	8 9	id.	10	id.
208.	id	8	id.	9	id.
209.	id	8	id.	8 à 9	id.
210.	id	8	id.	9	id.

86 c. 1/2 lisières comprises, et 1 m. 78 c. entre lisières ; 8 à 9 fils en chaîne, et 9 duites aux 5 millimètres, c'est-à-dire une finesse analogue à celle des échantillons de Ning-po. Ce drap est coté à Moscou 7 roubles assignation l'archine, soit 11 FRANCS 22 CENTIMES LE MÈTRE (1).

Si on le compare au n° 207, par exemple, presque aussi large, à peu près égal en finesse (8-9 fils en chaîne et 10 duites) et en qualité, mais moins bien traité, on reconnaîtra qu'il y a entre le prix de fabrique (à Moscou) et celui de vente (à Sou-tchou) une différence en moins *de dix-neuf pour cent.*

Si l'on veut apprécier mieux encore la différence, il faut ajouter au prix de fabrique le transport de Moscou en Chine, à Pé-king, par exemple. Il y a de Moscou à Kiakhta 6,319 werstes (6,742 kilomètres) par la voie de terre ; le trajet dure au moins un an, et coûte 27 fr. 15 c. par pièce de 15 kil. 1/2, dont 13 fr. 65 c. pour les seuls frais de transport. De Kiakhta à Kalgan, les caravanes mongoles prennent chargement à raison de 1 *lan* 3/4 les 100 *kin*, et de Kalgan à Pé-king, moyennant 2 *lan* 8 *thsian ;* ce qui revient, pour le premier trajet, à 3 fr. 65 c. la pièce, et, pour le second, à 6 fr. 78 c. ; en tout, 10 fr. 42 c. la pièce (2).

En résumé, le mètre coûte en fabrique 11 fr. 22 c., est grevé de 2 fr. 12 c. de frais de transport jusqu'à Pé-king, et y devrait valoir naturellement *au moins* 13 *fr.* 34 *c.*, non compris les bénéfices, commissions, droits aux diverses douanes, etc. ; et à Sou-tchou, c'est-à-dire à 300 lieues plus loin encore (3), il ne se vend que 9 fr. 02 c.—La perte est donc, non point de 19 p. 0/0, mais de *trente-deux et demi pour cent au moins.*

Il n'y a d'autre explication à donner de ce fait irréfragable que celle qui est indiquée dans le *Guide du commerce direct de la Russie avec la Chine :* « Les négocians russes, y est-il dit, se nuisent (à Kiakhta) les uns aux autres par la concurrence ; ils offrent ordinairement leurs marchandises à des prix inférieurs à ceux que leur en donneraient les Chinois, et ils ne trouvent de compensation à cette dépréciation volontaire et de bénéfice que sur les prix des thés et des autres articles chinois qui entrent dans la consommation russe. Cette singulière spéculation est surtout entretenue par les marchands sibériens, qui, ne disposant que de petits capitaux, ont intérêt à déprécier les produits russes pour les obtenir à bon compte et les échanger avantageusement. »

Le prix de 1 piastre 1/2 le yard, indiqué plus haut, a paru si bas aux membres de la Commission chargée d'examiner les divers échantillons rapportés par la Mission, qu'ils ont pensé que nous avions peut-être fait erreur. On vient de voir que nous maintenons ce prix de 9 fr. 30 c. le mètre, et, bien qu'il soit inutile de confirmer l'exactitude de notre assertion par des preuves étrangères, nous citerons pourtant le document du 17 décembre 1842 (4) ; il y est dit : « Le marchand cota les draps russes

---

(1) Le prix des draps fabriqués à Moscou, pour la Chine, varie de 6 1/2 à 7 1/2 roubles assignation de banque l'archine. Le poids brut de chaque pièce de 25 archines doit être de 1 poud 5 livres non compris les lisières. CHINE ET INDO-CHINE, *Faits commerciaux*, n° 7, page 83.

(2) Les bases de ces calculs ont été recueillies dans Mac-Grégor, *Commercial Tariffs*, etc., *Russia ;* — Timkowski : *Voyage à Pé-king à travers la Mongolie ;* — le *Guide du commerce direct de la Russie avec la Chine ;* — Kupffer : *Travaux de la commission pour les mesures russes ;* 1833, etc.

(3) Nous n'avons pu obtenir de renseignemens suffisamment positifs sur le prix du transport de Pé-king à Sou-tchou.

(4) Mac-Grégor : *Commercial Tariffs*, etc., part. XI, 1843.

au cours du jour (1842), savoir : à 27 piastres la pièce de 50 coudées (19 yards 1/10) en noir, à 32 piastres celle en bleu, et à 35 piastres celles en écarlate et en pensée ; ce qui établit le yard du drap russe noir à 1 piastre 42 cents (8 *fr.* 54 *c. le mètre*) ; du bleu, à 1 p. 68 c. (10 *fr.* 11 *c. le mètre*) ; de l'écarlate et du pensée, à 1 p. 84 c. (11 *fr.* 07 *c. le mètre*). »

Lisières, chefs et plombs.—Trois des échantillons que nous avons achetés proviennent de la fabrique de M. Alexandroff à Moscou : ce sont les nos 206, 207 et 208. Leurs lisières sont rapportées et tirées à poil ; celles du no 208 (noir) sont larges de 45 à 48 millimètres, et noires ; celles du no 206 (bleu foncé) sont larges de 35 à 38 mill., et bleu foncé avec 11 à 12 filets jaunes.

Le chef et le décor ont une grande analogie avec ceux des échantillons cantonnais ; la différence ne consiste guère que dans la hauteur des lettres de l'inscription ; celles-ci n'ont que 39 millimètres, les autres ont 85 mill. La barbe est haute de 7 centimètres 1/2, elle est tirée à poils, de la couleur du drap, unie ou rayée de filets jaunes tissés ou imprimés. A l'endroit, elle est ornée de 12 rayures de papier doré uni, larges de 4 mill., et séparées les unes des autres par un intervalle de 1 mill. 1/2 à 2 mill. Les lisières sont également recouvertes, durant une longueur de 40 à 55 centimètres, de 9 rayures de papier or larges de 3 millimètres. L'encadrement est séparé de la barbe par 12 mill. ; il s'étend, dans toute la largeur, à une hauteur de 13 à 14 centimètres 1/2, et se compose de 2 filets or, l'un de 1 cent., l'autre de 5 mill. A gauche ordinairement, et dans certaines pièces, à droite, il est interrompu vers l'extrémité supérieure par une vignette représentant l'aigle impérial russe. Du côté opposé, et dans le champ même de l'encadrement, se trouvent collées les deux faces de la médaille précédemment décrite. L'inscription est appliquée entre les deux couronnes placées dans les angles ; on y lit, toujours en lettres en papier or de 39 millimètres :

Фки П. АЛЕКСАНДРОВА.

Fabrique de P. Alexandroff.

et le no 121,167 ou 142,400 ou tout autre.

Deux plombs sont attachés à la lisière gauche ; sur l'un, de 2 centimètres de diamètre, est en relief le chiffre 25 (archines), et l'autre, d'un diamètre de 35 mill., porte le nom de la fabrique.

Le no 209 (bleu clair) a la lisière droite large de 45 millimètres, et la gauche large de 38 à 40 mill., toutes les deux sont noires et poilues. Elles sont, comme la barbe (1) rapportées sans aucun ornement. Le décor est très simple ; il n'y a pas un seul filet, pas une seule vignette ; il se compose de l'inscription suivante, en lettres de papier or de 6 centimètres 1/2 et de 8 centimètres :

Ф. К. Б. БАБКИНЫХЪ.

Fabrique des frères Babkine.

---

(1) La barbe a 9 centimètres 1/2 de haut.

A droite sont appliqués, à rebours : 1° l'aigle à double tête, portant un écusson à la marque $\frac{\text{H}}{\text{I}}$ et la légende :

БРА. ТБЕВЬ БАБКИНЫХЬ.

et 2° le numéro d'ordre : N° 2695.

Sur le chef du n° 210 (écarlate) était écrit en lettres d'or :

Фкп В. Ф. ЗАХЕРТА.
Fabrique de Zahert.

Un plomb du diamètre de 35 millimètres était fixé à la lisière ; sur la face sont en relief les armes du prince Troubetskoï, et au revers cette inscription :

БАЛАШИНСКОЙ ФАБРИКИ КНЯЗЯ ТРУБЕЦКАГО.

Toilettes. — Nous avons rapporté de Ning-po deux toilettes que nous allons décrire en quelques mots.

Toutes deux sont en calicot blanc lustré, ayant 13 fils de chaîne et 11 duites aux 5 mill. Leur largeur est de 52 centimètres, et leur longueur de 94 cent. Elles sont fermées par une cordelette wilstonnée blanc et rouge-brun, qui rapproche, en faufil noué, les deux lisières de la toilette jusqu'à 38 cent. de la tranche de devant. Cet espace de 38 cent., réservé à droite, s'ouvre et se ferme à volonté au moyen de deux doubles attaches en ruban façon de Harlem (de 1 cent.), à 7 lisérés (rose, jaune, vert, blanc, vert, jaune et rose). La tranche de devant est fermée à nœud coulant par trois doubles attaches en même ruban. A droite est collée une petite étiquette sur laquelle est écrit à la plume :

Мизерилское кансвое (1).

Au quart (à partir du bas) de la face supérieure de la toilette est placée une vignette gravée représentant la manufacture, et surmontée de l'aigle à double tête avec l'écusson $\frac{\text{H}}{\text{I}}$ et une légende qui varie suivant l'origine de la pièce. Ainsi, sur le *wrapper* du n° 209, on lit :

КУПАВИНСКОЙ ФАБРИКИ.
Fabrique de Koupalinsky.

Sur celui du n° 210, il y a :

БАЛАШИНСКОЙ ФАБРИКИ.
Fabrique de Balachinsky.

Au bas de la vignette est imprimé :

(N° 209) М. Ф. БРАТ. БАБКИНЫХЪ.
Des frères Babkine.

(N° 210) КНЯЗЯ ТРУБЕЦКАГО.
Du prince Troubetskoï.

---

(1) « Drap de Chine ordinaire. »

Et au-dessous est écrit à la plume :

(N° 209) 25ª Мизеридское каневое.

(N° 210) Терпар 25. Мизирипхаз.

6. — DRAPS RUSSES EXAMINÉS A TING-HAÏ (ILE TCHOU-SAN).

Les pièces de drap russe que l'on voit dans les magasins de Ting-haï proviennent toutes de Ning-po, et y sont achetées chez Yuing-tchan ou chez Ta-tji (1). Il paraît que les frais de transport et de douane de Ning-po à Tchou-san s'élèvent à 20 piastres par 10 pièces; 15 sont payées à Ning-po aux mandarins, et 5 aux bateliers et aux *coolies;* cela fait 11 fr. par pièce, dont 8 fr. 25 c. (46 c. par mètre) d'une part, et 2 fr. 75 c. (15 c. par mètre) de l'autre.

La longueur ordinaire des pièces est d'environ 20 yards, et la meilleure largeur serait de 4 tchihs 1/2 de Tchou-san (2), soit 1 mèt. 57 c., c'est-à-dire celle des *spanish stripes.* Cinq échantillons ont été achetés à Ting-haï chez King-ho ; voici leurs largeurs :

	Laize entre lisières.	Laize avec lisières.
	mèt. c.	mèt. c.
N° 211	1 71	1 77 ½
212	1 68	1 77
215	1 66	» »
213	1 66	» »
214	1 65	1 73

Assortiment. — King-ho conseille la combinaison suivante ; dans la seconde colonne, elle est ramenée à 100 pièces et rectifiée par nous :

	1.	2.
	pièces.	pièces.
Bleu.... très foncé (*Tsang-tsing*)	30	30
Bleu.... foncé (*Paou-lân*)	30	26
Bleu.... gentiane (*Yong-lân*)	20	18
Noir	20	16
Pensée	10	4
Gris	5	1
Blanc	5	»
Brun	1 ou 2	1
Bleu clair (*Tsien-lân*)	»	2
Ecarlate	»	2
	122	100

Couleurs. — Parmi les échantillons de Ting-haï, il y en a quatre en bleu foncé : le n° 211 ne vaut rien, il a un ton grisâtre et terne qui ne saurait convenir ; le n° 213 est assez bon comme *tsang-tsing*, ainsi que le n° 214, qui a un léger reflet pourpré. Le n° 212 est un *paou-lân* satisfaisant.

Qualité et prix. — Les bleus foncés (n°s 213 et 214) se vendent au détail, à Ting-haï, 6 roupies le yard (15 fr. 77 c. le mètre); l'écarlate

(1) Les draps russes, dits King-ho, viennent du pays des *Ngo-lo-ss'* à Sou-tchou par le Chèn-si.
(2) Le tchih de Tchou-san dont il est ici question a 349 millimètres.

(n° 215) se paie 1 roupie plus cher par yard (16 fr. 20 c. le mètre). Les observations que nous avons faites précédemment sur les autres draps sont toutes applicables à ceux-ci ; leur qualité est à peu près semblable, et leur prix d'achat est le même, puisqu'ils ont la même origine ; ils ont peut-être même été achetés ensemble.

Le n° 211 a	8 fils en chaîne et	9 fils en trame aux	5 millimètres.
215 a	8 id.	9 id.	id.
212 a	8 id.	8 id.	id.
213 a	7-8 id.	9 id.	id.

Enfin le n° 214 n'a que 7 fils en chaîne et 8 ou 9 duites ; c'est le seul échantillon que nous ayons pu obtenir de la qualité la plus inférieure. La différence porte surtout sur la laine, qui est plus commune, et sur le traitement, qui est beaucoup plus négligé. King-ho reproche aux divers genres de draps russes d'avoir trop d'épaisseur et pas assez de douceur.

Lisières, chefs et plombs. — N°s 212 et 213.—Lisières rapportées et tirées à poil, en bleu foncé avec filets jaunes, larges de 4 c. 1/2 à 5 cent. Inscription en lettres hautes de 8 centimètres, en papier d'argent à gaufrures de moire, placée entre deux chefs formés par 5 rayettes blanches tissées en croisé. A gauche, au-dessus d'elles, est collée une couronne en papier argent découpé. Le chef porte ces mots :

Фки И. А. ШАПОШНИКОВА.

Fabrique de I.-A. Chapochnikoff.

N° 214.—Barbe à longs poils, noire, haute de 8 c. 1/2 ; trois filets jaunes la séparent de l'inscription suivante, en lettres d'or de 7 cent. :

Ф. К. Б. БАБКИНЫХЪ.

Fabrique des Babkine.

A droite, et appliqué à rebours, est le n° 2600, ainsi que l'aigle à double tête avec l'écusson $\frac{\text{H}}{\text{I}}$ et la légende :

БРА. ТБЕВЪ БАБКИНЫХЪ.

N° 211.—Lisière gauche, de 22 à 26 mill. ; lisière droite, de 42 à 45 mill. ; toutes les deux sont noires et unies à l'endroit, et ornées à l'envers de 5 filets jaunes imprimés. — Barbe de 7 cent. 1/2, tirée à poils, noire ; offrant à l'envers 12 rayures jaunes imprimées, et recouverte à l'endroit par 7 filets de 3 mill. 1/2 en papier or, séparés les uns des autres par 6 millimètres. Le décor est formé par un double encadrement : l'un, s'étendant sur toute la largeur, fermé par une simple ligne d'or en bas et par une double rayure en haut ; sa hauteur est de 87 mill. ; il renferme ces mots en lettres d'or moiré de 72 millimètres :

Ф. К. МАИКОВА.

Fabrique de Maïkoff.

et le n° 1132 collé à rebours. Le second encadrement commence à la lisière gauche et ne se prolonge que jusqu'à 91 cent.; sa hauteur totale est de 19 centimètres. On y trouve dans l'angle inférieur gauche une couronne, au-dessus la médaille pour l'industrie, et ensuite l'aigle avec l'écusson de Saint-Michel et la légende :

МАИКОВА.

N° 215.—Lisière gauche, 45 mill.; lisière droite, 35 mill. : toutes deux noires, cousues et garnies de quatre petits filets or.—Barbe de 7 cent., tenant à la pièce, noire, poilue, ornée de sept rayures or de 3 mill., distantes les unes des autres de 5 mill.—A 5 millimètres, est un encadrement à double filet en papier doré (l'un de 13 mill., l'autre de 4 mill.), haut de 14 centimètres. On y remarque à gauche, après une couronne placée dans l'angle, les deux faces d'une médaille ; d'un côté est l'effigie de l'empereur, avec cette légende à l'exergue :

В. М. НИКОЛАИ I ИМПЕРАТОРЪ И САМОДЕРЖЕЦЪ ВСЕРОСС.

au revers :

ЗА ПОЛЕЗНОЕ.

Au-dessus sont les initiales A H entrelacées. L'inscription ne se compose que du mot *Kordukoff*, écrit en caractères gothiques, et du n° 5.

A l'une des lisières, deux plombs sont fixés ; le plomb supérieur est assez petit ; le chiffre 25 (archines) y est en relief ; l'inférieur a un diamètre de 35 millimètres, on y lit :

ВЪ ИЗМАИЛОВѢ (1). — АЛЕКСЕЯ ИВАНОВА КУРДЮКОВА.

Toilette.— Une toilette de drap russe achetée par nous à Ting-haï se trouve dans la collection du Ministère ; elle ressemble à une de celles précédemment décrites ; il est inutile de nous en occuper de nouveau.

7. — DRAPS RUSSES EXAMINÉS A CHANG-HAÏ.

Chang-haï étant le port le plus septentrional et le plus proche de Sou-tchou, il semble que l'on doive trouver dans ses magasins de plus nombreux assortimens de draps russes que dans ceux de Ning-po : le contraire a lieu. A Chang-haï, il y a non-seulement moins de draps russes, mais aussi moins de fourrures, moins de feutres, de serges, de ratines, de bonneterie et de tapis de poil ou de laine ; tous ces articles y sont en outre plus chers. La moindre quantité s'explique par la proximité de Sou-tchou, où les marchands peuvent compléter, en peu de jours et à peu de frais, leur assortiment au fur et à mesure de leurs besoins. La hausse du cours est sans doute due à ce que les lainages anglais, offerts à très bas prix et en grand nombre, sont en quelque sorte maîtres de la place et rendent inutiles ceux du pays. A Ning-po, au contraire, le commerce étranger est à peu près nul, la consommation préfère et appelle les articles indigènes ainsi que ceux auxquels elle est

(1) *Ismaïloff*, nom du bourg dans lequel est établie la manufacture de M. Kordukoff.

habituée, et la concurrence, en même temps que l'encombrement, ramène leur valeur au taux réel et normal.

Sou-tchou est l'entrepôt ainsi que le principal marché des draps russes. Yuing-tchan estime à 10,000 pièces l'importation annuelle dans cette ville. King-wo de Chang-haï pense que la vente de cet article y dépasse chaque année 8,000 pièces; enfin, le document du 17 décembre 1842 l'évalue à 20,000 pièces. Le plus grand négociant en draps russes à Sou-tchou s'appelle, à ce qu'il paraît, *Hoh-taï* ou *Hê-ta.*

La consommation de Chang-haï est naturellement beaucoup moindre que la précédente; King-wo la fixe à 2,600 pièces, et ce chiffre ne doit pas être éloigné de la vérité.

Ces draps ne se trouvent que dans les magasins de soieries, qui n'en ont ordinairement que 2 ou 3 pièces en bleu foncé ou en noir. On les appelle partout *Ha-la-ni.*

Longueur.— La longueur des pièces est évaluée par tous les marchands à 20 yards (18 mèt. 28 c.) : l'un d'eux a auné, devant nous, une pièce de couleur bleu foncé qui avait, suivant lui, 41 tchihs; son tchih était égal à 345 millimètres 1/2, c'était donc 14 mètres 16 c. On y comptait, en effet, 60 plis (30 plis doubles), larges de 47 centimètres, soit 14 mèt. 10 c.; ce qui confirme le métrage précédent. Nous avons dit précédemment que toutes les pièces doivent mesurer 25 archines (17 mèt. 75 c.), et les plombs indiquent toujours cette longueur.

Largeur.—La laize varie toujours dans les mêmes limites; comme c'est un des points les plus essentiels à préciser, nous donnons ci-après les mesures avec et sans lisières des échantillons que nous avons observés et achetés à Chang-haï. — La moyenne est de 1 mètre 82 centimètres à 1 m. 84 c., lisières comprises, et de 1 mèt. 72 c. à 1 m. 74 c. entre lisières.

Nos des échantillons de la collection.	NOMS des FABRICANS RUSSES.	DÉSIGNATION des COULEURS.	LARGEUR avec lisières.	LARGEUR entre lisières.
	MM.		mèt. c.	mèt. c.
—	——	Bleu foncé	1 88	1 82
—	Alexandroff	Vert	1 88	1 82
195	Prince Troubetskoï	Bleu clair	1 86	1 77
200	——	Id.	1 86	1 76
199	——	Bleu foncé	1 85	1 76
196	——	Id.	1 83	1 76
—	——	Id.	1 83	1 74
197	Alexandroff	Id.	1 82	1 75
—	——	Id.	1 82	1 72
—	Maïkoff	Vert	1 80	1 75
—	Chapochnikoff	Bleu très foncé	1 80	1 72
—	——	— foncé	» »	1 74
—	——	— clair	1 78	1 72
—	Chapochnikoff	— foncé fin	1 76	1 64
—	——	Noir	» »	1 60

Couleurs.—Les nos 196 et 199 sont assez satisfaisans pour bleu foncé; le n° 197 est beaucoup moins convenable.—En bleu clair, le n° 195 est préférable au n° 200; il est plus vif, plus clair et son reflet est plus agréable. Ce n° 195 est un excellent bleu *tsing-lan* que l'on peut prendre pour modèle.

Qualité et prix. — Nous avons examiné à Chang-haï une vingtaine de pièces et nous y avons distingué trois qualités différentes.

La première, que nous appelons *fine*, provenait, en général, de la fabrique de M. Chapochnikoff; nous n'en avons remarqué que trois pièces : on les achète à Sou-tchou de 34 à 40 piastres la pièce (de 17 m. 75 c.) en bleus foncé et clair, c'est-à-dire de 10 fr. 54 c. à 12 fr. 40 c. le mètre. On les vend en détail de 2 piastres 30 c. à 2 p. 60 c. le yard (de 13 fr. 84 c. à 15 fr. 15 c. le mètre). La laine est fine, le tissu moelleux, bien drapé et apprêté.

La deuxième qualité ou plus exactement le deuxième genre de drap, car il est à peu près semblable et quelquefois même inférieur à celui dont nous parlerons ensuite, se paie à Sou-tchou, de 40 à 45 et 46 piastres la pièce (de 12 fr. 40 c. à 13 fr. 94 c. et 14 fr. 25 c. le m.). Nous sommes fondé à penser que ces prix sont exagérés; mais comme nous les avons recueillis auprès de plusieurs marchands différens, la concordance de leurs informations nous oblige à reproduire leur déclaration, tout en manifestant nos doutes sur l'exactitude de ce renseignement. Au détail, on paie le noir 2 pia. 50 c. le yard (15 fr. 04 c. le mètre); le bleu foncé, 2 piastres 8 mèces et 10 caches (de cuivre) (16 fr. 10 c. le mètre), 3 piastres (18 fr. 05 c. le mètre), etc.

La troisième qualité est celle que nous avons rencontrée à Canton et à Ning-po; nous en avons rapporté cinq échantillons (1). La force de ce drap varie de 8 à 9 fils en chaîne, et de 8 à 11 fils en trame, aux 5 millimètres. Les marchands détaillans de Chang-haï ne s'accordent point sur le prix d'achat; quelques-uns prétendent qu'il est de 40 piastres la pièce (12 fr. 40 c. le mètre); mais comme ceux-là même vendent au détail à raison de 2 piastres (12 fr. 03 c. le m.), il est évident que leur indication est fausse. Nous en avons eu la preuve en achetant le n° 195 2 p. 60 c. le yard (15 fr. 65 c. le m.); le Chinois annonçait avoir soldé la pièce 40 piastres, il la mesura et lui reconnut, comme nous l'avons déjà dit, une longueur de 14 mèt. 16 c.; le mètre ressortait donc à 15 fr. 60 c., et il est certain que, si tel en était réellement le prix de revient, le marchand n'eût pas cédé au détail un bleu clair à 15 fr. 65 c. — Les bleus foncés d'Alexandroff se vendent (au détail) de 2 pia. 50 c. à 2 p. 60 c. (de 15 fr. 04 c. à 15 fr. 15 c. le m.); les noirs à 2 piastres le yard (12 fr. 03 c. le m.); c'est ce que coûte également le bleu clair n° 200. — Nous avons vu vendre 33 piastres (10 fr. 33 c. le mètre) une pièce en bleu *tsang sing* de la fabrique de M. Chapochnikoff; elle avait été

---

(1) Ces échantillons ont figuré à l'Exposition et font partie de la Collection du Ministère.

Nos						
195	187-178 c.	9	fils de chaîne et	9-10	duites	aux 5 millimètres.
196	183-176	9	id.	10	id.	id.
197	184-176	8	id.	10	id.	id.
199	185-176	8	id.	10	id.	id.
200	186-177	8	id.	11	id.	id.

achetée à Sou-tchou, au dire du détaillant, 31 piastres (9 fr. 60 c. le m.)(1). — Le témoignage de King-wo, négociant désintéressé dans la question et d'une grande expérience, nous paraît le plus exact; ce négociant nous a affirmé qu'à Sou-tchou la pièce de drap russe ordinaire, c'est-à-dire en qualité de nos échantillons, se vend de 24 à 26 piastres, c'est-à-dire *de 7 fr. 44 c. à 8 fr. 05 c. le mètre*, et que le prix de demi-détail y est de 1 piastre 30 cents à 1 p. 51 c. le yard, soit de 7 fr. 82 c. à 9 fr. 04 c. le mètre. Si l'on se reporte à ce que Yuing-tchan nous a dit à Ning-po, on reconnaîtra que le renseignement de King-wo mérite toute confiance.

La quatrième qualité est plus commune, mais elle se présente rarement sur le marché; il n'y a donc pas lieu d'en parler.

Lisières. — Les lisières des bleus clairs sont tenantes, noires et tirées à longs poils; celles du n° 195, larges de 42 millimètres, sont à peu près égales; mais au n° 200, celle de gauche a 37 millimètres, et celle de droite 50 millimètres. — 40 à 43 millimètres, telle est la dimension des lisières des bleus foncés; par exception, le n° 196 a 3 centimètres 1/2 à gauche et 3 centimètres à droite. A l'endroit, elles sont noires, cousues, tirées à poils et unies; à l'envers, on y remarque de 7 à 9 filets jaunes. — Les marchands de Sou-tchou et de Chang-haï ont l'habitude de couper l'une des lisières de la pièce, afin que celle-ci, lorsqu'elle est pliée, ait partout un volume uniforme.

Chefs et plombs. — Comme il est sans intérêt de reproduire des détails précédemment donnés, nous ne nous arrêterons pas longuement sur ce sujet.

Les pièces de M. Alexandroff ont les lisières et la barbe ornées, celles-là, de neuf, et celles-ci, de douze rayures en papier or uni. Le nom du fabricant, le numéro d'ordre, les vignettes, telles que la médaille d'honneur, l'aigle impérial et les couronnes, sont renfermés dans un encadrement qui s'étend d'une lisière à l'autre. Sur certains chefs, le numéro est à gauche; sur d'autres, il est à droite; la légende

ФКИ П. АЛЕКСАНДРОВА.

est toujours à l'opposé; dans les pièces examinées à Chang-haï, les lettres ne sont hautes que de 38 millimètres. Les deux plombs sont à gauche; sur le plus petit (diamètre, 2 centimètres 1/2) est le chiffre 25; sur le plus grand (diamètre, 33 millimètres) est estampée de chaque côté et disposée circulairement l'inscription :

Ф. П. АЛЕКСАНДРОВА. 1843.

Il n'y a lieu de présenter sur les chefs des pièces de M. Maïkoff aucune observation nouvelle.

Celles de M. Chapochnikoff ont offert des différences auxquelles les Chinois font toujours attention; dans le cas qui va être signalé, on

(1) Nous ne parlons pas d'une pièce de drap vert de M. Maïkoff, détaillée à raison de 2 piastres 9 mèces 10 caches (de cuivre) le yard (16 fr. 62 c. le m.), parce que cette couleur, étant alors rare sur la place, avait par conséquent augmenté la valeur du drap.

présume que la distinction a été établie afin que l'on ne confondît pas les qualités. Ainsi, sur les draps ordinaires, on lit, écrits en lettres majuscules de papier d'argent, les mots :

Фкн И. А. ШАПОШНИКОВА.

« *Fabrique de I. A. Chapochnikoff.* »

et sur les draps fins, ceux-ci aussi en lettres d'argent :

ФАБРИКИ ИВАНА ШАПОШНИКОВА АЛЕКСѢЕВА.

« *Fabrique de Jean Chapochnikoff d'Alexeiff.* »

Enfin, nous rappellerons que les pièces du prince Troubetskoï se reconnaissent à cette inscription en lettres d'or :

Б. Ф. Кзя ТРУБЕЦКАГО.

et que le plomb, blasonné à ses armes, porte cette légende :

БАЛАШИНСКОЙ ФАБРИКИ КНЯЗЯ ТРУБЕЦКАГО.

Toilettes. — Plusieurs pièces, mesurées sous enveloppe, avaient 86 centimèt. de long, 44 centimèt. de large et 7 centimèt. 1/2 de haut.

Les toilettes sont toujours blanches et glacées ; leurs dimensions ont déjà été données; il nous suffira de citer deux des inscriptions qui sont placées sur les vignettes :

КУПАВИНСКОЙ ФАБРИКИ.

М. Ф. БРАТ. БАБКИНЫХЪ. 25.

« *Fabrique de Koupalinskoy* (1) *des frères Babkine.* »

БАЛАШИНСКОЙ ФАБРИКИ

КНЯЗЯ ТРУБЕЦКАГО. Каневое 25 Мизиригдка (2).

« *Fabrique de Balachinskoy du prince Troubetskoï.* »

La pièce a ses lisières maintenues par quatre cordonnets en fil. Il n'y a rien de particulier dans l'emballage.

Observations générales (3). — Il n'entre pas dans le cadre de ce travail de rechercher s'il est possible à la France de lutter avec l'industrie russe dans la fabrication de ces draps ; c'est une étude dont nous nous occuperons à l'occasion des draps du Midi.

---

(1) *Koupalinskoy* et mieux *Koupawna*, nom d'un village des environs de Moscou où est située la manufacture de MM. Babkine.

(2) Ces deux mots sont une altération de *Mezeritskoe Kaieboe* « Drap russe ordinaire pour la Chine. »

(3) Le Ministère du commerce a publié sur les draps russes échangés à Kiakhta trois documens intéressans (Voir CHINE ET INDO-CHINE, *Faits commerciaux*, n° 1, page 123 ; n° 7, page 83 ; et

Nous ferons observer ici que la vente de cet article, dans les cinq ports ouverts, s'effectuerait toujours à perte ; qu'à Canton et à E-mouï, la consommation en étant sans importance, le placement en serait long et difficile ; qu'à Ning-po et à Chang-haï, on rencontrerait encore de plus grandes difficultés. Le drap russe est connu et porté dans le Tché-kiang, le Kiang-sou, le Tchih-li et dans toutes les provinces septentrionales; sans doute, sa qualité et ses couleurs ne conviennent pas parfaitement (1), mais on sait par expérience qu'il est d'un excellent usage. Le *stock* est toujours considérable, le cours extrêmement bas, au-dessous du prix de fabrique ; les assortimens satisfont à peu près aux besoins de la consommation ; sa largeur est plus grande qu'il ne le faut, les décors plaisent aux Chinois; toutes ces choses montrent qu'il n'y a pas lieu d'essayer la moindre expédition (2).

Nous sommes certain que l'on peut fabriquer ces draps en France à un prix égal à celui de Moscou, en même largeur et en plus belle qualité; mais, quelle que soit la supériorité de nos produits, il est impossible qu'ils puissent lutter avec des similaires, que les marchands chinois, grâce aux conditions de l'échange à Kiakhta, vendent dans l'intérieur à plus de 20 p. 0/0 meilleur marché qu'en Russie.

Nous ne saurions trop insister sur le fait de l'extrême bas prix des draps russes en Chine, parce qu'on les évalue presque partout aux prix de 2 piastres 1/2 à 3 piastres 1/2 le yard. Le conseiller de commerce de Prusse en mission en Chine, M. Grübe (3), trompé, sans doute, à Canton et à Ning-po, par ses linguistes sur leur valeur, comptait sur un prix de vente en gros de 3 piastres le yard (15 fr. 05 c. le mètre), et se promettait d'appeler sur cet article l'attention des manufacturiers de la Silésie qui l'expédiaient autrefois à Kiakhta, en transit par la Russie. Si M. Grübe avait pu, comme nous, s'assurer qu'il ne s'achète à Sou-tchou que de 8 à 9 francs le mètre, il n'est pas douteux qu'il eût reconnu aussi l'impossibilité de tenter la moindre concurrence.

Nous avons, dans un précédent rapport (4), parlé de Tièn-tsinn (5), qui est le port le plus animé de la côte septentrionale. Des amendes considérables empêchent les Anglais d'enfreindre l'article de leur traité qui leur interdit de remonter au nord du Yang-tss'-kiang ; ils ont envoyé quelques cargaisons d'essai à Tièn-tsinn sur des jonques chinoises et ont réalisé de très beaux bénéfices. Ils désirent très vivement voir une autre puissance, qui ne serait pas liée par les mêmes engagemens, prendre l'initiative de cette contravention et de ce commerce. Les Anglais ont,

---

Russie, *Faits commerciaux*, n° 1, page 6). Les renseignemens que l'on y trouve ont été recueillis à Moscou ; bien qu'ils diffèrent des nôtres en certains points, nous engageons les fabricans à les consulter.

(1) Nous nous sommes attaché principalement à décrire les draps russes ; mais comme nous ne conseillons ni de les imiter, ni d'en fabriquer d'analogues destinés à leur faire concurrence, nous avons jugé inutile d'indiquer ce qu'il faudrait faire pour que ce genre de drap convînt mieux à la consommation chinoise.

(2) La Compagnie paraît avoir essayé de remplacer dans la consommation chinoise les draps russes par des *broad cloths*, identiques en dimensions et en qualité ; car on voit mentionnées aux pages 1328 et 1329 de l'Appendice du *Journal de la Chambre des Lords* de 1830, les expéditions à Canton, en 1809-10, de 12 pièces de drap de Moscou, et, en 1823-24, de 2,250 pièces d'*imitation de drap russe*

(3) M. Grübe est mort à Batavia, le 25 juin 1845.

(4) Chine et Indo-Chine, *Faits commerciaux*, n° 11 (juillet et août 1846), page 28.

(5) Tièn-tsinn, chef-lieu d'un département de la province de Tchih-li, est distant de 25 lieues de Pé king, et situé à l'embouchure du Peï-ho (fleuve blanc).—Lat. N. 39° 10′ 10″; long. E. 117° 13′ 55″ (Greenwich).

pour nous décider à encourager cette entreprise, fait valoir la probabilité du placement de nos étoffes de laine: suivant nous, ce placement est impossible; les draps russes sont là, plus encore qu'à Chang-haï et qu'à Sou-tchou, maîtres du marché; la rigueur et la longueur des hivers en rendent l'usage indispensable, et aucun de nos lainages ne les remplacerait ni aussi bien, ni à un prix aussi modique. Ils s'y vendent au détail, suivant A-lum, 700 caches (de cuivre) le tchih, environ 9 fr. 20 c. le mètre.

DRAPS DIVERS.

CASIMIRS.

Les casimirs ou *siau-ni* viennent rarement en Chine (1); leur largeur ne convient pas aux Chinois et leur valeur est, en général, trop élevée.

A-lum nous a donné le carnet d'échantillons d'un assortiment qui avait été vendu à Chang-haï à un assez bon prix ; la laize était étroite (76 à 80 centimètres) et les pièces étaient longues de 32 à 35 yards. La qualité est légère, douce, apparente et assez jolie; elle a 7 croisures et 12 fils de trame aux 5 millimètres ; c'est plutôt un ras de castor fin qu'un casimir. L'assortiment de la partie achetée par A-lum se composait de :

5 pièces	lilas	nº 1125
4 id.	pensée	1118
2 id.	bleu gentiane	1038
2 id.	bleu ciel	1036
1 id.	ventre de biche	1128
1 id.	rose	1124
1 id.	vert-pomme	1158
16 pièces.		

MM. Bertèche, Bonjean jeune et Chesnou de Sedan nous avaient remis des échantillons de casimirs fins blancs et chamois ; les Chinois les ont trouvés si beaux, que, sans se rendre compte de l'usage auquel ils les destineraient, ils ont fait l'offre sérieuse, malheureusement insuffisante, de 6 fr. 02 c. le mètre. Suivant A-tching, chef de la maison You-long de Canton, il en a été apporté autrefois un petit lot en qualité inférieure et en largeur de 155 centimètres, qui a été enlevé très rapidement au prix de 2 piastres 1/2 le yard (15 fr. 05 c. le mètre).

DRAPS LÉGERS RUSSES.

Les Russes ont voulu imiter les *spanish stripes* de Leeds et d'Eupen ; on n'en saurait douter, car un ouvrage officiel russe constate que, depuis une douzaine d'années, on fabrique pour Kiakhta des demi-draps et des draps de dame *pareils à ceux que les Anglais portent à Canton.* Les documens publiés par le Ministère du commerce en font aussi mention ;

(1) Il y avait dans la collection remise à lord Macartney par la Compagnie des Indes des échantillons de casimirs du Gloucestershire et du Wiltshire.

ils leur assignent une longueur de 25 à 35 archines (de 17 mèt. 78 c. à 24 m. 90 c.) et une largeur entre lisières de 2 archines (1 mètre 422 m.). Les lisières doivent avoir 1 verschock 1/2 de large (66 millim. 1/2) (1). Leur prix, à Moscou, est, d'après le n° 1 (2), p. 124, de 3 1/2 à 4 1/2 roubles assignation l'archine (de 5 fr. 54 c. à 7 fr. 12 c. le mètre), et suivant le n° 7 (3), p. 83, de 2 à 3 roubles 50 copecks.

Nous avons vu, en effet, à Canton ces *spanish stripes* russes, et nous devons déclarer qu'ils sont très inférieurs aux petits draps anglais que l'on a essayé d'imiter. Ils ne valent vraiment rien ; leur toile est *croisée* (6 croisures aux 5 mill.), d'une extrême minceur, très légère, tenace, calandrée ou fortement pressée à chaud; la laine est douce, le compte assez serré, mais la filature est trop fine (4), le grain trop écrasé, l'étoffe trop maigre, trop peu foulée et garnie, pour ressembler à un drap de dame.

Ce drap léger de fabrique russe est arrivé à Canton en pièces, longues de 20 à 21 yards, et larges de 54 à 55 pouces anglais (de 137 à 140 centimètres). Ap-hing était le seul négociant qui en eût acheté, et il les revendit 80 et 85 cents le yard (4 fr. 81 c. et 5 fr. 10 c. le mètre).

Les lisières étaient larges de 15 millimètres, unies, sans rayures, et se distinguaient à peine du corps de la pièce.

Le chef était orné de l'aigle à deux têtes et à l'écusson de Saint-Michel, tenant le sceptre dans une de ses serres et le globe de l'autre; on y lisait l'inscription :

НОВИКОВА ФН....

DRAPS MEDIUM *RUSSES.*

Ce drap *medium* est une qualité légère de mézéritsky ; il ne se distingue des draps dont nous avons parlé plus haut que parce qu'il est un peu moins corsé et épais. On en rencontre un très petit nombre de pièces, et les seules que nous ayons vues étaient dans la factorerie d'Ap-hing à Canton. Elles avaient 74 pouces (1 mèt. 88 c.) de large, et furent vendues à raison de 1 piastre 50 cents le yard (9 fr. 02 c. le mètre).

DRAPS PILOTES, CASTORS ÉPAIS, CASTORINES, ETC.

Aucun de ces draps ne convient en Chine. A Chang-haï, on a importé du drap pilote que l'on offrait à 2 piastres 1/2 le yard (15 fr. 05 c. le mètre) et qui ne trouvait pas d'acheteurs. A Hong-kong, tous les articles de ce genre sont également d'une vente lente et désavantageuse.

Le *Guide du commerce direct de la Russie avec la Chine* mentionne

---

(1) On lit à la page 7 du n° 114 de la 3e série (RUSSIE, *Faits commerciaux*, n° 1) : « Toutes les lisières (des draps russes) doivent avoir 1 verschock 1/2 (0 mètre 667) de large. » Il faut lire 0 mèt. 0666. Il est plus vrai de dire qu'en général les deux lisières ont une largeur de 70 à 80 millimètres, mais qu'elles sont inégales ; celle de gauche mesure ordinairement de 45 à 55 mill., et celle de droite de 25 à 30 mill.

(2) CHINE ET INDO-CHINE, *Faits commerciaux*, avril 1843.

(3) *Idem*, *id.* octobre 1844.

(4) 11 fils en chaîne et 12 en trame aux 5 millimètres.

l'envoi à Kiakhta de castorines et de ratines drapées; elles y obtenaient, vers 1826, 8 mèces d'argent (1) l'archine (8 fr. 45 c. le mètre).

Nous renvoyons à nos rapports autographiés sur les échantillons d'Elbeuf et de Louviers pour de plus amples renseignemens sur la convenance de ces divers articles.

RAS DE CASTOR.

Blancard (*Manuel du commerce des Indes*, p. 411) signale les ras de castor comme un des bons articles d'importation de la France en Chine; ils se vendaient à Canton, en 1790 et en 1792, 8 mèces l'aune (4 fr. 90 c. le mètre environ). M. Renouard de Sainte-Croix, qui a séjourné à Canton vers 1805, a reconnu également dans son ouvrage la convenance de cet article. « Les draps de Reims, dits *de castors*, dit-il (2), peuvent seuls, s'ils sont bien choisis et en petite quantité, être vendus sans perte, pourvu que les couleurs soient dans le goût des Chinois ; savoir : le bleu et le noir ; le bleu de ciel en petite quantité, les couleurs violettes, de bois ; point de blanc, et très peu de vert. »

Le ras de castor est aujourd'hui peu connu à Canton ; on n'en fabrique ni en Angleterre, ni en Allemagne. Reims est la seule ville où l'on tisse encore cette étoffe, qui est une espèce de maroc croisé, un drap très léger et doux, large de 120 centimètres, et du prix de 5 fr. 50 c. le mètre teint en pièce. On le demande ou simplement dégorgé ou le plus souvent foulé et réduit de 12 à 15 p. 0/0 ; c'est ainsi qu'il le faudrait établir pour la Chine.

DROGUETS-DRAPS COMMUNS.

Parmi les draps communs importés à Canton, nous avons remarqué le droguet commun en laine, n° 188, dont la consommation est très limitée. Ce genre n'est, en effet, porté que l'hiver en *chams* par quelques pauvres gens; on en expédie peu dans l'intérieur. Dans le Nord, les draps russes sont à si bas prix, que leur usage est répandu dans toutes les classes, et, d'ailleurs, la qualité, la couleur et la laize ne conviennent point. Ce sont ces motifs qui nous décident à déconseiller l'envoi de cette étoffe grossière.

Elle est croisée, a 4 fils de chaîne et 3 duites aux 5 millim. et arrive en pièces longues de 70 tchihs (26 mètres), larges de 1 mèt. 24 c. ; les marchands voudraient qu'elle eût 3 tch. 8 ts. (1 mèt. 42 c.), et qu'au lieu d'être en gris bleu piqueté, elle fût teinte en bleu foncé ou en bleu clair. Le mètre pèse 504 grammes. Le prix d'achat est de 25 cents le yard (1 fr. 50 c. le mètre), et celui de vente de 40 cents (2 fr. 40 c. le mètre). On prend 1 yard 1/2 de ce drap pour faire un *ma-koua*.

DRAPS COMMUNS.

6 fils en chaîne et 7 coups de trame aux 5 millimètres, telle est la

---

(1) L'auteur russe de ce Guide estime à 7 fr. 41 c. la valeur à Kiakhta du *liang* d'argent de 10 mèces.

(2) *Voyage commercial et politique aux Indes-Orientales*, 1810, vol. III, page 143.

finesse de ces draps (n° 187), dont la largeur est de 1 mèt. 64 c., lisières comprises, et de 1 m. 57 c. entre lisières. Ils valaient à Canton, en décembre 1844, 1 p. 25 c. le yard (7 fr. 52 c. le mètre). Les lisières et le chef sont noirs et tirés à poils ; celles-là ont 3 centimètres 1/2 de large, et celui-ci a 14 centimètres de haut. On y lit en lettres d'argent : *William sons ;* c'est le nom du fabricant de Leeds. Ce drap, en laine dure, sec, épais et commun, est recouvert d'une toilette de calicot noir sans aucun décor. Il ne faut jamais envoyer pareille qualité en Chine ; elle se vend presque toujours à perte, et, dans tous les cas, est d'un placement difficile.

Il est cependant arrivé quelquefois que ces draps ont obtenu d'excellens prix ; nous citerons, par exemple, la partie apportée par M. L.-C. Rivott, de Lisbonne, sur le brick portugais *le Onze Marzo*, qu'il commandait. Elle était composée de draps (n° 1300) qui ressemblaient beaucoup aux draps russes, et, bien qu'ils fussent épais et durs, ils furent vendus 2 piastres le yard (12 fr. 03 c. le mètre) ; leur largeur était de 1 yard 3/4 (1 m. 60 c.).

DRAPS MI-FINS ET FINS FRANÇAIS.

« En 1776, la France, dit Raynal (1), fournit à la Chine pour 400,000 livres de draperies. » En 1792, les importations de cet article étaient encore considérables; mais, si l'on en croit Blancard (2), nos draps avaient perdu leur réputation, et il attribuait ce discrédit à la mauvaise qualité de ceux qu'on avait précédemment portés à Canton. Depuis cette époque, et par l'effet de la malheureuse coïncidence des événemens politiques qui agitèrent le commencement de ce siècle, la France restreignit peu à peu ses expéditions de draps en Chine, et finit par les cesser tout à fait.

Les affaires, si productives alors, furent reprises il y a vingt ans, en 1827. — Les draps anglais se vendaient alors à Canton à un prix élevé, et l'absence de toute concurrence assurait à la Compagnie des Indes-Orientales d'Angleterre des bénéfices *réels* (3) ; la hausse du cours et la demande constante de cet article déterminèrent le *hong-merchant* Chongqua à profiter de ces circonstances favorables et à présenter sur le marché des draps français. Il passa, en 1825, un marché avec une maison espagnole (MM. Calvo et Cie), et, par l'intermédiaire de MM. Bergmiller et Ayala, celui-ci confia l'exécution de la commission à deux des premiers fabricans d'Elbeuf. La première commande, faite par MM. Victor Grandin et Quesné, se composa de 3,000 pièces (40,000 aunes), longues de 17 yards 1/2 (16 mètres) et larges de 1 mètre 52 cent. (4).

---

(1) *Histoire philosophique et politique du Commerce des Européens aux Indes.* Edition de 1782. Vol. III, page 156.

(2) *Manuel du Commerce des Indes*, page 410.

(3) Malgré les assertions contraires des historiens de la Compagnie ; voir Milburn, Phipps, etc.

(4) Chaque balle se composait de 12 pièces teintes en laine ou en pièce, et l'assortiment comprenait les couleurs suivantes : noir, bleu vif, bleu de ciel, fleur de pensée clair, écarlate, jonquille, cramoisi, gris américain et marron. La qualité était légère, très apparente et du prix de 11 fr. 50 c. l'aune (9 fr. 60 c. le mètre). Analogue à celle des zéphyrs et des demi-draps actuels, elle était supérieure néanmoins à nos types de *spanish stripes*, car à cette époque les draps, auxquels la Compagnie avait habitué les Chinois, étaient un peu plus corsés et en plus belle laine que ceux que l'on importe aujourd'hui ; cette différence s'explique d'ailleurs par les prix élevés que l'on obtenait.

Cette expédition de 1827 a été tant de fois invoquée par les Anglais comme preuve de la déloyauté de la fabrique française, que nous devons faire connaître ce qui a donné lieu à leurs injustes attaques. La qualité était conforme aux types remis par Chong-qua ; toutes les pièces avaient été ramenées à une longueur régulière de 17 yards 1/2, ou 16 mètres ; vérification en fut faite en France. La largeur ne fut, il est vrai, que de 1 mètre 52 c., c'est-à-dire de 60 pouces anglais ; cette insuffisance de largeur fut le résultat d'une erreur regrettable ; le correspondant de Canton demandait 17 yards 1/2 et 60 pouces, le négociant espagnol supposa naturellement qu'il s'agissait de pouces anglais, et au lieu de 1 mètre 67 cent. (60 pouces français), il commissionna en largeur de 1 mèt. 52 c. (60 pouces anglais) ; toutes les pièces avaient été exactement fabriquées d'après ses indications, il les accepta. L'erreur ne fut reconnue qu'à l'arrivée à Canton, et quand la nouvelle en parvint en France, il ne fut possible que de modifier une partie de la deuxième livraison, qui était de 4,500 pièces (60,000 aunes), et qui partit en 1828. La Compagnie des Indes, menacée par ces importations françaises, avait baissé de 10 p. 0/0 le prix de ses draps, et Chong-qua, déçu dans ses espérances, avait résilié son marché ; mais, bien que se trouvant alors à Canton dans des conditions moins favorables, l'envoi de 3,750 pièces (50,000 aunes) en 1829, et celui de 600 à 750 pièces (de 8 à 10,000 aunes) en 1830, se placèrent facilement et avec bénéfice. Ces deux dernières expéditions ne laissaient rien à désirer sous le rapport de la qualité et du conditionnement. Ces trois dernières parties furent fabriquées par M. Victor Grandin seul.

Poun-ki-qua et King-qua se rappelaient encore en 1845 la faveur avec laquelle on avait accueilli à Canton les draps français, même ceux de 1827 ; ce témoignage parfaitement désintéressé prouve que cette affaire ne fut pas aussi fatale à notre commerce qu'on l'a prétendu. Il n'en est pas moins à regretter qu'une erreur de largeur ait eu lieu, parce que les acheteurs chinois, bien qu'indemnisés par le négociant espagnol de la différence à leur préjudice, ne se firent pas scrupule de ne pas tenir compte de cette indemnité aux marchands auxquels ils les vendirent.

Telle est l'histoire à peu près exacte de ces affaires de 1827 à 1830 que l'on a tant exagérées. Deux des expéditions ont pu être malheureuses, par suite du fait regrettable que nous avons signalé ; mais aucune n'a donné lieu de mettre en doute la loyauté des fabricans français, et les attaques de la presse anglaise, ainsi que les résolutions de la Compagnie des Indes, ont témoigné de la crainte qu'avait le commerce anglais de notre concurrence en Chine.

Les voyages de M. E. Tastet remontent à 1830; il porta à Canton, durant cette année, une partie de draps assez forte, qu'il vendit à des prix avantageux.

Ce fut en 1835 que la maison Bertèche, Bonjean jeune et Chesnon, de Sedan, commença à fabriquer des draps pour la Chine ; cette première expédition, confiée aux soins de MM. Tastet et Gernaert, s'élevait à la somme de 36,795 francs. La deuxième opération, d'une valeur de 38,525 francs, eut lieu en 1838 ; M. Van Veeren se chargea de la réaliser.

En novembre 1840, eut lieu à Macao la vente publique de draps, livrés par MM. Bertèche, Bonjean jeune et Chesnon, de Sedan, et par M. Renard, des Andelys, et importés par M. Tastet. On eut lieu de remarquer quelques irrégularités dans la qualité des pièces des Andelys, mais le conditionnement de toute la partie était satisfaisant : les largeurs et les longueurs étaient exactes, et les prix obtenus varièrent de 3 piastres 50 cents à 5 piastres le yard, c'est-a-dire de 15 fr. 05 c. à 30 fr. 10 c. le mètre.

Il arriva à Macao l'année suivante (1841) un autre lot qui fut consigné à MM. Reynvaan et Cie. Comme les précédens auxquels ils étaient semblables, ces draps provenaient de la manufacture de Sedan, déjà nommée ; la quantité en était peu considérable, car la facture d'expédition dépassait à peine 9,000 francs. Ils furent placés en moyenne à 4 piastres le yard (24 fr. 05 c. le mètre).

Ainsi, longtemps avant le traité de Nan-king, nos draps n'étaient plus discrédités ; leur réputation de bonté commençait à s'établir, et les prix élevés qu'on obtint en 1840 et 1841 prouvent que les Chinois les appréciaient à leur valeur.

Dans les premiers mois de 1843, le navire *le Lafayette* apporta 530 pièces environ de draps, qui furent consignés à MM. Russell et Cie, de Canton. Cette importation s'élevait à 191,527 francs (1), et était faite par M. Tastet, de concert avec MM. Bertèche, Bonjean jeune et Chesnon ; ceux-ci avaient fabriqué à Sedan les draps teints en pièce, et chargé M. J. Randoing, d'Abbeville, de livrer ceux qui devaient être teints en laine. — *Le Lafayette* était arrivé dans des circonstances défavorables ; la guerre était terminée, il est vrai, et le traité de Nan-king signé ; mais on n'avait pas encore une entière confiance dans le maintien de la paix, et les affaires commençaient à peine à reprendre leur activité. Le placement à Canton parut difficile, et MM. Russell firent présenter une partie de ces draps dans les nouveaux ports ouverts sur la côte Est. Il ne fut possible d'y réaliser qu'environ le quart de l'envoi aux prix de 3 piastres et de 3 piastres 1/2 le yard (18 fr. 05 c. et 21 fr. 05 c. le mètre). Les marchands d'E-mouï, de Ning-po et de Chang-haï refusèrent cet article, en alléguant que la qualité en était beaucoup trop belle ; le fait est vrai, mais la cause plus réelle de l'insuccès était l'élévation du prix : 3 et 4 piastres le yard sont des prix qu'en Chine on se résigne difficilement à payer.

Nous avons vu à Ning-po, chez le négociant Yuing-tchan, en octobre 1845, un quart de pièce environ dont le chef avait été enlevé : elle était désignée sous le nom de *drap français*, et il est probable qu'elle provenait de la cargaison du *Lafayette*. Quoi qu'il en soit, ce drap, de couleur bleu de roi, avait *à peu près* la largeur convenable ; sa qualité était assez estimée ; mais, faute de plus de légèreté et de douceur, le prix d'achat n'avait été que de 1 piastre 1/2 le yard (9 fr. 03 c. le mètre).

Les draps de M. Tastet, n'obtenant donc dans les ports du Nord que des prix insuffisans, revinrent à Canton, et s'y placèrent en moyenne à raison de 2 piastres 25 c. le yard (13 fr. 54 c. le mètre). Les acheteurs durent perdre à ce prix, car on nous a remis dans *Ta-thong-kaï* des échantillons d'un *broad cloth*, garni de lisières jaunes identiques à

(1) Prix coûtant en France.

celles des pièces de M. J. Randoing, qui n'avait été payé que 1 piastre 35 c. le yard (8 fr. 12 c. le mètre).

Dans cette même année 1843, arrivèrent à Macao et à Canton deux autres expéditions d'une importance différente, mais qui ne donnèrent ni l'une ni l'autre des résultats avantageux. Les draps sortaient encore de la fabrique de MM. Bertèche, Bonjean jeune et Chesnon.

La première opération, d'une valeur de 169,596 francs, fut entreprise par MM. Garnier et Wagner, mais dirigée et réalisée par M. Callery. 380 pièces de 18 mètres 30 c. lui furent adressées par navire anglais; une partie fut vendue contre des piastres et du *sycee*, le reste fut échangé contre divers articles de retour : en somme, le produit total s'éleva à 15,500 piastres (85,250 francs) environ, ce qui établit le prix moyen du mètre à 12 fr. 27 c. Le prix le plus élevé (2 p. 15 c. le yard = 12 fr. 93 c. le mètre) fut obtenu à l'encan à Macao.

La seconde affaire fut effectuée par M. Bodélio, de Calcutta ; il chargea sur un navire anglais, et consigna à MM. L. Dent et Cie, de Canton, de 350 à 400 pièces, qui valaient 102,687 francs, et qui obtinrent de 2 piastres 10 cents à 2 p. 40 c. le yard (de 12 fr. 65 c. à 14 fr. 45 c. le mètre).

En février 1844, M. Géraud, de Bordeaux, débarqua du navire *le Joseph* de 350 à 400 pièces de draps, achetés 67,925 francs à MM. Bertèche, Bonjean jeune et Chesnon, les consigna à M. Durran jor, de Macao, et retira de 1 piastre 80 c. à 2 piastres par yard (de 10 fr. 83 c. à 12 fr. 03 c. le mètre.

Le rapport du consul de France à Canton mentionne, pour l'année 1844, l'importation en Chine, sous pavillon français, de 5,500 mètres (300 pièces environ) de draps français, évalués à 10 fr., et donnant, par conséquent, une somme de 55,000 fr. Il s'agit sans doute de ceux de M. Géraud. Comme le rapport constate également la venue par navires français de 18,500 mètres de draps prussiens, d'une valeur de 7 fr. 51 c., il est probable que l'on a compris dans ce total les 38 balles de draps légers belges arrivées en décembre par *le Nicolas Cézard* du Havre.

Enfin le dernier envoi de draps fins en Chine a été fait par M. Tastet, il y a deux ans, en 1845 ; MM. Bertèche, Bonjean jeune et Chesnon les lui ont, cette fois encore, fabriqués sur ses indications, et la valeur de cette livraison a atteint le chiffre de 101,900 francs.

Voilà les informations que nous avons pu recueillir sur le commerce des draps français en Chine ; nous les avons puisées à Canton et en France à des sources diverses, et nous regrettons que, malgré la multiplicité de nos renseignemens, cet aperçu soit incomplet.—Ainsi, depuis très longtemps, les manufactures de Carcassonne, de Saint-Chinian, de Lodève, etc., expédient chaque année dans le Levant environ 30,000 pièces de draps, et plusieurs centaines d'entre elles arrivent jusqu'en Chine en passant par la Perse, le Kaboul, le Pundjaub et le Thibet. Quelques-uns de nos draps, destinés à l'Inde, sont aussi parvenus au Yun-nan en transitant par l'empire des Birmans. Et si l'on s'occupe seulement de l'importation par le littoral, on remarquera que nous n'avons pu tenir compte de tous les petits assortimens apportés par la plupart des navires que, depuis 1840, le Havre, Marseille et Bordeaux ont dirigés sur Canton.

Notre attention s'est principalement arrêtée sur la convenance des différens draps offerts sur le marché chinois ; c'était là le fait le plus essentiel à examiner.

On trouvera dans nos rapports sur nos échantillons des Chambres de commerce les opinions et les observations que nous avons pu obtenir sur eux dans les pays que nous avons visités ; il n'est question ici que des draps qui ont déjà été présentés en Chine ou qui ont été recommandés particulièrement par les négocians chinois.

MM. Bertèche, Bonjean jeune et Chesnon, de Sedan. — En même temps qu'elle donnait à ses exportations en Espagne, en Italie, dans les Amériques, etc. (1), une extension considérable, cette maison a, depuis 1835 jusqu'à présent, travaillé, de concert avec M. Tastet, à relever la réputation de nos draps à Canton : elle y est heureusement parvenue. MM. Bertèche, Bonjean jeune et Chesnon ne se sont pas bornés à fabriquer eux-mêmes, pour une valeur de 718,000 francs, des draps pour la Chine ; ils en ont commandé à M. Renard, des Andelys, ont associé à leurs efforts M. J. Randoing, d'Abbeville, qui, à lui seul, leur a livré près de 1,100 pièces de draps teints en laine, et ont en outre aidé de leur crédit plusieurs des expéditions effectuées avant et après le traité de Nan-king. Il est à désirer qu'un exemple si louable ne reste pas sans imitateurs.

Nous n'avons pas eu l'occasion d'obtenir, durant notre séjour à Canton, des échantillons bien authentiques des draps envoyés par MM. B. B. jeune et Ch., mais nous indiquerons ci-après les observations et les évaluations qui nous ont été soumises.—Les dimensions, les proportions et les nuances des couleurs ont, à ce qu'il paraît, pleinement satisfait les acheteurs, car nous n'avons entendu nulle part exprimer le moindre blâme à ce sujet. Le compte était trop serré et la qualité trop bonne ; il faut absolument faire des draps plus légers, plus apparens et qui aient une plus grande douceur. Un dernier fait fera connaître mieux que de plus amples détails l'impression favorable produite par les draps des envois de 1842 et de 1843, c'est qu'aujourd'hui le mot de *drap français* est une recommandation et non plus une cause de discrédit. L'examen des 7 à 800 échantillons de notre collection a confirmé les Chinois dans la haute idée qu'ils avaient conçue de la supériorité de l'industrie française. — Il est à regretter que l'estimation que l'on a faite, à Canton et dans les ports du Nord, d'un des plus beaux draps mi-fins de MM. Bertèche, Bonjean jeune et Chesnon, soit inférieure au prix de revient, et nous sommes convaincu que, dans des circonstances même favorables, on n'en obtiendra pas plus de 2 piastres 50 cents le yard (15 fr. 05 c. le mètre) pour une largeur de 1 mèt. 57 c. à 1 mèt. 60 c.

M. Suchetet, de Sedan. — Nous avons, dans le rapport autographié sur les articles de Sedan, parlé de quelques-uns des échantillons remis par ce fabricant ; il y a lieu de revenir sur deux d'entre eux qui ont attiré particulièrement l'attention des négocians de *Ta-thong-kaï*.

Les n°s 5 et 8, larges celui-là de 1 mèt. 50 c., celui-ci de 1 mèt.

(1) On sait que les draps extra-fins que le général Ventura importa dans le Lahore avaient été fabriqués par MM. Bertèche, Bonjean jeune et Chesnon.

60 c., et tous les deux du prix de 12 francs le mètre, ont été, en général, jugés satisfaisans et assimilés aux *broad cloths* ordinaires. Si ces échantillons avaient été en bleu foncé, en gentiane ou en pensée, ils auraient sans aucun doute attiré davantage l'attention et obtenu des évaluations plus favorables. Nous rappellerons que l'on a offert, pour le n° 8, 2 piastres, 2 pia. 10 c. et 2 pia. 15 c. le yard (de 12 à 13 fr. le mètre), et qu'un acheteur de la cité de Canton, présenté par Kumqua, a proposé d'acheter à raison de 2 p. 80 c. le yard (16 fr. 85 c. le mètre) une partie de 100 pièces, ainsi assortie :

Bleu de roi	40	pièces.
Bleu gentiane	20	id.
Bleu clair	10	id.
Noir	10	id.
Brun	5	id.
Gris	5	id.
Pensée	5	id.
Écarlate, cramoisi et blanc	5	id.
	100	pièces.

Sam-qua et King-qua, qui ont suivi avec assez d'attention les importations de draps français en Chine, ont fait, sur les draps 5 et 8 de M. Suchetet, l'observation qu'à l'exception des n°s 1 et 2 de MM. Roger, de Carcassonne, ils étaient les plus avantageux qu'ils eussent rencontrés, c'est-à-dire ceux dont la qualité était la meilleure, eu égard au prix. Le n° 5 conviendrait, en effet, s'il était encore un peu plus léger, plus doux, et surtout teint en couleurs vives et estimées.

La draperie mi-fine de M. Suchetet serait accueillie avec assez de faveur.

M. J. Randoing, d'Abbeville. —Nous avons parlé plus haut d'un drap bleu de roi qui s'était vendu à Ning-po 1 piastre 50 c. le yard (9 fr. 02 c. le m.), et à Canton 1 p. 35 c. (8 fr. 12 c. le m.); la disposition de la lisière nous a fait présumer qu'il provenait d'un des assortimens fabriqués par M. Randoing. Pour être mieux édifié sur l'accueil que l'on a réservé et que l'on réserverait dans l'avenir à ces draps, nous avons soumis à l'appréciation des négocians indigènes et étrangers les deux types qui nous avaient été confiés.

L'un, désigné sous le nom de *drap de Chine*, a une largeur (*trop étroite*) de 155 centimètres et est coté en première qualité (conforme à celle de l'échantillon) 13 fr. 25 c. le mètre, et en seconde, 11 fr. 50 c. le mètre ; l'autre, appelé *drap cachemire*, a 145 centimètres et vaut 14 fr. 50 c. le mètre. Ces prix sont payables au comptant avec escompte de 3 p. 0/0.

Ces deux genres ont été classés parmi les *broad cloths* superfins, mais on a fait observer avec raison qu'ils sont tous deux d'une trop bonne qualité, c'est-à-dire que le tissu est en compte trop serré et que la filature est trop fine. Ainsi le *broad cloth* n° 181 *bis* n'a, aux 5 millimètres, que 9 fils de chaîne et 12 ou 13 duites, le n° 184 que 9 fils et 10 ou 11 duites, tandis que le drap cachemire a 11 fils en chaîne et 13-14 en trame. Le drap de Chine est encore plus corsé ; sa force lui ôte de la souplesse, et l'a fait négliger par les Chinois ; presque tous lui ont préféré le cachemire, et c'est par conséquent de celui-ci que nous allons nous occuper.

Le n° 181 *bis* (n° 1049), large de 1 mèt. 64 c. entre lisières, a été vendu à Canton 2 piastres 80 cents le yard (16 fr. 80 c. le mètre) ; en mettant 20 p. 0/0 de frais, on peut lui assigner une valeur en fabrique Leeds) de 13 fr. 40 c. le mètre. Le n° 184, large de 157 centimètres, place ordinairement à 2 piastres 40 c. (14 fr. 45 c. le m.), et peut ûter en Angleterre, 11 fr. 55 c. le mètre. Ces deux échantillons ont été aminés avec soin à Elbeuf, à Sedan et à Abbeville, et voici à quels iffres on a fixé leurs prix de revient :

		VALEUR DU N° 181 *bis*. — En largeur, avec lisières, de 1 m. 70 c. entre lisières, de 1 m. 64 c.	VALEUR DU N° 184. — En largeur, avec lisières, de 1 m. 64 c. entre lisières, de 1 m. 57 c.	OBSERVATIONS.
		le mètre.		
	MM.	fr. c.	fr. c.	
bbeville......	J. Randoing.....	11 50	11 50	Escompte 10 p. %
beuf........	C. Lizé.........	11 50	12 »	—
dan.........	Ch. Bertèche....	de 11 » à 11 50	de 11 50 à 12 »	Sans escompte.

Plus de vingt marchands chinois, dans l'expérience desquels nous vons pleine confiance, ont comparé ces deux échantillons estimés de 1 à 12 fr. avec le cachemire de 14 fr. 50 c., et presque tous ont déclaré ue les *broad cloths* de MM. Gott et fils, de Leeds, sont incontestable- ient supérieurs. La raison de cette supériorité est facile à apprécier. es draps anglais sont légers, souples, moelleux et fins; les nôtres, 'une finesse égale et presque toujours plus grande, sont serrés, corsés, t par suite un peu secs : ceux-là n'ont point la perfection du traitement, ı ténacité, la solidité de la toile et la fixité de la teinture ; mais à ceux- i il manque plus encore peut-être, l'apparence, l'extrême douceur, la lé- èreté, la vivacité des couleurs et le brillant de l'apprêt (1). Pour mieux omprendre ces différences, il faut comparer les n°s 181 *bis*, 184, 84 *bis*, etc., avec les draps français; et, en faisant cet examen compa- atif, il est essentiel de prendre en considération que les échantillons de eeds, achetés par nous à Canton en 1844, sont fabriqués depuis 4 à ; ans, qu'ils ont fait deux fois le voyage de Chine et qu'ils ont été bien ouvent maniés et laissés à l'air et à l'humidité, dans le magasin du narchand cantonnais et à l'Exposition de la Délégation ; malgré tant le causes d'altération, ils sont restés moelleux, doux et lustrés.

Le drap cachemire convient donc mieux que le drap de Chine ; mais, pour être plus assuré de la vente et du bénéfice, il est indispensable le se guider, en le fabriquant, d'après les types que nous avons rappor- és ; il obtiendra alors des prix plus élevés, d'autant plus avantageux que l'article amélioré aura été établi à 15 ou 20 p. 0/0 meilleur marché.

(1) Il est bien entendu que nous ne parlons ici qu'au point de vue des goûts et de la vente en Chine.

NOMS des négocians estimateurs.	DATES des évaluations.			DRAP CACHEMIRE à 14 fr. 50 c. le mètre, en 1 mèt. 45 c. de large. — VALEUR ESTIMÉE le yard.		le mètre.		OBSERVATIONS.	DRAP à 13 fr. le en 1 m. — VALEU[R] le yard.	
CANTON.										
				pia.	c.	fr.	c.		pia.	c.
Foung-qua.......	1844	Décembre...	15	2	50	15	04	En bleu gentiane.	2	7
Reynvaan et Cie.	1845	Août.......	16	2	25	13	54		2	2
Russell et Cie.....	id.	Id........	20	2	50	15	04		»	»
You-long........	id.	Id........	29	2	20	13	24	2 pia. 30 c. (13 fr. 84 c. le mètre) s'il avait d'autres lisières.	2	1
Tchan-tching.....	id.	Id........	30	2	30	13	84		2	2
Cheng-tcheun....	id.	Septembre..	5	2	50	15	04		»	»
Sam-qua.........	id.	Id......	6	2	60	15	65		2	4
Ap-hing..........	id.	Id......	7	2	40	14	44		»	»
E-MOUÏ.										
W.-M. Mitchell.. Jackson..........	id.	Novembre...	19	2	30	13	84		»	»
Kong-hinn.	id.	Id......	19	2	25	13	54	De tous les draps français, celui-ci est le seul qui ait convenu, et si nous en avions eu 200 à 300 pièces, nous les eussions vendues immédiatement. Kong-hinn nous a affirmé que l'on peut envoyer, avec certitude de placement, de 300 à 400 pièces de drap cachemire, en largeur de 152 à 158 centimètres, et ainsi assorties : pièces. Bleu foncé...... 40 Pensée......... 15 Bleu *choui-lan*.. 12 Noir.......... 10 Ecarlate........ 8 Bleu *tsièn-lan*... 5 Gris (2 nuances). 5 Jaune......... 5 100	»	»
NING-PO.										
Ta-tji............	id.	Octobre.....	15	2	15	12	94	Assez bonne qualité.	2	15
CHANG-HAÏ.										
Dallas...........	id.	Octobre.....	30	2	30	13	84		»	»
Empson..........	id.	Id.......	31	2	40	14	44		2	40
A-lum...........	id.	Novembre...	6	1	90	11	43		1	70

En résumé, les draps de Chine et cachemire de M. Randoing sont trop bons et trop forts, leur prix est par conséquent trop élevé; leurs lisières jaunes sont très mauvaises, elles déprécient souvent le mètre de près de 90 centimes (15 cents), et doivent être ou noires, ou rayées de bleu, de rouge et de jaune.

MM. Roger frères, de Carcassonne. — Tout le monde s'est accordé à considérer les trois échantillons de draps de MM. Roger frères comme d'excellens *broad cloths ;* leur douceur, leur lustre et leur force ont parfaitement convenu. On va voir, d'après les prix offerts, qu'il y a lieu de réaliser sur ces qualités des bénéfices satisfaisans.

You-long a évalué la qualité de 11 fr. (en 145 centimètres) à 2 piastres le yard (12 fr. 03 c. le mètre), et Cheng-tcheun était disposé à traiter une partie de 100 pièces, à raison de 2 p. 30 c. (13 fr. 85 c. le mètre) pour le n° 1 (à 10 fr.), et de 2 p. 40 c. (14 fr. 45 c. le mètre) pour le n° 2 (à 11 fr.). — Le n° 1 a été en outre estimé 1 p. 90 c. le yard (11 fr. 43 c. le mètre) par Ta-tji de Ning-po, 1 p. 80 c. (10 fr. 83 c. le mètre) par Kong-hinn d'E-mouï, et 1 p. 70 c. (10 fr. 23 c. le mètre) par A-lum de Chang-haï. L'offre de Cheng-tcheun a été regardée par Sam-qua comme sérieuse et conforme au cours de la saison ; on peut donc, sans crainte de mécompte, la prendre pour base.

Le drap n° 1 vaut 10 fr. en 140 centimètres, soit en 160 centimètres...			11 fr. 43 c.
L'escompte et les bonifications paient les frais d'emballage et de transport :			
A déduire : Prime à la sortie..	9	p. %	1 03
			10 fr. 40 c.
Fret et frais divers............	2	id.	
Intérêts durant 8 mois.........	4	id.	
Assurance maritime...........	2½	id.	
Droit d'entrée.................	3	id.	
Commission de vente et ducroire.	5	id.	
Commission de retour.........	2½	id.	
	19	p. %	1 98
			12 fr. 38 c.

On vendrait 13 fr. 85 c. le mètre, le bénéfice serait donc de *onze pour cent.*

MM. Paul Bacot et fils, de Sedan. — Le drap noir lisse n° 2, coté par cette maison à 15 fr. le mètre en 140 centimètres, a été assimilé aux *extra-superfins ;* malheureusement la demande annuelle ne s'élève qu'à une centaine de pièces. Sam-qua a pensé qu'un assortiment choisi, composé de 60 à 80 pièces, obtiendrait de 2 piastres 1/2 à 3 p. le yard (de 15 fr. 05 c. à 18 fr. 05 c. le mètre), et Kum-qua a déclaré que, dans des circonstances favorables, on trouverait acheteur à 3 p. 1/2 (21 fr. 05 c. le m.). Nous avons plus de confiance dans les offres d'You-long et de Cheng-tcheun ; 2 p. 40 c. à 2 p. 60 c. le yard (de 14 fr. 44 c. à 15 fr. 65 c. le mètre), nous paraissent être les prix normaux de ce drap : tel qu'il est, ce dernier reviendrait à Canton à environ 16 fr. 50 c. le mètre en 1 m. 60 c. de large; mais comme il est trop corsé et trop beau, on peut le rendre plus convenable pour la consommation chinoise en diminuant de 2 francs au moins la qualité.

Nous ne reviendrons pas sur les autres échantillons d'Elbeuf, de Sedan, de Louviers et de Carcassonne, les indications sommaires que nous venons de présenter conduisent à cette conclusion formelle que *la France doit fournir à la Chine les draps mi-fins et fins*. Elle n'a à redouter de l'Angleterre et de l'Allemagne une concurrence sérieuse que pour les draps légers, tant *spanish stripes* et *ladies' cloths* que *medium cloths*, et sur ce terrain il a été démontré que Beauvais et Reims peuvent soutenir aisément la lutte.

La réputation de nos lainages est, nous le répétons, déjà relevée depuis 1842 ; on commence à avoir confiance dans nos livraisons, et il est juste de rapporter le mérite de cet heureux résultat à M. E. Tastet, qui l'a préparé, et à MM. Bertèche, Bonjean jeune et Chesnon, de Sedan, et J. Randoing, d'Abbeville, qui ont habilement secondé ce négociant. La bonne fabrication, la régularité des dimensions (1) des draps de Sedan et d'Abbeville, expédiés dans ces dernières années, ont disposé les négocians chinois à accueillir favorablement ceux que nous leur enverrons désormais. Nos nombreux échantillons de draperie ont été examinés par eux, à Canton et à Chang-haï, avec une attention particulière ; ils leur ont donné la preuve de la perfection de nos moyens de travail et de la supériorité de cette industrie dans notre pays (2).

Il ne faut pas s'exagérer l'importance du débouché que nous croyons ouvert à nos draps mi-fins et fins ; la consommation annuelle dans tout l'Empire ne dépasse guère 800 pièces de 20 mètres, soit 16,000 mètres. Ce fait ne saurait être perdu de vue, car, pour l'avoir méconnu, nos draps, et bien des *broad cloths* anglais et saxons, ont été souvent dépréciés.

En résumé, nos fabricans doivent étudier avec soin les articles que les Anglais apportent en Chine, et ceux que les Chinois recherchent et paient quelquefois à très haut prix ; il faut qu'ils travaillent comme Leeds ; qu'ils sacrifient, pour arriver au bon marché, à l'apparence et à la légèreté, un peu de la perfection de leur fabrication et de la force de leur draperie. Il est nécessaire qu'ils se conforment scrupuleusement aux exigences et aux goûts des populations asiatiques, et qu'ils ne recouvrent d'une toilette (3) et d'une marque spéciales que des marchandises régulières et réussies.

Il est aussi essentiel d'orner la pièce d'un chef disposé avec goût ; il devra être composé : 1° d'une haute barbe faite en poil de chèvre ou en belle laine, et rayée de 2 ou 3 nuances, qui se marient bien avec la couleur du drap : rouge, blanc et bleu, jaune, vert et blanc, etc. (4) ; 2° d'un espace plus ou moins grand, encadré ou non, sur lequel on inscrira en

---

(1) Nous ne saurions trop recommander de donner aux draps une largeur *naturelle*, c'est-à-dire avant la tension sur les rames, de 1 *mètre* 60 *centimètres environ, entre lisières*. Nous lisons dans un rapport récent de MM. Reynvaan et Cie de Canton : « Nous avons encore éprouvé des difficultés avec une partie très considérable de *broad cloth* français, dont les pièces, au lieu d'avoir en largeur de 62 à 63 pouces (anglais), n'en avaient que 55 à 60. »

(2) Les grands négocians en lainages de Canton ont voulu conserver les échantillons et les noms de ceux de nos fabricans dont ils avaient le plus admiré les draps ; ce sont ceux de MM. Molet jeune, Paul Bacot et fils, F. Aroux, L. Cunin-Gridaine père et fils, Ch. Flavigny jeune, Bertèche, Bonjean jeune et Chesnon, Victor Grandin et E. Rollin, Fr. Jourdain et fils, Randoing, et Roger frères.

(3) Il faut que cette toilette soit bien faite, décorée avec une certaine richesse, lacée avec des rubans de couleur, etc., et qu'un carnet d'échantillons accompagne chaque balle. Ce carnet doit être enjolivé de quelques vignettes dorées, et il est utile de réserver à côté des échantillons une marge assez large pour que les acheteurs chinois y puissent placer leurs prix ou leurs notes.

(4) La longueur de chaque pièce est mesurée à partir de la barbe.

lettres de papier d'or ou d'argent la qualité de la pièce, et sur une vignette gravée les noms du fabricant et de la ville. Il est bon d'ajouter à ce décor quelques ornemens, tels que des couronnes, les armes de France ou de la ville dans laquelle est située la manufacture, etc. L'écusson de la Compagnie des Indes-Orientales d'Angleterre fait encore aujourd'hui accueillir avec faveur les pièces sur lesquelles on le trouve; nous conseillons aux expéditeurs français d'adopter une marque analogue, par exemple, les armes de l'ancienne Compagnie française des Indes Orientales (1), ou celles de Richelieu, qui la créa en 1632, ou tout autre cachet national qui ne devrait être apposé que sur des produits convenables et loyalement fabriqués.

Droit d'importation. — Les draps, quelle que soit leur qualité, payaient autrefois par tchang 7 mèces, c'est-à-dire 1 fr. 48 c. le mètre, savoir :

	mèces.	cand.	caches.
Tching-hiang (droit impérial).......	5	»	»
Kia-san (30 p. 0/0)................	1	5	»
Tan-taou (droit de pesage)..........	»	1	5
Sse-li, environ......................	»	3	5
TOTAL..................	7	»	»

Ce chiffre de 7 mèces est donné par Morrison et par Gutzlaff; R. Thom porte à 1 taël 2 mèces 4 candarines 2 caches le total des anciens droits d'importation, et évalue à 7 mèces 1 candarine 1 cache 8/10 les seuls droits impériaux (2). Les exactions et les perceptions illégales de la douane de Canton étaient si multipliées anciennement, qu'il n'y a pas lieu de s'étonner que la taxe se soit élevée à 2 fr. 65 c. le mètre, — 35 p. 0/0 de la valeur des *spanish stripes*.

Le tarif anglais de 1843 a fixé à 1 mèce 1/2 par tchang le droit à acquitter pour tous les draps larges de 54 à 64 pouces anglais (de 137 à 163 centimètres). Le tarif français de 1844 reproduit le droit de 1 mèce 1/2, mais il a modifié avec raison les conditions de largeur des draps; les limites ont été reculées en plus et en moins, et portées de 1 mètre 37 centimètres à 1 mèt. 289 mill., et de 1 mèt. 63 c. à 1 mèt. 647 mill. Le droit actuel de 32 centimes par mètre représente environ 4 p. 0/0 de la valeur (7 fr. 50 c. le mètre) des draps légers de vente courante.

III. — ÉTOFFES DE LAINE DIVERSES.

Nous comprenons sous ce titre général tous les tissus de laine qui ne rentrent ni dans la catégorie des étoffes de laine peignée rases, ni dans celle des draps, c'est-à-dire les flanelles, les coatings, les couvertures, les tapis, la bonneterie, etc.

Leur importation en Chine ne saurait être négligée, car elle atteint

(1) Ecusson de forme ronde, au fond d'azur, chargé d'une fleur de lys d'or, enfermé de deux branches, l'une de palme et l'autre d'olivier, ayant pour support les figures de la Paix et de l'Abondance; le tout complété par cette devise: *Florebo quocumque ferar.* — P. Clément, *Histoire de Colbert*, page 176.

(2) Le *tching-hiang* est de 4,000 caches d'argent par pièce de *broad cloth*. Consulter le *Kin-ting Hou-pou tsih-li* cité par Gutzlaff, *China opened*, vol. II, page 96.

chaque année une valeur de plus en plus considérable. Le tableau ci-après est dressé principalement d'après les Papiers parlementaires anglais (n° 148, 24 mars 1846, et n° 341, 22 mai 1846).

IMPORTATION PAR NAVIRES ANGLAIS.

ANNÉES.	VALEUR en livres sterling.	ANNÉES.	VALEUR en livres sterling.
Avant l'expiration du privilége de la Compagnie des Indes.			
1824	»	1829	2,214
1825	»	1830	»
1826	43	1831	281
1827	279	1832	165
1828	808	1833	40
Après l'expiration du privilége de la Compagnie.			
1834	884	1840	1,476
1835	1,588	1841	1,253
1836	2,223	1842	4,246
1837	1,338	1843	5,544
1838	2,194	1844	7,208
1839	1,043	1845	12,971

Le chiffre de 12,971 livres sterling, ou 330,760 francs, ne s'applique qu'aux étoffes mentionnées plus haut, et l'on voit combien grande a été l'augmentation depuis 1834, par exemple, où il n'en arrivait que pour 22,542 francs.

Quant aux autres tissus, dont nous n'avons pas eu encore l'occasion de parler, et qui sont, les uns des articles de nouveauté, les autres des unis étroits de différens genres, des velours façon d'Utrecht, des *medleys,* des *worleys*, etc., ils se présentent dans les ports de Canton, de Hong-kong et de Chang-haï en quantités considérables, et leur importation, sous pavillon anglais seulement, s'est élevée, en 1844, à la somme de 2 millions 938,067 francs. Il ne faut pas inférer de cette valeur que les Chinois ont pris le goût des lainages de fantaisie, et que l'usage s'en est répandu parmi eux ; cela est vrai dans une certaine mesure, malheureusement encore trop restreinte. Les 5/8 environ de l'importation sont destinés à la population européenne, et surtout à celle de la colonie anglaise de Hong-kong.

RAYETAS DE PELLON.

Ce n'est qu'à Hong-kong et à Ting-haï (île Tchou-san) que nous avons remarqué cette étoffe en laine longue, qui est une espèce de flanelle croisée. Il y en a deux genres distincts, l'un est tiré à longs poils, l'autre n'a reçu qu'un léger garnissage et a ses lisières rayées.

1° **Rayetas de Pellon à poils.** — 7 fils de chaîne, 6 duites et 3 croisures aux 5 millimètres, telle est la finesse ordinaire de cet article ; il a 185 centimètres de large, et les lisières sont de simples bourrelets formés par des fils plus ronds. Le tissu est un sergé de trois, ras à l'envers et tiré à longs poils à l'endroit ; la pilure est haute de 1 cent. 1/2 à 2 cent., très fournie, soyeuse, mais offrant au toucher cette sécheresse que l'on retrouve dans toutes les étoffes en laine longue. La pièce, de 36 mèt. 20 c., a été payée à l'encan, chez M. Waterhouse de Taou-taou (Tchou-san), 38 roupies (91 fr. 20 c.), c'est-à-dire 2 fr. 50 c. le mètre. Cette flanelle était achetée principalement par les cipayes et les lascars, qui la portaient en vêtemens ; les artisans et les petits marchands chinois en faisaient des couvertures et des tapis de lit.

La toilette est assez simple : c'est une enveloppe de toile de fil grise ; sur la face supérieure est imprimée à l'huile une vignette représentant un aigle planant au-dessus des nuages, et tenant dans ses serres trois flèches et un bélier. La légende espagnole ci-après est inscrite au milieu de palmes et de rameaux : *Rayeta de Pellon de largo felpado, anchura* 8/4, *varas* 43. *Grana. Inglaterra.* Un échantillon à moitié détaché du chef est disposé en dehors de la toilette ; un plomb estampé y est soudé, et sur le rabat de toile qui le recouvre sont mentionnées la longueur et la couleur de la pièce. Celle-ci mesure, sous enveloppe, 90 centimètres de long, 33 c. de large et 25 c. d'épaisseur.

2° **Rayeta de Pellon de cien hilos.**—Il arrive à Tchou-san, sous ce nom, une flanelle croisée très commune, fabriquée en laine longue, large de 138 à 139 centimètres, lisières comprises, et de 130 à 132 c. entre lisières, et ayant 6 fils 1/2 en chaîne et 5 en trame aux 5 millimètres ; elle n'a reçu qu'un léger garnissage. Les lisières sont larges de 6 centimètres et ornées de 4 raies bleues sur fond blanc. Les Chinois l'appellent *to-ni* ou *tsou-ni ;* ils en ont acheté, en 1845, à l'encan, chez Waterhouse, une partie à 20 roupies (48 fr.) la pièce de 28 yards (25 m. 60 c.), soit 1 fr. 87 c. le mètre. Un plomb marqué du chiffre 23 (yards), et estampé comme ceux des *rayetas* à poils, est attaché au chef qui est formé par trois rayettes bleu foncé sur fond blanc. Le *wrapper* est en calicot noir glacé et a une épaisseur de 19 centimètres, quand la pièce y est introduite.

Les *rayetas de Pellon* ne conviennent pas à Tchou-san, et il ne faut en envoyer ni dans cette île ni dans aucun des ports ouverts.

FLANELLES.

En chinois, *fa-lan-jin ;* en cantonnais, *fa-la-gnel ;* et à la douane de Canton, *fan-pak.*

Les flanelles sont connues en Chine depuis une cinquantaine d'années ; la compagnie des Indes Orientales d'Angleterre en a expédié plusieurs fois des parties de différentes qualités, et depuis l'expiration de son privilége, le commerce privé a continué de présenter cet article à Canton. Ainsi, en 1836-37, il en est arrivé 2,194 mètres, à 2 francs le mètre en moyenne, sous pavillon anglais, et dans les premiers mois de 1843,

6,500 mètres environ ont été exportés d'Angleterre pour Canton et Hong-kong. La vente et la demande sont donc, on le voit, sans importance, et si nous nous occupons ici des flanelles, c'est que nous avons l'espoir que la consommation en augmentera, et la confiance que les bolivars demi-fins de Reims se placeront dans un temps peu éloigné avec un bénéfice suffisant. Les flanelles préférées en Chine sont celles qui sont en *tissu lisse*, en largeur de 76 centimètres et dont la toile est close, souple, apparente. Nous reproduisons ici le conseil donné par Sam-qua, de n'apporter que des flanelles de Galles ou bolivars corsées, douces et moelleuses, légèrement azurées, et du prix de 30 à 40 cents le yard (de 1 fr. 80 c. à 2 fr. 40 c. le mètre). Tchan-tching en placerait par an 100 pièces; les qualités de vente habituelle que nous avons pu examiner chez ce négociant étaient, en général, des bolivars forts, communs, ronds de filé, mais d'un bon usage et chauds. Nous donnons ci-après quelques détails sur les échantillons que nous avons obtenus à Canton.

A. — 7-8 fils de chaîne et 10 duites aux 5 millimètres. — Le chef, placé à 23 millimètres de la tête ou de la fin de la pièce, se compose d'une double bande unie, l'une ponceau large de 7 mill., l'autre jaune d'or de 26 mill., et d'un filet bleu foncé de 4 mill.

B.—7-8 fils et 11-12 duites.—Le chef est une rayure unie bleu foncé de 18 mill. placée entre deux filets de même couleur larges de 2 mill. 1/2.

C (n° 289). — 7 fils et 9-10 duites. — Largeur, lisières comprises, 76 centimètres, et, entre lisières, 73 centim.; lisières bleues inégales, l'une large de 3 millimètres 1/2, et l'autre de 2 mill. Poids du mètre, 126 grammes environ. Cette qualité vaut à Reims, en cette laize de 73-76 centim., 1 fr. 58 c. le mètre.

D (n° 290). — 7 fils et 8-9 duites. — Largeur avec lisières, 72 centimètres, et, entre lisières, 69 centim.; lisières bleues inégales, l'une de 8 mill., et l'autre de 15 à 18 m. Poids du mètre, 124 grammes. Prix probable en France, 1 fr. 35 c. le mètre.

E. — 7-8 fils et 9-10 duites. — Largeur entière, 76 centimètres. Prix à Canton, de 1 fr. 50 c. à 1 fr. 81 c. le mètre.

F (n° 291) très azuré. — 5 fils et 7-8 duites. — Largeur avec lisières, 69 centimètres, et, entre lisières, 65 c. 1/2; lisières bleues inégales, l'une large de 2 cent. 1/2, et l'autre de 4 cent. 1/2. Poids du mètre, 150 grammes. — Genre trop commun, tissé avec un fil trop rond, mais dont la force convient; il a été acheté 45 cents le yard (2 fr. 70 c. le mètre) en 1843, valait en janvier 1845 25 cents le yard (1 fr. 50 c. le mètre), et coûterait à Reims, 1 fr. 10 c. le mètre en 68 centimètres.

La longueur des pièces est ordinairement de 25 yards (22 mèt. 85 c.), ou de 60 tchihs (22 m. 40 c.); il en arrive aussi quelques-unes désignées sur la place sous le nom de *double pieces*, qui ont de 38 à 42 yards (de 34 mèt. 73 c. à 38 mèt. 40 c.).

La largeur doit être de 76 centimètres; quelques-uns assurent que 2 tchihs de Canton (746 millimètres) seraient suffisans, et un négociant hollandais, M. Reynvaan, n'indique même que 27 pouces anglais (68 cent. 1/2).

Le prix de la pièce est ordinairement de 6 piastres à 6 piastres 1/2.

Les pièces sont simplement roulées et maintenues des deux côtés des lisières par un cordonnet de soie; elles ne sont recouvertes d'aucun papier, d'aucune enveloppe, d'aucune toilette, et arrivent dans des caisses de bois blanc. C'est du moins ce que nous avons constaté lors de l'ouverture de trois caisses d'importation anglaise. Nous croyons qu'il serait préférable d'envelopper les pièces de papier ordinaire et de les emballer par vingt-cinq dans des caisses garnies de fer-blanc et doublées en outre (à l'intérieur) de bois blanc; cette précaution est nécessaire, car le fer-blanc serait sans cela bientôt attaqué par le soufre que contiennent les flanelles.

Les pièces mesurent ordinairement de 70 à 76 centimètres de long, 24 cent. de large et 9 cent. de haut.

Il ne faut pas envoyer de flanelles à Ning-po, à E-mouï et à Chang-haï; à Canton, la vente annuelle de cet article ne dépasse pas 200 pièces. M. Reynvaan conseille d'en expédier 100 en flanelle bolivar bonne ordinaire et 100 en bolivar ordinaire, chaîne coton, trame laine. — Quant à nous, nous rappellerons que nous ne pouvons soutenir la concurrence de l'Angleterre pour les qualités communes, et nous engageons à ne présenter que les genres mi-fins et doux que nous fabriquons avec assez de supériorité; les manufactures de la Saxe sont les seules que nous ayons à redouter sur ce terrain, et il n'y a pas à craindre de rencontrer leurs produits sur les marchés chinois (1). Nous ferons observer en outre que les articles laine et coton sont accueillis ordinairement avec défaveur. Par ces divers motifs nous recommandons, comme étant les plus convenables, la flanelle de Galles n° 26 et le bolivar n° 37 de Reims : chaque expédition ne devrait se composer que de 25 pièces, et si, à Canton, elles n'obtenaient pas un prix avantageux, on serait assuré de les vendre facilement et avec un bénéfice suffisant à Manille.

On trouvera plus de détails sur les flanelles croisées et lisses qui peuvent être envoyées en Chine et dans l'Archipel indien dans notre rapport autographié sur les échantillons de la ville de Reims, pages 108 à 121.

COUVERTURES DE LAINE ANGLAISES ET HOLLANDAISES.

En chinois *kouan-hoa*, *Yang-pèh-tchèn;* et en dialecte cantonnais, *yong-pak-tchin.*

Importation. — En 1823-24, la Compagnie des Indes Orientales d'Angleterre expédia 1,100 couvertures à Canton; en 1836-37, il en arriva sous pavillon anglais, 1,322 paires, évaluées à 5,288 piastres, et par navires américains, 1,251 paires estimées à 5,004 piastres.

En se reportant aux manifestes des cargaisons des navires anglais en destination pour la Chine, on remarque que 17 bâtimens partis de jan-

(1) Il arrive en Chine des flanelles allemandes, mais c'est toujours en si petite quantité que leur présence n'a aucune influence sur le cours. En novembre 1845, on vendait à Chang-haï 75 cents le yard des flanelles lisses saxonnes, les unes blanches et les autres à damier cerise et blanc, qui avaient coûté de 56 à 68 cents le yard.

vier à septembre 1843 ont emporté 884 paires déclarées valoir 1,098 livres sterling, c'est-à-dire 15 fr. 50 c. la couverture.

En 1844, l'importation officielle totale fut à Canton de 3,670 paires estimées à 22,876 piastres, et à Chang-haï de 665 paires d'une valeur de 640 livres sterling.

En 1845, il entra en douane à Canton :

		paires.		piastres.
Par navires..	anglais.............	3,916	d'une valeur déclarée de	23,370
	américains...........	1,118		
	allemands...........	620	id.	16,767
Par divers caboteurs et par les lorchas portugaises....................		1,374		
Total.........		7,028	id.	40,137

Ces chiffres donnent un prix moyen de 15 fr. 70 c. par couverture.

A Chang-haï, 747 paires évaluées à 500 livres sterling sont arrivées en 1845 sous pavillon anglais, et 972 paires valant 640 liv. sterl., sous divers pavillons étrangers.

Ainsi les états officiels constatent la venue, en 1845, à Canton de 7,028 paires, et à Chang-haï de 1,719 paires; ces deux chiffres sont au-dessous de la vérité; il faut tenir compte d'une importation par la contrebande d'un quart en sus environ pour Canton, et d'un cinquième pour Chang-haï (1).

Les couvertures de laine se vendent mal à E-mouï et à Ning-po. A Tchou-san, on en placerait sans doute encore quelques-unes en qualité commune et légère. La consommation en était plus considérable quand l'île était occupée par les Anglais; les cipayes achetaient cet article pour s'en servir comme vêtement le jour (quand ils n'étaient pas de service), et la nuit comme matelas et couverture. A Hong-kong et à Macao, la demande est sans importance.

Époque de vente. — La meilleure saison pour la vente des couvertures est depuis le mois de novembre jusqu'au mois de mars.

Observation. — Les couvertures de laine françaises n'ont pas à redouter la concurrence anglaise et hollandaise, et nous sommes convaincu que nos fabricans trouveraient en Chine un débouché avantageux pour les genres communs et demi-fins qu'ils établissent depuis longtemps à très bas prix et en qualité satisfaisante pour l'Amérique. Cette pensée nous a déterminé à les renseigner aussi complétement que possible sur les dimensions et le conditionnement de l'article qui nous occupe. Aussi à nos informations personnelles, nous avons jugé utile d'ajouter celles qu'a recueillies un négociant dont le nom a été plusieurs fois cité, M. E. Tastet.

Dimensions. — M. Tastet conseille pour Canton :

2 mèt. 25 c. à 2 mèt. 50 c. de long sur 1 m. 80 c. à 2 mètres de large.

(1) Plusieurs négocians de Canton ont pensé que la France trouvera aisément en Chine le placement de 1,200 à 2,000 paires.

M. Reynvaan :

2 mèt. 29 c. (2 yards 1/2) de long sur 1 mèt. 52 c. à 1 m. [illegible] c. de large.

Ap-tchong :

2 mèt. 61 c. (7 tchihs) de long sur 1 m. 94 c. (5 tchihs 2 tsuns) de large.

Kong-yunn :

2 mèt. 24 c. (6 tchihs) de long sur 1 m. 87 c. (5 tchihs) de large.

A-lum demande pour Chang-haï :

2 mèt. 51 c. (2 yards 3/4) de long sur 2 m. 05 c. (2 yards 1/4) de large.

MM. Empson (Fox, Rawson et Cie), Dallas (Jardine, Matheson et Cie) et King (Russell et Cie) nous ont engagé à adopter :

2 mèt. 29 c. (2 yards 1/2) de long sur 1 m. 93 c. (76 pouces) de large.

Nous avons fait choisir à Canton, dans différens magasins, les couvertures qu'il convenait de prendre pour modèles ; cinq sont anglaises, et la sixième est hollandaise. Voici leurs grandeurs :

			Longueur.		Largeur.	
			mèt.	cent.	mèt.	cent.
N° 297.	Couverture	anglaise, rose	2	70	1	92
296.	Id.	id., écarlate	2	62	2	05
300.	Id.	hollandaise, écarlate	2	60	2	12
299.	Id.	anglaise, blanche	2	60	2	»
298	Id.	id., vert-émeraude	2	58	2	06
295.	Id.	id., bleu vif	2	50	1	98

Celles que nous avons vu vendre à Tchou-san 2 roupies (4 fr. 80 c.) la pièce avaient 1 mèt. 95 cent. sur 1 m. 75 c. A Chang-haï, il s'en trouvait, chez A-lum et chez un négociant anglais, dont la qualité était assez belle, et elles mesuraient, les unes 1 mèt. 88 c. sur 1 m. 44 c., et les autres 2 mèt. 46 c. sur 1 m. 83 c.

Nous sommes d'avis que l'on doit adopter la largeur de 2 mèt. 50 c. à 2 mèt. 60 c., et la largeur de 1 mèt. 90 c. à 2 mètres. Nous croyons que l'on pourrait expédier aussi, en plus petite quantité, des couvertures qui n'auraient que 2 mètres à 2 m. 30 c. sur 1 m. 45 c. à 1 m. 50 c. ; ce qui nous porte à penser que cette grandeur serait suffisante, c'est qu'elle correspond à celle des palempores en *chintz*. Ceux-ci ont en moyenne de 4 mèt. à 4 m. 60 c. sur 70 et 75 centimètres; mais comme on coud deux lés ensemble, et comme on replie l'étoffe par le milieu de la longueur, afin de pouvoir la garnir de ouate de *bombax*, on arrive à avoir des couvertures de 2 mèt. à 2 m. 30 c. sur 140 et 150 centimètres. Telle est également à peu de chose près la grandeur des pagnes de coton appelés *ta-li-tan*, que l'on fabrique dans le district de Nan-haé, province de Kouang-tong. Ces espèces de tapis ont 2 mèt. 18 c. sur 1 m. 57 c. 1/2; ils se composent de pièces rapportées, c'est-à-dire de bandes semblables, rentrayées les unes avec les autres, et plus ou moins nombreuses, suivant la largeur désirée. L'échantillon (n° 367), acheté à Canton 75 cents (4 fr. 13 c.), a six bandes rentrayées ; chacune est large de 264 mill., et comprend deux rayures de fond et deux lisières-rayures. Enfin nous ferons observer que les *si-tchi*, couvertures de feutre garnies d'une poche large et profonde pour y mettre les pieds (*tcha-tao*), n'ont que 177 centimètres sur 95 à 98 c. ; les plus grands et les plus usuels ont 2 mèt. 04 c. sur 1 m. 20 c., et 1 mèt. 93 c. sur 1 m. 19 c.

Poids. — La paire doit peser de 4 kil. 500 à 5 k. 400, suivant M. Tastet ; — de 4 à 8 kil., d'après M. Reynvaan ; — de 3 à 6 kil., au dire de Sam-qua ; — et 5 kil. 143, selon Ap-tchong. Pour mieux fixer les fabricans sur ce point, nous avons fait peser à Canton nos couvertures-modèles devant plusieurs marchands, qui ont déclaré que leur poids était parfaitement convenable.

	taëls.	mac.	cand.		kil.	gr.	
Nº 296. Ecarlate.........	70	3	6	=	2	674	la couverture.
297. Rose.............	70	1	5	=	2	666	
299. Blanc............	»	»	»	=	2	500	
295. Bleu vif..........	65	5	3	=	2	490	
298. Vert.............	64	7	5	=	2	461	
300. Ecarlate.........	64	4	8	=	2	450	

Assortiment.

NOMS des couleurs.	POUR CANTON.				POUR CHANG-HAÏ
	M. TASTET. — 1847.	MM. REYNVAAN et Cie, — 31 décembre 1844.	KONG-YUNN, de Canton. — 25 décembre 1844.	AP-TCHONG, de Canton, — 24 décembre 1844.	A-LUM, de Chang-haï. — 29 octobre 1845.
	paires.	paires.	paires.	paires.	paires.
Ecarlate..........	35	50	50	30	50
Rose moyen.......	30	»	10	15	»
Vert foncé........	15	»	»	»	»
Vert (à l'échantillon, nº 298).....	»	10	20	30	20
Blanc.............	10	20	»	10	30
Bleu de ciel vif....	10	»	»	»	»
Bleu de France....	»	10	20	15	»
Jaune............	»	10	»	»	»
	100	100	100	100	100

La combinaison indiquée par A-lum pour Chang-haï est la meilleure que l'on puisse présenter dans ce port ; mais pour Canton, nous préférerions les proportions suivantes :

	paires.
Ecarlate................................	50
Vert émeraude foncé, à l'échantillon, nº 298..............	16
Bleu de France vif, à l'échantillon, nº 295..............	14
Rose tendre, plus frais et plus vif que celui du nº 297.....	12
Blanc....................................	8
	100

Cet article doit être expédié par très petites parties pour que l'écoulement en soit plus facile et que le cours se maintienne toujours à un taux avantageux ; il est donc essentiel de n'envoyer à la fois qu'une ou deux balles ; dans ce cas, on peut les composer ainsi :

	1°		2°
Ecarlate	5	ou	5 paires.
Vert	2		2 id.
Bleu	2		1 id.
Rose	1		1 id.
Blanc	»		1 id.
	10		10 paires.

Rayures. — Elles sont placées aux deux extrémités de la couverture de la manière suivante :

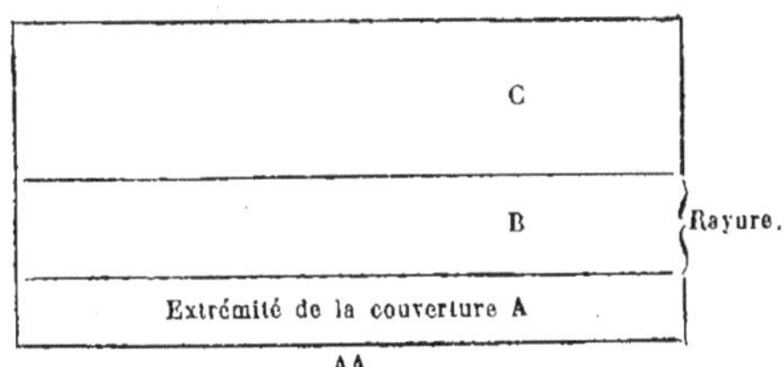

Le chef A a une largeur qui varie de 3 centimètres 1/2 à 6 cent., mais le plus souvent il a 5 centimètres ; la lisière AA est ordinairement ourlée avec du fil de laine rouge (1). La rayure B a de 7 à 8 centimètres, elle est tantôt seule, tantôt placée entre deux petits filets, ainsi :

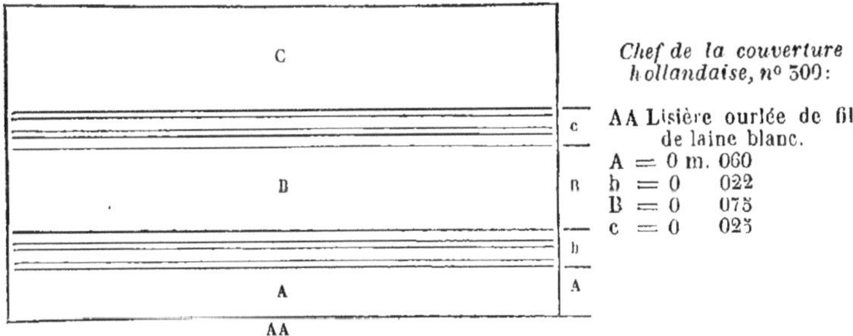

Chef de la couverture hollandaise, n° 300:

AA Lisière ourlée de fil de laine blanc.
A = 0 m. 060
b = 0 022
B = 0 075
c = 0 025

Presque toujours les rayures sont noires.

M. Tastet recommande une rayure large de 10 centimètres entre deux petites raies de même couleur, ayant chacune 2 c. 1/2 environ ; elle ferait le même effet que celle du chef ci-dessus. Il indique les rayures noires pour les fonds de couleur, et les conseille roses pour les cou-

(1) L'ourlet est en fil de laine blanc quand la couverture est écarlate.

vertures blanches ; l'écarlate, le noir ou le bleu foncé seraient, à notre avis, plus convenables. M. Reynvaan demande deux raies en haut et une en bas de la pièce ; il les veut larges de 5 centimètres, noires sur les fonds rouges et bleus, rouges sur les blancs, et bleues sur les jaunes.

Emballage. — 20 ou 25 paires à la balle, assorties ou non. Les couvertures doivent être enveloppées de papier fort, ou mieux d'une couverture plus commune, et emballées dans une espèce de toile à voile.

Prix et qualité. — Les cotes que l'on trouve sur les prix courans n'ont d'intérêt que lorsque le poids est en même temps mentionné. En disant qu'en juillet et août 1845, le cours était de 2 à 7 piastres (de 11 fr. à 38 fr. 50 c.) la paire ; qu'en décembre, il était fixé de 2 piastres 1/2 à 8 p. (de 13 fr. 75 c. à 44 fr.); et qu'en mai 1846, un stock assez considérable l'avait fait descendre de 1 piastre 1/2 à 7 p. (de 8 fr. 25 c. à 38 fr. 50 c.), il est certain que nos fabricans ne peuvent se rendre compte de la qualité que représentent ces prix. On nous comprendra mieux si nous disons qu'en décembre 1845, le marché de Canton étant suffisamment approvisionné de cet article, on offrait les couvertures anglaises à raison de 60 cents environ le catty (5 fr. 45 c. le kilogr.); les couvertures hollandaises valaient à la même époque de 70 à 80 cents le catty (de 6 fr. 36 c. à 7 fr. 29 c. le kil.); à la fin de janvier 1847, on payait 8 piastres de belles couvertures hollandaises du poids de 10 catties (7 fr. 29 c. le kil.).

M. Tastet estime de 5 piastres 1/2 à 6 p. 1/2 la paire le prix de vente probable de qualités un peu légères, demi-fines et très apparentes, longues de 2 mèt. 25 c. à 2 m. 50 c., larges de 1 m. 80 c. à 2 m., et du poids de 4 kil. 500 à 5 kil. 400 ; ce qui mettrait le kil. à 6 fr. 60 c.

Nous avons acheté à Canton, en décembre 1844, nos échantillons, quelle que fût leur origine, au cours de 5 piastres la paire pour les fonds blancs, et de 8 piastres pour les fonds de couleur, c'est-à-dire à un prix moyen de 5 fr. 50 c. le kil. pour les premiers, et de 8 fr. 65 c. pour les seconds. Il convient de déduire le bénéfice du consignataire, celui du marchand et la commission du courtier.

En novembre 1845, à Chang-haï, le stock était de 500 paires, dont 400 passables et 100 bonnes ; toutes étaient anglaises. La qualité supérieure se vendait 7 piastres (38 fr. 50 c.) la paire (A-lum), et 6 p. (33 fr.) (King-wo) ; la qualité moyenne, 4 p. 20 c. (23 fr. 10 c.).

A Tchou-san, il ne faut que des couvertures très communes, longues de 1 mèt. 90 c. à 2 m., larges de 1 m. 75 c. environ, et ne valant que 1 roupie 1/2 et 2 roupies ; il n'y a guère que les cipayes qui les achètent, et beaucoup d'entre eux s'enveloppent même encore l'hiver de grands plaids en toile de coton blanche.

Les Chinois n'aiment pas les couvertures lourdes et épaisses ; aussi ne vend-on chaque année que 15 à 20 paires hollandaises fines, à très longs poils et en compte assez serré ; elles se vendent de 15 à 20 piastres la paire.

Il faut apporter ordinairement une qualité, indifféremment lisse ou croisée, close, mais légère, tirée à poils, douce, établie en bonne laine, et dont les couleurs soient vives et franches.

COUVERTURES DE LAINE POUR ENVELOPPES.

Elles ont en général une longueur de 1 mèt. 75 c. et une largeur de 1 m. 22 c.; elles sont très légères, et n'ont que 3 fils en chaîne et en trame aux 5 millimètres. Le chef est une rayure noire placée entre deux filets de même couleur. Elles arrivent enveloppant les *broad cloths* ou les couvertures fines, et sont achetées par les plus pauvres gens du peuple. Cet article est sans intérêt.

Il y aurait lieu de parler maintenant des tapis haute laine ou ras, espoulinés ou imprimés, des ratines, des feutres, de la bonneterie et des autres articles en poil et en laine, dont la production et la consommation sont considérables dans les provinces septentrionales de l'Empire. Cette étude sera l'objet d'un travail spécial dans lequel nous ferons connaître l'industrie lainière de la Chine et de la Mandchourie, et les procédés de fabrication qu'elle suit de temps immémorial.

IV. — DROIT D'IMPORTATION DES ÉTOFFES DE LAINE EN CHINE.

Le tarif, annexé au traité conclu à Wham-pou, le 24 septembre 1844, entre la France et la Chine, a besoin, pour être compris des fabricans et des négocians peu familiers avec le commerce chinois, d'être accompagné de commentaires et de synonymies. Dans le chapitre des tissus de laine et de soie principalement, on ne peut se reconnaître qu'en se guidant d'après le tarif original anglais. Les noms de certains articles ont été traduits par des équivalens qui manquent d'exactitude. Aussi avons-nous jugé utile de terminer nos renseignemens sur les lainages de vente habituelle en Chine, par l'indication exacte de la tarification qui les régit.

ÉTOFFES DE LAINE PURE OU MÉLANGÉE.

Numéros d'ordre.	DÉSIGNATION DES ARTICLES.	DROITS A L'ENTRÉE.			
		UNITÉS CHINOISES.		UNITÉS FRANÇAISES.	
		Bases.	Droits.	Bases.	Droits.
	DRAPS.		t. m. c. c.		fr. c.
1	Draps en grande largeur, de toutes qualités, entre autres : *Spanish stripes, habit cloths, ladies' cloths, medium cloths* et *broad cloths*; larges de 3 tchihs 6 tsuns à 4 tchihs 6 tsuns, c'est-à-dire de 1 mèt. 289 à 1 mèt. 647	le tchang de 10 tchihs.	0 1 5 0	le mètre.	0 32
2	Draps en petite largeur, de toutes qualités, savoir : casimirs, satins, draps de Silésie, de dame, marocs, etc	id.	0 0 7 0	id.	0 15
	ÉTOFFES DE LAINE PEIGNÉE RASES.				
3	Camelots analogues en qualité aux *Camlets* ou *Camblets* d'Angleterre; Camelots-laine, tourcoings et baracans de France (1)	id.	0 0 7 0	id.	0 15
4	Bombazettes, imitations de camelot, tamises, durois, stoffs unis, camelots clairs et fins de Tourcoing, mousselines-laine, reps en laine peignée, etc	id.	0 0 3 5	id.	0 07
5	Etamines à pavillons, étamines claires, voiles, burats clairs, etc., en petite largeur	id.	0 0 1 5	id.	0 03
	L'étamine à pavillons ne figure pas dans le tarif français, car *Bunting* y a été traduit par *Mérinos*. Nous ne croyons pas que le texte chinois ait été changé, et nous sommes convaincu que la Douane, considérant les mérinos (larges) comme un article non dénommé, les imposera à 5 p. o/o de la valeur. Si elle avait égard au texte officiel français (2), elle ne devrait percevoir que 3 centimes par mètre. Nous rétablissons donc ici l'étamine au lieu du mérinos.				

(1) *Camlet* a été traduit par *camelot clair de tissu*, expression inexacte et qui, si elle était admise, ferait percevoir un droit double sur les tamises, les camelots clairs de Tourcoing, les mousselines, etc., articles assimilés aux bombazettes, c'est-à-dire aux *camelots clairs de tissu*.

(2) *Bulletin des Lois*, IXe série, n° 1256, acte 12,402 (1845, 2e semestre).

Numéros d'ordre.	DÉSIGNATION DES ARTICLES.	DROITS A L'ENTRÉE. UNITÉS CHINOISES. Bases.	UNITÉS CHINOISES. Droits.	UNITÉS FRANÇAISES. Bases.	UNITÉS FRANÇAISES. Droits.
	ÉTOFFES DE LAINE PEIGNÉE RASES (*suite*).				
6	Mérinos simples et doubles, cachemires d'Ecosse, et autres tissus larges en laine peignée non dénommés...	à la valeur.	5 p. 0/0	à la valeur	5 p. 0/0
	ÉTOFFES RASES EN LAINE PEIGNÉE, SOIE OU POIL DE CHÈVRE.				
7	Sagatis, serges de Rome, de Minorque, de Blicourt, satins turcs, lastings, etc., en petite largeur...	le tchang.	t. m. c. c. 0 0 7 0	le mètre.	fr. c. 0 15
	Il y a à la Douane chinoise des précédens relativement au droit à percevoir sur les châlons glacés, dont la largeur varie, ainsi que celle des anascots, de 90 centimètres à 1 m. 10 c. On les a considérés comme n'étant pas dénommés.				
8	*Polemicten* de Hollande, camelots-poil, camelots-poil dits *Angoras*, camelots-poil dits *façon de Hollande*, etc., en laine peignée, pure ou mélangée de soie ou de poil de chèvre...	id.	0 1 5 0	id.	0 32
	ÉTOFFES DIVERSES.				
9	Serges en laine longue, dites *long ells*, et autres serges de même genre en laine cardée, en petite largeur (80 centimètres)...	id.	0 0 7 0	id.	0 15
10	Couvertures de laine de toute espèce	la couvert^e^.	0 1 0 0	la couv^e^.	0 76
11	Toutes les étoffes de laine non dénommées et toutes celles en laine mélangée de poil, de soie, de fantaisie, de coton et de fil, sont taxées....	à la valeur.	5 p. 0/0	à la valeur	5 p. 0/0
12	Laine peignée ou cardée filée.......	le picul de 100 catties	t. m. c. c. 3 0 0 0	les 100 k.	fr. c. 37 83

III.

RENSEIGNEMENS

SUR LES ÉTOFFES DE LAINE

CONVENABLES

POUR LE ROYAUME DE SIAM, LA COCHINCHINE,

LE JAPON ET LES COLONIES DE L'ARCHIPEL INDIEN.

I. — ROYAUME DE SIAM.

Les tissus de laine se vendent à Bangkok facilement et à des prix avantageux, surtout quand ils arrivent de septembre à décembre. Le *ladies' cloth* léger est l'article le plus recherché; les couleurs favorites sont l'écarlate et le vert, et voici, d'après le *Singapore Chronicle* du 20 juin 1833, comment peut être assortie la balle de douze pièces de 17 yards 1/2 à 18 yards :

	pièces.
Ecarlate	5
Vert	4
Bleu gentiane	1
Pensée clair	1
Jaune	1
	12

Les Siamois ne veulent pas de draps corsés.

Les serges *long ells* sont aussi accueillies avec faveur. L'assortiment ne doit être composé que d'écarlate et de vert, — 100 pièces du premier et 20 pièces du second; la consommation des *long ells* écarlates est assez considérable, et la vente annuelle en est estimée à un millier de pièces.

On a essayé, sans grand succès, de placer des étoffes de laine drapées ou rases teintes en deux couleurs ; par exemple, en écarlate à l'endroit, et en bleu à l'envers.

Enfin, on peut écouler aisément à Bangkok quelques petites parties de camelots, de *polemieten* et de stoffs unis blancs.

Il a été exporté de Singapore pour Siam, en 1840-41, 90 pièces de camelots anglais d'une valeur de 820 piastres, et en 1843-44, 40 pièces de *long ells*, estimées à 320 piastres (1).

Il n'y a de droits de douane à payer à Siam que pour l'exportation du riz et des dents d'éléphant. Les droits d'ancrage, de pilotage, etc., réunis se paient à raison de 1,700 ticaux (2) par chaque toise de largeur du navire. Les présens offerts au Roi doivent être d'une valeur de 100 piastres environ, et ceux destinés au Barcalon, ministre du commerce, de 40 piastres (3).

II.—COCHINCHINE.

ÉTOFFES DE LAINE RASES ET DRAPÉES.

Tous les ans, quatre à cinq navires de 300 à 500 tonneaux du Roi de Cochinchine, commandés par un amiral, vont à Singapore échanger des sucres, des soies gréges, du riz, du sel, de l'huile, du tabac, de l'ivoire, de l'indigo et des articles de la Chine, contre des toileries, des lainages et des armes d'Angleterre, de l'opium, du gambier, des rotins, quelques épices, etc. Un de ces bâtimens a coutume de venir ensuite faire escale à Batavia avec le chef cochinchinois, et y solder sa cargaison, qui était, en 1843, d'une valeur de 32,092 florins, dont 30,215 florins en fer, acier et cuivre ouvrés, etc., et 1,247 florins en espèces (4). Il traite en retour des marchandises d'Europe et des produits de l'Archipel indien.

Les renseignemens qui suivent ont été recueillis par nous auprès de l'amiral cochinchinois et de ses consignataires et méritent l'attention des fabricans.

(1) *Tabular statement of the commerce, etc., of Singapore, etc.*, par C. P. Holloway, 1845, page 70.

(2) Le tical vaut un peu plus de ½ piastre.

(3) Les marchandises que nous pourrions importer à Siam avec le plus d'avantage sont : de la vaisselle en faïence et en porcelaine décorée et à couleurs brillantes, de la quincaillerie, des armes de toute espèce, des verroteries, des objets de curiosité, des cartonnages, des étoffes légères de coton imprimées, des draps écarlates, etc. Les principaux articles de retour sont le sucre candi, l'ivoire, l'étain, le plomb, le bois de sapan, la gomme gutte, le poivre, les planches de teck, la laque en bâtons, etc.

(4) *Etats officiels des importations et exportations de Java et Madura*, 1843.

I. — ÉTOFFE DE LAINE PEIGNÉE RASE.

LONG ELL (1).

Le *long ell* est un tissu en laine longue cardée, dont l'armure est un sergé batavia ou de quatre par moitié.

Les Anglais en importent chaque année en Chine 100,000 pièces environ (2), et elles s'y vendent, en général, à des conditions avantageuses. C'est cet article qui convient à la Cochinchine et qui y est affecté à une consommation spéciale, à l'habillement des troupes et à la décoration intérieure des résidences du roi et des temples.

Importance de la demande. — Chaque année, on pourrait expédier, en entrepôt, de Batavia, *quatre mille* pièces assorties ; et comme l'armée cochinchinoise est habillée à neuf tous les cinq ans, il faudrait faire, vers cette époque, un envoi de *dix mille* pièces.

Longueur des pièces. — Elles doivent avoir la même longueur que celles des Anglais, c'est-à-dire 24 yards ou 22 mètres.

Nous recommandons de donner aux pièces cette longueur de 22 mètres régulière et exacte ; il est inutile de la dépasser, car on n'obtiendrait pas un prix supérieur, et il est essentiel, d'un autre côté, de ne pas essayer de l'obtenir par une tension forcée.

Largeur. — La laize doit être la même que celle des *long ells* anglais. Elle est de 31 pouces anglais, c'est-à-dire de 78 centimètres 1/2 pleins ; celle de 80 centimètres serait préférable.

Qualité. — Il faudrait fabriquer trois qualités différentes et prendre pour type de la sorte inférieure l'article que les Anglais présentent sur le marché de Canton (3) ; les deux autres sortes doivent être plus fines, plus belles et plus fortes, proportionnellement à l'augmentation de prix. Il importe qu'il y ait une différence bien sensible dans la qualité des trois numéros.

Nous rappelons que le *long ell* ordinaire, qui doit servir de modèle pour le n° 3, a, aux 5 millimètres, de 8 à 9 fils en chaîne, de 8 à 9 en trame, et de 3 à 4 croisures.

Les *long ells* imprimés, dont nous parlerons plus loin, doivent être en qualité ordinaire n° 3.

Force. — Le *long ell* anglais pèse environ 226 à 230 grammes ou

---

(1) Nous ne reproduisons ci-après que les observations principales et les faits spéciaux à la Cochinchine, et nous renvoyons, pour plus ample information, à notre précédente notice sur les *long ells* convenables pour la Chine.

(2) D'après les relevés de la Chambre de commerce de Canton et de la Compagnie des Indes d'Angleterre, l'importation annuelle des *long ells* à Canton, durant la période décennale de 1828-29 à 1838-39, a varié de 120,000 à 160,000 pièces.

(3) Voir l'échantillon n° 1er.

Les divers échantillons, dont il est question dans ce rapport, ont été communiqués par le Ministère du commerce à la Chambre de commerce de Beauvais.

6 taëls par mètre, et, comme nous venons de le dire, il est frappé à 8 et 9 duites. Il est quelquefois monté sur chaîne doublée, mais le plus souvent sur chaîne peignée simple d'un bon tors ; le compte en est assez serré (9 fils) ; la trame est en laine longue cardée, filée à un numéro assez rond pour produire une étoffe close et corsée.

Nous devons toutefois mentionner ici cette observation du consignataire, que le climat de la Cochinchine est plus chaud que celui de la Chine, et que le cours des saisons y amène, sans transition brusque, les variations de température habituelles. Les serges, fabriquées pour cette destination, peuvent donc être *un peu* plus légères et moins corsées.

Ce qu'il importe surtout de ne pas négliger, c'est la beauté, l'apparence du tissu, la régularité de la croisure, qui doit se dessiner nettement par l'effet du tors à gauche de la filature, le lustre et le glacé durable de l'étoffe, si faciles à obtenir avec les laines longues anglaises si brillantes, enfin l'éclat et la vivacité des couleurs.

Il ne faudrait pas essayer de changer l'armure batavia ; on a offert, à ce qu'il paraît, aux Cochinchinois un petit lot de jolis unis, sergés de trois par la trame, genre *long ell*, qui ne leur ont pas convenu.

Prix. — La pièce de *long ell*, en 22 mètres de long et 78 centimètres 1/2 de large, devra se présenter et pouvoir se vendre en entrepôt de Batavia à raison de

9 piastres	= 49 fr.	50	en uni, pour la	1re	qualité.
8 id.	= 40	»	id.	2e	id.
7 id.	= 38	50	id.	3e	id., conforme au type anglais (échantillon n° 1), mais peut-être *un peu* plus légère.
12 id.	= 66	»	avec impressions, pour la	3e	qualité.

Les Cochinchinois achètent toujours au comptant et paient en piastres espagnoles.

Frais. — Pour établir avec une exactitude suffisante le prix réel en manufacture de France, le fabricant doit tenir compte :

1° De l'intérêt à 6 p. 0/0 des fonds engagés dans l'opération pendant les 8 ou 10 mois qu'elle durera.

2° Des frais d'emballage en gros et de transport par roulage au port d'embarquement ;

3° De la commission, à tant par colis, au port, quelque minime qu'elle paraisse, du magasinage de quelques jours et de l'embarquement ;

4° De la prime à la valeur à l'exportation (*drawback*), en sa faveur ;

5° Du fret au tonneau d'encombrement de 1 m. 44 c. (42 pieds cubes) (on peut compter 7 balles de 20 pièces par tonneau) ;

6° De l'assurance maritime (environ 2 1/2 à 3 p. 0/0) ;

7° Du déchargement à Batavia : 1 florin 25/100 (2 fr. 65 c.) par balle ou caisse ;

8° Du droit d'entrepôt : 1 p. 0/0 de la valeur de la facture ;

9° Du droit de magasinage à la Douane : 15/100 de florin (0 fr. 32 c.) par mois, par chaque balle ou caisse ;

10° De la commission de vente du consignataire : 5 p. 0/0 (certaines maisons de commerce ne comptent que 2 1/2 p. 0/0 aux commettans avec lesquels elles sont en relations constantes d'affaires) ;

11° Du ducroire ou garantie de la vente : 2 1/2 p. 0/0 ;

12° Enfin, de la commission pour achat de produits en retour (cafés, indigos, étain, sucre, gomme copal, etc.), ou pour traites garanties par endos, 2 1/2 p. 0/0.

La marchandise ne paraît pas devoir être grevée de plus de 20 à 25 p. 0/0, dont il faut déduire les escomptes et bonifications en fabrique, et le *drawback* de 85 centimes le kilogramme.

Nous n'avons pas tenu compte ci-dessus de la perte d'intérêt pour vente à 6 mois et de la perte de change, parce que les Cochinchinois paient *comptant* et en *piastres* fortes d'Espagne ou du Mexique, qui valent de 3 florins 30/100 à 3 florins 60/100 argent-papier. Ces piastres se négocient au moins au pair contre des traites sur l'Europe à 4 mois de vue.

Avant de poursuivre, nous devons expliquer sommairement les causes de la perte de change que nous venons de mentionner.—Java souffre depuis plusieurs années d'une crise financière qui gêne les opérations commerciales, car elle maintient une hausse factice sur les produits de retour et grève les articles d'importation de la différence du taux du change colonial avec celui de l'Europe. — Les valeurs métalliques sont rares ; ce sont des marchandises qui s'échangent avec 20 ou 25 p. 0/0 de prime contre leurs valeurs représentatives en papier. La Banque a émis des billets à cours forcé, dont le Gouvernement l'a autorisée à ne pas effectuer le remboursement; et celui-ci met lui-même en circulation un autre signe monétaire forcé, des monnaies de cuivre appelées *duyts*, qui ont cours moyennant un agio de 20 p. 0/0 entre elles et l'argent-papier. Il n'est point étonnant que, dans de telles circonstances, le change à 4 et 6 mois de vue sur la Hollande, la France, etc., soit de 20 à 25 p. 0/0, et ait même monté jusqu'à 38 p. 0/0, c'est-à-dire, dans ce dernier cas, qu'indépendamment de la commission de banque, il fallait donner à Batavia 100 florins d'argent (papier) pour faire toucher à Amsterdam, etc., 72 florins d'argent (numéraire).

Epoque des expéditions. — Les Cochinchinois arrivent à Batavia chaque année, du 15 au 20 mars, et en repartent du 15 au 25 mai. Il faut donc que les marchandises soient rendues en entrepôt au commencement de mars.

Assortiment. — *Long ells* unis :

Ecarlate		500	pièces, c'est-à-dire	14 3/10	p. 0/0.
Bleu..	vif	500	id. id.	14 3/10	id.
	ciel	300	id. id.	8 6/10	id.
Vert..	foncé	300	id. id.	8 6/10	id.
	clair	500	id. id.	14 3/10	id.
Jaune.	orangé	500	id. id.	14 3/10	id.
	citron	300	id. id.	8 6/10	id.
Blanc azuré		300	id. id.	8 6/10	id.
Blanc		300	id. id.	8 6/10	id.
		3,500	pièces, id.	100 »	p. 0/0.

Cet assortiment de 3,500 pièces doit être composé des trois qualités précédemment indiquées ; il est probable qu'il faut fabriquer un nombre égal de pièces de chaque qualité, savoir : 1,167 pièces de la première, 1,167 de la deuxième, et 1,166 de la troisième.

— *Long ells* imprimés :

100	pièces, fond	écarlate,	avec impressions	en couleurs	jaune, verte, noire, etc.
100	id.	bleu,	id.	id.	jaune, blanche, etc.
100	id.	vert,	id.	id.	jaune, écarlate, etc.
100	id.	jaune,	id.	id.	bleue, verte, etc.
100	id.	blanc,	id.	en toutes couleurs.	
500					

Il ne doit y avoir d'impressions en couleur écarlate que sur les fonds verts, mais nous devons faire observer qu'à part cette recommandation particulière, les indications des couleurs qu'il convient d'introduire dans les impressions ne sont pas absolues, et que nous n'excluons ni le grenat, ni le pensée, ni le rose, ni le gris, etc., des dessins où ils interviendraient avec avantage. Nous engageons seulement à faire dominer les bleus, les verts, les jaunes, et à préférer les nuances franches.

Couleurs (1). — Toutes les couleurs doivent être vives, franches et solides.

Ecarlate. — Nous recommandons de lui donner, par l'avivage ou par l'addition d'un peu de jaune, le plus d'éclat qu'il sera possible ; s'il est bon que la teinte soit nourrie, il est inutile de la foncer ; celle du n° 231 *bis* est trop riche et tire sur le cramoisi.

Bleu vif. — Il est question ici de la nuance *light blue* des Anglais ; elle est en général assez terne, et il faut par exception lui donner beaucoup de vivacité ; les n°s 225 et 230 peuvent servir de modèles et l'on fera bien d'adopter un ton plus clair.

Bleu ciel.—Ce bleu ciel est un azur plus pâle que le *gentianella* des Anglais ; nous en avons obtenu en Chine deux échantillons que l'on trouvera au Ministère du commerce. Il est essentiel de reproduire à peu près cette même nuance, parce qu'elle est réglementaire. Le vêtement d'uniforme des soldats cochinchinois est en *long ell* écarlate, et les paremens, ainsi que les bordures, sont en ce bleu ciel, qui, soit dit en passant, ne convient pas en Chine.

Vert foncé. — Il serait plus exact de l'appeler vert émeraude ; on empêcherait ainsi de le confondre avec les verts myrte, tapis de billard, pistache, etc. Le n° 222 indique la nuance dont on doit se rapprocher ; plus sa richesse sera grande et son reflet franc, mieux elle sera accueillie.

Vert clair. — C'est le vert émir (n° 30 de la carte n° 3 de MM. Ber-

(1) Nous avons déjà donné des indications très détaillées dans un rapport, en date du 29 avril 1845, dont plusieurs Chambres de commerce ont reçu communication par correspondance ; nous nous bornons à résumer ici nos principales recommandations.

tèche, Bonjeau et Chesnon, de Sédan); on le demande frais et joli; l'on peut aussi se guider d'après le vert de Schéèle.

Jaune orangé.—Les Cochinchinois tiennent à ce qu'il soit d'une grande richesse; aussi il serait nécessaire de cocheniller un peu les n°s 227 et 232, sans arriver à la teinte n° 1154, c'est-à-dire d'obtenir un jaune aurore.

Jaune clair.—Le consignataire de Batavia a demandé du jaune citron, mais il est préférable que ce soit un bouton d'or. Les n°s 1148, 1150 et 232 se placeraient sans difficulté.

Blanc azuré.—Cette nuance est à peu près celle des draps pour capulets du Béarn de la fabrique de Carcassonne.

Blanc. — Il est important de le maintenir frais et propre.

Si les Cochinchinois demandaient d'autres couleurs, nous engagerions les fabricans à se reporter aux échantillons de *spanish stripes* et de *long ells* que nous avons rapportés, et à ne pas expédier les diverses nuances de fantaisie que la mode met chaque année en faveur en France.

Dispositions et goût des impressions.—On peut se faire une idée des dessins que désirent les Cochinchinois en examinant les vénitiennes et les mousselines brochées de Saint-Quentin, les damas pour ameublemens de Rouen et de Roubaix et les indiennes perses de Mulhouse. Il faut des dispositions analogues à celles de ces *chintzes* hollandais, au fond rouge d'Andrinople, que les Chinois emploient pour palempores (couvertures de lit); ce sont des branches flexueuses couvertes de fleurs et de feuilles, dessinées avec goût, tracées avec netteté et nuées aussi heureusement que possible. Nous engageons les fabricans à ne pas faire exécuter de dispositions chargées qui couvrent une trop grande surface de fond; l'impression doit être une espèce de guipure et ne se composer que de ramages légers et gracieux;—on n'accepterait pas en Cochinchine nos grandes rosaces de fantaisie, les arabesques des mousselines vénitiennes, les moirés, les rayures larges ou petites, les semis de fleurettes, — mais on y accueillera avec faveur de simples guirlandes de fleurs. Il est aussi inutile d'apporter un grand soin dans l'exécution des dessins, il ne convient ni d'en faire des miniatures, ni d'y varier les nuances à l'infini; il suffit qu'ils soient frais et de bon goût, que leurs contours soient bien accusés et qu'il n'y ait ni bavures ni babochages. — Quelque gracieux et original que puisse être l'effet produit par la présence d'un écossais à mille raies, par exemple, nous conseillons de ne pas en faire entrer dans la disposition ; les ornemens rectilignes (sur étoffes) ne plaisent ni aux Cochinchinois ni aux Chinois, et essayer de les leur imposer, ce serait s'exposer à voir déprécier l'article.

On aura soin que le dessin ne barre pas, qu'il soit suffisamment réduit (un peu plus que celui de l'échantillon n° 2), que le nué soit agréable à l'œil, et qu'il n'y ait pas, pour remplir les vides, des fleurettes isolées. Le mandarin cochinchinois a été satisfait de quelques-unes des dispositions des indiennes perses de Mulhouse, des damas de Rouen et des velours gaufrés d'Amiens ; il est nécessaire de consulter ces divers articles pour bien comprendre ce qui est demandé.

Nous insistons également sur l'impression, parce que des essais ont déjà été tentés sans succès en France et en Angleterre, et l'importance du débouché qu'il nous est permis d'espérer mérite que l'on se préoccupe des moyens de se l'assurer.

Apprêt. — Les *long ells* unis et imprimés doivent être calandrés ou mieux encartés à chaud, puis mis sous presse ; on aime qu'ils soient lustrés et apprêtés avec soin.

Lisières, chefs et pliage. — Les deux lisières sont presque nulles ; ce sont des petits bourrelets, formés par les deux ou quatre fils doublés des dernières broches du peigne ; il est inutile de monter en tissu lisse des lisières-rubans.

Il faut que le chef soit très simple ; on terminera la pièce, à 4 centimètres de l'extrémité, par une rayure noire, de 16 millimètres de large, placée entre 4 petits filets de même couleur ; le tout comprenant une largeur de 3 c. 1/2. — On fixera à la lisière gauche deux plombs : sur l'un, doré et estampé en relief, seront les initiales du fabricant et quelque *marque nationale ;* sur l'autre, on indiquera le numéro d'ordre et l'aunage.

Les *long ells* sont ordinairement pliés par le milieu de la laize, et présentent des plis rectangulaires de 39 sur 52 centimètres.

Toilette. — La pièce doit être saisie à la tranche par trois cordonnets de fil de Russie blanc, ou par trois rubans roses, dits *harlems*, puis recouverte d'une feuille de papier blanc et introduite dans la toilette.

Le *wrapper*, en calicot fort, assez commun et glacé, est noir ou rouge brun, suivant la couleur des pièces qu'il renferme ; c'est un ancien usage de la Compagnie des Indes qu'il est bon de conserver. Quand il est plié, il mesure, en général, 46 centimètres de large et 57 c. de long ; ces dimensions se changent en 40 centimètres de large, 52 c. de long et 52 mill. de haut, quand la pièce est dedans.

On ferme la toilette des deux côtés avec de la petite ficelle, et à la tranche de devant, par des cordonnets noués. Le premier pli doit être libre, afin qu'il soit facile d'examiner la qualité de la pièce.

Le décor est imprimé à l'huile ; il a été décrit précédemment, et nous nous bornerons à recommander que l'on s'en écarte le moins possible, si l'on en adopte un autre. Nous invitons les expéditeurs à ne pas contrefaire les décors anglais, et à présenter les lainages français avec des marques et des toilettes françaises : s'ils sont bien fabriqués, réguliers et à bon marché, la vente en sera aussi facile que s'ils arrivaient avec de faux certificats d'origine ; seulement les acheteurs, ne sachant encore quel degré de confiance ils doivent accorder à nos marques, vérifieront le contenu des balles et les dimensions des pièces.

Observations. — Nous conseillons de ne fabriquer d'abord que 15 pièces d'échantillon environ, de les faire teindre, imprimer et apprêter conformément à nos indications, et de les envoyer à Batavia.

Les affaires avec la Cochinchine se faisaient, il y a quelques années, par l'entremise de MM. Lagnier et Borel ; il ne reste plus aujourd'hui à Batavia qu'une maison française, celle de MM. Sanier, Suermondt et Cie. Cependant M. E. Borel, qui a résidé et commercé en Cochinchine, s'occupe encore de ces opérations. — Si les échantillons que l'on aura expédiés sont agréés par lui, l'intention de l'amiral cochinchinois est de commissionner chaque année l'assortiment dont il aura besoin, et de passer un contrat, sous la caution de ses consignataires, pour garantie de son ordre. — Dans l'année 1845-46 s'est effectué le réhabillement des troupes du Roi, aussi 5,000 pièces environ avaient été achetées tant à Singapore et à Batavia qu'à Canton. En 1850-51, la demande se reproduira pour le même but et s'élèvera, à ce qu'il paraît, à près de 10,000 pièces.

Nous ne saurions trop insister sur la nécessité de l'envoi préalable d'une balle d'essai, et nous devons avertir les fabricans que si leurs serges ne convenaient pas aux Cochinchinois, il ne faudrait pas en espérer un placement facile à Batavia. Le *long ell* n'est jamais entré dans la consommation javanaise ; ce n'est qu'aux Chinois que l'on peut en vendre quelques parties, et souvent même il est difficile de trouver des acheteurs, car les Chinois n'ont besoin de cet article que lorsque, ayant des retours à faire à Canton, ils préfèrent courir les chances d'une expédition de *long ells* et de *polemieten,* plutôt que de se résigner à une perte de change immédiate de 25 p. 0/0. Le tableau ci-après donne, d'ailleurs, la preuve du peu d'importance de la vente des serges anglaises :

Importation à Java et Madura,	de la Hollande..	en 1827.	5,320 aunes,	d'une valeur de	4,763 florins.
		1828.	120 pièces,	id.	5,610 id.
		1829.	98 id.	id.	15,111 id.
		1830.	190 id.	id.	4,670 id.
		1831.	289 id.	id.	7,498 id.
	des pays situés à l'ouest du Cap de Bonne-Espérance.........	1832.	99 id.	id.	2,960 id.
		1833.	31 id.	id.	1,692 id.
		1834.	150 id.	id.	3,000 id.
		1835.	6,415 aunes, 1,764 pièces,	id.	11,579 id.
		1836.	1,470 aunes,	id.	1,470 id.

Il ne serait ni plus simple, ni plus avantageux d'expédier en droiture à Touranne ou à Houé-fo les articles commissionnés, car nous devons faire observer : 1° que les ports de la Cochinchine paraissent être jusqu'à présent fermés aux navires européens; 2° que le Roi a monopolisé à son profit le commerce extérieur de ses États, c'est-à-dire qu'il achète à ses sujets, à des prix modérés, le sucre, la soie, l'ivoire, etc., et s'est réservé le privilége de vendre aux étrangers ces divers produits; si les assortimens importés ne convenaient pas au Roi, le placement aux indigènes en serait très difficile (1); 3° enfin, en supposant même les chances les plus favorables, on réalisera les *long ells* à des conditions moins avanta-

(1) Quelques voyageurs ont prétendu à tort que l'usage des étoffes de laine était peu répandu en Cochinchine. A Touranne, il est vrai, les mandarins étaient vêtus de soieries légères, et le peuple de toiles de coton fabriquées dans les environs; mais nous ne nous y sommes trouvé qu'à l'époque des grandes chaleurs (juin), et il ne faut pas oublier que Touranne n'est qu'un misérable village, habité, comme Naun-Neuoc et les hameaux de la presqu'île de Thièn-tcha, par une popula-

geuses qu'à Batavia, où l'amiral paie en piastres; car le Roi ne livrera en échange que des articles indigènes : le sucre est à très bas prix, mais donne un fret peu lucratif; la soie et l'ivoire sont rares, le riz est prohibé à la sortie, les bois ne se vendent bien qu'en Chine, etc.

II. — ÉTOFFES DE LAINE DRAPÉES.

1° *DRAPS DE DEUX COULEURS.*

L'amiral cochinchinois, dans une conférence que nous avons eue avec lui le 23 avril 1845, a exprimé le désir de recevoir 10 pièces d'échantillon de drap de deux couleurs; une demande aussi faible ne doit pas surprendre, si l'on veut bien se rappeler l'insuccès des essais faits jusqu'à ce jour. Ces draps, dont chaque face présente une couleur différente, ne sont pas seulement recherchés en Cochinchine; on en expédie aussi à Siam et au Japon.

Longueur des pièces. — La longueur ordinaire des draps anglais qui se vendent en Chine est de 20 yards (18 mèt. 25 c.); il vaut mieux, pour l'article dont il est ici question, la porter à 24 yards ou 22 mètres, mesurés à partir de la barbe.

Largeur. — La laize ordinaire de nos draps de France, c'est-à-dire celle de 140 à 145 centimètres, est suffisante(1); il importe que l'étoffe ne rentre pas, et nous invitons les fabricans à monter leurs pièces sur une largeur telle qu'elles mesurent, après le foulage et l'apprêt, au moins 2 ou 3 centimètres de plus que la laize indiquée.

Qualité. — La qualité des draps croisés superfins de MM. Bertèche, Bonjean jeune et Chesnon, de Sedan, de ceux dits *cachemires* et *de Chine* de M. J. Randoing, d'Abbeville, a convenu à l'amiral; il a recommandé que l'étoffe fût bonne et close, mais surtout légère, apparente, douce de laine, bien couverte, tondue ras, offrant un grain sablé; d'après ces observations, on voit qu'il faut imiter ces *broad cloths* de Leeds que nous avons déjà proposés comme modèles de ceux qui conviennent pour la Chine.

Teinture. — Une des faces du drap (l'endroit) sera teinte en écarlate vif, et l'autre (l'envers) en jaune, en vert ou en bleu; il faut reproduire l'effet des caméléones de Reims. Le placement avantageux de ce drap dépend entièrement de la vivacité des couleurs; mais il paraît que souvent elles sont sans éclat et manquées.

Comme cette teinture est assez difficile, non pas à exécuter, mais à réussir, on a, à ce qu'il paraît, essayé, en Angleterre et en Hollande,

---

tion très pauvre. Les soldats des forts et les matelots des corvettes du Roi étaient habillés en *long ell;* et Mgr Lefèvre, évêque d'Isauropolis, nous assura que, dans la Haute Cochinchine, presque tous les mandarins et les marchands portent des vêtemens de drap pendant l'hiver. — Milburn (vol. II, page 453) mentionne les draps écarlates et les camelots parmi les articles d'importation en Cochinchine.

(1) Nous croyons plus prudent d'adopter 155 ou 158 centimètres.

de tisser ces draps en double par la chaîne ou mieux par la trame, probablement en montant à peu près ainsi :

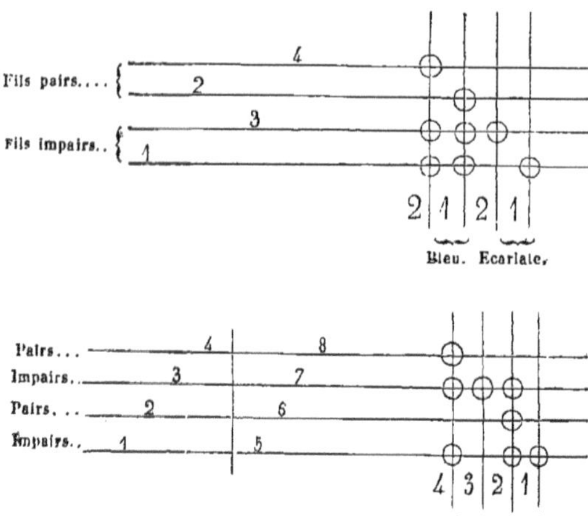

Les filés sont, dans ce cas, teints en échées, et comme il n'est pas douteux qu'ils ne soient ternis au tissage, nous donnons la préférence à la teinture en pièce.

Couleurs. — Comme celles qui conviennent pour les *long ells*, les couleurs doivent être solides et éclatantes.

Il faut que l'écarlate ait beaucoup de feu, que le jaune soit un bouton d'or franc, que le bleu soit semblable au *gentianella* des *broad cloths* de Leeds, et que le vert ait la nuance émeraude foncée.

Nous ne pouvons renseigner sur les couleurs que d'une manière vague, faute d'informations plus précises; l'amiral s'est borné à faire observer que l'on préférait en Cochinchine les tons clairs et riches, et qu'il était essentiel de les choisir tels qu'ils ne contrastent pas trop avec l'écarlate de la face supérieure du drap.

Assortiment.

4	pièces,	endroit écarlate,	envers	jaune.
3	id.	id.	id.	bleu.
3	id.	id.	id.	vert.
10	pièces.			

Traitement et apprêt. — Nous avons dit précédemment qu'il faut que le drap soit plus léger que nous n'avons coutume de le fabriquer; nous ajouterons ici que l'on doit le fouler un peu moins; mais on devra s'attacher à le garnir et à le tondre avec soin, de manière à ce que, quel que soit le sens dans lequel on le manie, on le trouve toujours doux et moelleux. La filature peut être ronde, mais le grain doit paraître fin et le duvet être couché et fourni. Enfin, un lustre durable est pour ces draps une précieuse qualité.

Les draps de MM. Bertèche, Bonjean jeune et Chesnon, J. Randoing, Ch. Flavigny, etc., sont trop serrés en compte, trop foulés, en un mot, trop beaux ; on veut moins de force, mais plus d'apparence et un prix moins élevé.

Lisières, chefs, pliage et emballage. — Il est à souhaiter que chaque lisière n'ait pas moins de 3 centimètres, qu'elle soit noire ou rayée, et jamais jaune, — que le chef se termine par une barbe de 6 à 8 centimètres, tirée à longs poils, et qu'il soit orné d'un décor et d'une inscription. — Le pliage comme celui en usage en France.

Pour l'emballage : toilette avec décor, enveloppe de papier hydrofuge, caisse de sapin hermétiquement fermée et recouverte de toile grasse, de paille et de forte toile grise.

Prix. — Le prix sera proportionné au succès. Quant aux 10 pièces d'échantillon, l'amiral les paiera au prix de facture ; et pour les expéditions à venir, il est probable que l'on pourrait obtenir également des conditions avantageuses.

2° *DRAPS DE SILÉSIE.*

Les échantillons (nos 1 et 102) de draps légers de MM. Boudin et Gillard, de Beauvais, et ceux (nos 165 et 166) de la Chambre de commerce de Reims ont été remarqués avec intérêt par l'amiral cochinchinois, qui, désireux de les faire connaître à Houé-fo, nous a prié de conseiller l'envoi, en entrepôt de Batavia, de 100 pièces d'échantillon. Il paraissait convaincu que cet article serait agréé par le Roi, et que, par ses ordres, il serait chargé d'en transmettre à M. Borel une commande importante.—Nous n'avons point ici à discuter le plus ou moins de confiance qu'il convient d'accorder aux affirmations d'un chef qui ne peut préjuger avec certitude des goûts de son souverain ; nous nous bornons à présenter les renseignemens recueillis auprès de lui et de son consignataire. Il y a tout lieu de croire que ces draps légers trouveraient à Batavia, à défaut des Cochinchinois, d'autres acheteurs, auprès desquels on réaliserait un bénéfice moins beau, sans doute, mais certain.

Longueur. — 24 yards ou 22 mètres.

Largeur. — De 140 à 145 centimètres entre lisières. La laize de 155 centimètres nous paraît préférable, mais la précédente se recommande de l'autorité de l'amiral et de M. Borel ; on fera attention à ce que l'une ou l'autre largeur soit obtenue sans aucune tension sur les rames.

Assortiment.

	Indiqué par l'Amiral.	Modifié par nous.
Amarante	25 pièces.	15 pièces.
Bleu gentiane	25 id.	25 id.
Vert émeraude clair	25 id.	25 id.
Jaune bouton d'or	25 id.	20 id.
Pensée clair	» id.	4 id.
Bleu foncé	» id.	5 id.
Noir	» id.	3 id.
Ecarlate	» id.	3 id.
	100 pièces.	100 pièces.

Couleurs. — **Amarante.** — Semblable à celui du n° 1 de M. Maxime Boudin, de Beauvais.

Bleu gentiane. — Aussi clair et aussi vif que celui pour *spanish stripes* et *broad cloths.*

Vert émeraude clair. — Les verts émir et verdet ne conviennent pas, parce que le premier est trop bleuté et le second trop clair.

Pour les autres couleurs, on prendra pour modèles les échantillons que nous avons recommandés pour les *spanish stripes.*

Qualité. — Elle devra être conforme à celle du n° 1 de M. Maxime Boudin, de Beauvais, mais on aura soin de draper davantage l'étoffe; elle sera plus estimée, si le duvet est aussi fourni, mais plus couché, plus sablé, et si le lustre est plus vif et durable. Le n° 166 de Reims est un peu trop corsé, moins doux et moins apparent. Quant au drap royal de M. Croutelle neveu, on lui a reproché, au contraire, sa légèreté, et il n'est pas douteux qu'avec quelques améliorations il ne soit convenable.

Lisières, chefs, toilette et emballage. — Les lisières du n° 1 de M. Boudin ne sont pas assez tirées à poils; il faut qu'elles soient plus fournies, soyeuses et larges de 3 cent. à 3 c. 1/2.

On attache peu d'importance au chef; il sera cependant convenable de l'orner d'un décor; on y brodera en soie ou l'on y appliquera, en papier d'or ou d'argent découpé, les noms du fabricant et de la ville, le numéro d'ordre, etc.

Pliage, comme d'usage.— Toilette : simple et sans décor, en calicot noir glacé, lacée avec des cordonnets blancs.

On peut envelopper chaque ballot dans une couverture de laine très légère, puis le recouvrir de papier hydrofuge, de toile à voile, de toile grasse et de grosse toile grise.

Prix. — Le fabricant peut compter, suivant M. Borel, sur 3 florins l'aune de Brabant (de 70 centimètres) en entrepôt de Batavia. L'amiral cochinchinois achèterait même ce lot d'essai de 100 pièces à 4 florins 1/2 et 5 florins l'aune, si la qualité était belle, le traitement bien réussi, et si les couleurs étaient éclatantes. On voit donc que ce débouché serait très avantageux, et qu'il importe de chercher à l'assurer à nos draps légers.

COMPTE SIMULÉ D'EXPÉDITION DE VENTE ET DE RETOUR.

			fr.	c.	fr.	c.	
Drap n° 1 de Beauvais : prix en fabrique, en largeur de 1 mèt. 57 c., lisières comprises : 6 fr. le mètre ; soit en 1 m. 60 c. pleins...	....		»	»	6	12	le mètre.
Frais d'emballage et de roulage jusqu'au port d'embarquement....	....		»	»	»	25	id.
					6	37	id.
A déduire : prime à la sortie..............	9	p. 0/0	»	57	»	57	id.
					5	80	id.
Fret et frais divers........................	2	id.	»	12	»	»	id.
Assurance maritime......................	2 ½	id.	»	15	»	»	id.
Intérêts de 8 mois.......................	4	id.	»	23	»	»	id.
Déchargement à Batavia : 1 florin 25 c. (2 fr. 65 c.) par balle........................ Droit d'entrepôt : 1 p. 0/0 de la valeur de la facture............................ Droit de magasinage à la douane : 15 centièmes de florin (32 centimes) par mois et par balle............................	1 ½	id.	»	09	»	»	id.
Commission de vente......................	2 ½	id.	»	15	»	»	id.
NOTA. Quand on n'est pas en relation habituelle d'affaires, la commission est de 5 p. 0/0.							
Ducroire ou garantie de la vente...........	2 ½	id.	»	15	»	»	id.
			»	89	»	89	id.
					6	69	id.
Commission de retour, pour l'achat de produits en retour (café, indigo, étain, etc.), ou pour traites garanties par endos...........	2 ½	id.	»	15	»	15	id.
					6	84	id.

Nous n'avons pas fait entrer en ligne de compte la perte de change de 20 p. 0/0, parce que les Cochinchinois paient comptant, et en piastres d'Espagne ou du Mexique, qui valent de 3 florins 30 c. à 3 fl. 50 c. en argent papier. Ces piastres se négocient, au moins au pair, contre des traites sur l'Europe à quatre mois de vue.

On peut être assuré d'un prix, en entrepôt, de 3 florins l'aune, c'est-à-dire de 9 fr. 13 c. le mètre ; il y aurait donc sur le n° 1 de Beauvais un bénéfice net de 34 p. 0/0.

Époque des expéditions. — Les Cochinchinois arrivent à Batavia chaque année du 15 au 20 mars, et en repartent du 15 au 25 mai ; il faut donc que les marchandises soient en entrepôt dès le commencement du mois de mars.

III. — JAPON.

DES ÉTOFFES DE LAINE HOLLANDAISES IMPORTÉES A NANGASAKY.

Bien que Kœmpfer (1) mentionne l'existence de manufactures de draps dans les provinces de Farima, de Mimasaka, de Satzuma, d'Awadsi, de Fidsen, etc. (vol. 1, pages 66, 68, 69), nous pensons que les Japonais ignorent, comme les Chinois, le travail de la draperie, et que, sous la plume de Kœmpfer, le mot *drap* a le sens de *toile de coton ;* cette supposition est d'autant plus plausible que ce voyageur ne parle presque point des tissus de coton, dont la fabrication est cependant si considérable. Notre opinion est, en outre, confirmée par le fait de l'importation au Japon des lainages d'Europe.

Kœmpfer dit (vol. 2, page 77) : « Ce sont ici les marchandises que nous portons au Japon ; de la soye écrue de la Chine, du Tonquin, du Bengale et de Perse. Toute sorte de soyes, d'étoffes de laine et autres des mêmes pays et de quelques autres ;... comme sont.... des fleurets de laine filée ;... des draps de laine d'Europe, outre d'autres étoffes de soye et de laine ; surtout des serges ordinaires et d'Angleterre. » Il donne, à la page 90, le prix de vente à Miaco du fleuret de laine filée, savoir : « 240 tails le pic ou 125 livres, » et, à la page 101, il ajoute : « Les cargaisons des Chinois consistent en soyes non ouvrées de la Chine et du Tonquin ; toute sorte d'étoffes de soye et de laine, que les Hollandois apportent de même qu'eux. »

Nous ne rechercherons pas quelles ont été chaque année l'importance et la composition des cargaisons envoyées au Japon par la Hollande ; il suffit d'en faire connaître une seule, et même, pour abréger, nous nous bornerons à extraire, du projet d'expédition pour 1827 (2), les chiffres relatifs aux lainages :

					florins.
170 pièces	ou	8,500	aunes	de draps ordinaires de différentes couleurs, depuis 5 florins 40 centièmes jusqu'à 7 florins l'aune (de Brabant).....................	52,025
10	id.	300	id.	de drap double à deux couleurs, à 26 fl. 66 c. 2/3 l'aune....................	8,000
				A reporter....................	60,025

(1) *Histoire naturelle, civile et ecclésiastique de l'empire du Japon*, par Engelbert Kœmpfer, traduite par Scheuchzer. La Haye, 1729.

(2) *Coup d'œil sur l'île de Java et les autres possessions néerlandaises dans l'archipel des Indes*, par le comte de Hogendorp. Bruxelles, 1830.

			florins.
		REPORT........	60,025
10 pièces ou	300	aunes de drap double imprimé, à 13 fl. 33 c. 1/3 l'aune.	4,000
12 id.	348	id. de drap de pelisse, à 5 fl. l'aune..............	1,720
20 id.		de *long-ells*, à 35 fl. la pièce....................	700
40 id.	2,000	id. de ras de drap (*laken rassen*) à 4 fl. l'aune.....	8,000
45 id.	2,250	id. de casimirs divers, à 4 fl. 50 c. l'aune.........	10,125
	911	id. de *haarstreepen*, à 4 fl. 50 c. l'aune...........	4,099 ½
	3,539	id. de *polemieten*, à 2 fl. 50 c. l'aune.............	8,847 ½
	1,069	id. de camelots (*grein*), à 2 fl. l'aune.............	2,138
30 id.		de peluches (*trijpen*), à 180 fl. la pièce.........	5,400
			105,055

sur un total de 375,329 florins 75 centièmes.

Nous devons à l'obligeance de M. van Overmeer Fischer, ancien sous-directeur de la factorerie hollandaise à Décima, la communication de deux carnets, dans lesquels se trouvent réunis les échantillons des étoffes de laine, de soie et de coton, de fabrication européenne et indigène, adoptées par la consommation japonaise. Dans la prévision des relations commerciales que l'Europe établira avec le Japon, dans un avenir peut-être prochain, nous allons faire connaître, d'après ces carnets, les lainages hollandais expédiés à Nangasaky vers l'année 1828-1830.

Il paraît que la plus grande partie des draps et des autres tissus de laine qui sont consommés au Japon est importée par les Chinois, qui ont aussi le privilége de commercer et d'avoir une factorerie à Nangasaky (1). On lit dans le *Chinese Repository* (vol. IX, p. 378) : « 7 ou 8 jonques font deux voyages par an ; elles portent des médicamens, des *broad cloths*, des étoffes de laine diverses, ainsi que quelques autres articles, et reviennent chargées d'holothuries, de cuivre, de tabletterie de laque, etc. » Milburn (vol. II, p. 489) mentionne l'importation par les jonques chinoises de 35 piculs de drap, 15 aunes de drap noir, 1,265 piculs de camelots et 4 piculs de serge chinoise (probablement de *Kou-jong*) ; et le P. Du Halde dit que les Chinois portent au Japon « des draps d'Europe et des camelots dont l'on a un prompt débit ; mais comme les Hollandois y en portent, les Chinois ne s'en chargent guères, à moins qu'ils ne puissent les vendre au même prix, et ils assurent qu'ils y gagnent 50 p. 0/0, ce qui fait voir combien le profit des Hollandois doit être considérable (2). »

D'après M. de Fischer et les différentes personnes qui, à des titres divers, ont séjourné à Décima, il ne faut pas espérer y trouver pour les lainages un débouché important ; les Japonais sont habitués aux vêtemens ouatés et tiennent, autant que les Chinois, à leurs habitudes de costume.

DRAPS.

Draps lisses ordinaires (**Laken**). — Ces draps communs sont corsés, un peu secs et durs ; ils ont 9 fils en chaîne et en trame aux

(1) Voir, pour la description de la factorerie chinoise (*To-jin yasiki*), le *Chinese Repository* (vol. IX, p. 378), — et — Titsingh, *Annales des Siogouns et des Daïris*.

(2) Du Halde : *Description de la Chine*. Vol. II, *Du Commerce des Chinois*, pages 171 et 172.

5 millimètres et sont teints, pour la plupart, en pièce. Le traitement en est très inférieur et la qualité rappelle celle de nos draps du Midi.

Numéros d'ordre.	Nombre des pièces (1) de chaque couleur dans l'assortiment.	DÉSIGNATION DES COULEURS d'après les échantillons.	NOMS DES COULEURS d'après le document hollandais.	LARGEUR en mesure japonaise, le *soun* ou 1/10 du *sjak'* (2).	LARGEUR en mesure française, le mètre et ses sous-multiples.	Indication de la qualité.	PRIX de l'*ikje* (3) en monnaie japonaise. taëls.	mèces	cand.	PRIX du mè[tre] en monna[ie] frança[ise] (4).
					m. c. m. c.					fr.
1	38	Ecarlate vif.............	*Schairood*	44 à 46	1 32 à 1 38	—	17	6	9	35
2	30	Noir..................	*Zwart lit: I*......	44 à 45	1 32 à 1 35	—	19	0	8	36
3	22	Blanc.................	*Wit*..............	44 à 45	1 32 à 1 35	—	30	0	9	60
4	19	Bleu de roi..........	*Blaauw*..........	44 à 45	1 32 à 1 35	—	13	5	9	27
5	17	Jaune citron { foncé ..... / clair...... }	*Geel*.............	44 à 48	1 32 à 1 44	—	18	7	4	37
6	16	Vert myrte.............	*Zee groen*........	44 à 45	1 32 à 1 35	1re	15	3	9	30
7	14	Vert tapis de billard, clair.	*Groen olijf*........	44 à 46	1 32 à 1 38	1re	19	5	0	39
8	9	Vert émeraude..........	*Groen*...........	44 à 45	1 32 à 1 35	—	20	0	9	40
9	7	Bleu ciel	*Licht blaauw*.....	45 à 46	1 35 à 1 38	—	27	5	9	55
10	7	Gris ardoise...........	*Blaauw asch* ..... / *Graauw*..........	44 à 45	1 32 à 1 35	—	20	9	0	41
11	6	Violet pourpré.........	*Purper*..........	44 à 45	1 32 à 1 35	2e	23	8	8	47
12	5	Bronze................	*Olijf*............	44 à 45	1 32 à 1 35	1re	14	0	0	28
13	2	Fleur de pensée........	*Violet*...........	45	1 35	—	23	7	8	47
14	2	Vert russe............	*Zee groen*........	44 à 45	1 32 à 1 35	3e	16	0	0	32
15	2	Vert tapis de billard.....	*Groen olijf*........	44	1 32	2e	17	2	9	39
16	2	Noir..................	*Zwart*...........	46 à 47	1 38 à 1 41	—	20	0	0	40
17	1	Vert myrte............	*Zee groen*........	50	1 50	2e	16	6	0	33
18	1	Bronze................	*Olijf*............	44 à 45	1 32 à 1 35	2e	15	6	3	31
19	1	Violet pourpré.........	*Purper*..........	44 à 45	1 32 à 1 35	1re	25	0	9	50
20	1	Gris de fer............	*Grijs*............	46	1 38	—	18	3	6	36
	200									

***Draps de deux couleurs* (Dubbeld laken).** — Ils sont fabriqués, suivant M. de Hogendorp (5), à Tilburg, province du Brabant septentrional. Ils sont moins communs que les précédens, mais plus épais, aussi mal drapés et en laine dure. On compte, aux 5 millimètres, 11 fils de chaîne et 12-13 duites. Le milieu de la tranche est blanc et les couleurs manquent de vivacité.

---

(1) La longueur des pièces paraît être de 50 aunes anciennes de Hollande (35 mètres environ).

(2) Le *sjak'* de 307 millimètres 1/2 étant, suivant M. de Fisher, le seul en usage dans les transactions entre les Japonais et la Compagnie, on a adopté pour le *soun* le dixième de cette valeur linéaire, et, pour faciliter les conversions, on l'a réduite à 3 centimètres, ce qui la rend en même temps égale à 1/65 de l'*ikje*.

(3) L'*ikje* est supposé égal à 2 mètres, sa longueur réelle est estimée de 1 m. 96 c. à 1 m. 99 c.

(4) Nous avons opéré les conversions au taux du taël réel (*sjumonme*), c'est-à-dire à raison de 4 francs environ. Les prix ne paraîtront pas trop au-dessus de la vérité, si l'on prend en considération les bénéfices que produit la vente à Batavia du cuivre, du camphre et de la tabletterie de laque reçus en échange.

(5) *Coup d'œil sur l'Ile de Java*, etc.

L'assortiment se composait de **12** pièces larges de 45 à 48 *soun* (de 1 mètre 35 centimètres à 1 m. 44 c.), et vendues **25** taëls **3** mèces **9** candarines l'*ikje* (50 fr. 78 c. le mètre). Le carnet renfermait les 7 échantillons suivans :

Bleu gentiane et écarlate.
Jaune bouton d'or et écarlate.
Blanc et écarlate.
Vert myrte et grenat pourpré.
Fleur de pensée et bleu de roi.
Vert tapis de billard et écarlate.
Bleu de roi et noir.

Draps gaufrés (**Gedrukte laken**). — 9 fils et 7 duites aux 5 millimètres ; ils sont d'ailleurs à peu près semblables aux draps ordinaires ; le gaufrage est assez bien réussi :

		LARGEUR.		PRIX de l'*ikje*.			PRIX du mèt.
		soun.	mèt. c.	taëls	mèces	cand.	fr. c.
1re qualité. 2 pièces	fond écarlate, dessins gaufrés de couleur grenat...	47 =	1 41	15	5	9 =	31 80
2e id. 8 id.	fond bleu clair, dessins gaufrés de couleur noire. fond jaune clair, dessins gaufrés de couleur noire. fond blanc, dessins gaufrés de couleur brune...	*soun.* 49-50 =	m. c. m. c. 1 47 à 1 50	11	5	» =	25 »

Ras de castor (**Laken rassen**). — Les échantillons de ras de castor ont, en général, 7 fils en chaîne comme en trame et 3 croisures aux 5 millimètres ; la qualité en est grossière ; la toile, à peine foulée, est découverte ; la laine est commune et la filature très ronde.

Nombre de pièces de chaque couleur dans l'assortiment.	LONGUEUR DES PIÈCES en mesure japonaise (le *sjak'* vaut 0m 3075)	LONGUEUR DES PIÈCES en mesure française.	LARGEUR en mesure japonaise (le *soun* vaut 0m 03 c.)	LARGEUR en mesure française.	COULEURS. Désignation d'après les échantillons.	COULEURS. Noms inscrits sur le carnet.	PRIX DE LA PIÈCE en monnaie japonaise.			PRIX DE LA PIÈCE en monnaie française.	
		m. c. m. c.		m. c. m. c.			taëls	mèces	cand.	fr.	c.
21	105 à 110	32 29 à 33 83	44 à 46	1 32 à 1 38	Ecarlate.......	*Rood....*	129	6	0	558	40
18	103 à 110	31 67 à 33 83	44 à 45	1 32 à 1 35	Noir...........	*Zwart...*	146	0	9	584	36
13	104 à 106	31 98 à 32 60	44 à 45	1 32 à 1 35	Bleu de roi.....	*Blauuw.*	119	0	0	476	»
13	103 à 104	31 67 à 31 98	45 à 46	1 35 à 1 38	Vert jaunâtre..	*Groen...*	126	7	9	507	16
7	106 à 109	32 60 à 33 52	43 à 46	1 29 à 1 38	Ourika clair....	*Purper..*	135	6	7	542	68
3	106	32 60	45	1 35	Fleur de pensée	*Violet...*	136	0	0	544	»
75											

***Casimirs* (kasimieren)**. — Ces casimirs sont assez fins (14 à 15 fils en chaîne et en trame, et 6 croisures aux 5 millimètres), mais ils sont secs, très mal drapés et fabriqués en laine trop ordinaire.

Numéros d'ordre.	Nombre de pièces de chaque couleur dans l'assortiment.	COULEURS. DÉSIGNATION d'après les échantillons.	NOMS HOLLANDAIS inscrits sur le carnet.	Indication des qualités.	LARGEUR en mesure japonaise (le *soun* vaut 0m 03 c.)	en mesure française.	PRIX de l'*ikje* en monnaie japonaise.			du mo fra
						m. c. m. c.	taëls.	mèces.	cand.	fr.
1	17	Noir....................	*Zwart*............	—	21 à 22	0 63 à 0 66	8	0	5	16
2	13	Ecarlate................	*Schairood*........	1re	21 23½	0 63 0 70½	7	1	9	14
3	13	Blanc..................	*Wit*..............	—	21 22	0 63 0 66	13	1	6	16
4	12	Vert émeraude..........	*Groen olijf*........	—	22½ 23½	0 67½ 0 70½	8	4	3	16
5	10	Bleu de roi............	*Blaauw*..........	—	21 22	0 63 0 66	6	0	8	12
6	6	Jaune clair............	*Geel*.............	—	21 23	0 63 0 69	6	5	0	13
7	6	Gris mélangé...........	*Grijs*............	1re	22	0 66	11	0	7	22
8	4	Cannelé, ventre de biche et blanc................	*Id*..............	2e	22	0 66	11	3	9	22
9	2	Ecarlate...............	*Schairood*........	2e	22	0 66	6	0	8	12
10	2	Orange.................	*Oranje*...........	—	21 à 22	0 63 à 0 66	9	8	9	19
11	2	Gris mode..............	*Olijf asch graauw.*	—	21 21½	0 63 0 64½	6	1	6	12
12	1	Jaune pâle.............	*Licht geel*........	—	22	0 66	6	5	0	13
	90									

Le n° 8 a été placé à tort dans le carnet parmi les casimirs, car c'est un drap lisse cannelé par la chaîne et par la trame ayant 9 fils aux 5 millimètres; le cannelé est produit fil à fil, duite à duite; les deux couleurs mariées ensemble sont le blanc et le ventre de biche clair. La qualité est satisfaisante et rappelle celle des draps de Silésie cannelés que l'on faisait à Reims vers 1760.

ÉTOFFES EN LAINE PEIGNÉE.

***Anascots* (saaij)** (1). — Ils sont en laine sèche et dure, mal tissés et même encore plus mal teints.

---

(1) Cet article se trouve porté sur les états d'importation à Java et Madura des lainages de fabrication hollandaise. En 1830, il en a été importé à Batavia 515 pièces, d'une valeur déclarée de 13,722 florins, et, en 1831, 20 pièces évaluées à 1,400 florins. Il n'en est pas arrivé depuis cette époque.

COULEURS.		LARGEUR		Indication des qualités.	Nombre de fils de chaîne aux 5 milli-mètres.	Nombre de croi-sures aux 5 milli-mètres.	PRIX								
							de la mesure japonaise l'*ikje* en monnaie japonaise.			DU MÈTRE en monnaie française,					
DÉSIGNATION d'après les échantillons.	NOMS hollandais inscrits sur le carnet.	en mesure japonaise (le *soun*, 1/10 du *sjak'*, vaut 0m 03 c.)	en mesure française.							calculé d'après le taël réel (*sju-monme*) de 4 fr. environ.		calculé d'après le taël de *Kam-bang*, de 3 fr. 36 c.		calculé d'après le taël de la Compa-gnie, de 2 fr. 81 c.	
			centimètres				taëls.	mèces	cand.	fr.	c.	fr.	c.	fr.	c.
Mode..........	*Vleeschlijk*...	24	72	2e	11	5	4	7	8	9	75	8	20	6	85
Vert...........	*Groen*.......	23 à 25	69 à 75	—	12	5	4	5	9	9	37	7	87	6	58
Bleu clair......	*Licht blaauw*.	24	72	—	11-12	5	8	0	0	16	32	13	71	11	47
Orange.........	*Oranje*......	25	75	2e	11	4-5	4	5	5	9	29	7	80	6	53
Fleur de pensée.	*Purper*......	23 à 24	69 à 75	—	11-12	6	4	4	0	8	98	7	54	6	31
Mode..........	*Vleeschlijk*...	24	72	1re	11-12	7	5	1	3	10	47	8	80	7	36
Orange........	*Oranje*.......	29	87	1re	11	5	4	6	5	9	48	7	97	6	67

Camelots-laine (**Grijnen**). — Le camelot est une des étoffes que la Hollande exécute encore le mieux aujourd'hui ; elle a pour le fabriquer des laines indigènes parfaitement convenables et d'excellentes traditions de travail ; aussi a-t-elle conservé son ancienne supériorité pour cet article, et l'on trouve les camelots et les *polemieten* hollandais sur les différens marchés de l'Asie.

Numéros d'ordre.	Nombre de pièces de chaque couleur dans l'assor-timent.	COULEURS.		Nombre de fils de chaîne aux 5 milli-mètres.	Nombre de fils de trame aux 5 milli-mètres.	PRIX				
		DÉSIGNATION d'après les échantillons.	NOMS HOLLANDAIS inscrits sur le carnet.			de l'*ikje* en monnaie japonaise.			du mètre en monnaie fran-çaise.	
						taëls.	mèces	cand.	fr.	c.
1	30	Noir..............	*Zwart*...........	10	15	7	1	3	14	26
2	26	Brun foncé........	*Donker bruin*.....	9	13	5	8	0	11	60
3	25	Vert émir.........	*Groen olijf*........	9	13	7	3	9	14	78
4	24	Bleu de roi........	*Blaauw*..........	9	15	5	2	0	10	40
5	15	Ecarlate...........	*Schairood*........	10	14	5	6	8	11	36
6	15	Olive.............	*Olijf*.	9	13	6	3	9	12	78
7	14	Grenat...........	*Bruin*	9	14	5	2	9	10	58
8	10	Blanc............	*Wit*.............	9	15	9	8	0	14	60
9	10	Gris cendré foncé..	*Asch graauw*......	10	12	4	9	0	9	80
		Gris cendré clair...		12	9					
10	10	Violet...........	*Violet*...........	10	12	7	1	9	14	38
	189									

Le camelot-laine, dont nous parlons ici, est le plus souvent un peu baracané, c'est-à-dire que la chaîne, étant doublée ou plus ronde que la trame, forme des cannelures longitudinales ; mais dans les échantillons du carnet, elles ne sont pas très dominantes. Il s'y trouve un ou deux échantillons qui se rapportent au contraire aux *baracans gros grains* ; les cannelures sont horizontales et déterminées par la grosseur de la trame. La largeur des *grijnen* est de 23 à 24 *soun* = de 69 à 72 centimètres.

Camelots-laine baracanés et gros grains, moirés (**Genvaterd grijn, moleen**). — Nous venons de dire que les *camelots baracanés* sont ceux qui sont cannelés par la chaîne, et que, dans les *baracans gros grains*, les cannelures sont par la trame; dans le premier cas, elles sont longitudinales, et, dans le second, horizontales. Les camelots envoyés au Japon sont moirés, et la glaçure irrégulière du tissu produit un effet analogue à celui des anciens alençons à 2 et 3 fils de soie wilstonnés sur la chaîne. Ces camelots ont de 23 à 24 *soun* (de 69 à 72 centimètres) de large.

Numéros d'ordre.	Nombre de pièces de chaque couleur dans l'assortiment.	COULEURS.		Nombre de fils de chaîne aux 5 millimètres.	Nombre de fils de trame aux 5 millimètres.	PRIX				
		DÉSIGNATION d'après les échantillons.	NOMS HOLLANDAIS inscrits sur le carnet.			de l'*ikje* en monnaie japonaise.			du mètre en monnaie française.	
						taëls.	mèces.	cond.	fr.	c.
1	4	Ecarlate	*Schairood*	6	11	5	3	9	10	78
2	4	Vert clair........	*Licht groen*......	7	11	7	4	5	14	90
3	4	Marron foncé. ...	*Donker bruin*....	10	7	5	1	9	10	38
4	3	Vert émeraude...	*Groen*...........	7	11	4	7	8	9	56
5	2	Gris cendré......	*Asch graauw* 1..	6	9-10	4	9	0	9	80
6	2	Gris mode.......	*Id.* 2..	10	6	4	7	9	9	58
7	1	Vert foncé.......	*Zee groen*........	5 6	10-11	5	1	3	10	26
	20									

Camelots-basins (**Hoeni-grijn**). — A tous les 3 ou 4 fils de chaîne se trouve 1 fil de 2 ou 3 mèches virées ensemble, qui forme côteligne. L'irrégularité du compte fait varier la qualité de cette étoffe; plusieurs échantillons ont, aux 5 millimètres, en chaîne, 8 fils simples, 2 gros, et en trame 6 duites; d'autres 9 fils simples, 2 gros, et 6 duites, quelques-uns 6 fils simples, 3 gros et 8 de trame. Amiens et Abbeville fabriquaient autrefois ces basins, ainsi que les camelots et les baracans, avec assez de succès ; ces manufactures employaient les laines de la Hollande et exportaient en Espagne une partie de ces articles.

La largeur est de 22 à 23 *soun* = de 66 à 69 centimètres.

Numéros d'ordre.	Nombre de pièces de chaque couleur dans l'assortiment.	COULEURS. Désignation d'après les échantillons.	COULEURS. Noms hollandais inscrits sur le carnet.	PRIX de l'*ikje* en monnaie japonaise. taëls.	mèces.	cand.	PRIX du mètre en mesure française. fr.	c.
1	4	Brun foncé..................	*Donker bruin*..........	3	7	9	7	58
2	2	Vert émeraude..............	*Groen*..................	5	0	3	10	06
3	2	Noir........................	*Zwart*..................	4	3	5	8	70
4	2	Bleu gentiane..............	*Hemel blaauw*...........	5	0	0	10	»
	10							

VELOURS D'UTRECHT GAUFRÉS.

Trijpen. — Ces velours sont, en général, en qualité assez ordinaire; les dessins sont petits et les couleurs vives et réussies.

Numéros d'ordre.	Nombre de pièces de chaque couleur dans l'assortiment.	COULEURS. Désignation d'après les échantillons.	COULEURS. Noms hollandais inscrits sur le carnet.	PRIX de l'*ikje* en monnaie japonaise. taëls.	mèces.	cand.	PRIX du mètre en monnaie française. fr.	c.
1	6	Ecarlate....................	*Schairood*..............	13	3	8	27	16
2	6	Vert foncé..................	*Groen olijf*............	15	5	0	31	»
3	6	Bleu de roi.................	*Blaauw*.................	10	3	0	15	60
4	6	Grenat foncé...............	*Donker bruin*...........	9	8	5	19	70
5	5	Noir........................	*Zwart*..................	10	7	0	21	40
	29							

On aura remarqué, dans le cours de cette note, que les prix de vente de ces différentes étoffes sont très élevés, et l'on aura pensé qu'ils laissent aux expéditeurs des bénéfices énormes. Bien que le commerce de la Hollande au Japon ne soit pas aussi productif qu'il devrait l'être, s'il était mieux dirigé, il est positif qu'il donne de très beaux profits au gouvernement et au négociant privilégié (1); mais nous ferons observer

(1) Le gouvernement hollandais expédie chaque année à Nangasaky un bâtiment de 800 à 1,000 tonneaux ; pour diminuer les frais de cet armement, il met à l'adjudication, tous les trois ans, 80 tonneaux de port permis sur ce navire, mais il se réserve l'importation du *sucre* et de la *poudre*

que, pour s'assurer ces profits, il faut attribuer une très grande valeur aux articles importés, et principalement à ceux qui sont accueillis avec le plus de faveur, les draps, les camelots, les soieries, par exemple ; cette exagération de valeur est nécessaire, parce que 1° les droits d'entrée s'élèvent, à ce qu'il paraît, de 60 à 70 p. 0/0 ; 2° le bois de sapan, l'étain, les cornes de buffle, le sucre, les clous de girofle, etc., sont souvent cédés à des prix peu avantageux (1), et 3° le cuivre et le camphre, bien que recherchés sur les marchés de l'Europe et de la Chine, peuvent n'être pas toujours un retour très fructueux.

Toutes les affaires des Hollandais au Japon se font sans qu'il soit besoin d'aucune valeur métallique ou monétaire. Les achats et les ventes, de même que les divers approvisionnemens, se règlent par des bons que les commissaires japonais enregistrent au crédit et au débit de la factorerie, et la balance du compte courant est également soldée en marchandises. L'exportation des métaux précieux et des monnaies est interdite sous peine de mort.

NOTE SUR LA LONGUEUR DE L'*ikje* ET SUR LA VALEUR DU *taël* AU JAPON.

Dans le système des mesures linéaires du Japon (2), l'unité est le *sjak'* ou *sasi* (3), qui se subdivise en 10 pouces, appelés *soun*.

D'après M. de Siebold (4), le *sjak'* équivaut à 303 millimètres, et le *kinn* ou *ikje* est égal à 6 *sjak'* 3 *soun*, c'est-à-dire à 1 mètre 909 millimètres.

Suivant M. de Fischer (*Reductie tafel voor Iapan*, manuscrit), le *kinn* ou *ikje*, employé dans le commerce hollandais au Japon, est égal à 6 *sjak'* 5 *soun*.

M. de Fischer a tracé, de grandeur naturelle, sur ce tableau, les mesures linéaires japonaises ; nous les avons mesurées exactement, et nous sommes arrivé aux résultats suivans :

Sjak' pour les étoffes (*waijer stof maat*) = 382 millimètres ; 5 de ces

---

d'or, et l'achat en retour des 7,000 piculs de *cuivre* et des 800 ou 900 caisses de *camphre*, dont le Japon autorise la sortie. Une seule année, l'expédition entière fut confiée par ferme à la Société de commerce (*Handel Maatschappij*); M. Plate fut chargé de la diriger et de réaliser la cargaison à Décima.

(1) Les marchandises importées sont vendues à l'encan à Nangasaky, en présence du subrécargue et du directeur de la factorerie, par les commissaires japonais. Si le subrécargue trouve les prix offerts trop bas, il peut les refuser; mais il ne lui est permis de remettre en vente le lot refusé que l'année suivante, et, jusqu'à cette époque, ce lot reste emmagasiné à Décima.

(2) « Les mesures de longueur du Japon sont de même grandeur que celles de la Chine, et ont des proportions relatives (et ont les mêmes divisions ?), mais il y a, en outre, une mesure appelée *go shiaku z'au*, qui est égale à 5 tchihs ou 1/2 tchang de Chine. L'aune des charpentiers a 6 tchihs de long et se nomme *ken z'au ;* elle est employée dans les constructions ; les bois de charpente bruts se cubent avec le *yama ken z'au* de 6 tchihs 3 tsuns, etc. » J.-R. Morrison : *Chinese commercial Guide ;* édition de Wells Williams, 1844, p. 213.

(3) Les Hollandais appellent le *sjak'*, *waaijer* et *waoger*.

(4) *Voyage au Japon, exécuté pendant les années* 1823 *à* 1830; édition française de MM. de Montry et Fraissinet. 1838, vol. I, p. 140.

sjak' donnent la longueur de l'*ikje*, qui est égal, en conséquence, à 1 mètre 91 centimètres.

Sjak' pour les bois (*waijer hout maat*) = 307 millimètres 1/2 (1); 6 *sjak'* 1/2 (*hout maat*) équivalent à 1 *ikje*, ce qui donne, pour celui-ci, 1 mètre 998 millimètres.

M. de Fischer évalue l'*ikje* ou *kinn* à 2 aunes (de Hollande) 758, c'est-à-dire, en calculant d'après l'ancienne aune de 690 mill. 3/10, à 1 mètre 985 mill.; et, en prenant pour base de la conversion une demi-aune de Hollande de 341 millimètres (2), tracée par lui sur son *Reductie tafel voor Iapan*, pour aider à la vérification, l'*ikje* serait de 1 mètre 961 mill.

Après avoir examiné ces faits avec attention, nous avons cru devoir adopter, jusqu'à plus ample information, pour l'*ikje* de 66 *soun*, la valeur linéaire de 1 mètre 93 centimètres (3), et nous en avons déduit, pour le *soun* ou pouce, la longueur de 3 centimètres (0 m. 03015).

Il est très difficile de déterminer le prix réel de vente des articles importés au Japon, puisqu'ils sont échangés contre de certaines quantités de cuivre, de camphre, de soieries, etc. M. de Fischer nous a conseillé de convertir les taëls aux taux des *sjumonme*, c'est-à-dire à raison de 4 francs environ. C'est ce que nous avons fait; mais pour renseigner plus sûrement, il serait nécessaire de convertir également les prix en attachant aux taëls les valeurs de ceux dits de *Kambang* et de la Compagnie; il est à croire que les chiffres de cette dernière conversion seraient ceux qui s'éloigneraient le moins de la vérité.

On sait que la Hollande est la seule nation qui ait des relations suivies avec le Japon, et que ce commerce, privilége autrefois de la Compagnie des Indes Orientales des Provinces-Unies, est aujourd'hui réservé au gouvernement hollandais. L'achat et la vente de certains articles sont permis aux employés de Décima et aux capitaines des navires (4). Le commerce privilégié s'appelle *Commerce de la Compagnie*, et son taël de compte est calculé par M. de Siebold (vol. 1, p. 132) à 2 fr. 81 c., et par M. de Fischer, à 2 fr. 85 c. (30 taëls de la Compagnie équivalent à 40 florins de Batavia).

Le commerce privé ou de *Kambang* compte en taëls de 3 fr. 36 c. d'après M. de Siebold, et de 3 fr. 42 c. selon M. de Fischer (5 taëls de *Kambang* = 8 florins de Batavia).

---

(1) C'est celui qui est le plus en usage dans le commerce à Nangasaky, suivant M. de Fischer.
(2) Soit 682 millimètres pour l'aune.
(3) L'*ikje* ou *ichien* est égal, suivant Doursther, *Dictionnaire universel des Poids et Mesures*, page 174, à 2 mètres 1182.
(4) Voir, pour le commerce de Java avec le Japon, le document n° 7, sur la Chine, page 11.

IV. — PERSE (1).

DRAPS CONVENABLES POUR LA PERSE.

La Perse consomme une quantité considérable de draps ; ceux que l'on y trouve sont presque tous d'origine russe et saxonne, et les Arméniens de Tauris vont faire eux-mêmes leurs achats à Leipsick et à Hambourg. Les négocians de Bombay expédient également quelques draps anglais et allemands, et il se vend aussi en Perse des draps français qui y arrivent par la Turquie d'Asie et la Syrie, à la consommation desquelles ils étaient destinés. La Perse offre donc à notre draperie un débouché important ; nous avons profité de notre passage dans l'Inde pour recueillir sur les qualités et les couleurs qui y conviennent les renseignemens ci-après :

1re QUALITÉ.

Prix à Bombay. — 6 roupies (2) le yard = 15 fr. 75 c. le mètre.

Longueur de la pièce. — De 25 à 26 yards = de 22 mèt. 85 c. à 23 m. 76 c.

Largeur. — 58 pouces anglais = 1 mèt. 473 millim.

Assortiment.

Bleu de roi riche.
Bleu clair.
Écarlate vif.
Café brûlé (*drab*).
Jaune orangé.
Gris mode ou faon clair (cendre de rose).

Chaque balle se divise en quatre ballots (*truss*), et chaque ballot est composé de 6 pièces.

---

(1) Le Ministère du commerce a publié dans la 2e série des *Avis divers*, t. III (mars 1842), un document sur le commerce de Tauris et de Trébisonde avec la Perse, où les fabricans trouveront d'utiles indications.

(2) La roupie de Bombay vaut 2 fr. 40 c. ; elle se divise en 16 annas. L'anna équivaut donc à 0 fr. 15 c.

2e QUALITÉ.

Prix à Bombay. — 5 roupies le yard = 13 fr. 13 c. le mètre.

Longueur de la pièce. — De 25 à 26 yards = de 22 mèt. 85 c. à 23 m. 76 c.

Largeur. — 58 pouces anglais = 1 mèt. 473 millim.

Assortiment.

Bleu de roi riche.
Bleu de ciel pâle.
Bleu clair.
Café brûlé (*drab*).
Savoyard (gris mastic).

24 pièces à la balle divisée en 4 ballots.

3e QUALITÉ.

Prix à Bombay. — 4 roupies 1/2 le yard = 11 fr. 82 c. le mètre.

Longueur de la pièce. — De 25 à 26 yards = de 22 mèt. 85 c. à 23 m. 76 c.

Largeur. — 58 pouces anglais = 1 mèt. 473 millim.

Assortiment.

Noir.
Bleu de roi foncé.
Vert russe.
Blanc.

24 pièces à la balle divisée en 4 ballots.

4e QUALITÉ.

Prix à Bombay. — 2 roupies 7 annas le yard = 6 fr. 40 c. le mètre.

Longueur de la pièce. — De 25 à 26 yards = de 22 mèt. 85 c. à 23 m. 76 c.

Largeur. — 58 pouces anglais = 1 mèt. 473 millim.

Assortiment.

Ecarlate vif	2 balles	= 48 pièces.
Vert émeraude foncé	1 id.	= 24 id.
Bleu de roi demi-foncé	1 id.	= 24 id.

Chaque balle est divisée en 4 ballots de 6 pièces chacune.

Nota. — Une collection de très petits échantillons destinés à renseigner sur les nuances est déposée dans les bureaux de la Direction du commerce extérieur, au Ministère de l'agriculture et du commerce.

V. — BATAVIA.

ÉTOFFES DE LAINE

DEMANDÉES POUR LA CONSOMMATION EUROPÉENNE ET INDIGÈNE DE JAVA, DE MADURA, DE BALI ET DES CÉLÈBES.

DRAPS.

Draps légers, dits spanish stripes. — Ils sont demandés à Batavia pour la consommation des indigènes, qui, bien que toujours vêtus de toile de coton unie ou imprimée au batek, ont presque tous un vêtement de drap.

Les n°s 1, 2, 3 et 4 de la carte d'échantillons, remise par MM. Sanier, Suermondt et Cie, montrent les qualités que l'on importe ordinairement et qui se paient de 2 florins (1) à 3 florins 1/4 l'aune de Brabant (2).

Les pièces doivent avoir une longueur de 29 à 31 aunes ; les couleurs les plus estimées sont l'écarlate et le pensée ; on peut aussi envoyer des pièces teintes en noir, en vert russe, en bleus foncé et clair, en marron et en jaune, mais nous ferons remarquer que, à l'exception du noir et des bleus, ces nuances sont peu demandées. L'expédition annuelle peut se composer de :

100	balles (3) de 6 pièces	en écarlate.
60	id.	id.	en pensée.
et 60	id.	id	en couleurs diverses, et principalement en noir et en bleu.
220	balles = 1,320 pièces.		

---

(1) Le florin d'argent de Batavia vaut 2 fr. 12 c.

(2) L'aune de Brabant est considérée dans le commerce comme correspondant à 70 centimètres, bien que sa longueur réelle soit de 695 millimètres 1/2.

(3) Chaque balle ne doit renfermer que des pièces de même nuance.

D'après un autre renseignement, la vente annuelle ne comporterait que l'importation de 60 balles de *spanish stripes*, savoir : 50 balles, en qualité ordinaire, au cours de 2 fl. 1/2 à 3 florins l'aune, et 10 balles, en qualité supérieure, dont on obtiendrait de 4 florins à 4 fl. 1/2 l'aune. L'assortiment devrait être ainsi composé :

Ecarlate	6 pièces.
Noir	3 id.
Bleu	3 id.
Pensée	2 id.
Marron	2 id.
Vert	2 id.
Jaune	2 id.
	20 pièces.

M. Borel pense que le *spanish stripe* trouvera toujours un placement facile, parce que tous les Javanais tiennent à avoir en ce drap un vêtement de cérémonie ; il n'hésite pas à évaluer à 4 ou 5,000 pièces la consommation indigène de cet article, et de 4 fl. à 4 fl. 1/2 l'aune les prix auxquels on peut vendre les qualités moyennes.

Il a ajouté qu'à Bali et aux Moluques, une centaine de pièces de drap léger écarlate étaient assurées d'être achetées par les chefs, dont une partie de l'habillement est faite en cette étoffe.

Suivant Tanbitko, négociant chinois établi à Batavia, il faut envoyer deux genres de *spanish stripes :* l'un, très commun, en bleu foncé et en écarlate, au prix de 2 à 3 florins l'aune, qu'il vend au détail de 3 fl. 1/2 à 4 florins (1) ; l'autre, plus fin, à peu près de même qualité que les *striped lists bons ordinaires* de Canton, et qui peut valoir de 3 fl. à 4 florins (2) l'aune.

M. Blavet recommande l'envoi de ces derniers en écarlate, en pensée et en bleus. En avril 1845, on lui demandait pour l'île Soulou 3 pièces en drap très léger, mais dont la toile fût bien couverte, de couleur pensée, que l'on offrait de payer 11 florins l'aune (26 fr. 70 c. le mètre), alors que le cours n'était que de 3 à 4 florins. Cette couleur était alors très rare et très recherchée sur la place.

Voici sur cet article d'utiles informations complémentaires :

Le type des draps qui conviennent pour les Bugis de Lombock, de Bali et des Célèbes serait le drap léger de Beauvais (n°s 1, 2 et 102). On peut en faire arriver à Batavia, *pour la fin de juillet,* de 80 à 100 balles de 12 pièces. Il est essentiel de donner à ces pièces une longueur régulière de 30 aunes de Brabant (21 mètres), et une largeur de 10/4 d'aune de Brabant (1 mètre 75 c.) entre lisières. On en obtiendrait un prix de 2 florins 1/2 à 3 fl. l'aune.

Pour les indigènes, le meilleur modèle serait le n° 166 de Reims. On a été d'avis que Java offre un débouché de 50 à 60 balles de 12 pièces, importées en trois ou quatre fois ; les pièces devraient mesurer en lon-

(1) Voir le n° 167, large de 160 cent. avec lisières et de 154 c. entre lisières ; il est destiné aux indigènes.

(2) Voir le n° 1250 (1 mèt. 56 c. — 1 m. 50 c.) en vert, désigné par Tanbitko comme drap pour voiture.

gueur 30 aunes (21 mètres), et en largeur 10/4 pleins (1 mèt. 75 c.) entre lisières. L'assortiment serait ainsi composé :

Bleu anglais foncé	3 pièces.
Noir	3 id.
Vert émeraude	3 id.
Ecarlate	2 id.
Jonquille	1 id.
	12 pièces.

On ne peut compter pour cette qualité, un peu moins serrée et moins fine que celle du n° 166, mais plus apparente, plus douce et mieux traitée, que sur un prix de 3 fl. à 3 fl. 1/2 l'aune, c'est-à-dire de 7 fr. 30 c. à 10 fr. 65 c. le mètre.

Le n° 3 correspond à peu près aux n°s 188, 192 et 363 de Reims. 50 ou 60 balles de 12 pièces s'écouleraient aisément ; la longueur et la largeur sont les mêmes que celles des genres précédens ; l'assortiment des couleurs est assez indifférent. Voici quelques-unes des meilleures combinaisons :

		ou		ou		ou		ou	
Ecarlate	6	ou	4	ou	2	ou	2	ou	2 pièces.
Noir	3		2		3		3		3 id.
Bleu anglais	3		2		3		2		2 id.
Fleur de pensée	2		1		0		2		2 id.
Vert émeraude mi-foncé	2		1		3		2		3 id.
Jaune	2		1		1		1 (Jaune et Marron)		0 id.
Marron	2		1		0				0 id.
	20		12		12		12		12 pièces.

Il est possible d'obtenir 2 florins 75 centièmes l'aune (6 fr. 68 c. le mètre).

Le drap que vend aux indigènes la Société de commerce (*Handel Maatschappij*) sort des fabriques de Leyde, et est analogue au n° 188 ; aussi, tout en conservant à l'article, représenté par ce numéro, sa légèreté et son caractère spécial, il convient d'en améliorer la qualité et le traitement, afin d'arriver à présenter à prix égal une étoffe supérieure.

Draps pour voiture.—Les prix courans de Batavia (avril 1845) portent de 4 fl. 1/2 à 6 florins l'aune le cours du drap pour voiture ; en estimant à 20 p. 0/0 la perte de change, ce sont des prix de 10 fr. 80 c. à 14 fr. 40 c. le mètre. La qualité doit se rapprocher de celle du beau drap de Silésie ou des zéphyrs d'Elbeuf. Malheureusement, MM. Sanier, Suermondt et Cie ne conseillent que l'envoi d'une dizaine de balles de 12 pièces, ainsi assorties :

Bleu clair	4 pièces.
Gris mastic ou gris blanchâtre	3 id.
Noisette	2 id.
Marron	1 id.
Vert myrte	1 id.
Gris blanc	1 id.
	12 pièces.

On obtiendrait 7 florins de l'aune (17 fr. 05 c. le mètre) pour une qualité semblable à celle de l'échantillon n° 8 de la carte AB (1). Nous appelons sur cet article l'attention des fabricans d'Elbeuf, de Sedan, de Carcassonne et de Reims.

Le renseignement précédent a été confirmé par deux négocians, l'un hollandais, l'autre chinois. Le premier évalue la vente annuelle à 8 balles = 96 pièces, la largeur à 145 centimètres, le prix moyen à 5 fl. 1/2 à 6 fl. l'aune, la qualité à celle des draps à 10 et 11 francs de MM. V. Grandin, Bertèche, Roger, F. Jourdain, etc. Le second, Tanbitko, veut des pièces de 30 à 40 aunes, une laize de 145 à 150 centimètres, un assortiment de 3 pièces en bleu foncé, 3 en noir, 3 en bleu clair, 4 en vert foncé et 1 en gris, et paierait 6 fl. l'aune. Il faudrait, d'après lui, moitié de la partie en silésies ou en zéphyrs, et moitié en draps ordinaires.

Draps royaux et de Chine.— Comme nous ne voulons présenter ici qu'un aperçu sommaire sur les étoffes de laine demandées à Batavia, nous renvoyons à un prochain rapport les observations sur ces draps fins et légers, fabriqués dans la Prusse rhénane et en Belgique, qui font aux nôtres une concurrence si redoutable. Nous ne nous occuperons ici que des quantités, des conditionnemens et des prix, et nous nous référerons aux échantillons.

Les draps royaux (n° 7) sont des *medium cloths*, et les draps de Chine (n° 6) ressemblent aux *broad cloths* fins et légers. Des premiers, on peut expédier, en trois ou quatre fois, de 40 à 50 balles de 12 pièces, et des seconds, 10 balles seulement.

Les balles de drap royal doivent être ainsi assorties :

Noir	3	pièces.
Bleu	3	id.
Bleu pourpré	2	id.
Vert russe	2	id.
Olive	1	id.
Pensée	1	id.
	12	pièces.

La qualité semblable à celle de l'échantillon n° 7 trouvera acheteurs de 5 fl. 1/2 à 6 fl. l'aune.

Le drap royal est consommé par les indigènes, ainsi que par les Européens ; c'est pourquoi la demande en est si considérable ; mais le drap de Chine n'est porté que par ces derniers. C'est une étoffe drapée fine, apparente, douce et très estimée ; les tailleurs l'emploient de préférence à toute autre, et la paient de 7 florins à 7 fl. 1/2 l'aune de Brabant.

4	pièces	en noir-noir.
2	id.	en noir bleu.
2	id.	en bleu foncé.
2	id.	en bleu plus clair.
et 6/2	id.	en couleurs de mode.

Tel est l'assortiment le plus convenable.

(1) Cette carte fait partie de la collection du Ministère du commerce.

Draps divers. — Il arrive à Batavia d'autres genres de draps dont nous dirons quelques mots : — 1° Des *habit cloths* belges assez jolis qui se placent à d'assez bons prix. — 2° Des zéphyrs allemands, auxquels on préfère quelquefois ceux de Verviers, aussi fins, aussi apparens et aussi bien réussis (1). Ils sont accueillis avec faveur et achetés de 7 à 8 florins l'aune, en largeur de 142 à 145 centimètres et à l'assortiment suivant :

Noir	12 pièces, ou, d'après Tanbitko (2).		5 pièces.
Bleu de roi, foncé et anglais.	4 id.	id	3 id.
Pensée, vert, myrte, amélie, ourika, bronze	4 id.	id	2 id.
	20 pièces à la balle, larges de 140 à 145 centimètres.		10 pièces.

— 3° Des draps un peu plus corsés et moins fins, dont on tire de 6 à 7 florins l'aune, et dont on demande par an 5 à 6 balles de 20 pièces, assorties comme celles des zéphyrs (3). — 4° Enfin des draps demi-forts, qui n'obtiennent que de 5 à 6 florins l'aune.

On se reportera à nos rapports sur les échantillons d'Elbeuf, de Sedan, de Louviers, d'Abbeville et de Carcassonne, pour les observations et les évaluations recueillies sur la draperie de ces diverses villes. Nous nous bornerons à rappeler ici que les draps superfins de 12 à 15 fr. de MM. Bertèche, Bonjean jeune et Chesnon, et surtout les cachemires de M. J. Randoing d'Abbeville, sont assurés d'une vente avantageuse à Batavia. On a demandé 2 balles de 20 pièces du drap noir à 20 francs (en 1 mèt. 52 c.) de MM. Cunin-Gridaine père et fils, et on en offrait 10 florins l'aune ; on espérait placer aisément quelques draps fins de MM. Poitevin et fils de Louviers, les jolis draps d'Asie de MM. Jourdain, les qualités à 16 et 18 francs de M. Ch. Flavigny jeune, à 11 et 12 francs de MM. Roger frères de Carcassonne, à 11 fr. de MM. Ternisien, Chennevière et Victor Grandin d'Elbeuf, etc. En résumé, les draps français ont à Batavia une réputation méritée, et sur ceux que l'on y expédie, on réalise presque toujours de beaux bénéfices ; malheureusement, on ne nous demande que les genres corsés, et pour les zéphyrs, nous sommes jusqu'à présent battus par la Belgique et l'Allemagne. On nous reproche, ici comme partout, d'établir nos draps en comptes trop serrés, de les trop réduire au foulage, de les rendre par le traitement plus beaux, plus forts, mais moins doux, moins souples, moins lustrés. Si Elbeuf,

(1) Le n° 269 de M. T. Chennevière d'Elbeuf, et le n° 218 de M. Ternisien seraient, selon quelques négocians, des zéphyrs estimés et d'un placement facile à Batavia.

(2) Tanbitko estime la consommation annuelle de cet article à 150 pièces.

(3) Le drap n° 5 de M. Suchetet de Sedan a paru devoir convenir à Batavia ; M. Blavet en a jugé la qualité satisfaisante et en a offert 6 florins l'aune ; MM. Sanier, Suermondt et Cie ont été d'avis qu'une importation annuelle de 12 à 15 balles de 12 pièces chacune serait bien accueillie. On en obtiendrait 5 florins l'aune environ, et la balle devrait être ainsi assortie :

Noir	4 pièces.
Bleu de roi	4 id.
Vert russe	2 id.
Marron	1 id.
Olive	1 id.
	12

Louviers, Sedan, etc., voulaient suivre les conseils de leurs correspondans de Java, nous sommes convaincu qu'avant peu nous retrouverions dans les colonies de l'Archipel indien un débouché avantageux pour notre draperie légère.

CASIMIRS, SATINS ET NOUVEAUTÉS DRAPÉES.

Nous regrettons d'avoir à constater que, malgré notre supériorité bien connue dans la fabrication des étoffes de mode, on préfère à Batavia les nouveautés de la Belgique; cela tient à ce qu'elles sont moins chères et plus apparentes. Nous ajouterons que les reproches que l'on a adressés aux nôtres sont mérités; nous avons vu, en effet, invendues, depuis 1843, des parties entières qui proviennent d'Elbeuf; les unes étaient piquées, les autres barrées ou en mauvais teint, et le plus grand nombre étaient des articles d'hiver ou à grands dessins. Il est juste de dire en même temps qu'on a apprécié à leur valeur quelques petits lots qui portaient les noms de MM. Ch. Flavigny, Chefdrue et Chaulvreux, Th. Chennevière, et Bertèche, Bonjean jeune et Chesnon.

Quoi qu'il en soit, presque tous les tissus pour pantalons sont belges et allemands; ce sont de charmantes fantaisies parfaitement appropriées aux goûts et aux besoins de la colonie. Il ne faut ni grosses côtes, ni écossais, ni zébrés, ni carreaux, ni larges rayures, etc. ; on n'accueille avec faveur que les dispositions simples et modestes; les fines côtes-lignes, les satins et les sergés unis sont même de toutes les dispositions celles qui sont le plus estimées.

Nous avons déjà, dans les rapports de Sedan, de Reims et d'Elbeuf, indiqué ce qui convient; nous ne nous occuperons donc ici que de l'article le plus intéressant, du satin uni, appelé *tricot élastique* à Batavia.

C'est évidemment à Elbeuf et à Sedan qu'il appartient de le fabriquer, mais les échantillons que ces deux manufactures nous ont remis sont beaucoup trop beaux et trop forts; Reims est la seule ville où l'on exécute cet article en qualité ordinaire et à bas prix, et c'est en vue des nos 171 à 183 de cette ville que nous donnons les renseignemens suivans :

On peut envoyer tous les trois mois à Batavia environ 5 balles de 12 pièces de satins. La largeur demandée est de 30 à 40 aunes (de 21 à 28 mètres), et l'on devra donner à l'étoffe une largeur de 8/4 d'aune (1 mètre 40 centimètres). Il convient d'envoyer environ 40 p. 0/0 de noir noir et d'assortir les autres balles de la manière suivante :

Blanc azuré	2 pièces.
Gris mode cendré	2 id.
Mode clair, nuance de fantaisie	2 id.
Nuance à l'échantillon nº 160 de Reims	2 id.
Id. id. 176 id.	2 id.
Id. id. 173 id.	1 id.
Id. id. 178 id.	1 id.
	12 pièces.

Ainsi chaque envoi trimestriel serait composé de

24 pièces noir noir,
et de 36 id. à l'assortiment ci-dessus.

60 pièces en 5 balles.

On ne doit compter, suivant MM. Sanier, Suermondt et Cie, que sur 1 florin 50 centièmes à 1 fl. 75 c. l'aune en laize de 70 centimètres, et que sur 2 fl. 1/2 à 3 fl. en grande largeur (1 mèt. 40 c.). Ces prix seraient insuffisans, car les satins de Reims, larges de 70cent., ne peuvent arriver à Batavia à moins de 2 fl. 40 c. l'aune (7 fr. 34 c. le mètre). Plusieurs autres négocians les ont estimés de 2 fl. à 2 fl. 1/2 l'aune, c'est-à-dire de 6 fr. 06 c. à 7 fr. 57 c. le mètre : cette évaluation est beaucoup plus conforme à la vérité; elle est d'ailleurs indirectement confirmée par M. Sanier, qui est d'avis, dans une autre note, que l'on vendra de 5 fl. à 5 fl. 1/2 l'aune la belle qualité de satin en double largeur.

Le n° 150 de M. Ch. Flavigny jeune, et le n° 103 de MM. Molet jeune et Cie, d'Elbeuf, sont d'excellens tricots élastiques fins; on pourrait en envoyer 15 balles dont chacune serait assortie ainsi :

4 pièces noir.
2 id. gris.
2 id. lilas.
2 id. blanc (imitation de casimir).
2 id. mode.

12 pièces.

Nous devons, en outre, faire observer, en terminant, que non-seulement les satins, mais toutes les autres dispositions de fantaisie de Verviers et de la Prusse rhénane conviennent mieux à la consommation européenne de l'Archipel indien que les similaires français : ceux-là sont plus légers et plus souples, les nuances ont plus de fraîcheur et le traitement donne une plus grande apparence à l'article. Le compte des satins d'Elbeuf et de Reims est trop serré, le poids est trop lourd, les couleurs sont, en général, trop sombres ou trop ternes, et le tissu n'est pas assez lustré. Ce qui est un mérite en France devient un défaut en Asie; le pantalon fabriqué pour être porté par une température de 18 à 20 degrés, ne saurait convenir dans un pays où celle-ci s'élève à 30 et 35 degrés. Malgré ces causes de discrédit qui déprécient nos nouveautés, on s'est empressé de reconnaître les qualités qui les distinguent; si l'on tient compte, en l'exécutant, des observations précédentes et si l'on atteint au bas prix des produits rivaux, nous sommes convaincu que notre draperie de fantaisie trouvera un écoulement rapide, grâce à son origine française, qui est, en matière de mode et de goût, la recommandation la plus puissante (1).

(1) La collection du Ministère du commerce renferme plusieurs échantillons des nouveautés pour pantalons belges et rhénanes, ainsi que des diverses qualités de draps préférées à Java : le cadre restreint de ce travail ne nous permet de présenter ici que des aperçus; nous entrerons bientôt dans une discussion plus approfondie des faits, et nous utiliserons alors les détails pratiques et les échantillons que nous avons recueillis.

Les articles pour pantalons de Roubaix, de Lille, de Vienne, de Tourcoing et de Reims seront l'objet d'un examen spécial; nous dirons dès maintenant que plusieurs d'entre eux se réaliseront dans les colonies européennes de l'Asie orientale avec un très beau bénéfice, mais à la condition de n'être expédiés que par assortimens choisis et peu nombreux.

ÉTOFFES EN LAINE PEIGNÉE ET CARDÉE.

Lastings. — Les lastings sont de bonne vente à Batavia ; on y placera chaque année de 40 à 50 balles de 30 pièces. La longueur des pièces est de 40 aunes de Brabant, et leur largeur de 4/4 d'aune (de 65 à 70 centimètres). Le noir est presque la seule couleur que l'on porte ; aussi faut-il dans chaque balle 28 pièces de noir et 2 pièces seulement de bleu clair. Les prix ordinaires varient de 70 à 80 florins la pièce.

Camelots anglais et long ells. — Ces deux articles ne conviennent pas dans l'Archipel indien, et quand ils y arrivent, ils ne sont recherchés que par les Chinois qui les réexportent en Chine.

Polemieten. — Il ne s'en consomme que très peu à Batavia et dans les îles voisines ; aussi les navires hollandais qui en apportent souvent des parties très considérables, les mettent ordinairement en entrepôt, d'où les Chinois, à peu près seuls acheteurs de cette étoffe, les expédient à Canton ou à E-mouï sur les jonques. Le *polemiet* est, à défaut de certains produits des Détroits, une des meilleures remises sur Chine; on est toujours assuré de l'y placer, et on le réalise quelquefois même à des prix qui rendent presque insensible la perte de change (1).

	ASSORTIMENT en 1844.	en 1845.
Bleu foncé	13	13
Bleu clair	5	7
Écarlate	2	0
	20	20 pièces en 1 balle.

Mérinos. — Les mérinos ne sont portés que par les Européens ; aussi la consommation en est-elle limitée : 15 à 20 balles suffisent chaque année. Le noir, le bleu, le vert sont, avec quelques nuances de mode en petite quantité, les seules couleurs que l'on doive faire entrer dans les assortimens.

Flanelles. — Nous avons rapporté des échantillons des trois ou

(1) En avril 1845, la pièce de *polemiet* (55 aunes) valait en entrepôt 100 florins.

quatre qualités qui sont de vente courante ; la plupart sont en pure laine, mais il y en a aussi en chaîne coton ; toutes doivent être lisses, légères, apparentes et douces.

En pure laine, on veut des flanelles de Galles demi-fines et ordinaires, dans les bas prix ; chaque année, on pourrait en apporter une vingtaine de balles, et l'on obtiendrait de 75 centièmes de florin à 1 fl. 15 c. l'aune (de 1 fr. 80 c. à 2 fr. 80 c. le mètre) ; — 71 centimètres avec lisières et 69 c. entre lisières, 11 fils et 12 duites aux 5 millimètres, — tel est le compte de l'échantillon qui nous a été remis pour modèle.

Les bolivars laine et coton sont, à ce qu'il paraît, difficiles à placer, et souvent on ne les solde qu'en se résignant à perdre. Nous en avons vu néanmoins plusieurs pièces chez les marchands ; les plus fins avaient 74 centimètres de large, 14 fils et de 14 à 15 duites aux 5 mill., et les plus communs, larges de 62 cent. 1/2, n'avaient que 7 fils en chaîne et 9 en trame. Nous déconseillons d'en envoyer (1).

Couvertures de laine.—On en demande annuellement 250 paires environ ; elles doivent mesurer 3 aunes de long sur 2 aunes 1/2 de large, être légères, douces, fines, et pouvoir se vendre 20 florins la paire.

Tapis de table et descentes de lit. — Il en faut envoyer chaque année 10 caisses environ. On placerait une centaine de tapis en pallas tigré d'Amiens, s'ils se présentaient à bon marché.

Étoffes de nouveautés en laine pure et mélangée. — Les lainages que nous venons de mentionner peuvent être considérés comme articles de fonds : ainsi les draps légers et fins, les satins pour pantalons, les flanelles, etc., sont réclamés, dans des proportions variées, mais constantes, par la consommation ; on en écoule durant chaque saison une quantité déterminée, et le prix conserve une certaine fixité. Il n'en est pas de même pour les nouveautés ; la demande en est d'autant plus grande que telles ou telles d'entre elles plaisent davantage, et leur valeur est réglée principalement par la faveur avec laquelle elles sont accueillies. Batavia est la colonie de l'Archipel indien la plus riche, et où le goût du luxe et des modes de France s'est le plus répandu ; on y recherche tous nos tissus de fantaisie, — surtout les robes laine, soie et coton de Roubaix, les baréges, les balzorines (2), les chalys, les affghans, les éoliennes, les barrepours, les mousselines et les mérinos unis et imprimés, pour robes et châles de dame,—les cachemires soie et laine, les valencias fins, les poils de chèvre pour gilets, — les mérinos doubles unis et façonnés, les alépines, les twines légers, pour redingotes et habits, — les armures les plus élégantes et en même temps les plus simples d'Elbeuf, de Sedan et de Louviers pour pantalons, etc., etc. On conçoit qu'il nous est impossible d'indiquer ce qu'il faut envoyer de préférence ; il suffit de conseiller une expédition annuelle, en

(1) On trouvera dans notre rapport autographié à la Chambre de commerce de Reims des renseignemens plus étendus sur les flanelles qu'il est possible d'expédier à Batavia.

(2) On vendait à Batavia, en avril 1845, 1 florin 70 centièmes l'aune des balzorines laine et coton de MM. Dolfus-Mieg et Cie.

ois ou quatre fois, d'une vingtaine de balles comprenant ce qui est le lus à la mode à Paris pour robes, gilets, pale ots, pantalons et habits. n ne perdra jamais de vue que les étoffes doivent être pour été, c'est-dire très légères, d'une grande fraîcheur, en couleurs claires, que on n'aime pas les grands dessins, et qu'il faut, en conséquence, choir les dispositions simples et de bon goût.

Les lainages de nouveauté française sont très recherchés à Batavia; our les pantalons de nouveauté seuls la France a des rivaux, et la prérence que l'on accorde à leurs produits est justifiée, non point par un eilleur goût, ni par une fabrication supérieure, mais par des prix plus odérés, ainsi que par une apparence et une légèreté plus grande du ssu. Quant aux autres fantaisies, elles portent presque toutes les marnes parisiennes, et, bien qu'en général les livraisons soient faites ec assez d'exactitude, nous engageons instamment les expéditeurs ançais à composer les chargemens avec une meilleure entente du goût 1 pays, à envoyer surtout des marchandises fraîches, réussies et réulières. L'une des premières maisons de Batavia est française (1); en rance, plusieurs négocians connaissent par expérience le commerce ossible avec cette colonie, nos navires y trouvent souvent d'excellens tours; ces circonstances favorables ne doivent pas être négligées, et serait important de les faire servir au développement de nos affaires ans cette belle partie de l'Archipel indien.

BONNETERIE DE LAINE.

La consommation de la bonneterie de laine est presque nulle à Bavia; dans l'espace de 19 années, de 1825 à 1843, il n'y est entré que douzaines de bas de laine (1839) et que 75 douzaines de bonnets 837). Il y est arrivé, en 1841, 557 aunes, et en 1843, 14,613 aunes 1/2 tricots, mais nous ne citons ces chiffres que pour faire observer ie ces tricots sont des satins légèrement drapés pour pantalons, et que s tricots tricotés ne se vendraient pas à Java.

Quelques articles fins pour homme et pour femme se placeront facileent et avec un bénéfice suffisant; voici comment l'on pourrait compor les assortimens :

douzaines de gilets de flanelle pour homme, dans les prix de 70 à 90 francs la douzaine.
id. id. id. id. sans manches; prix en proportion.
id. caleçons, id. id. il les faut un peu longs, c'est-à-dire se nouant au genou.
id. id. à côte anglaise, id. id
id. guimpes de flanelle pour femme, du prix de 60 à 70 francs la douzaine.
id. camisoles id. id. à 80 francs environ la douzaine.

TABLEAU

(1) MM. Sanler, Suermonds et Cie.

TABLEAU DE L'IMPORTATION DES ÉTOFFES DE LA

(D'après les documens

DÉSIGNATION.	UNITÉS de QUANTITÉ.	1827. Quantité.	1827. Valeur.	1828. Quantité.	1828. Valeur.	1829. Quantité.	1829. Valeur.	1830. Quantité.	1830. Valeur.	1831. Quantité.	1831. Valeur.	1832. Quantité.	1832. Valeur.	1833. Quantité.	1833. Val
													1° ÉTOFFES DE LA		
			florins.		florins.		florins.		florins.		florins.		florins.		flo
Draps. *Laken (pak : kisten of)*	balles.	8	34,375	»	»	»	»	52	»	»	»	»	»	9	
Id	pièces.	204		661	119,340	1,000	271,220	1,751	342,359	1,543	147,592	612	107,033	242	70
Id	aunes.	26,221	130,836	38		»	»	9,439		495		1,772		4,042	
Id. de dame	id.	514	1,293	»	»	»	»	»	»	»	»	»	»	»	
Id. id	balles.	6	3,009	»	»	»	»	»	»	»	»	»	»	»	
Id. id	pièces.	»	»	133	19,335	»	»	»	»	»	»	»	»	60	7
Id. doubles. *Laken dubbeld*	id.	»	»	10	6,219	50	6,281	»	»	»	»	»	»	»	
Id. pelisse	id.	»	»	263	32,870	96	3,363	1,862	24,943	48	18,471	»	»	»	
Id. id	aunes.	»	»	»	»	»	»	»	»	3,943		»	»	1,736	4
Id. castors. *Laken rassen*	pièces.	»	50	50	10,767	20	10,361	»	»	»	»	»	»	»	
Id. perpétuanes	id.	»	»	»	»	»	»	100	3,120	75	2,340	»	»	»	
Id. écarlates	aunes.	»	»	»	»	»	»	»	»	»	»	»	»	520	2
Id. pour tapis de billard	balles.	»	»	»	»	»	»	»	»	1	2,942	»	»	»	
Id. id	aunes.	»	»	»	»	»	»	»	»	84		»	»	»	
Demi-draps	id.	»	»	»	»	»	»	»	»	»	»	»	»	»	
Serges. *Kroon rassen*	pièces.	»	»	»	»	»	»	»	»	60	2,800	»	»	»	
Anacostes. *Saaij*	id.	»	»	»	»	»	»	515	13,732	20	1,400	»	»	»	
Bombazettes	id.	»	»	»	»	»	»	»	»	»	»	»	»	»	
Camelots. *Grijn*	id.	»	»	»	»	»	»	45	3,534	50	3,878	»	»	»	
Id	aunes.	»	»	»	»	»	»	»	»	»	»	»	»	2	
Casimirs. *Kasimieren*	id.	715	3,781	»	»	170	16,101	»	»	4,267	17,214	1,528	13,513	534	2
Id	pièces.	»	»	60	12,080	»	»	53	9,502	85		528		»	
Id	balles.	»	»	»	»	»	»	2		»	»	»	»	»	
Circassiennes	aunes.	»	»	»	»	»	»	»	»	»	»	»	»	»	
Châles	pièces.	»	»	»	»	»	»	»	»	»	»	»	»	»	
Couvertures de laine. *Wollen dekens*	id.	»	»	334	4,160	»	345	322	414	525	1,570	»	»	»	
Divers	valeur.	»	»	»	»	»	»	»	»	»	»	»	»	»	
Dolman	pièces.	»	»	»	»	»	»	»	»	»	»	»	»	»	
Etamines à pavillons. *Vlaggedoek*	aunes.	2,250	873	»	»	»	»	»	»	»	»	»	»	»	
Id. id	pièces.	»	»	»	»	»	»	»	»	»	»	6	234	»	6
Flanelles	id.	»	»	6	508	72	806	»	»	»	»	»	»	»	
Id	aunes.	»	»	»	»	»	»	»	»	»	»	»	»	»	
Long ells	id.	5,320	4,763	»	»	»	»	»	»	»	»	»	»	»	
Id.	pièces.	»	»	120	5,610	98	15,111	190	4,670	289	7,398	»	»	»	
Mérinos	aunes.	»	»	»	»	»	»	»	»	»	»	»	»	»	
Passementerie pour voitures	id.	»	»	»	»	»	»	»	475	1,000	2,206	»	11,659	»	5
Pelicots	pièces.	»	»	»	»	600	7,649	»	»	»	»	»	»	»	
Petten (Casquettes? en étoffes de laine diverses)	id.	»	»	»	»	»	»	»	»	»	»	»	»	»	
Polemieten	aunes.	»	»	»	»	8,806	18,975	»	»	»	»	»	»	»	
Id	pièces.	»	»	210	26,109	»	»	1,457	111,622	105	8,730	129	14,206	77	25
Id	balles.	»	»	»	»	»	»	»	»	»	»	»	»	4	
Rideaux. *Gordijnen*	garnitures.	»	»	»	»	»	»	»	»	»	»	»	»	»	
Star cloth	pièces.	»	»	100	9,442	72	9,211	34	3,891	32	14,150	»	»	11	3
Id	aunes.	»	»	»	»	»	»	»	»	4,305		»	»	968	
Tapis de canapé. *Bankkleedjes*	pièces.	»	»	»	»	»	»	»	»	»	»	»	»	»	
Id. *Karpetten*	*pakken.*	»	»	»	»	»	»	»	»	»	»	6	1,292	»	
Id. *Id*	pièces.	»	»	»	»	»	»	»	»	»	»	»	»	17	
Id. *Id*	rouleaux.	»	»	»	»	»	»	»	»	»	»	»	»	»	

JAVA ET A MADURA, DEPUIS 1827 JUSQU'A 1843

ts publiés à Batavia).

1834.		1835.		1836.		1837.		1838.		1839.		1840.		1841.		1842.		1843.	
…é.	Valeur.	Quantité.	Valeur.	Quantité.	Valeur.	Quantité.	Valeur.	Quantité.	Valeur.	Quantité.	Valeur.	Quantité.	Valeur.	Quantité.	Valeur.	Quantité.	Valeur.	Quantité.	Valeur.
…RIQUÉES EN HOLLANDE.																			
	florins.		florins.		florins.		florins.		florins.		florins.		florins.		florins.		florins.		florins.
»	»	»	»	»	»	»	»	»	»	»	»	»	»	»	»	»	»	»	»
254		224		447		129		»	»	»	»	»	»	»	»	»	»	»	»
441	53,035	3,543	49,437	11,163	97,022	14,877	77,420	16,480	88,721	77,635	301,498	37,134	135,832	4,127	145,820	45,034	161,733	10,292 ½	33,279
»	»	»	»	»	»	»	»	»	»	»	»	»	»	»	»	»	»	»	»
»	»	»	»	»	»	»	»	»	»	»	»	»	»	»	»	»	»	»	»
»	»	»	»	»	»	»	»	»	»	»	»	»	»	»	»	»	»	»	»
»	»	»	»	»	»	»	»	»	»	»	»	»	»	»	»	»	»	»	»
21	3,421	»	»	»	»	»	»	»	»	»	»	»	»	»	»	»	»	»	»
»	»	»	»	»	»	»	»	»	»	»	»	»	»	»	»	»	»	»	»
»	»	»	»	»	»	»	»	»	»	»	»	»	»	»	»	»	»	»	»
»	»	»	»	»	»	»	»	»	»	»	»	»	»	»	»	»	»	»	»
»	»	»	»	»	»	»	»	»	»	»	»	»	»	»	»	»	»	»	»
»	»	»	»	»	»	»	»	»	»	»	»	»	»	»	»	»	»	»	»
»	»	»	»	»	»	»	»	»	»	»	»	»	»	»	»	»	»	»	»
»	»	»	»	»	»	»	»	»	»	»	»	»	»	»	»	»	»	2,170	8,630
»	»	»	»	»	»	»	»	»	»	»	»	»	»	»	»	»	»	»	»
»	»	»	»	»	»	»	»	»	»	»	»	»	»	»	»	»	»	»	»
»	»	»	»	»	»	576	576	»	»	»	482	»	»	»	»	»	»	»	»
2	26	»	»	13	1,400	»	»	»	»	»	»	»	»	»	»	»	»	»	»
»	»	»	»	110		»	»	»	»	»	»	9,626	10,526	6,307	6,361	»	»	»	»
»	»	»	»	»	»	»	»	»	»	»	»	2,617	9,922	424	1,386	1,583	4,042	407	4,002
18	4,474	»	»	»	»	»	»	»	»	»	»	209		»	»	»	»	»	»
»	»	»	»	»	»	»	»	»	»	»	»	»	»	»	»	»	»	»	»
»	»	»	»	31	124	203	611	»	»	»	»	»	»	»	»	»	»	»	»
»	»	»	»	»	»	»	»	»	»	»	»	»	»	84	504	»	»	»	»
490	1,118	1,705	8,289	1,200	5,525	618	1,536	430	1,200	1,384	6,472	2,333	9,095	310	1,530	1,200	3,830	»	2,720
»	»	»	»	»	»	»	»	»	»	»	510	»	»	»	»	»	841	»	400
»	»	»	»	»	»	»	»	1	381	»	»	»	»	»	»	»	»	»	»
240	1,833	»	»	»	»	»	»	»	»	»	»	8,721	3,032	10,172	4,332	»	»	»	5,868
»	»	233	3,135	270	5,278	»	»	»	»	»	»	»	»	30		»	»	»	»
»	»	»	»	»	»	»	»	»	»	»	»	»	»	»	»	»	»	»	»
»	»	»	»	»	»	400	490	»	»	398	299	»	»	»	»	»	»	»	»
»	»	»	»	»	»	»	»	»	»	»	»	»	»	»	»	»	»	»	»
»	»	»	»	»	»	»	»	»	»	»	»	»	»	»	»	»	»	»	»
»	»	»	»	»	»	»	»	»	»	1,021	715	»	»	»	»	»	»	»	»
»	4,933	7,350	7,330	700	843	2,951	3,107	480	374	1,825	2,052	»	»	700	407	»	»	»	»
»	»	»	»	»	»	»	»	»	»	»	»	»	»	»	»	»	»	»	»
»	»	»	»	448	743	»	»	»	»	»	»	»	»	»	»	»	»	»	»
»	»	»	»	»	»	27,416		18,957	29,910	3,445	4,134	10,001	11,102	1,087	1,087	»	»	»	»
400	12,480	759	53,918	1,050	75,522	»	36,449	»	»	»	»	»	»	»	»	»	»	»	»
»	»	»	»	350		1	»	»	»	»	»	»	»	»	»	»	»	»	»
»	»	»	»	»	»	»	»	»	»	2	585	»	»	»	»	»	»	»	»
»	»	»	»	88	9,000	»	»	»	»	»	»	»	»	»	»	»	»	»	»
»	»	»	»	»	»	3,776	1,678	633	1,582	4,380	10,950	3,688	7,376	2,808	3,016	5,447	10,894	»	»
438	1,222	»	»	»	»	»	»	»	»	34	390	18	156	193	1,930	8	280	50	450
»	»	»	»	»	»	»	»	»	»	»	»	»	»	»	»	»	»	»	»
40	468	»	»	»	»	»	»	208	6,751	»	»	»	»	»	»	»	»	»	»
»	»	»	»	»	»	»	»	8		»	»	»	»	»	»	»	»	»	»

DÉSIGNATION.		UNITÉS de QUANTITÉ.	1827. Quantité.	1827. Valeur.	1828. Quantité.	1828. Valeur.	1829. Quantité.	1829. Valeur.	1830. Quantité.	1830. Valeur.	1831. Quantité.	1831. Valeur.	1832. Quantité.	1832. Valeur.	Quantité.
				florins.		florins.		florins.		florins.		florins.		florins.	
Tapis *Tapijten* ou *karpetten*		pièces.	»	»	»	»	»	»	»	»	304	1,979	»	»	»
Id. (petits) *Tapijten loopers*		valeur.	»	»	»	»	»	»	»	»	»	»	»	»	»
Id. de table, *Tafelkleeden*		pièces.	»	»	»	»	»	»	»	»	»	»	»	»	»
Id. *Tapijten*		aunes.	»	»	38	47	»	2,333	»	»	»	»	»	»	»
Id. *Id.*		balles.	»	»	»	»	»	»	»	»	»	»	15	5,227	»
Id. *Id.*		rouleaux.	»	»	»	»	»	»	»	»	»	»	»	»	»
Id. *Id.*		pièces.	»	»	»	»	»	»	»	»	»	»	»	»	»
Id. pour les canapés, *Vloerkleedjes*		id.	»	»	10	60	»	»	»	»	»	»	»	»	»
Velours d'Utrecht. *Trijp*		aunes.	1,103	4,139	»	»	»	»	495	1,473	14	1,552	1,285	1,858	21
2° ÉTOFFES DE LAINE FABRIQUÉES DANS															
Alcatieven	Petits tapis alcatives	pièces.	»	»	»	»	»	»	10	70	»	»	»	»	»
Baaij	Baies rouges	aunes.	»	»	»	»	»	»	»	»	»	»	1,000	1,600	»
Bankkleedjes	Tapis de canapé	pièces.	2	20	»	»	»	»	»	»	»	»	»	»	»
Bombazet	Bombazettes	id.	»	»	2	80	»	»	»	»	277	4,134	523	8,080	»
Id	Id	aunes.	»	»	»	»	»	»	»	»	»	»	»	»	21,22[illegible]
Casimier	Casimirs	id.	»	»	»	»	»	»	20	80	1,233	6,706	183	378	23[illegible]
Id	Id	pièces.	»	»	»	»	»	»	»	»	»	»	»	»	»
Cassinetten	Cassignettes	aunes.	»	»	»	»	»	»	»	»	»	»	»	»	»
Circassien	Circassiennes	id.	»	»	»	»	»	»	»	»	»	»	»	»	»
Id.	Id.	pièces.	»	»	»	»	»	»	»	»	»	»	»	»	»
Dekens wollen	Couvertures de laine	id.	33	300	308	1,848	»	»	»	»	180	900	2	18	»
Id. paarden	Couvertures pour cheval	id.	»	»	»	»	42	149	»	»	»	»	»	»	»
Diversen	Articles divers	valeur.	»	»	»	»	»	»	»	»	»	»	»	»	»
Damast	Damas	aunes.	»	»	»	»	»	»	»	»	»	»	»	»	»
Duffel	Drap castorine dit *duffel*	id.	»	»	»	»	»	»	»	»	»	»	»	»	»
Diversen en kleedingstukken	Habillemens divers	valeur.	»	»	»	»	»	»	»	4,447	»	»	»	»	»
Everlast	Lastings	aunes.	»	»	»	»	»	»	»	»	»	»	»	»	3[illegible]
Id.	Id.	pièces.	»	»	»	»	»	»	»	»	»	»	»	»	»
Flannel	Flanelles	id.	»	»	»	»	45	2,375	»	7,008	»	»	2	1,589	»
Id.	Id.	aunes.	»	»	»	»	»	»	»	»	17,223	12,917	1,900		4,50[illegible]
Grijn	Camelots	id.	»	»	215	420	»	»	»	»	»	»	25	68	2[illegible]
Id.	Id.	pièces.	»	»	»	»	»	»	»	»	60	4,200	»	»	»
Id. rok, jas en mantels	Vêtemens en camelot	id.	»	»	»	2,470	»	»	»	»	»	»	»	»	»
Karpetten	Tapis	id.	3	30	»	»	»	»	»	»	»	»	»	»	»
Kleedingstukken	Habillemens en étoffes de laine	id.	»	»	»	»	»	9,864	»	»	»	7,151	»	»	»
Kemelshaar	Poils de chèvre	aunes.	»	»	»	»	»	»	»	»	»	»	30	118	»
Karsaij	Drap croisé très commun	id.	»	»	»	»	»	»	»	»	»	»	»	»	»
Kwasten en franjes	Houppes et franges	id.	»	»	»	»	»	»	»	»	»	»	»	»	»
Kousen	Bas de laine	douzaines.	»	»	»	»	»	»	»	»	»	»	»	»	»
Laken billard	Draps de billard	aunes.	»	»	»	»	»	»	20	184	98	705	»	»	»
Id. gewoon	Id. communs	pièces.	»	»	»	»	2		»	»	»	»	»	»	»
Id. id.	Id. id.	balles	[illegible]	[illegible]			aunes, [illegible]	23,741							

1834.		1835.		1836.		1837.		1838.		1839.		1840.		1841.		1842.		1843.	
[illegible]	Valeur.	Quantité.	Valeur.	Quantité.	Valeur.	Quantité.	Valeur.	Quantité.	Valeur.	Quantité.	Valeur.	Quantité.	Valeur.	Quantité.	Valeur.	Quantité.	Valeur.	Quantité.	Valeur.
	florins.		florins.		florins.		florins.		florins.		florins.		florins.		florins.		florins.		florins.
	»	»	»	»	»	»	»	»	»	»	»	»	»	»	»	»	»	»	»
	758	»	»	»	»	»	»	»	»	»	»	»	»	»	»	»	»	»	»
	»	»	»	»	»	»	»	»	»	»	323	16	312	»	»	»	»	»	»
	»	»	»	»	»	»	»	»	»	»	»	»	»	»	4,368	»	»	»	»
	»	»	»	»	»	»	»	»	»	»	»	»	»	»	»	»	5,354	»	208
	»	24	3,749	»	»	»	»	»	»	»	»	»	»	»	»	»		»	
	»	»	»	273	3,502	300	4,495	»	»	179	4,483	4	1,360	»	»	»		»	
	»	»	»	»	»	»	»	»	»	»	»	»	»	»	»	»	»	»	»
	»	»	»	»	»	»	»	»	»	»	»	»	»	»	»	»	»	»	»
...ÉS A L'OUEST DU CAP DE BONNE-ESPÉRANCE.																			
»	»	»	»	»	»	»	»	»	»	»	»	»	»	»	»	»	»	»	»
»	»	»	»	»	»	»	»	»	»	»	»	»	»	»	»	»	»	»	»
403	853	»	»	»	»	»	»	»	»	»	»	»	960	66	780	84	868	100	824
80	4,800	»	»	»	»	»	»	40	2,383	»		»	»	»	»	»	»	1,790	
»	»	17,384	9,208	570	853	1,440	1,480	747		»	100	43,952	28,742	436	218	24,969	14,029	23,436	12,666
11	263	392	1,368	»	»	194	623	452	893	»	»	632	2,582	896	3,985	318	954	729	2,545
»	»	»	»	»	»	»	»	»	»	»	»	2	»	»	»	»	»	»	»
747	1,485	»	»	678	1,259	»	»	»	»	»	»	»	»	»	»	»	»	»	»
»	»	»	»	632	2,045	»	»	»	»	»	»	9,457	15,370	824	904	16,587	16,947	2,863	4,312
»	»	»	»	»	»	8	416	»	»	»	»	»	»	»	»	»	»	»	»
234	12,883	250	1,154	126	1,216	156	348	56	236	200	2,000	1	8	18	18	480	1,440	123	748
»	»	»	»	»	»	»	»	»	»	»	»	»	»	»	»	»			
»	»	»	»	»	286	»	81	»	186	»	6,559	»	3,313	»	5,510	»	493	1,920	3,087
»	»	»	»	»	»	»	»	»	»	»	»	1,764	2,646	»	»	1,358	1,558		2,400
»	»	»	»	»	»	728	1,092	»	»	»	»	»	»	4,328	6,492	3,263	4,100	»	»
»	»	»	»	»	»	»	»	»	»	»	»	»	»	»	»	»	»	»	»
»	284	»	»	»	»	»	»	413	954	»	»	»	»	3,700	5,397	»	204	7,692	11,418
»	»	»	»	»	»	26	1,404	»	»	»	»	6	379	» caisse.	»	»		»	»
»	»	»	»	»	»	»	»	10	»	»	»	»	»	1	»	»	»	»	»
,273	9,947	2,178	1,862	8,941	3,412	11,862	11,856	6,223	3,022	24,081	16,585	18,977	18,062	3,037	2,422	7,862	3,148	4,234	3,031
53	140	»	»	64	31	2,780	4,349	16,356	23,600	4,802	8,010	7,276	9,329	20,176	26,540	15,782 yards.	35,555	26,339	34,053
																3,413			
»	»	10	930	»	»	»	»	»	»	29		»	»	7				»	»
»	»	»	»	»	»	»	»	»	»	48	748	»	»	»	»	»	»	»	»
»	»	»	»	»	»	15	325	35	530	242	3,935	174	3,432	»	301	»	23	»	20
»	»	»	»	»	»	»	»	»	12,426	»	»	»	923	40	624	»	5,704	»	18,183
»	»	»	»	»	»	»	»	»	»	»	»	»	»	»	»	»	»	»	»
»	»	»	»	»	»	»	»	»	»	»	»	»	»	»	»	»	»	»	»
»	»	2,830	1,423	»	»	»	»	»	»	»	»	»	»	»	»	»	»	»	»
»	288	170	905	»	»	»	»	»	»	»	»	»	»	»	»	»	»	»	»
»	»	»	»	»	»	»	»	»	»	50	550	»	»	»	»				
»	»	»	»	»	»	»	»	»	»	»	»	»	»	»	»				
» aunes. [illegible]	» [illegible]	»	111,129	» aunes. [illegible]	» [illegible]	aunes. 20,325 [illegible]	116,876	18,296 aunes. [illegible]	118,695	» aunes. [illegible]	» [illegible]	13 aunes. [illegible]	175,387	1 [illegible]					

DÉSIGNATION.		UNITÉS de QUANTITÉ.	1827.		1828.		1829.		1830.		1831.		1832.		1833.	
			Quantité.	Valeur.	Quantité.	Valeur.	Quantité.	Valeur.	Quantité.	Valeur.	Quantité.	Valeur.	Quantité.	Valeur.	Quantité.	Valeur.
				florins		florins.		florins.		florins.		florins.		florins.		florins.
Laken superfijn.	Draps superfins..	aunes.	»	»	338	3,380	»	»	»	»	»	»	»	»	»	»
Id. fijn.....	Id. fins.......	id.	»	»	24	180	»	»	»	»	»	»	»	»	»	»
Id. id.....	Id. id	pièces.	»	»	»	»	2	438	»	»	»	»	»	»	»	»
Id. ordinair.	Id. ordinaires.	aunes.	1,202	6,010	21	105	»	»	5,004	28,020	4,120	27,559	18,361	63,963	10,691	47,023
Id. gemeen..	Id. communs..	id.	3,583	8,957	1,869	4,073	»	»	»	»	5,097	9,227	3,590	10,018	1,170	2,240
Id. rassen...	Id. castors...	pièces.	2	60	284	855	»	»	»	»	»	»	»	»	»	»
Id. pelissen..	Id. pelisse....	aunes.	2,942	9,733	945	2,871	»	»	»	»	530	1,608	»	»	488	1,244
Id. dames...	Id. de dame..	id.	3,313	9,939	»	»	»	»	20	60	»	»	281	1,820	1,905	6,608
Long ells.......	*Long ells*.......	id.	»	»	»	»	»	»	»	»	»	»	»	»	»	»
Id...........	*Id*...........	pièces.	»	»	»	»	»	»	»	»	»	»	90	2,030	31	1,602
Merinos........	Mérinos........	id.	»	»	»	»	»	»	7	230	»	»	»	»	»	»
Id..........	Id............	aunes.	»	»	»	»	»	»	»	»	569	739	2,303	4,002	1,243	2,269
Molton.........	Molletons.......	id.	»	»	»	»	»	»	»	»	90	93	»	»	»	»
Mousselins.....	Mousselines-laine	id.	»	»	»	»	»	»	»	»	»	»	»	»	»	»
Mutsen.........	Bonnets.........	douzaines.	»	»	»	»	»	»	»	»	»	»	»	»	»	»
Polemieten.....	*Polemieten*.....	aunes.	»	»	»	»	»	»	»	»	»	»	»	»	»	»
Saijet..........	Sayettes (Estame?)	poids.	»	»	»	»	»	»	»	»	»	»	»	»	»	»
Star cloth......	*Star cloths*....	pièces.	»	»	»	»	»	»	»	»	»	»	»	»	»	»
Id.........	*Id*.........	aunes.	»	»	»	»	»	»	»	»	»	»	»	»	»	»
Schwalls.......	Châles.........	pièces.	»	»	»	»	66	462	»	»	»	»	»	»	»	»
Stramin........	Etamines........	aunes.	»	»	»	»	»	»	»	»	»	»	»	»	»	»
Tafelkleedjes en kleeden........	Tapis grands et petits.........	pièces.	»	»	»	»	104	104	»	»	»	374	12	244	124	305
Id.......	Id.........	caisses.	»	»	»	»	»	»	»	»	»	»	»	»	»	»
Tricot.........	Satins pantalons.	aunes.	»	»	»	»	»	»	»	»	»	»	»	»	»	»
Tapijt en karpettengoed.....	Etoffes pour tapis	....	»	»	»	»	»	»	»	»	»	614	»	»	»	»
Tafellakens.....	Draps de table...	aunes.	»	»	»	»	»	»	»	»	»	»	»	»	»	»
Tapijten.......	Tapis..........	id.	»	»	»	»	»	»	»	»	»	»	»	»	»	»
Id..........	Id............	pièces.	»	»	»	»	»	»	»	»	»	»	»	»	»	»
Trijp..........	Velours d'Utrecht	id.	»	»	»	»	110	1,890	»	»	»	»	»	»	»	»
Id..........	Id........	aunes.	»	»	»	»	»	»	»	»	2,805	5,731	»	»	»	»
Vloerkleedjes...	Petits tapis.....	pièces.	»	»	»	»	»	»	»	»	»	»	»	»	»	»
Vlaggedoek.....	Etamines à pavillons..........	id.	»	»	»	»	»	»	»	»	»	»	»	»	»	»
Id..........	Id.........	aunes.	»	»	»	»	»	»	»	»	»	»	3,300	1,586	1,554	777
Vilt..........	Feutre.........	balles.	»	»	»	»	»	»	»	»	»	»	»	»	»	»
Wagen passement.........	Passementerie de voiture........	aunes.	3,280	3,520	»	»	»	»	»	3,437	5,027	5,027	15,026	15,915	23,771	23,771
Id........	Id.........	rouleaux.	»	»	»	»	»	»	»	»	»	»	»	»	»	»
Wollen garens..	Fils de laine....	....	»	»	»	»	»	»	»	373	»	»	»	»	»	»
Wagen passementkoord.....	Passementerie...	... .	»	»	»	»	»	»	»	»	»	»	»	304	»	846
Wol..........	Laine.........	caisses.	»	»	»	»	»	»	»	»	»	»	»	»	»	»
Id...........	Id...........	poids.	»	»	»	»	»	»	»	»	»	»	»	»	»	»
Zomer cloth....	Etoffes d'été....	pièces.	»	»	»	»	»	»	»	»	»	»	»	»	»	»
Bukins........	*Bukskings*......	aunes.	»	»	»	»	»	»	»	»	»	»	»	»	»	»
Calmink.......	Calmondes......	id.	»	»	»	»	»	»	»	»	»	»	»	»	»	»

1834.		1835.		1836.		1837.		1838.		1839.		1840.		1841.		1842.		1843.	
[Quanti]té.	Valeur.	Quantité.	Valeur.	Quantité.	Valeur.	Quantité.	Valeur.	Quantité.	Valeur.	Quantité.	Valeur.	Quantité.	Valeur.	Quantité.	Valeur.	Quantité.	Valeur.	Quantité.	Valeur.
	florins.		florins.		florins.		florins.		florins.		florins.		florins.		florins.	aunes.	florins.		florins.
															140,000	16,030	58,373	17,391 ½	63,849
														35,755					
556	4,729			2,239	8,470	333	1,539												
		6,415	11,379	1,470	1,470														
150	3,000	1,764																	
520	3,033	2,375	5,533	215	440	3,900	7,978	4 / 903	841	2,702	6,493	4,387	9,783	82	206			402 ½	4,313
																		483	2,708
						75	903												
				35	52			7,567 kilogr.	9,802	819 kilogr.	1,024	10 kilogr.	13			pièces, 30	2,250	2,030	2,030
								193	1,058	18	78	13	156		94		556		150
						22	2,671												
												963	1,026						
																	2,400		30
50	675					13	130												
										51	59								
33	439	121	805		1,464	33	424			760	6,166	102 / 4	5,835		518		3,599	50	600
														337	1,394			14,613 ½	26,332
106	324																		
			2,303					30 / 53	720								104		683
				18	332					133	2,095	115	4,354		3,108				
										8	540								
33	107									42	510								
				13	52														
		96	48			1,303	653												
		20	1,357							30	1,746		910	10	963				
477	4,477	5,268	5,527	7,506	7,344	3,373	2,972	4,550	3,769	7,070	6,979	14,639	10,030	30,721	22,246	28,388	17,691	31,894	16,864
		78																	
		1	932								2,309						234		
												kilogr. 2,391	471	kilogr. 93	403				
												15	363						
														676	1,091				
																		1,353	1,353

RÉSUMÉ.

ANNÉES.	IMPORTATION des étoffes de laine fabriquées en Hollande.	IMPORTATION des étoffes de laine fabriquées dans les pays situés à l'ouest du Cap de Bonne-Espérance.
	florins.	florins.
1825	208,415	115,546
1826	267,703	38,509
1827	231,112	38,580
1828	246,546	16,861
1829	362,158	39,243
1830	510,955	43,909
1831	234,412	88,215
1832	155,002	111,669
1833	137,482	98,919
1834	83,768	198,443
1835	127,478	185,587
1836	198,959	114,800
1837	128,460	155,917
1838	129,119	181,197
1839	332,893	265,643
1840	190,247	296,876
1841	172,931	224,483
1842	187,891	170,169
1843	54,467	212,887

CONDITIONS DE VENTE ET FRAIS A BATAVIA POUR LES ÉTOFFES DE LAINE.

Le droit d'entrée est de 25 p. 0/0 à la valeur : la douane prélève ce droit sur le total de la facture, augmenté d'environ 30 p. 0/0 (1). Ces 30 p. 0/0 représentent la différence entre le prix d'achat en Europe et le prix de vente à Batavia. Tout en déclarant qu'il n'est pas honorable de présenter à la douane une facture fausse, c'est-à-dire réduite de 30 à 35 p. 0/0, nous ferons observer que *cette fraude est en quelque sorte consacrée par l'usage*, et c'est pour cela que, dans les comptes simulés, on ne calcule le droit de douane qu'à 30 p. 0/0, savoir 25 p. 0/0 de taxe réelle, et, au maximum, 5 p. 0/0 en sus de la facture.

Les marchandises se vendent généralement à 4, 5, 6, et parfois 7 mois de crédit ; la banque n'escomptant aucune acceptation au delà d'un

(1) En conséquence d'une mercuriale arrêtée tous les trois mois.

terme de 105 jours, il n'est pas toujours possible de faire des retours immédiats pour la valeur des ventes effectuées.

Les négocians français, hollandais et allemands ne prennent que 2 1/2 p. 0/0 pour commission de vente, 2 1/2 p. 0/0 de ducroire, 2 1/2 p. 0/0 pour achat de produits en retour ou pour remise en traites endossées, 1 p. 0/0 pour retour en lettres de change sans endos. Le taux légal d'intérêt est de 9 p. 0/0 par an.

Les frais de magasinage en douane sont, pour les étoffes de laine, de 15 centièmes de florin par caisse et par mois ; le débarquement se paie 1 florin par caisse, et 1 florin 1/4 quand la marchandise est déposée en entrepôt, puis transportée au magasin (1).

VI. — MANILLE.

ÉTOFFES DE LAINE

CONVENABLES POUR LA CONSOMMATION EUROPÉENNE ET INDIGÈNE DE MANILLE ET DE L'ARCHIPEL DES ILES PHILIPPINES.

Ainsi que nous venons de le faire pour Java, nous allons donner un aperçu des étoffes de laine importées et demandées à Manille. Nous renvoyons à nos rapports autographiés pour les détails et pour les informations spéciales à telle ou telle manufacture.

DRAPS.

Draps mi-fins et fins. — On peut envoyer chaque année 4 à 5 balles de 12 pièces, c'est-à-dire de 48 à 60 pièces en qualités légères, souples, apparentes et fines ; les couleurs les plus demandées sont le bleu

---

(1) Nous nous abstenons d'entrer ici dans plus de détails; le Ministère du commerce a publié dans le *Document* nº 10 *sur la Chine et l'Indo-Chine*, pages 83 et 149, les notes que les négocians de Batavia nous ont données sur ce sujet, ainsi qu'à nos collègues, et on les trouvera réunies et annexées au tarif colonial dans un aperçu de M. Jules Itier *sur le Commerce français en Chine* (*Annales maritimes et coloniales*, 1847, pages 91 à 106).

de roi, le noir, le marron, le vert russe, le *lord Grey* et le mode. Voici, suivant M. Lagravère, un assortiment convenable :

Bleu de roi	20 pièces.
Noir	20 id.
Vert bouteille	10 id.
Café brûlé	5 id.
Ecarlate	2 id.
Jaune (*amarillo*)	2 id.
Blanc	1 id.
	60 pièces.

La pièce doit avoir 7/4 de vare (145 à 148 centimètres) de large, et 25 yards de long.

Les échantillons n°s 1301, 1302, 1303 et 1304 (1) ont une largeur de 141 ou de 142 centimètres entre lisières, et de 146 ou de 151 centimètres, lisières comprises; ils sont français et ont été vendus par M. Lagravère 4 piastres le yard (24 fr. le mètre environ). Ce sont d'assez bons modèles à suivre tant pour les couleurs que pour la qualité; il ne faut compter que sur un prix de 3 piastres le yard (18 fr. le mètre), et il arrive même, quand la place est un peu encombrée, que l'on obtient des offres moindres; ainsi le lot apporté par le *Cordouan* n'a été payé qu'à raison de 2 piastres 2 réaux le yard (13 fr. 55 c. le mètre); la qualité en était, il est vrai, très légère.

Les draps doivent porter des chefs et des étiquettes françaises, être garnis de belles barbes tirées à poil et préférablement de lisières noires. De même qu'en Chine, les lisières jaunes ne plaisent pas aux acheteurs de *la Escolta*.

Le n° 1305 montre le genre qu'il faut expédier de préférence; le n° 1306 est un drap français peu estimé, parce qu'il manque de douceur et d'apparence.

Les meilleures qualités pour la vente seraient les draps suivans : n° 1 de Bertèche, Bonjean jeune et Chesnon de Sedan, à 15 fr. le mètre; on le placerait à 4 piastres (24 fr. 06 c. le mètre), et même à 4 p. 1/2 le yard (27 fr. 10 c. le m.) en 56 pouces anglais et en couleurs assorties (2). — Cachemire de J. Randoing d'Abbeville; il a été estimé 3 piastres 1/2 le yard (21 fr. 07 c. le m.). — N° 3 de Roger frères de Carcassonne à 12 fr.; il vaudrait à Manille 3 piastres (18 fr. le mètre) s'il était un peu plus léger et apparent. — N° 244 de T. Chennevière et n° 218 de Ternisien d'Elbeuf, à 11 fr. On en a offert 2 piastres 6 réaux le yard (16 fr. 55 c. le mètre). — N° 81 de V. Grandin et E. Rollin, à 11 fr. 50 c., assez joli drap qui laisse à désirer, mais que l'on a néanmoins évalué à 3 piastres le yard. — N° 269 de T. Chennevière, à 5 fr. 50 c.; ce zéphyr se vendrait pour vêtemens de *gobernadorcillos* à 18 réaux le yard, etc.

Quelques pièces de satins noirs légers et à bon marché sont deman-

(1) Ces draps, noir, bleu anglais, vert russe et bronze, ont été apportés par *la Cécilia*; ils ont été fabriqués à Elbeuf et achetés, d'après la facture, 20 et 22 francs le mètre.

(2)

Noir	6 pièces.
Bleu de roi	2 id.
Vert myrte	1 id.
Bleu clair	1 id.
Ecarlate	1 id.
Marron pensée ou amélie	1 id.
	12 pièces.

On peut envoyer sans crainte deux balles de ce n.° 1 de MM. B., B. et Ch.

dées à Manille ainsi que 1 ou 2 pièces de casimir fin blanc pour gilets et pantalons de fonctionnaires.

Draps pour voitures.—Suivant M. de Thune, la plupart des draps que l'on emploie à Manille pour garnir les voitures sont anglais et ont une largeur de 54 pouces; il serait mieux de leur donner 2 pouces de plus. Ils arrivent par balles de 12 pièces assorties; les couleurs préférées sont le vert foncé, le vert myrte (voir le n° 1331) et le vert bouteille, le marron foncé et le marron clair, l'ourika, l'amélie, le grenat, le solitaire, les gris mode, mastic, cendré, rosé, etc. On ne veut que très peu de bleus foncés, de noirs et de pensées. La consommation annuelle est de 5 à 6 balles de 12 pièces.

Le n° 1307, fauve rosé, large de 1 mèt. 53 c. entre lisières et de 1 m. 57 c. avec lisières, est trop léger; c'est un *spanish stripe* de Leeds qui s'est vendu (12 réaux le yard) beaucoup plus cher qu'il ne valait, et qui ne convient nullement. Le n° 1308 est un *habit cloth* aussi trop léger qui a été payé 14 réaux le yard en 54 pouces de large; les nos 1309 et 1310 sont des zéphyrs d'Aix-la-Chapelle qui ne peuvent être achetés que pour vêtemens de *gobernadorcillos* et qui n'obtiennent, pour cette destination que 1 piastre 1/2 à 1 p. 3/4 le yard. Les seuls draps qu'il faut expédier pour garnir les voitures doivent être forts, épais, bien foulés et tondus; il est essentiel que la qualité en soit bonne et durable, parce que les voitures sont mal entretenues. Les nos 1311 à 1331 sont à peu près satisfaisans; il serait à désirer qu'ils fussent plus doux et mieux traités; mais, tels quels, on les place à 2 piastres le yard (12 fr. 04 c. le mètre) en 56 pouces de large. Les nos 1329 et 1330 se sont même vendus 2 piastres 1/2 (15 fr. 05 c. le mètre). M. de Thune recommande que les couleurs soient franches et vives et que le drap soit brillant; de larges lisières sont utiles, parce qu'on les cloue sur la carcasse de la voiture et que c'est sur elles que l'on fixe le drap par des coutures.

Le n° 1328 a été remis par Jadian comme suffisant pour garniture de voiture. — Ce renseignement et ceux qui vont suivre n'infirment pas les précédens. Il y a à Manille plusieurs carrossiers; M. de Thune fabrique les équipages de luxe, et ses concurrens indigènes établissent les voitures ordinaires. Le premier doit donc employer des draps plus beaux et plus chers que les seconds.

Le n° 1328 dont nous venons de parler est un *spanish stripe* bon ordinaire, qui a, entre lisières, 1 mètre 45 c. 1/2, et, lisières comprises, 1 mèt. 51 c. (1). On l'achète, ordinairement en gris, 10 réaux la vare (de 835 mill.). Les nos 1 et 4 de M. Max. Boudin de Beauvais lui ont été préférés; on paierait le premier 20 réaux et le second 12 réaux le yard, à l'assortiment suivant :

Bleu	25	pièces.
Noir	25	id.
Gris cendré	10	id.
Café brûlé	10	id.
Vert bouteille et émeraude foncé / Bleu clair	10	id.
	80	pièces.

(1) Le n° 1250, large de 1 mèt. 50 c., entre lisières, et de 1 mèt. 56 c., avec lisières, a été également remis comme modèle de la qualité de drap commun qui convient pour la carrosserie à bon marché.

Voici un autre assortiment que nous croyons préférable :

Vert russe ou myrte	3	pièces.
Marron	2	id.
Gris : mode	1	id.
Gris : perle pâle	1	id.
Gris : cendré	1	id.
Gris : ventre de biche	1	id.
Noisette	1	id.
Violet pourpré foncé	1	id.
Bleu anglais	1	id.
	12	pièces de 24 yards.

Spanish stripes. — On ne fait pas à Manille de vêtemens avec des draps aussi légers ; ils ne servent qu'à doubler le fond des *chinellas.* Les *chinellas* sont d'élégantes petites mules dans lesquelles les doigts sont à peine couverts, que portent aux pieds les métisses espagnoles et chinoises. Il ne faut par an que 2 ou 3 balles de *spanish stripes*, assorties ainsi :

Ecarlate vif	4	pièces.
Vert clair	3	id.
Pensée clair	2	id.
Bleu gentiane	1	id.
Gris cendré	1	id.
Jaune bouton d'or	1	id.
	12	pièces.

Pour la qualité et les nuances, on consultera les n°s 1332 à 1336, et l'on aura soin que le drap soit doux, bien lainé et fin. La pièce devra avoir une longueur de 20 yards et une laize de 60 à 62 pouces. M. Pétel a vendu 1 piastre 25 cents le yard un lot qui lui avait été consigné par M. Dehasse Comblen, de Liége, et qui se composait principalement de noirs et de bleus foncés en qualité assez ordinaire. On peut compter sur un prix moyen de 10 à 12 réaux le yard.

Draps communs.—Il serait bon d'envoyer quelques pièces d'un gros drap ordinaire pour capotes, cabans, etc., qui ne revînt à Manille qu'à 6 ou 7 réaux le yard.

Maroc fin ou casimir léger. — M. Pétel nous a recommandé l'importation d'une vingtaine de pièces de maroc fin, imitation du casimir léger de Sedan, en noir, en blanc et en gris mode, pour pantalons, paletots et habits d'été. Il pensait qu'on les paierait, en belle qualité, de 6 à 10 réaux le yard (de 4 fr. 45 c. à 7 fr. 45 c. le mètre).

Satins unis pour pantalons. — Trois ou quatre balles suffisent pour la vente annuelle ; l'étoffe doit être très légère, douce, apparente, en nuances claires. Le bon marché est la principale condition à réaliser pour que les satins se vendent facilement.

On trouve, en tout temps, le placement de quelques satins drapés noirs en grande largeur et du prix de 12 à 15 fr. le mètre ; le peu de pièces qui sont importées ordinairement à Manille sortent des fabriques de Verviers, d'Aix-la-Chapelle ou de Sedan.

ÉTOFFES DIVERSES.

Circassiennes laine et coton (**Tela de lana**). — Il en arrive à Manille deux genres différens, qui se vendaient, en mars 1845, 2 réaux la vare (1 fr. 65 c. le mètre). L'un a une largeur de 70 centimètres, lisières comprises, et de 68 cent. entre lisières ; on y compte, aux 5 millimètres, de 7 à 8 croisures, de 16 à 17 fils de chaîne et de 13 à 14 duites : l'autre mesure 65 centimètres 1/2 avec lisières et 64 cent. sans lisières, et il a, aux 5 mill., 7 croisures, 16 fils en chaîne et 11 en trame. Cet article ne convient pas à Manille, au dire des marchands chinois de *la Escolta* (voir n°s 1337 et 1338).

Casimirs laine et coton.—Il n'en faut par an que 15 pièces en noir et 15 pièces en bleu anglais, mais en qualité meilleure que celle de l'échantillon (n° 1339), qui se vend au détail 3 réaux la vare et s'achète environ 2 réaux 1/2 le yard. Les pièces sont longues de 30 yards (27 mèt. 42 c.) et larges de 63 centimètres ; la finesse est de 6 croisures 1/2 aux 5 mill. Cet article est connu à Manille sous le nom de *Casimir Albert.*

Columbianas. — Le *columbiana* est un lasting ou calmande teint en pièce ; la chaîne et la trame sont en laine peignée sèche, et l'armure est un satin de cinq : la longueur des pièces est de 30 yards (27 m. 42 c.) ; la largeur totale doit être de 66 centimètres et de 65 cent. entre lisières. Chaque lisière, large de 5 à 6 millimètres, est montée en tissu lisse, en filature plus ronde et se trouve séparée du reste de l'étoffe par un liséré blanc en fil de coton.

Les Anglais importent à Manille les trois mêmes qualités qu'ils présentent sur le marché de Canton ; la première a, aux 5 millimètres, une finesse de 11 croisures ; la deuxième, de 9 à 10, et la troisième de 8 à 9. (Voir les échantillons 1 à 6.) La plupart des assortimens sont composés de la deuxième qualité ; c'est celle qui convient et qui se vend le mieux.

	ASSORTIMENS			
	de M. Lagravère.	de M. Pétel.	de Jadian.	de Joulian.
	pièces.	pièces.	pièces.	pièces.
Noir	30	30	30	30
Bleu foncé, dit de Turquie	20	35	10	20
Fleur de pensée	15	10	12	15
Gris cendré	15	5	13	15
Vert clair	15	10	5	10
Bleu clair	5	5	10	10
Noisette	»	5	»	»
	100	100	100	100

	pi.		fr. c.		fr. c.	
La 1re qualité vaut à Manille	24	=	132 »	la pièce de 27 m. 42 c., soit :	4 80	le mètre.
2e id. id.	21	=	115 50	id. id.	4 20	id.
3e id. id.	18	=	99 »	id. id.	3 60	id.

Le prix de la qualité courante, celle de 9 et 10 croisures, varie de 4 à 6 réaux le yard (de 2 fr. 97 c. à 4 fr. 47 c. le mètre). En décembre

1844, le cours était de 4 réaux à 4 r. 9 gr. le yard (de 2 fr. 97 c. à 3 fr. 52 c. le mètre); en mars 1845, il était monté à 5 r. 6 g. et à 6 réaux (à 4 fr. 10 c. et à 4 fr. 46 c. le m.); en juillet, l'article était encore en hausse; les prix variaient de 5 r. 8 g. à 6 r. 2 g. le yard, c'est-à-dire de 4 fr. 22 c. à 4 fr. 60 c. le mètre.

La consommation annuelle des *columbianas* à Manille est estimée à un millier de pièces, mais on ne doit jamais envoyer à la fois plus de 200 pièces.

Cubicas. — Le *cubica* est une anacoste anglaise, chaîne et trame laine peignée sèche, armure batavia. La longueur des pièces est de 30 yards (27 mèt. 42 c.); la largeur de l'étoffe est de 84 à 85 centimètres, la finesse de 12 à 14 fils de chaîne et de 6 à 8 croisures aux 5 millimètres.

L'assortiment doit se composer de :

	Suivant M. Lagravère.	Suivant Jadian.
	pièces.	pièces.
Bleu de Turquie...........	50	25
Noir......................	30	35
Vert bouteille............	10	5
Café brûlé................	5	»
Gris cendré...............	3	5
Ecarlate..................	2	10
Bleu clair................	»	10
Fleur de pensée...........	»	10

Le cours de cet article varie fort peu ; il est presque toujours maintenu à 4 réaux le yard (2 fr. 97 c. le mètre), et sa consommation annuelle est d'environ 300 pièces.

Mérinos. — Le nom de *mérinos* implique, en France, l'idée d'une certaine étoffe croisée; à Manille, il la désigne souvent aussi, mais seulement quand elle est imprimée; il s'applique plus ordinairement à une espèce de camelot léger, chaîne coton, trame laine peignée sèche.

La longueur des pièces varie de 30 à 35 yards (de 27 mèt. 42 c. à 32 m.).

Il y a 2 qualités et 2 largeurs de *mérinos* : la première a 12 fils de laine et de 17 à 19 duites aux 5 millimètres; elle mesure 63 centimètres de large; la seconde, en 71 centimètres, a 11 fils et de 12 à 14 duites aux 5 mill. C'est sur chaîne coton à peu près le même article que Tourcoing fait encore aujourd'hui en pure laine et en 1 mètre de large, sous le nom de *camelot*.

Ces deux qualités se vendent ordinairement à raison de 4 réaux le yard (2 fr. 97 c. le mètre).

ASSORTIMENT D'UNE BALLE DE 10 PIÈCES, SUIVANT JADIAN.

Noir......................	4 pièces.
Bleu......................	4 id.
Vert bouteille............	1 id.
Café brûlé................	1 id.

On n'en consomme qu'une centaine de pièces chaque année.

Long ells. — Avant le traité de Nan-king, les affaires en *long ells* étaient, à ce qu'il paraît, très animées à Manille ; aujourd'hui, leur importation est bien moins considérable, et se borne à quelques assortimens expédiés occasionnellement, à 500 ou 600 pièces, au dire de Pocon. Elles sont toujours achetées par les Chinois, pour lesquels cet article est un assez bon retour pour Canton ou pour E-mouï.

Le *long ell* est une serge armure batavia, chaîne laine peignée, trame laine longue cardée. Les pièces ont 25 yards de long, 78 centimètres de large, et valent de 7 piastres 1/2 à 8 piastres 1/2, à l'assortiment suivant :

Ecarlate	80 pièces.
Orange	10 id.
Vert clair	10 id.
	100 pièces.

Dans des circonstances favorables, les *long ells* obtiennent 9 et 10 piastres la pièce.

***Camelots anglais* (Carro de oro).** — Il n'en entre dans la consommation locale que 80 pièces durant chaque année; le reste est toujours réexpédié en Chine. La pièce de 55 à 56 yards de long et de 81 à 82 centimètres de large se vend de 23 à 26 piastres.

	ASSORTIMENT	
	Suivant Jadian.	Suivant M. Pétel.
	pièces.	pièces.
Ecarlate	50	60
Bleu	10	»
Jaune	10	»
Noir	10	»
Orange	»	20
Violet	»	10
Gris perle	»	10

Flanelles de Galles et bolivars. — Il faut, chaque année, 200 à 300 pièces de flanelles lisses, légères, douces, *apparentes* et un peu azurées. Les pièces doivent avoir de 36 à 40 yards (de 32 m. 90 c. à 36 m. 56 c.) et leur largeur doit être de 76 centimètres. Les négocians de Manille nous ont recommandé l'envoi de 3 qualités ; l'une qui puisse être vendue à 2 réaux 1/2 le yard (1 fr. 85 c. le mètre) ; la deuxième, à 3 réaux (2 fr. 25 c. le mètre), et la troisième à 4 réaux (3 fr. le mètre).

Voici quels sont les genres que nous avons remarqués dans les boutiques de Binondo (faubourg de Manille) :

	Laize avec lisières.	Laize entre lisières.				
	c.	c.				
A	77	74 ½	10 ou 11	fils de chaîne et	14 ou 15	duites aux 5 millim.
B	76	74	10 ou 11	id.	14	id.
C	»	»	14	id.	16	id.
D	77	75	10 ou 11	id.	12 ou 14	id.

La qualité de 10 fils en chaîne et de 14 en trame est de vente courante. Quand nous étions à Manille, en mars 1845, un négociant chinois,

Joulian, acheta à 3 réaux le yard (2 fr. 25 c. le mètre) une partie composée de flanelles, larges de 77 centimètres, dont une moitié avait 10 fils et 13 duites, et l'autre moitié 14 fils et de 12 à 13 duites. Ce même Joulian nous a offert de traiter à 3 réaux 1/2 le yard (2 fr. 60 c. le mètre) un lot d'une quarantaine de pièces du n° 38 de Reims, et un autre négociant nous a conseillé d'expédier 50 pièces des n°s 26 et 37, en nous affirmant que l'on était certain de les vendre à raison de 4 et 5 réaux le yard (à 3 fr. et 3 fr. 70 c. le mètre) en 76 centimètres.

Reps laine et coton. — Les échantillons n°s 1501 et 1502 indiqueront mieux qu'une description la nature et la qualité de cet article, qui n'est employé que pour garniture de voitures. Il est en largeur de 91 centimètres 1/2 et s'achète à Manille 1 piastre le yard. M. de Thune voudrait que ce reps eût une laize de 54 ou de 56 pouces anglais, et qu'il fût damassé ou brodé dans le genre des brocatelles. La consommation en sera toujours très restreinte.

Damas pure laine ou laine et coton. — M. de Thune nous en a demandé quelques pièces pour ses voitures, et M. Pétel a pensé que l'on en placerait pour couvertures de lit ou de meubles, garnitures de canapés, rideaux ou tentures. Il serait essentiel que les dessins fussent de bon goût et de mode, les couleurs vives et les largeurs de 85 centimètres à 1 mètre; les prix ne devraient pas dépasser en France 3 fr. 50 c. le mètre.

Tissus divers pour robes, gilets, etc. — Les gilets de Roubaix, de Lille, de Reims et de Paris sont connus à Manille, mais un grand nombre de ceux que l'on y trouve ne conviennent pas et sont livrés à perte; ce sont surtout ceux qui arrivent sous pavillon américain. On est certain de vendre avec bénéfice 3 à 400 coupes de 2 à 3 gilets, mais il est absolument nécessaire que ces gilets, poils de chèvre, valencias ou cachemires, soient légers, en fonds et en nués clairs, ornés de dessins de mode, et aussi brillans que le comporte le prix. Il n'y a pas à compter sur plus de 6 réaux par gilet, qui doit mesurer 75 centimètres de long sur la largeur ordinaire de 70 à 80 centimètres (1). — Quant aux robes des dames, elles sont en balzorine, en barége, en chalys, en éolienne, rarement en mousseline-laine unie ou imprimée, presque jamais en mérinos. Les balzorines (2), les baréges, les chalys unis, rayés et imprimés, toujours en nuances claires et fraîches et en jolies dispositions, seront accueillis avec faveur s'ils sont de bon goût, apparens et à des prix modérés. — Pour hommes, on placera plusieurs pièces de lastings, de mérinos simples (3) et doubles, de twines pour pantalons, paletots et habits d'été; on veut du noir, du vert russe, de l'ourika, de l'amélie, du bleu anglais, etc., et surtout du bon marché.

---

(1) Il faut, par gilet, 3/4 de vare de long sur 2/3 de vare de large; le prix moyen est de 6 réaux, mais on peut obtenir 1 piastre pour les gilets où il entre plus de fantaisie ou de soie.

(2) Les n°s 1503 à 1508 sont les échantillons des balzorines qui étaient en vente chez Jadian, en 1845; il faut se reporter aux rapports autographiés sur les articles de Saint-Quentin et de Paris pour connaître les prix auxquels ces balzorines ont été achetées et les observations dont elles et les échantillons de M. Caron-Langlois ont été l'objet.

(3) M. Pétel nous a assuré que l'on vendrait aisément à Manille à raison de 6 réaux le yard, 30 pièces de 24 yards de mérinos simple, corsé et en filature ronde, large de 85 centimètres, pour habits et pantalons.

Nous ne pouvons entrer ici dans de plus longs détails sur tout ce qu'il convient de faire entrer dans un assortiment d'étoffes de laine pour Manille, car il nous faudrait parler des vénitiennes laine en fonds gris, chamois, etc., des tapis moquettes haute laine, façon velours, ou genre de Smyrne, en 30 pouces français de large et à franges de 6 à 8 centimètres, pour voitures (1), des châles et écharpes de barége, de mousseline et de mérinos fins, unis et imprimés, — des nouveautés pour pantalons les plus légères et les plus simples d'Elbeuf, — des bas de laine blancs, dont on vend par an de 20 à 30 douzaines au prix moyen de 20 piastres la douzaine, — des velours d'Utrecht, — des tapis de table en *spanish stripe* avec fleurs naturelles imprimées ou gaufrées (2), etc., etc. Nous nous sommes déjà occupé de ces divers articles dans de précédens rapports, et nous aurons l'occasion d'en reparler.

Pour Manille, plus que pour toute autre colonie de l'Archipel indien, il faut sacrifier la qualité à l'apparence. On n'y attache, à vrai dire, aucune importance à la bonté d'une étoffe, destinée à être portée si peu de temps que la question de durée est très secondaire; mais l'on tient à la beauté, à la souplesse, à la douceur du tissu, à l'élégance du dessin, à la fraîcheur des couleurs ou des impressions. Ces exigences particulières sont les mêmes pour les draps, les balzorines, les columbianas, les mérinos doubles, etc., et, dans son rapport sur les étoffes de coton, le Délégué de l'Industrie cotonnière, M. Haussmann, a constaté le même fait.

MODE D'EXPÉDITION, USAGES COMMERCIAUX, COMPTE DE FRAIS A MANILLE.

On charge la marchandise sur un bâtiment en partance dans un port de France pour Singapore; le fret par navire français est ordinairement de 80 à 100 francs le tonneau de 1 mètre cube 440 d. c.

A Singapore, on transborde les colis sur un bâtiment espagnol affrété pour Manille; les frais de transbordement sont de 1 piastre (5 fr. 50 c.) par colis, et la commission de transit est de 1 p. 0/0 sur la valeur de la facture.

Le fret de Singapore à Manille varie de 5 à 6 piastres (de 26 fr. 50 c. à 33 fr.) la balle de 3/4 de mètre cube.

A Manille, la marchandise est classée et évaluée d'après le Tarif officiel; cette évaluation est souvent supérieure de beaucoup au prix de vente; on perçoit sur elle le droit d'importation de 7, et, avec les frais, de 8 p. 0/0.

L'assurance maritime, tant de France à Singapore que de ce port à Manille, est de 3 p. 0/0.

---

(1) Ces moquettes devraient être façonnées, nuées de couleurs éclatantes et en pièces de 20 à 25 mètres.

(2) Ces tapis (*tapetes para mesa*) ont 2 vares de long sur 1 vare 1/2 de large, et se vendent au détail 5 piastres. Le fond est ordinairement blanc; le dessin se compose d'une bordure ou guirlande circulaire et d'un sujet central, qui est souvent un bouquet de fleurs naturelles.

A Manille, le consignataire prend :

2 1/2 ou 5 p. 0/0	pour commission de vente.		
2 1/2	id.	ducroire.	
2 1/2	id.	commission d'achat de produits en retour.	
ou { 1	id.	id.	de retour en traites sans endos.
2 1/2	id.	id.	id. endossées.

Le change est presque toujours au pair. Le débarquement et le transport se paient à raison de 50 cents par balle ou colis.

VII. — RANGOUN ET MOULMEIN (EMPIRE BIRMAN), ACHEM (ILE SUMATRA).

On peut vendre à Rangoun et à Moulmein une assez grande quantité de lainages; suivant Milburn (vol. II, pag. 284), les *broad cloths* de deux couleurs, écarlate d'un côté et vert ou bleu de l'autre, sont très estimés. C'était autrefois le commerce français qui approvisionnait l'Empire birman des étoffes de laine, employées dans le pays pour couvertures ou pour manteaux; aujourd'hui les Anglais sont les maîtres du marché. Cependant nous pourrions y porter aussi des draps écarlates pour l'armée, des alépines, des mousselines imprimées en couleurs vives, des velours de coton, des mouchoirs de tête, etc. (1).

A Achem, les étoffes de laine sont très recherchées (2); il faut quelques draps, des impressions, des châles et des écharpes laine, coton et soie, article de Nîmes, etc.

VIII. — SINGAPORE.

La vente des étoffes de laine dans ce port est, comme la consommation dans la colonie, de peu d'importance.

(1) F. Leconte : *Mémoire sur l'empire des Barmans, Revue de l'Orient*, t. VI, p. 340, et t. IX, p. 136.
(2) Anderson, Milburn, F. Leconte, etc.

On peut apporter chaque année, en août et septembre, 200 pièces de *spanish stripes* pour les Bougis, savoir : 140 pièces en écarlate, 40 en bleu et 20 en noir; la longueur est ordinairement de 18 à 19 yards, la largeur de 60 pouces anglais entre lisières, et le cours varie de 1 piastre à 1 piastre 10 cents le yard. En mars et avril, il est facile de vendre aux Chinois et aux Cochinchinois 500 pièces environ de draps légers assortis et teints pour la plupart en pensée, en bleus foncé, clair et gentiane et en écarlate. Que l'on ajoute à cela 150 ou 200 pièces de draps divers pour la demande des îles voisines, de la Péninsule malaise et de Siam, et l'on aura le chiffre des besoins annuels pour cet article. Ces divers draps doivent être de trois qualités : la première très légère, apparente, bien garnie et apprêtée, en pièces roulées, enveloppées d'une toilette blanche lustrée; la deuxième, un peu plus corsée, mais encore creuse et légère, mieux foulée et lainée, pliée en rectangle, ornée d'une barbe large en poils de chèvre soyeux et de décors riches; enfin, la troisième est un zéphyr fin, doux et très soigné, qui vaut 2 piastres 1/2 le yard environ. — On a apporté des draps laine et coton à très bas prix qui ont été rejetés et que l'on a dû sacrifier.

Il faut peu de *long ells;* la plupart de ceux qui arrivent sont pliés en rouleaux et recouverts d'une toilette blanche glacée; les camelots anglais sont de meilleure vente, ils sont recherchés par les Chinois, les Cochinchinois et les Siamois. On place aussi quelques bayettes et étamines à poils, des flanelles bolivars en laine pure azurées, des napolitaines imprimées sur lesquelles on perd, des lastings, des bombazettes et des couvertures de laine.

On ne trouvera jamais à Singapore un débouché avantageux pour aucune espèce d'étoffe de laine; il y aura sans doute des ventes favorables, mais elles seront accidentelles et le cours ne se maintiendra jamais à un taux qui laisse des bénéfices.

Le fret de Liverpool à Singapore est de 2 livres sterling à 2 liv. 1/2 le tonneau de 40 pieds anglais cubes; de Singapore en Chine, il est de 2 à 3 piastres par colis. Les commissions sont à peu près les mêmes que dans les autres ports de l'Archipel indien.

Le tableau suivant fait connaître, pour une série de 4 années, les importations d'étoffes de laine à Singapore.

IMPORTATION DES ÉTOFFES DE LAINE A SINGAPORE DE 1840-41 A 1843-44.

	1840-41.			1841-42.			1842-43.			1843-44.		
	Pièces.	Yards.	Douzes.	Pièces.	Yards.	Douzes.	Pièces.	Yards.	Douzes.	Pièces.	Yards.	Dou
ÉTOFFES DE LAINE DE LA GRANDE-BRETAGNE.												
Bombazettes	3,965	»	»	5,890	»	»	600	»	»	3,851	»	
Bonnets	»	»	1,400	»	»	400	»	»	1,400	»	»	
Camelots anglais	1,111	»	»	1,582	»	»	2,035	»	»	3,414	»	
Châles	»	»	166	»	»	50	»	»	»	»	»	
Couvertures de laine	»	»	»	»	»	»	155	»	»	»	»	
Draps superfins	96	»	»	»	814	»	»	»	»	»	»	
Echarpes	»	»	91	»	»	83	»	»	163	»	»	
Etoffes en laine peignée	»	»	»	»	»	254	»	»	»	»	»	
Flanelles	162	700	»	165	920	»	6	»	»	50	»	
Ladies' cloths	144	»	»	»	»	»	»	»	»	»	»	
Lastings	76	»	»	»	»	»	»	»	»	»	»	
Spanish stripes	302	1,440	»	544	820	»	200	3,356	440	2,088	»	
Striped lists	629	5,234	»	656	4,465	»	1,888	»	»	469	»	
Vêtemens (*frocks*)	»	»	48	»	»	»	»	»	»	»	»	
ÉTOFFES DE LAINE DE L'EUROPE CONTINENTALE.												
Broad cloths	»	»	»	»	»	»	204	»	»	»	»	
Camelots anglais	»	»	»	»	»	»	»	»	»	10	»	
Couvertures de laine	»	»	»	100	»	»	66	»	»	432	»	
Etoffes de laine cardée imprimées	»	»	»	161	»	»	»	»	»	»	»	
Flanelles	4	»	»	»	1,575	»	»	»	»	»	»	
Ladies' cloths	»	»	»	»	»	»	»	»	»	»	7,474	
Lainages non dénommés	217	826	»	37	6,660	»	28	8,966	»	1,023	38,109	
Lastings	»	»	»	44	»	»	»	»	»	»	»	
Long ells	»	»	»	»	»	»	400	»	»	310	»	
Spanish stripes	»	»	»	»	»	»	300	»	»	330	17,552	
ÉTOFFES DE LAINE DES CONTRÉES SITUÉES A L'EST DU CAP DE BONNE-ESPÉRANCE.												
Broad cloths	»	»	»	12	»	»	»	»	»	»	»	
Camelots anglais	250	»	»	90	»	»	1,500	»	»	»	»	
Châles	»	»	»	»	»	»	»	»	8	»	»	
Couvertures de laine	»	»	»	»	»	»	114	»	»	»	»	
Flanelles	»	90	»	»	170	»	»	»	»	»	»	
Long ells	2,100	»	»	»	»	»	»	»	»	»	»	
Lainages non dénommés	»	111	»	2	780	»	145	»	»	56	»	

IV.

NOTE

SUR

LES RELATIONS COMMERCIALES DE LA RUSSIE AVEC LA CHINE

PAR KIAKHTA (1).

En vertu de la convention de 1727, confirmée en 1768, le commerce de la Russie avec la Chine a été concentré sur des points déterminés de la frontière sibérienne, et il a été nettement établi que ce devaient être les seuls entrepôts des produits des deux Empires, les seuls marchés où s'en pût effectuer l'échange. Mais les articles qui stipulaient en faveur des Russes le privilége du commerce par la voie de terre, leur fermaient les ports et leur interdisaient toute communication avec Canton, E-mouï, Tchou-san, Ning-po, etc., où étaient alors admis les navires anglais, portugais, français, etc. (2).

Ki-ying a, par sa proclamation d'août 1843, étendu à toutes les nations le bénéfice des avantages stipulés en faveur de l'Angleterre par le traité de Nan-king, du 29 août 1842. La Russie doit naturellement en jouir, et il arrivera peut-être une époque où elle substituera Chang-haï à Kiakhta.

Les deux entrepôts de commerce établis conformément au traité de 1727 sont :

Kiakhta ou *Kiaktou* (3), sur le ruisseau du même nom, qui se jette dans le Boro, à 91 wersts (4) de Sélenghinsk ;

Et *Tsourou-khaïtou*, près du Gan, qui s'unit à l'Argoun.

Ce dernier point n'a que fort peu d'importance et est presque abandonné ; il n'a pu prospérer à cause de la difficulté des communications et

---

(1) Cette note est extraite d'un travail sur le commerce de la Russie avec la Chine, que nous publierons prochainement.

(2) C'est de 1756 à 1758 qu'a été promulgué l'édit impérial qui confinait le commerce étranger au seul port de Canton.

(3) Son nom dérive du mot mongol *kia*, chiendent, *triticum repens*, à cause de cette graminée qui y croît en grande quantité et y est une excellente pâture pour le bétail.

(4) Le *werst*, mesure itinéraire russe, est égal à 500 sachines et équivaut à 1 kilomètre 0668.

des transports ; la route qui y conduit passe, en effet, par des montagnes escarpées. Ce n'est guère qu'au mois de juin, en revenant de la ville de Naun, que les Chinois y apportent quelques marchandises, du thé en briques, de grosses toiles de coton blanches et bleues (*daba*), des étoffes de soie, des soies à coudre et différens petits articles recherchés des Russes et des Mongols. Ces produits s'échangent contre du bétail, des fourrures, des peaux de mouton, du cuir de Russie, des draps ordinaires, etc. Ce commerce n'offre que très peu d'intérêt, aussi s'occupera-t-on plus spécialement ici de celui qui se fait par Kiakhta.

Il y a deux Kiakhta : le supérieur, ou fort Troïtzoï Sawsk Krépost, est à 26 wersts au sud de la rivière Sélengha ; c'est là que sont les magasins de marchandises, les résidences des négocians de Moscou et de Sibérie, et qu'ont été transférés, du fort de Strelka, sur le Tchikoï, la chancellerie, la douane et les corps de garde.

A 3 wersts plus loin, s'étend le Kiakhta inférieur, c'est-à-dire le point de contact, le marché ; là se traitent les grands échanges et se font les livraisons ; là s'arrêtent les caravanes, se dressent les tentes de feutre des Mongols, et se renouvelle presque incessamment un camp de Bouriats, d'Éleuths, de Toungouses, etc., qui viennent troquer leurs bestiaux contre des marchandises.

Kiakhta a une haute importance comme foyer unique des relations commerciales, comme centre d'action et d'influence politique de la Russie sur la frontière chinoise. Il est en communication constante avec les villes de Nijni-Novgorod, de Kalgan et de Pé-king, et il importe de préciser dès maintenant la position géographique de ces trois points.

Nijni-Novgorod, chef-lieu du gouvernement de ce nom, est situé par 56° 16′ latitude nord et 42° longitude est. Un triple système de canalisation et sa situation au confluent de l'Oka avec le Volga lui assurent des rapports rapides et faciles avec la mer Noire, la Baltique et la mer Caspienne. Son activité industrielle et l'immensité des affaires qui s'y traitent à la foire, l'ont rendu le marché le plus considérable de la grande Russie.

Cette foire, qui se tenait autrefois à Makariev, dure de six semaines à deux mois, réunit de 120 à 150,000 étrangers et opère sur une valeur moyenne de 150 millions de francs de marchandises (1).

Kalgan (2), ou Tchang-kia-kéou, par 40° 52′ latitude nord et 114° 53′ longitude est (Greenwich), est une grande cité du département de Kao-pih-tao, province de Tchih-li, à 146 lieues de Pé-king. Tchang-kiah est la clef du commerce de la Chine avec la Mongolie et la Russie. C'est, en quelque sorte, l'entrepôt chinois de Kiakhta, le point de réunion des spéculateurs et des marchands, et, comme Sélenghinsk, dans le gouvernement d'Irkoutsk, le point de départ des caravanes de chameaux.

Pé-king, par 39° 54′ 13″ latitude nord et 116° 28′ 30″ longitude est (Greenwich), est la capitale de l'empire chinois et le chef-lieu du Chountièn-fou, province de Tchih-li.

Cinq villes sont donc spécialement intéressées dans le commerce de la

(1) Robert Bremner, *Excursions in the interior of Russia*, 1839, porte à 250,000 le nombre des étrangers et à 300 millions de roubles (318 millions de fr.) le chiffre des affaires.

(2) Kalgan dérive du mot mongol *kalga*, marché ou ville.

Russie avec la Chine : Moscou est le siége de la fabrication, le point de départ des expéditions; Nijni, la bourse et le comptoir, où les spéculateurs se réunissent, où l'Asie centrale s'approvisionne; Kiakhta, le lieu d'échange ; Kalgan, le caravansérail des caravanes, et Pé-king, le but, le principal foyer de la consommation.

Les principaux articles d'échange à Kiakhta se résument en peu de mots. L'industrie, en effet, est loin d'être aussi active au nord qu'au midi; le sol y est moins fécond, l'agriculture moins productive; il y a dans le luxe moins de richesse, dans la population moins d'aisance, partant dans le commerce moins de variété et d'animation. Il est naturel que ce commerce se base sur des objets de première nécessité.

EXPORTATION RUSSE (1).

- Etoffes
  - de laine.
    - Draps forts.
    - Id. légers.
    - Camelots.
    - Droguets et étoffes de laine peignée.
  - de poil et de laine : Peluches (peu).
  - de coton.
    - Velours.
      - Velvétines.
      - Tablettines.
    - Calicots.
    - Autres tissus.
  - de lin et de chanvre.
    - Toiles communes.
    - Damassés en couleur.

Fourrures et pelleteries de Sibérie et d'Amérique.
Vêtemens de peaux d'agneau et de bélier.
Cuirs bruts, tannés et corroyés.
Maroquins et cuirs dits de Russie.
Blés et farines.
Bestiaux.
Chiens, chevaux et chameaux.
Métaux : fer, cuivre et étain.
Quincaillerie.
Armes à feu.
Montres de La Chaux-de-Fonds et de Genève.
Miroiterie et verrerie.
Coraux en petits grains.
Drogueries médicinales.
Savons.
Chandelles de suif et de cire.
Cornes.
Beurre et provisions diverses.
Objets divers d'ornement et de fantaisie.

EXPORTATION CHINOISE.

Thé de famille.
Fleur de thé.
Thé en briques.
Soies gréges et soieries.
Nankins et autres tissus de coton.
Porcelaines.
Laques.
Encre de Chine.
Sucres bruts, terrés et candis.
Fruits secs et confits au sucre.
Rhubarbe.
Musc.
Tabac.
Riz.
Objets d'ébénisterie et de tabletterie.
Articles divers, comme fleurs artificielles, jouets, cannes, couleurs, peaux de panthère, etc.

Nous avons essayé de concentrer dans les tableaux suivans les chiffres partiels et les valeurs générales du mouvement commercial de Kiakhta.

VALEUR

(1) Nous renvoyons à notre travail sur le commerce de Kiakhta pour la nomenclature détaillée et la valeur de tous les articles d'échange.

VALEUR DES MARCHANDISES RUSSES ET ÉTRANGÈRES ÉC

ANNÉES.	ÉTOFFES DE LAINE (Draps, etc.) fabriquées en Russie.	fabriquées en Pologne.	sans désignation. (Presque toutes russes.) Quantités.	Valeur en roubles.	Valeur en francs.	ÉTOFFES DE COTON fabriquées en Russie.	fabriquées à l'étranger.	sans désignation. (Presque toutes russes.) Valeur en roubles.	Valeur en francs.	ÉTOFFES DE LIN et de chanvre (1). Valeur en roubles.	Valeur en francs.	TOUS de Val rou
	roub. ass.	roub. ass.	mèt.		fr.	roub. ass.	roub. ass.		fr.		fr.	roub
1823	22,934	8,741	»	»	»	2,030	134,708	»	»	»	»	2,26
1824	347,934	15,322	»	»	»	76,616	328,313	»	»	»	»	74
1825	114,432	156,234	»	»	»	1,248	294,610	»	»	»	»	84
1826	175,135	332,863	»	»	»	167,199	500,046	»	»	»	»	87
1827	367,928	824,805	»	»	»	11,960	492,218	»	»	»	»	7
1828	638,483	1,024,463	»	»	»	67,500	367,272	»	»	»	»	13
1829	724,376	958,980	»	»	»	98,631	563,791	»	»	»	»	15
1830	367,615	1,070,494	»	»	»	84,523	295,867	»	»	»	»	7
1831	374,214	1,385,340	»	»	»	242,117	337,011	»	»	»	»	13
1832	1,204,513	360,312	»	»	»	244,884	564,387	»	»	»	»	12
1833	1,198,890	801,531	»	»	»	272,307	230,659	»	»	»	»	14
1834	1,413,286	567,653	»	»	»	445,665	289,234	»	»	»	»	11
1835	1,794,974	466,930	»	»	»	730,250	244,907	»	»	»	»	13
1836	2,281,859	372,780	»	»	»	811,920	397,300	»	»	»	»	15
1837	1,798,570	37,848	»	»	»	615,918	294,124	»	»	»	»	4
				roub. arg.				roub. arg.		roub. arg.		roub
1838	»	»	684,053	801,497	3,206,000	»	»	123,537	494,000	53,481	214,000	74
1839	»	»	862,233	984,200	3,037,000	»	»	230,065	920,000	58,916	236,000	69
1840	»	»	882,694	984,404	3,038,000	»	»	263,109	1,052,000	70,297	281,000	69
1841	»	»	1,102,700	1,282,401	5,130,000	»	»	975,119	3,900,000	185,356	741,000	1,8
	roub. arg.	roub. arg.		en transit.		roub. arg.	roub. arg.					
1843	1,981,104	2,756	»	55,288	»	895,685	2,119	»	»	166,177	»	1,1
1844	2,605,695	»	»	34,303	»	1,033,056	49	»	»	143,920	»	1,2

(1) De 1823 à 1837, les étoffes de lin et de chanvre sont confondues avec les cotonnades.

A KIAKHTA CONTRE LES MARCHANDISES DE CHINE.

	PELLETERIES passées en transit par la Russie.		PEAUX.	CUIRS tannés.	CUIRS dits de Russie.		BLÉ.	ARTICLES DIVERS.		TOTAL	
	Valeur en roubles.	Valeur en francs.			Valeur en roubles.	Valeur en francs.		Valeur en roubles.	Valeur en francs.	en roubles.	en francs.
	roub. ass.	fr.	roub. ass.	roub. ass.		fr.	roub. ass.	roub. ass.	fr.	roub. ass.	fr.
	»	»	644,531	2,483,519	»	»	12,067	520,183	»	6,095,297	»
	»	»	1,358,531	4,081,936	»	»	24,953	403,726	»	7,380,012	»
	»		821,848	2,905,331	»	»	19,336	346,358	»	5,500,815	»
	»	»	726,697	2,945,332	»	»	40,271	381,583	»	6,142,369	»
	160,000	»	944,144	3,827,804	»	»	61,598	647,197	»	7,250,076	»
	»	»	1,176,079	2,924,403	»	»	84,865	733,056	»	7,349,184	»
	»	»	938,875	3,540,332	»	»	76,469	947,918	»	7,803,533	»
	»	»	818,243	3,048,830	»	»	57,856	581,440	»	6,398,597	»
	»	»	889,810	2,904,105	»	»	39,867	472,191	»	6,773,838	»
	»	»	1,011,153	3,930,917	»	»	66,560	574,321	»	8,080,024	»
	»	»	875,060	3,093,157	»	»	69,581	623,974	»	7,333,131	»
	»	»	681,141	3,078,138	»	»	60,521	690,643	»	7,343,577	»
	»	»	719,601	2,392,686	»	»	88,847	571,789	»	7,146,203	»
	»	»	760,597	2,989,524	»	»	163,490	682,072	»	8,618,133	»
	»	»	528,932	2,961,049	»	»	233,841	603,904	»	7,121,668	»
			Cuirs divers et peaux.								
			roub. arg.	fr.	roub. arg.					roub. arg.	
00	»	317,000	101,804	407,000	87,392	339,000	»	»	1,288,000	2,227,182	9,226,000
00	»	339,000	115,772	463,000	80,503	322,000	»	»	1,243,000	2,474,421	10,241,000
00	»	400,000	114,229	460,000	75,654	302,000	»	»	1,176,000	2,493,669	10,434,000
00	»	1,060,000	219,603	878,000	214,974	860,000	»	»	3,390,000	7,537,596	31,210,000
	roub. arg. 203,213	»	131,092	»	151,516	»	»	»	»	4,966,843	»
	184,353	»	172,821	»	109,530	»	»	»	»	3,835,035	»

RÉSULTATS DES OPÉRATIONS EFFECTUÉES A KIAKHTA EN 1844.

MARCHANDISES.	UNITÉS.	QUANTITÉS échangées.	QUANTITÉS restant en mains (*Stock*).
Draps	pièces.	19,339	52,766
Camelots. russes	archines (1).	578	177
Camelots. hollandais (*Polemieten*)	id.	25,600	45,784
Tissus de lin	id.	567,012	560,725
Velvétines	id.	1,167,138	1,944,739
Peaux de chèvre	pièces.	52,665	176,095
Fourrures. Écureuil	id.	675,364	1,140,696
Fourrures. Loutre	id.	13,461	17,406
Fourrures. Agneau. gris. de Boukharie.	id.	5,549	44,921
Fourrures. Agneau. noir de Boukharie.	id.	8,463	48,955
Fourrures. Agneau. blanc de l'Ukraine.	id.	155,172	646,738
Fourrures. Agneau. pie. de l'Ukraine.	id.	8,580	18,344
Fourrures. Agneau. noir. de l'Ukraine.	id.	2,581	28,311
Fourrures. Chat noir	id.	245,006	105,817
Fourrures. Lynx. de Russie	id.	2,181	17,220
Fourrures. Lynx. d'Amérique	id.	4,750	8,100
Fourrures. Rat musqué (*Fiber zibethicus*)	id.	72,415	18,920

NOTA.

I. — Les tissus de lin se divisent en trois qualités :

Tcheshuyka	archines.	480,735	498,736
Ticking	id.	85,655	45,550
Konovat	id.	624	16,437

II. — Il y a deux espèces de velvétines qui diffèrent par la laize : de l'une, large de 10 werschocks (2), il a été traité, en 1844, 1 million 74,639 archines, et il en reste sur le marché 1 million 818,129 ; de l'autre, large de 16 werschocks, on a échangé 92,499 archines, et 126,630 n'ont pu se placer.

Il n'a pas été fait mention de l'opium parmi les articles d'exportation, bien que les marchands chinois eux-mêmes en avouent l'importation par Kiakhta et la frontière sibérienne, malgré la prohibition dont il est frappé au nord comme au midi. C'est principalement par Sémipolotinski (Sémipalatnoï), qui est le marché où se font les échanges entre les Russes, les Boukhares et les Kirghises, que l'opium de Turquie est introduit en Chine.

(1) L'archine = 0 m. 7112.
(2) Le werschock = 0 m. 04445.

QUANTITÉS ET VALEURS DES MARCHANDISES DE LA CHINE ÉCHANGÉES A KIAKHTA, DE 1823 A 1844 (1).

ANNÉES.	THÉS				MARCHANDISES DIVERSES. — Soies, soieries, sucre, rhubarbe, etc.	TOTAL.
	EN CAISSES.	EN BRIQUES.	DIVERS. Quantités.	DIVERS. Valeurs.		
	roub. arg.	roub. arg.	pouds (2).	roub. ass.	roub. ass.	roub. arg.
1777....	»	»	»	»	»	1,484,712
						roub. ass.
1823....	»	»	130,256	5,302,510	792,787	6,095,297
1824 ...	»	»	134,197	6,260,429	1,119,583	7,380,012
1825....	»	»	132,387	4,795,815	703,000	5,501,815
1826....	»	»	130,421	5,653,454	488,915	6,142,369
1827....	»	»	161,429	6,608,946	647,130	7,256,076
1828....	»	»	151,755	6,661,544	687,640	7,349,184
1829....	»	»	152,765	7,268,544	535,009	7,803,553
1830....	»	»	153,655	6,039,896	358,701	6,398,597
1831....	»	»	141,180	6,281,477	494,381	6,775,858
1832....	»	»	178,321	7,497,704	582,320	8,080,024
1833....	»	»	164,934	6,957,756	375,395	7,333,151
1834....	»	»	172,145	7,012,516	331,061	7,343,577
1835....	»	»	198,313	6,871,493	274,712	7,146,205
1836....	»	»	213,068	8,277,204	340,931	8,618,135
1837....	»	»	166,602	6,758,429	363,239	7,121,668
					roub. arg.	roub. arg
1838....	2,015,789	134,258	»	»	135,597	2,227,182
1839....	2,295,339	100,724	»	»	78,358	2,474,421
1840....	2,266,522	129,453	»	»	97,694	2,493,669
1841....	7,042,776	339,223	»	»	77,153	7,537,596
1843....	4,510,795	293,028	»	»	163,020	4,966,843
1844. ..	5,428,700	260,396	»	»	165,959	5,855,055

1. — Voici le détail de ces exportations de marchandises diverses de Chine en Russie pour 1835, 1843 et 1844 :

	1835. (Mac Gregor : *Commercial Tariffs and regulations.*)	1843. (Documens officiels russes.)	1844. (Documens officiels russes.)
	liv. st.	roub. arg.	roub. arg.
Sucres bruts et candis	1,455	44,670	55,685
Soieries	9,125	72,195	59,053
Soies gréges	404	7,077	14,564
Etoffes. { de coton	5,368	20,104	18,905
Etoffes. { de laine	25	6	74
Fruits	434	»	»
Coton... { brut	25	»	»
Coton... { filé	21	»	»
Articles divers	1,417	18,968	17,682
TOTAUX	18,298	163,020	165,959
Soit en francs	457,300	652,080	663,836

(1) La valeur totale de ces échanges atteignait dès 1777 le chiffre de 1 million 484,712 roubles argent.

(2) Le poud est 1/40 du berkowitz ; il équivaut à 40 livres russes, et la livre qui se subdivise en 12 lanas, en 16 onces, ou 96 solotniks, pèse 0 kil. 4094. Le poud égale donc 16 kil. 380 ; c'est le poids légal de l'Empire.

2.—ENTRÉE DES THÉS EN RUSSIE EN 1841 (*d'après le n° 114 des* Avis divers, *page* 5).

THÉS.	IMPORTÉS PAR						TOTAL GÉNÉRAL.	
	KIAKHTA.		LA FRONTIÈRE de Sibérie.		LES PORTS méridionaux.			
	Quantités.	Valeurs.	Quantités.	Valeurs.	Quantités.	Valeurs.	Quantités.	Valeurs.
	kilogr.	fr.	kilogr.	fr.	kilogr.	fr.	kilogr.	fr.
En caisses.	2,755,580	27,905,000	22,351	266,000	»	»		
En briques	1,218,582	1,468,000	28,081	89,000	»	»	4,057,012	30,078,000
Divers....	»	»	»	»	32,418	350,000		
TOTAUX	3,974,162	29,373,000	50,432	355,000	32,418	350,000		

En 1841, le commerce russe a pris tout à coup un développement considérable; le n° 114 des *Avis divers* en a exposé, page 5, d'après un document spécial, les motifs et les résultats, et a constaté, page 8, la diminution qui continuait depuis la signature du traité de Nan-king. En 1843, l'importation ne s'élevait qu'au tiers de la moyenne quinquennale. Sans doute l'enquête provoquée par les villes intéressées, Riga, Moscou, Nijni-Novgorod, etc., aura révélé les causes de cette crise, et la commission impériale en a déjà peut-être atténué les effets.

Les chiffres posés précédemment sont loin de représenter la valeur réelle du mouvement commercial entre les deux États ; ils sont particuliers à Kiakhta. Un commerce actif, étendu, régulier est, depuis longtemps, engagé sur d'autres points de la frontière. Les Tourgouths du Khobdo, les Khalkas du Touchétou-kan, les Mandchous du Tsitsihar, quelques autres tribus mongoles, et surtout boukhares, paraissent être les intermédiaires habituels de ces transactions interlopes. On ne croit pas qu'il entre beaucoup de marchandises russes par une autre voie, car les caravanes qu'Ili et H'lassa expédient chaque année à Pé-king n'y portent guère, celles-là, que des bestiaux, des chevaux, des grains, des jades de Mertaè et des tissus de Kachgar ; celles-ci, que des produits de l'Inde anglaise et du Thibet.

Il est néanmoins constaté que quelques communications commerciales sont établies par les steppes Kirghises, la Boukharie et le Turkestan indépendans entre les ports méridionaux russes et le gouvernement d'Ili. En 1831, il est arrivé à Astrakan, par la mer Caspienne, 12,000 quintaux ou 609,600 kilogrammes de thés, et, en 1841, dans les divers ports du midi, 32,418 kilogrammes d'une valeur de 350,000 francs.

Les opérations à Kiakhta sont à peu près limitées au thé d'une part, aux fourrures et aux lainages de l'autre. Elles ne s'effectuent que par voie d'échange simple et direct, et l'intervention des métaux précieux bruts ou monnayés est interdite.

Des commissaires sont nommés de part et d'autre pour fixer le prix de chaque article d'importation et celui du thé ; ils ne se bornent pas à établir la valeur des thés, ils déterminent aussi la quantité de chaque sorte qui sera donnée en échange des différentes marchandises.

D'après le Chinois Olio, une commission de six négocians russes, présidée par le directeur de la douane, évaluent les produits russes, et un nombre égal de marchands chinois, présidés par leur gouverneur (le Dzargoutchi), s'occupent des marchandises chinoises. Ces deux commissions discutent les prix, qui, une fois arrêtés, ont force de loi dans les transactions entre les négocians des deux empires. (Voir en outre Mac Grégor, *Commercial Tariffs and regulations*, et Pallas, t. v, pages 278-280.)

Quant aux valeurs nominales et réelles des thés, il faudrait, pour les établir avec précision, entrer dans des détails un peu trop longs; nous nous contenterons de citer 3 documens assez curieux qu'a fait connaître en 1830 l'enquête de la Chambre des Lords sur les affaires de la Compagnie des Indes.

I. — PRIX DES THÉS FIXÉS PAR LES MARCHANDS DE KIAKHTA, AVEC L'ESCOMPTE D'USAGE DE 8 P. 0/0.

	roubles.	liv. st.	sh.	d.	liv. st.	sh.	d.	livres.
Fleur de thé de famille, 1re qualité.....	600	24	3	0				
Fleur de thé de famille, 2e id.	540 à 575	21	15	0	à 23	3	0	
Fleur de thé de famille, 3e id.	475 à 500	19	2	6	à 20	2	6	
Thé de famille........ 1re id.	410	16	0	10				
Thé de famille........ 2e id.	360 à 400	14	10	0	à 16	2	0	
Fleur de thé ordinaire	280 à 340	11	5	6	à 13	13	8	
Thé de famille id.	180 à 200	7	5	0	à 8	1	0	
Id. en caisses de 1 ½.	400 à 500	16	2	0	à 20	2	6	74 à 84
Id. sansine id.	350 à 510	14	1	9	à 20	10	6	70 à 78
Id. analogue au sansine.	275 à 320	11	1	6	à 12	17	8	72 à 77
Id. commun.	190 à 220	7	13	0	à 8	17	0	60 à 68
Id. vert appelé *Chin-luk-tun*.	500	20	2	6				53 à 54
Id. en briques, en caisses renfermant 36 briques......................	115 à 117	4	12	6	à 4	14	2	108

(Enquête de 1830. *Lords' Journal*, vol. LXII, page 1337.)

II. — PRIX COMPARATIF DES THÉS DE KIAKHTA A SAINT-PÉTERSBOURG ET A LONDRES.

	PRIX à St-Pétersbourg			Valeur à Londres d'après l'estimation des courtiers en thé.	
	sh.	d.	déc.	sh.	d.
Fleur de thé noir, 1re qualité : la livre avoir du pois..	11	11	28	5	3
Id. id., 2e id. id...........	7	3 ¾	15	4	9
Thé de famille id., 1re id. id...........	5	10	37	3	8
Id. id., 2e id. id...........	3	0 ¾	51	2	1 ½
Thé vert, 1re id. id...........	11	11	28	Ne se vend pas en Angleterre.	
Id. 2e id. id...........	6	2	15		

(Enquête de 1830. *Lords' Journal*, vol. LXII, page 1101. Interrogatoire de M. Kelly.)

III. — PRIX COURANT DE MICHEL BAÏSOUKOFF, MARCHAND DE THÉS A SAINT-PÉTERSBOURG.

	roub. arg.	
Thé noir bourgeons, 1re qualité, appelé *Trois lys* ou *Rose*......	30	la livre russe.
Id. id. appelé *Pecka* ou *de Khan*..................	22	id.
Id. id. appelé *Losana-ososka*......................	18	id.
Id. id. appelé *Leansine* ou *odoriférant*............	15	id.
Id. id. appelé *Vanzountscho-Dzi*..................	15	id.
Id. id..	12	id.

	roub. arg.	
Thé noir bouï, 1re qualité	10	la livre russe.
Id. id.	9	id.
Id. majoukon	8	id.
Id. ordinaire, 1re qualité	7	id.
Id. id.	6	id.
Id. vert nouvellement reçu, nommé *Losana-bouquette*	40	id.
Id. id. supérieur, appelé *Tschin-tschay* ou *Joulan*	15	id.
Id. id. perlé, 1re qualité	10	id.
Id. id. de lianze	8	id.
Id. id. ordinaire	7	id.

(Enquête de 1830, *Lords' Journal*, vol. LXII, page 1339.)

Ce n'est que comme complément de notre rapport sur les draps russes que cet aperçu sur le commerce de Kiakhta a trouvé place ici; l'histoire des relations politiques et commerciales de la Russie avec la Chine, la description des marchandises d'échange et du mode de transaction, et les développemens inséparables d'un pareil sujet, forment un travail spécial qui sera prochainement publié.

V.

CONCLUSION.

Les rapports qui précèdent terminent le compte rendu de l'enquête commerciale qu'en qualité de Délégué de l'Industrie lainière, nous avions reçu mission de poursuivre (1). On n'y trouvera que des renseignemens pratiques, que des informations d'une nature toute spéciale sur les lainages anglais, russes, hollandais et allemands, qui sont entrés dans la consommation chinoise. Ces faits, exposés succinctement, mais avec tous les détails suffisans, seront plus tard complétés, si le développement de nos relations avec la Chine nous fait reconnaître la nécessité d'un examen plus approfondi du commerce de cet Empire.

Dans un rapport écrit à Hong-kong, le 14 décembre 1845 (2), nous avions déjà exprimé l'opinion qu'il est possible à l'industrie lainière de France d'assurer à ses produits un assez large débouché dans l'Asie orientale. Cette pensée est devenue une conviction, non-seulement pour nous, mais pour la plupart des négocians qui ont étudié avec une sérieuse attention nos échantillons et nos renseignemens.

On vend chaque année en Chine 70,000 pièces au moins de draps légers qui sortent, pour la plupart, des ateliers de Leeds, de Verviers, de Düren, d'Elberfeld, d'Aix-la-Chapelle, d'Eupen, etc. — On a beaucoup trop exagéré la supériorité, pour la draperie légère et apparente, des fabriques anglaises et allemandes, et la dépréciation de cet article à Canton et dans les ports du Nord. Il y a eu sans doute des saisons où les *spanish stripes* se sont vendus à si bas prix que les retours seuls ont donné du bénéfice; mais ces circonstances sont rares, et la comparaison du cours normal avec les draps eux-mêmes prouve que ceux-ci s'échangent, contre argent ou contre produits, à des conditions, en général, favorables. Les offres des négocians chinois pour les silésies larges et étroits que nous fabriquons, les commissions garanties qu'ils étaient disposés à nous accorder, témoi-

(1) Nous rappellerons qu'indépendamment de ces rapports, des notes spéciales, autographiées et distribuées aux Chambres de commerce, ont fourni des renseignemens particuliers sur l'accueil qui a été réservé en Chine, ainsi que dans les colonies de l'Afrique et de l'Archipel indien, aux étoffes de laine de nos manufactures; ces documens ont fait connaître les opinions et les évaluations qui concernent nos lainages, et les modifications qu'il convient d'apporter à leur qualité ou à leur conditionnement.

(2) Chine et Indo-Chine, *Faits commerciaux*, n° 11, pag. 23 et suivantes.

gnent de la convenance de prix et de qualité de ces articles. Reims, Beauvais, et même Sedan et Elbeuf peuvent prendre une part active à ces affaires avec la Chine et avec l'Archipel indien ; il leur est facile de présenter leurs draps légers en concurrence avec ceux de nos rivaux d'outre-Manche et d'outre-Rhin.

Nous devons faire observer que nous ne parlons ici que de la valeur sur les marchés asiatiques et que nous ne songeons nullement à comparer les prix de revient en Angleterre, dans la Prusse rhénane et en France. Dans la question qui nous occupe, le seul fait essentiel à constater, c'est que le cours moyen à Canton assure à nos marchandises un placement avantageux ; et quand nous avançons que nous pouvons lutter avec les similaires étrangers, nous voulons dire qu'entre les prix de fabrique et de vente, il y a une latitude assez grande pour que l'on soit indemnisé des frais, des éventualités de l'expédition et que l'on n'ait pas besoin d'appliquer à l'importation les bénéfices réalisés sur les retours.

Nos draps mi-fins et fins sont aujourd'hui estimés dans toute l'Asie orientale. Les envois loyaux et convenables qui se sont succédé depuis dix ans ont effacé le discrédit qui avait frappé jusqu'alors nos marchandises, et nous n'avons à adresser à nos exportateurs que le seul reproche d'avoir présenté sur les marchés de la Chine, en quantité trop considérable, un article trop beau et trop cher.

A Batavia, où la consommation des draps zéphyrs est assez répandue, nous trouvons la concurrence des produits de la Belgique et de la Prusse rhénane, surtout de MM. Biolley, de Verviers, Nellessen, Bischoff, etc., d'Aix-la-Chapelle, et de quelques fabricans de Düren et d'Eupen. Ces draps de qualité moyenne l'emportent sur les nôtres par la finesse et la douceur de la laine, ainsi que par le bon marché. On pourrait désirer que quelques-uns de ces draps fussent en compte plus serré, mieux foulés et que le toucher en fût un peu moins mou; que d'autres, trop serrés au contraire, eussent moins de sonorité sous le doigt et plus de douceur; mais ces petits défauts sont à Java des mérites, car on y estime cet article d'autant plus qu'il a plus d'apparence, de légèreté et de souplesse. — Nous avons comparé aux zéphyrs de Verviers et de Düren, etc., ceux de Sedan, d'Elbeuf et de Bischwiller; et nous pensons que, pour le prix et la qualité, nous sommes inférieurs aux Belges et aux Rhénans; nous faisons mieux peut-être, mais sans contredit plus chèrement et en moins belle laine. Il ne faut donc essayer de lutter à Batavia que pour les genres demi-fins, destinés aux vêtemens habillés, et ce sera alors avec des chances plus favorables, contre Leignitz, Lennep et Verviers.

Il ne nous est pas encore démontré que les *long ells*, ces serges communes, chaîne peignée, trame cardée, dont la Chine consomme chaque année 200,000 pièces environ, soient fabriquées à Roubaix, à Tourcoing, à Beauvais, à Reims, à Amiens, à un prix plus élevé que dans le Yorkshire, — que les camelots en laine longue et les *polemieten* en poil de chèvre ne puissent être établis dans ces mêmes villes, aussi bien et à aussi bon marché qu'à Norwich et à Leyde. Ces trois étoffes rentrent particulièrement dans la spécialité industrielle de Roubaix et d'Amiens, et c'est là qu'il convient de multiplier les essais, de s'assimiler les méthodes et les directions de travail des manufactures rivales.

Quant aux flanelles, aux alépines, aux anacostes, aux mérinos, aux couvertures et à quelques autres tissus en laine peignée et cardée, la Chine leur offre un débouché assez considérable, mais encore peu régulier : les ventes sont incertaines et les cours variables, bien qu'en général avantageux. Nous pouvons présenter avec succès et réaliser avec bénéfice les qualités demi-fines et supérieures ; mais dès qu'il s'agit de genres communs et à très bas prix, nous rencontrons la concurrence victorieuse de l'Angleterre, pour les laines longues, et de l'Allemagne, pour les laines courtes et cardées.

Les nouveautés, dont la vente est lucrative et facile dans les colonies de l'Afrique et de l'Archipel indien, ne sont connues et appréciées dans le Céleste Empire que depuis quelques années. Le goût des étoffes de fantaisie étrangères pour les vêtemens et les ameublemens paraît s'y répandre rapidement, et, depuis le traité de Nan-king, on vend à Canton et à Chang-haï des lainages brochés, damassés et imprimés. Les renseignemens fournis sur les échantillons d'Amiens, de Paris, de Roubaix, de Reims et de Rouen par les négocians anglais, américains et chinois, ne laissent aucun doute sur la possibilité de placer, dans un avenir prochain, des assortimens d'année en année plus importans. —Les Chinois, qui recherchent l'économie en toutes choses, paraissent surtout disposés à remplacer dans leur costume les soieries par nos étoffes damassées et brochées en soie associée à la laine peignée, au coton et à la fantaisie. Qu'à Amiens, des fabricans intelligens comme MM. Ponche-Bellet, veuve Cailleux, Mollet-Warmé frères, Févez, etc., donnent à leurs éoliennes, à leurs afghans, à leurs bombasines et barrepours façonnés, les largeurs, dessins et nuances en faveur en Chine, qu'ils s'attachent à imiter et à perfectionner, ce qui est très facile, ces *miènn-tchéou* de Chouénn-té, popelines chaîne soie, trame coton, qui se vendent à Canton de 80 centimes à 1 fr. 20 c. le mètre, en 50-55 centimètres de large ; leurs efforts ne seront pas infructueux. Nous ne saurions trop insister sur l'utilité de l'imitation en laine peignée et soie des soieries chinoises de qualité ordinaire et principalement des foulards *chin-tchéou*, des gros de Naples *hoa-sièn-tchéou*, des satins damassés *kio-touan*, etc. C'était dans ce but que Yuiching et Waching de Canton désiraient acheter des fils de laine peignée de Reims dans les numéros fins (chaînes 56 à 60).

Les autres nouveautés trouveront également un débouché assez fructueux, si, dans leur fabrication, on se conforme au goût et aux besoins des consommateurs asiatiques. Reims et Roubaix doivent s'occuper des cachemires-gilets pour palempores ; Paris, Saint-Quentin et Mulhouse, des impressions sur *long ells*, mousselines, stoffs unis et chalys ; Amiens, des velours et des tapis ; Rouen, des damas et des vénitiennes en laine mélangée de soie ou de coton.

Les marchés des colonies de l'Archipel indien sont si connus que nous n'avons à dire sur eux que peu de mots. Il y a, à Manille et à Batavia, plus de certitude de vendre avec bénéfice des parties de draps mi-fins, de silésies et de casimirs légers, de flanelles lisses, de mérinos doubles, d'étoffes d'été pour châles, robes, gilets et vêtemens d'homme ; mais c'est à la condition de n'envoyer à la fois qu'un petit nombre de ces ticles, de les choisir frais, apparens, et surtout appropriés pour les nuances, les dimensions et la qualité, aux convenances du pays.

Pour la Chine, en résumé, peu de draps fins, de 500 à 600 pièces de zéphyrs et de *medium cloths*, beaucoup de draps légers ; des camelots, quelques flanelles lisses, mérinos et alépines, de 3,000 à 4,000 paires de couvertures semblables à celles de Leyde, plusieurs assortimens bien composés de bonneterie de laine ; enfin des nouveautés diverses, voilà ce que nous avons à expédier dès à présent. En admettant même que nous devions renoncer à imiter avec succès les *long ells*, les *polemieten* et les autres étoffes en laine longue de l'Angleterre et de la Hollande, le champ dans lequel nous pouvons concourir est bien grand encore ; il ne dépend que de nous de réussir et de reprendre la place honorable que nous occupions en Asie à la fin du siècle dernier.

Les Anglais, on l'a dit souvent, veulent arriver à approvisionner seuls l'Empire chinois, et, pour atteindre ce but, ils ne reculent devant aucun sacrifice. Si nous en croyons ces mêmes révélations de la politique de nos rivaux, l'Angleterre aurait commencé et continuerait à chercher à se rendre maîtresse du commerce des cotons ; et, cette conquête terminée, elle engagerait, pour s'assurer aussi le monopole de l'approvisionnement des lainages, la lutte avec l'Allemagne, la Hollande et la France. Ces vues ont été souvent prêtées à une prétendue ligue des négocians et des fabricans anglais ; quelques faits ont paru les confirmer, et convaincu que l'on s'inquiète d'un péril imaginaire, nous allons rappeler sommairement les circonstances qui ont pu donner lieu à ces allégations.

On a fait observer qu'à l'importation en Angleterre, les cotons bruts des Etats-Unis, des Indes et de l'Egypte sont maintenant admis en franchise, et qu'en même temps, en vertu du tarif de 1843, les cotonnades anglaises n'ont à solder à l'entrée en Chine qu'un droit très réduit ; mais les étoffes de coton américaines, françaises, etc., paient à l'entrée le même droit, et encore la contrebande l'élude-t-elle souvent ; il n'y a dans la législation commerciale chinoise aucune exception en faveur de l'Angleterre. — La culture des cotonniers a été, depuis trois ou quatre siècles, répandue sur une surface immense dans les provinces du midi, de l'est et du centre du Céleste Empire.

Le coton des deux Kiang, aussi estimé que la qualité de Java, revient, ainsi que celui des autres provinces, à un prix assez bas, et si l'insuffisance de la production n'en maintenait la valeur au cours des arrivages de Bombay, c'est-à-dire à 10 et 11 piastres le picul, on obtiendrait en Chine le coton à aussi bon marché que dans l'Inde. Pour l'ouvrer et le tisser, la main-d'œuvre est payée à un taux très modique, tant à cause de la concurrence des bras, que parce que la vie est à bon marché ; l'alimentation est, en effet, peu coûteuse, l'ouvrier sobre et laborieux, le travail en famille, constant et actif.

Malgré tant de conditions favorables, il ne peut y avoir parité de frais de fabrication entre les étoffes anglaises et chinoises ; celles-là, établies en grande largeur à la mécanique, et celles-ci, à la main, en laize de 40 centimètres. Aussi les Anglais ont-ils encombré simultanément les marchés de Canton, de Chang-haï et d'E-mouï de leurs *long cloths* écrus et blanchis, et les ont-ils livrés à des prix tellement bas, que le fil seul s'est vendu plus cher que le tissu.

Cette baisse énorme ne suffisait pas pour activer l'écoulement des arrivages incessans ; les thés n'ont alors été achetés qu'en échange de cotonnades, si bien que la population a été forcée de prendre celles-ci, de s'y habituer, et les préférera sans doute aux siennes, plus communes, plus chères, il est vrai, mais plus durables. Cette invasion n'a été ni préméditée, ni concertée ; elle a, dit-on, obligé les cultivateurs et les fabricans du Kiang-sou et du Tché-kiang à abandonner, les uns leurs plantations, les autres leurs métiers, et les a déterminés à chercher une occupation plus productive ; on n'a aucune preuve de ce fait. Quant aux États Unis, ils ont dû borner leurs affaires aux *domestics* et aux *drills* ; et, par un accord tacite, imposé par les ressources dont dispose l'industrie cotonnière dans les deux pays, les Anglais importent les articles où il y a une valeur plus grande en travail qu'en matière, et les Américains ceux dans lesquels, à façon égale, il entre plus de coton.

On ne saurait donc croire à cette résolution de l'Angleterre de détruire la manufacture cotonnière chinoise, ni supposer que, dans ce but, elle se soit décidée à perdre durant deux ou trois ans, et à offrir, par exemple, à 35 centimes le mètre, à Canton, à E-mouï, à Chang-haï, des calicots blanchis, larges de 95 centimètres, et ayant en chaîne et en trame de 18 à 20 fils aux 5 millimètres. La cause de ces sacrifices est tout autre.

Aussitôt que le traité de Nan-king et l'ouverture des quatre ports de la côte orientale furent connus à Londres, on s'exagéra l'importance de ces nouveaux débouchés ; on crut que la Chine ne pouvait suffire elle-même à l'habillement de ses 370 millions d'habitans, et que les taxes élevées de l'ancien tarif renchérissaient tellement les articles européens, qu'ils n'étaient pas à la portée des classes pauvres (1).

Les compagnies, les fabriques, les agences, les armemens, se multiplièrent, et l'on expédia des cargaisons en disproportion avec les besoins de la consommation ; la plupart furent réalisées à perte, mais on les renouvela néanmoins dans l'espérance de jours meilleurs, parce que quelques chargemens, les premiers venus, présentés sur les marchés, désassortis par suite de la suspension des affaires en 1841 et 1842, s'étaient soldés à des prix élevés, et parce que chacun, comptant sur le découragement et la retraite de ses rivaux, avait confiance dans l'avenir.

Aujourd'hui, les cotonnades se vendent, non pas à perte, mais avec un bénéfice insuffisant, et ne sont plus qu'un moyen de faire passer des fonds en Chine pour l'achat des thés et des soies. Si nous en croyons plusieurs négocians anglais, avant cinq ou six ans, les prix remonteront et atteindront le chiffre de 3 piastres 1/2 (pour la pièce de 40 yards),

---

(1) Les droits à l'entrée ont été réduits par le tarif de 1843 des 4/5 environ ; mais il ne nous est pas démontré que les droits de transit, perçus aux douanes intérieures, n'aient pas été augmentés, malgré les stipulations de la déclaration du 26 juin 1843 ; le consul d'Angleterre à Chang-haï, M. G. Balfour, était fondé à penser que, sur les cotonnades anglaises, ils étaient, en certains points, de 500 p. 0/0 de la valeur. Si l'on en croyait le *Hou-pou tsih-li*, la taxe ne serait, cependant, aux trois douanes de Kan, de Taï-ping et de Pih-sin, que de 3 mèces 3 caches d'argent (2 fr. 52 c.).

que ces négocians regardent comme nécessaire. Quant aux étoffes de coton indigènes, la consommation en est diminuée sans aucun doute, mais elle ne sera guère plus restreinte; car, bien que plus chères, elles sont recherchées par les Chinois de toutes les classes.

Il n'y a donc pas de précédent qui doive faire craindre que l'Angleterre se résigne à essuyer indéfiniment des pertes pour nous empêcher de concourir à l'approvisionnement de l'Asie orientale; le commerce des tissus de laine, d'ailleurs, n'est pas, comme celui des cotonnades, entre les mains de quelques grandes maisons, qui le dirigent suivant la convenance de leurs spéculations; la plupart des draps, par exemple, sont consignés par les fabricans eux-mêmes, fort peu soucieux de sacrifier le présent à l'avenir.

Pour les draps légers, l'article principal de l'importation des lainages, l'Angleterre ne saurait, d'ailleurs, l'emporter sur la concurrence de la Prusse rhénane, et cela est si vrai, qu'un grand nombre de *spanish stripes* sont fabriqués à Düren, à Eupen, à Aix-la-Chapelle et dans les environs, pour compte de négocians de Londres et de Liverpool, qui les font recouvrir des marques et des toilettes anglaises. Même pour les *long ells*, les camelots et les autres articles de Bradford en laine longue des comtés de Kent, d'York et de Lincoln, la Hollande et la France ont déjà en plusieurs occasions lutté sans trop de désavantage; celle-là, en utilisant ses laines des provinces de la Frise et de Groningue, et celle-ci en tirant parti de la modicité du salaire et de l'habileté de ses ouvriers.

Notre industrie, active et intelligente, ne saurait craindre de rencontrer sur les marchés de l'extrême Orient les similaires étrangers, et de prendre part à la lutte de concurrence, si elle peut combattre à armes égales. Malheureusement, la Chine est distante de 5 à 6,000 lieues, et nous devons nous demander, avant tout, si nos moyens de transport sont satisfaisans et économiques, c'est-à-dire de quelles charges notre roulage maritime grèvera nos expéditions. En un mot, en admettant que nous ayons la marchandise convenable et avantageuse, pouvons-nous compter sur le navire? La marchandise se réalisant avec bénéfice, y a-t-il lieu de supposer que l'armement, lui aussi, se soldera avec profit? C'est une question à laquelle il serait essentiel de pouvoir donner une réponse affirmative; l'avenir de nos relations commerciales en Chine dépend tout autant des ports que des fabriques (1). Avant d'essayer de prendre rang parmi les nations qui s'y enrichissent, il faut être sûr d'avoir des navires à soi, de ne pas payer jusqu'à 220 francs le tonneau ce que le pavillon américain offre à 50 et 65 francs. C'est pour cela qu'il importe de ne pas séparer la question de valeur de celle de volume, l'échange du fret; c'est pour cela aussi qu'il est indispensable de songer avant tout au retour, de s'assurer de la possibilité de traiter des cargaisons de produits encombrans, non pas seulement dans les escales placées sur la route, à

---

(1) M. S. Berteaut, secrétaire de la Chambre de commerce de Marseille, a exposé et discuté avec talent cette grande question du commerce possible avec la Chine, dans son ouvrage sur Marseille, vol. II, chap. 11, pag. 53 et suivantes. On trouvera aussi des documens utiles dans Blancard, *Manuel du Commerce des Indes et de la Chine*.

Manille, à Singapore, à Batavia, mais surtout au but du voyage, à Canton, à E-mouï et à Chang-haï. On ne fondera jamais un commerce vivace et durable en se bornant à quelques envois d'*étoffes*, de *vins* et d'*articles de luxe* aux résidens européens des colonies asiatiques, et à l'exportation de petits lots de *drogueries*, d'*épices* et de *curiosités;* ce sont des affaires de pacotillage indignes d'une grande nation.

Nous avons à porter en Chine et dans l'Archipel indien des draps, des tissus de laine, des vins et bien d'autres marchandises que l'on trouvera mentionnées dans les rapports de nos collègues : le fret d'aller sera à peu près suffisant ; mais, au retour, il faudrait pouvoir charger les *sucres,* à si bon marché, du Fo-kièn et de la Cochinchine, les *tabacs* en feuilles du Tché-kiang et du Kouang-tong, le *carthame* et les *cires* de *cicada* du Sse-tchouèn, la galle *peï-tse* du Kouang-si, les *gambiers* de Rhio et de Singapore, auxquels on joindrait naturellement le *thé*, la *soie grége*, la *cannelle*, le *camphre*, le *café*, l'*indigo*, le *poivre*, etc., qui forment les bases des opérations actuelles. Que l'on encourage donc, par des dégrèvemens, la venue des provenances de la Chine et de la Malaisie, et les relations avec l'Asie orientale seront possibles, et le fret sera réduit à un taux modéré.

Si la réalisation de ces vœux se fait attendre, si les navires manquent à nos fabricans ou si le fret est trop élevé, il ne faut cependant pas rester dans l'inaction et compromettre l'avenir. On trouvera à charger au Havre pour Wham-pou telles quantités de marchandises que l'on voudra sur des bâtimens américains, à raison de 8 à 12 piastres (de 44 à 66 francs) le tonneau de 40 pieds anglais cubes (1 m. c. 133) (1); à Amsterdam et à Rotterdam, le fret pour Chine, sur navires hollandais, peut être aussi obtenu à 53 fr. environ le tonneau de 1 m. c. 440.

Il est surtout à regretter qu'en Chine il se soit établi aussi peu de Français, que nos ports n'y aient ni comptoir, ni factorerie ; c'est ce qui explique pourquoi le commerce n'a eu jusque dans ces derniers temps que des données vagues, contradictoires même, sur les élémens de l'importation et du retour, sur les goûts de la consommation indigène, et était à peine fixé sur les foyers des affaires et les centres d'action. Il ne suffit pas que quelques armateurs soient renseignés par leur correspondance mensuelle sur les faits relatifs à leurs spéculations; il importe qu'on possède une source commune et permanente d'informations, en même temps que des agences où les consignations puissent être adressées en toute sûreté.

---

(1) Voici les notes remises à ce sujet par des maisons américaines de Canton :

I. — Fret d'Angleterre en Chine : 3 liv. sterl. en moyenne le tonneau de 50 pieds anglais cubes;
Fret des Etats-Unis en Chine : de 6 à 10 piastres le tonneau de 40 pieds cubes;
Fret de Chine en Angleterre : de 3 liv. sterl. 10 sh. à 5 liv. sterl. le tonneau de 50 pieds cubes;
Fret de Chine aux Etats-Unis : de 15 à 20 piastres le tonneau de 40 pieds cubes;
Commission de vente à Canton chargée par les maisons américaines : 2 p. 0/0, et 2 1/2 p. 0/0 de ducroire.

II.— On peut fréter en tout ou en partie un navire américain, au Havre ou dans tout autre port de France, pour Wham-pou, en Chine, à raison de 8 piastres net (44 fr.) le tonneau de 40 pieds cubes, si le chargement est de 1,000 tonneaux environ, et de 10 à 12 piastres net (de 55 à 66 fr.), s'il n'est que de 400 à 500 tonneaux. Au retour, le fret se paie de 18 à 20 piastres.

Un traité a été négocié avec la Chine; un tarif, dont les taxations sont très modérées, favorise en outre nos vins et nos girofles; une station navale protége nos intérêts et nos nationaux; le nom français y est connu et respecté depuis plus de trois siècles; des renseignemens pratiques, des échantillons, des modèles, recueillis durant une enquête de trois années, sont à la disposition des fabricans : le Ministère a déjà fait parvenir une partie de ces informations à tous les intéressés : tout est donc préparé, il s'agit maintenant d'aider au développement de notre commerce dans ces contrées, ou, ce qui est plus vrai, de le créer. Ce résultat, on ne l'obtiendra que par le dégrèvement des droits sur les produits asiatiques et par l'*association des intérêts des manufactures et des ports*.

Dans de telles conditions, ces grands débouchés de l'extrême Orient seraient acquis à notre industrie ; nos exportations seraient encouragées et ranimées ; on lutterait alors, sinon victorieusement, au moins à armes égales, et l'on réaliserait les belles espérances que nous ont fait concevoir les évaluations des échantillons français par les négocians chinois et étrangers des ports ouverts.

La France, il ne faut pas l'oublier, est la première nation européenne qui ait eu le privilége d'avoir un comptoir fixe à Canton (1) ; longtemps elle a été la seule qui en ait joui. En 1745, elle avait obtenu, moyennant une taxe de 100 taëls par navire, la faveur de fonder un établissement sur l'île de Wham-pou, et, bien que nous n'en ayons point profité, les Chinois ont toujours respecté ce droit et n'ont jamais permis aux Anglais de s'y fixer (2).

En 1774, 1775, 1776 et 1777, nous tirions de la Chine chaque année pour 10 millions de livres de retours (3). Le commerce était libre alors, car le privilége de notre Compagnie des Indes Orientales avait été suspendu par l'article 1er d'un arrêt du conseil du 13 août 1769, et ne fut rétabli qu'en 1785. La France avait, à cette époque, une grande prépondérance dans les mers de l'Inde et de la Chine; son commerce, bien qu'il ne fût en importance que la moitié de celui de l'Angleterre et les 4/5 de celui de la Hollande, était néanmoins florissant, et, au commencement du XVIIIe siècle, dirigé par la Compagnie fondée en 1698, il avait été très lucratif (4).

---

(1) Bien que Jacovits Baïkoff, envoyé du czar de Russie à Pé-king en 1653, mentionne, à la page 16 de la relation de son voyage, les Français comme trafiquant avec la Chine, et que, suivant de Guigues (t. III, page 195), la première association pour le commerce avec ce pays date de 1660, — quatre années avant l'édit de Colbert, qui reconstitua la Compagnie des Indes Orientales, — il paraît positif que le premier navire français qui vint en Chine fut *l'Amphitrite*. On lit, en effet, dans une lettre du P. Jacquemin, du 1er septembre 1712 : « En considération du P. Bouvet, qui revenait sur ce navire, l'empereur l'exempta de ce qu'il devait payer, soit pour les marchandises, soit pour les droits de mesurage. » (*Lettres édifiantes*, etc., Chine, 1781, t. XVIII, page 330.) Ce n'est donc que vers l'année 1710 qu'il faut faire remonter nos premières relations directes avec Canton.

(2) De Guignes : *Voyages à Péking, Manille et l'Ile de France*, etc., 1807, vol. III, p. 212. — Raynal : *Histoire philosophique des Deux-Indes*, 1782, t. III, p. 120.

(3) Raynal : *Histoire philosophique des Deux-Indes*, 1782, t. III, p. 156, et t. II, tableaux 2 et 3. — Julliany : *Essai sur le Commerce de Marseille*, 1842, t. II, p. 387.

(4) « Des Indes on peut aussi aller en Chine... Il ne faut porter avec soy que de l'argent, car il y a trop à perdre sur nos marchandises... Il y a quelque fois à gagner 1,200 pour cent sur le verny (laque) et 1,000 pour cent sur la pourceline... On tire encore de ce païs de la soye cruë que nos

Ayons confiance dans l'avenir, et ne perdons pas de vue l'importance commerciale de l'Empire d'où les Etats-Unis ont exporté en 1845 pour 53 millions de francs, et la Grande-Bretagne pour 310 millions, tant en argent qu'en produits (1).

---

marchands fabriquans estiment davantage, sur laquelle il y a à gagner 500 pour cent. » (*Voyage du sieur Luillier aux Grandes-Indes, avec une instruction pour le commerce des Indes-Orientales.* Paris, 1705, pages 249 et 250.)

Le bénéfice réalisé, de 1714 à 1718, sur les cargaisons des navires expédiés à Canton par les armateurs d'Anvers et d'Ostende était évalué, à cette époque, suivant Houwens de Gardiens, à 200 et 250 p. o/o, et le moindre, à 150 p. o/o. (*Recherches historiques sur le commerce des Belges aux Indes*, par Ad. Levae; *Trésor national*, t. II, page 256.)

(1) *Mouvement des importations et des exportations en Chine en 1844 et 1845. Journal des Economistes*, t. XV, page 32.

La France n'a échangé à Canton, en 1845, que 597,201 fr. contre 640,750 fr.

ERRATA.

Pages 68 et 69. — Le *polemiet* que les Hollandais expédient en Chine directement et plus souvent par la voie de Batavia ou de Moscou, est fabriqué à Leyde. La chaîne est en poil de chèvre du Levant, et la trame en laine peignée de la Frise ou de Groningue.

Id. 74. — Le certificat d'origine n'est placé que sur les pièces de *polemiet* qui sont dirigées sur Java, afin qu'elles puissent y jouir du bénéfice de la réduction de droit accordée aux produits de la métropole.

Id. 90 et 91. — L'*orléans* est un article de Bradfort, tissu lisse, chaîne coton doublé teinte en fil, et trame laine peignée du Yorkshire tissée en blanc. — Quand la trame est en alpaca, l'étoffe est désignée sous le nom de *lustre*, et elle s'appelle *paramatta*, lorsqu'elle est croisée (d'un seul côté, comme le mérinos d'Ecosse).

Id. 93 et 224. — Au lieu de *anascots*, lisez *anacostes*.

Id. 194 et 195. — Au lieu de *rayetas*, lisez *bayetas*.

TABLE DES MATIÈRES.

II. — RENSEIGNEMENS PRATIQUES

SUR LES ÉTOFFES DE LAINE IMPORTÉES ET CONSOMMÉES EN CHINE.

III. — RENSEIGNEMENS

SUR LES ÉTOFFES DE LAINE CONVENABLES POUR LE ROYAUME DE SIAM, LA COCHINCHINE ET LES COLONIES DE L'ARCHIPEL INDIEN.

Paris, Imprimerie de Paul Dupont, Hôtel des Fermes.

www.ingramcontent.com/pod-product-compliance
Ingram Content Group UK Ltd.
Pitfield, Milton Keynes, MK11 3LW, UK
UKHW021852190726
13855UKWH00001B/277